计算机类专业
系统能力培养系列教材

Software System Optimization

软件系统优化

郭健美 黄波 刘通宇 林晓东 赵鹏 著

机械工业出版社
CHINA MACHINE PRESS

本书详细介绍了软件系统优化的原理、技术和常用方法，强调系统优化应具备从单点到全局的"系统观"，提出了"数据驱动的系统优化"方法，围绕"软件+硬件+数据"三个方面展开讲解。本书共18章，分为五个部分。第一部分包括第1章和第2章，从一个性能优化案例引入，概述了软件系统优化的方法论。第二部分包括第3～6章，介绍了性能工程的基础知识。第三部分包括第7～10章，介绍计算机体系结构优化的相关知识。第四部分包括第11～16章，介绍编译优化的相关知识。第五部分包括第17章和第18章，针对新兴场景下的系统优化技术展开专题讨论。

本书内容全面，体系完整，适合作为高校计算机及相关专业高年级本科生、研究生的教材，也可作为从事系统优化工作的技术人员的参考书。

图书在版编目（CIP）数据

软件系统优化 / 郭健美等著 . -- 北京：机械工业出版社, 2025.1. -- （计算机类专业系统能力培养系列教材）. -- ISBN 978-7-111-77224-8

I. TP311.5

中国国家版本馆 CIP 数据核字第 2024K1Y217 号

机械工业出版社（北京市百万庄大街22号　邮政编码100037）
策划编辑：朱　劼　　　　　　　责任编辑：朱　劼
责任校对：孙明慧　马荣华　景　飞　　责任印制：单爱军
保定市中画美凯印刷有限公司印刷
2025 年 6 月第 1 版第 1 次印刷
186mm×240mm・19.25 印张・1 插页・412 千字
标准书号：ISBN 978-7-111-77224-8
定价：89.00 元

电话服务　　　　　　　　网络服务
客服电话：010-88361066　　机　工　官　网：www.cmpbook.com
　　　　　010-88379833　　机　工　官　博：weibo.com/cmp1952
　　　　　010-68326294　　金　书　网：www.golden-book.com
封底无防伪标均为盗版　　　机工教育服务网：www.cmpedu.com

推荐序一

性能优化是 IT 技术人员和研究人员在日常工作中经常遇到的一类问题。要解决这类问题，除了了解和掌握系统结构、操作系统、编译优化、并行计算、算法和应用程序等计算系统的多个层次的知识，还需要具有很强的综合能力。现有的大学课程通常缺少这一部分的内容，仅在不同课程中介绍性能优化的一个侧面。例如，我在清华大学开设了研究生课程"计算机系统性能测试"，以及本科生课程"编译原理实践"（主要介绍编译优化技术），但仍然难以系统地讲授性能优化的知识。技术书籍和教材也很少介绍这方面的内容。因此，在实际工作中，性能分析与优化的工作只能由少数"高手"完成，极大影响了工作效率和系统性能的提升。

我非常高兴看到这本书出版，它从性能优化的角度，完整地介绍了计算机体系结构的必要知识，以及编译优化、性能测试与优化的方法论，让读者可以一站式地掌握软件性能优化的知识，并快速将大学课程中各个领域的知识贯穿起来，形成软件系统性能优化的能力。

此前，关于性能分析与测试有两本比较经典的书：David Lilja 在 2000 年出版的 *Measuring Computer Performance* 和 Raj Jain 在 1991 年出版的 *The Art of Computer Systems Performance Analysis*。前者主要介绍性能测量，对于优化技术的讨论较少；后者在实验设计和统计方面有较为深入的介绍，但与编译、计算机体系结构的结合较少。而且，由于这两本书出版时间较早，因此它们仅针对传统的基于 CPU 的计算机系统进行介绍，对于新型体系结构涉及较少。

与上述书籍相比，本书更为系统、全面，而且涵盖了数据中心、异构加速等新兴领域的知识，对于从业者来说具有很高的参考价值。

本书作为华东师范大学本科生的教材已经使用了 3 年，效果良好。因此，这本书适合高校作为软件系统性能优化相关课程的教材和参考书，还可以作为计算机系统类课程的参考书供本科生和研究生学习。对于工业界的软件研发人员，本书也是非常好的学习资料。

希望本书的出版能够推动我国在软件系统性能优化方面的教育与工业实践，为软件产业的发展和人才培养添砖加瓦。

陈文光
清华大学教授

推荐序二

以操作系统为代表的系统软件是计算机软硬件的中枢，既要向上支撑应用与服务的顺畅运行，又要向下深入并精细管理硬件资源。软件系统优化正是这一枢纽中的关键任务，旨在向上提升系统性能与用户满意度，向下合理调配资源，强化系统的稳定性。在全球科技日新月异的今天，软硬件供应的多元化趋势愈发明显，软件系统优化能力因此变得尤为关键且不可或缺。

然而，在我国的计算机教育体系中，关于软件系统优化的专门课程却并不多见。这样的课程要求授课教师既有深厚的系统理论功底，又有丰富的工业实战经验，其开设难度可想而知。本书的作者团队是国内高校中少数具备这种背景的佼佼者。他们不仅拥有扎实的系统理论知识，更有相当丰富的工业实战经验，为软件系统优化课程的开设与教材编写提供了有力的支撑。

经过三年的精心筹备与持续的教学实践，本书终于与广大读者见面。它系统地构建了"测量 – 分析 – 优化"的软件系统优化方法论，从性能工程基础、编译优化、计算机体系结构优化到前沿技术专题，全面、深入地阐述了软件系统优化的理论、方法与实用技术。值得一提的是，书中还包含了大量的实验代码与性能测量结果，这些实践经验是难得的财富，为读者提供了宝贵的学习与参考资料。

系统优化既是一门技术，又是一种艺术。它要求我们站在软硬件全局的高度，以精准的数据分析为基础，构思出创新的解决方案。相信通过阅读本书，读者不仅能树立起系统的视角，掌握软件系统全栈性能优化的知识体系，还能熟练运用系统性能优化工具，编写出高效稳定的程序代码。本书无疑将成为每一位追求卓越的软件系统工程师、架构师的必读之作，为我国软件系统领域的人才培养与技术提升注入新的活力。

陈海波

上海交通大学教授

前　　言

起源

本书是根据郭健美、黄波从 2021 年秋天起在华东师范大学数据科学与工程学院开设的"软件系统优化"课程的讲义总结而成的，该课程主要面向高年级本科生和低年级研究生讲授软件系统的性能优化。

性能是衡量软件系统质量和竞争力的一个重要方面，也是软件系统设计、开发和应用过程中必须关注的一个基本属性。如何在给定的硬件资源配置下提升软件系统的性能，是数字化系统的设计和实现过程中必须思考和解决的问题，也是优化利用软硬件资源的有效途径。

每一位卓越的软件系统工程师、架构师或研究人员都应掌握软件系统优化的原理与技术。开设软件系统优化方面的课程是解决我国计算机系统"卡脖子"问题所需人才的有效措施。我们力求在训练相关人员解决实际问题的过程中围绕"优化思维"培养"系统观"和工程能力，锻炼逻辑思维、批判性思维和创造性思维。

内容

本书包括 18 章，分为五个部分。第一部分包括第 1 章和第 2 章，作为绪论，先介绍一个性能优化案例，再概述软件系统优化的方法论。第二部分包括第 3～6 章，主要介绍性能工程的基础知识。第三部分包括第 7～10 章，介绍计算机体系结构优化的相关知识。第四部分包括第 11～16 章，介绍编译优化的相关知识。第五部分包括第 17 章和第 18 章，主要针对新兴场景下的系统优化技术进行专题讨论。

本书适合高年级本科生、研究生或相关工程技术人员学习。在使用本书讲授课程时，建议读者先学习如下课程：计算机程序设计、数据结构、算法设计与分析、计算机系统。此外，如读者能先修编译原理、计算机组成与体系结构等课程，就能更好地理解和掌握本书内容。教师可根据课程要求、个人喜好、学生的背景和能力选讲部分或全部章节。书中各章都给出了思考题，用于帮助读者巩固知识和引导读者扩展知识面。

读者可以从 https://solelab.tech/sso 获得与本书相关的更多资料，包括本书样例程序的源代码，以及"软件系统优化"课程的课件、上机作业、实践项目等。

致谢

笔者在开设"软件系统优化"课程之初，着重参考了以下两门课程的教学设计和内容：麻省理工学院的 MIT 6.172 "Performance Engineering of Software Systems"、圣路易斯华盛顿大学的 WUSTL CSE567M "Computer Systems Analysis"。这两门课程对本书的内容组织产生了重要影响，在此向这两门课程的授课教师 Charles E. Leiserson、Julian Shun、Raj Jain 等表示感谢。

本书由郭健美、黄波先根据授课讲义和学生反馈确定本书的整体结构和各个章节的大纲，然后分工撰写初稿，部分章节由 Intel 公司的林晓东、赵鹏编写，华东师范大学系统优化实验室的研究生刘通宇、梁文辉、李宁、廖浩宇参与了本书的编写准备工作。具体分工如下：第 1 章由郭健美编写，第 2 章由郭健美、黄波编写，第 3～8 章由刘通宇、郭健美编写，第 9 章和第 17 章由郭健美编写，第 10 章由赵鹏编写，第 11～16 章由黄波编写，第 18 章由林晓东编写。李宁、廖浩宇协助整理了部分文本、插图和参考文献。全书的编写通过审阅修改、交叉评审、逐步迭代的方式完成。

本书的成稿离不开 Intel 公司相关专家的支持，林晓东、赵鹏分别作为华东师范大学的兼职教授、兼职副教授于 2022 年开始参与"软件系统优化"课程的授课，并在工作之余编写了相关章节。

感谢清华大学陈文光教授和上海交通大学陈海波教授在百忙中阅读了本书初稿，提出了宝贵的修改意见，并帮忙作序。

感谢机械工业出版社的各位编辑，他们耐心细致的工作确保本书得以顺利出版。

软件系统优化涉及的知识内容广泛，罕有人士对其众多分支领域均有精深理解。由于笔者学识水平有限，书中难免存在错谬，恳请读者和同行批评指正，我们将不胜感激。

目　　录

推荐序一
推荐序二
前言

第一部分　绪论

第1章　开篇案例：矩阵乘法的性能优化 ……………………… 2
1.1　不同编程语言的实现 …………… 2
1.2　循环交换 ………………………… 5
1.3　编译器的不同优化级别 ………… 7
1.4　多核并行优化 …………………… 8
1.5　循环分块 ……………………… 11
1.6　内建函数 ……………………… 15
1.7　本章小结 ……………………… 17
1.8　思考题 ………………………… 18

第2章　系统优化方法论概述 ……… 19
2.1　后摩尔时代性能优化的驱动力 … 19
2.2　数据驱动的系统优化方法 …… 21
2.3　从单点到全局的系统观 ……… 21
2.4　本章小结 ……………………… 23
2.5　思考题 ………………………… 23

第二部分　性能工程基础

第3章　性能测量 …………………… 26
3.1　测量方法 ……………………… 26

3.1.1　外部测量 ……………… 27
3.1.2　内部测量 ……………… 28
3.1.3　仿真测量 ……………… 29
3.2　计时器的选择 ………………… 30
3.3　数据收集策略 ………………… 33
3.3.1　计数型 ………………… 33
3.3.2　采样型 ………………… 35
3.3.3　追踪型 ………………… 37
3.4　性能波动 ……………………… 38
3.5　测量开销 ……………………… 42
3.6　测量误差 ……………………… 43
3.7　本章小结 ……………………… 44
3.8　思考题 ………………………… 44

第4章　基准评测 …………………… 45
4.1　基准评测程序 ………………… 45
4.1.1　单一指令 ……………… 46
4.1.2　指令组合 ……………… 46
4.1.3　合成程序 ……………… 47
4.1.4　程序内核 ……………… 47
4.1.5　微基准评测程序 ……… 47
4.1.6　应用基准评测程序 …… 48
4.2　标准化基准评测套件 ………… 48
4.2.1　SPEC CPU 2017 ……… 49
4.2.2　基准评测套件的开发
　　　标准 ……………………… 51
4.3　基准评测的策略 ……………… 52

4.3.1　固定计算的基准评测 …… 52
　　4.3.2　固定时间的基准评测 …… 52
　　4.3.3　可变计算和可变时间的
　　　　　基准评测 …………… 53
4.4　阿姆达尔定律 ………………… 53
4.5　古斯塔夫森定律 ……………… 54
4.6　本章小结 ……………………… 55
4.7　思考题 ………………………… 56

第5章　配置优化 ………………… 57
5.1　基本概念 ……………………… 57
5.2　技术挑战 ……………………… 59
　　5.2.1　配置空间的组合爆炸 …… 59
　　5.2.2　性能测量的高昂代价 …… 60
　　5.2.3　复杂隐蔽的特征交互 …… 61
5.3　实验设计 ……………………… 62
　　5.3.1　单次单因子设计 ………… 62
　　5.3.2　全因子设计 ……………… 62
　　5.3.3　部分因子设计 …………… 63
　　5.3.4　$2^k r$ 因子设计 …………… 64
　　5.3.5　随机搜索 ………………… 69
　　5.3.6　自动调优 ………………… 70
5.4　基于机器学习的方法 ………… 70
5.5　领域知识驱动的方法 ………… 72
5.6　本章小结 ……………………… 73
5.7　思考题 ………………………… 73

第6章　性能评价 ………………… 74
6.1　评价目标的设定 ……………… 74
6.2　评价方法的选择 ……………… 75
　　6.2.1　评价方法的选择条件 …… 75
　　6.2.2　评价方法的优缺点 ……… 76
6.3　评价指标的选择 ……………… 77
　　6.3.1　评价指标的分类 ………… 77
　　6.3.2　评价指标的选择条件 …… 78

　　6.3.3　量纲分析与合理性检查 … 78
6.4　数据的分析与解释 …………… 79
　　6.4.1　数据的汇总 ……………… 79
　　6.4.2　数据的比较 ……………… 81
6.5　常见错误与规避方法 ………… 87
6.6　本章小结 ……………………… 88
6.7　思考题 ………………………… 88

第三部分　计算机体系结构优化

第7章　处理器优化 ……………… 90
7.1　五阶段处理器 ………………… 90
7.2　流水线执行 …………………… 93
　　7.2.1　指令流水线 ……………… 93
　　7.2.2　前端与后端 ……………… 94
　　7.2.3　流水线的性能评价和
　　　　　细分 ……………………… 94
　　7.2.4　流水线的停顿与冒险 …… 95
7.3　超标量处理 …………………… 96
　　7.3.1　超标量指令流水线 ……… 96
　　7.3.2　机器指令与微操作 ……… 98
7.4　乱序执行 ……………………… 99
　　7.4.1　数据依赖的分类 ………… 99
　　7.4.2　旁路 ……………………… 99
　　7.4.3　顺序执行与乱序执行 …… 100
　　7.4.4　寄存器重命名 …………… 102
7.5　推测执行 ……………………… 103
　　7.5.1　条件分支造成的控制
　　　　　冒险 ……………………… 103
　　7.5.2　分支预测器 ……………… 104
7.6　本章小结 ……………………… 105
7.7　思考题 ………………………… 105

第8章　存储器优化 ……………… 106
8.1　高速缓存 ……………………… 108

	8.1.1	存储器的层次结构	108
	8.1.2	高速缓存的组织结构	109
	8.1.3	缓存预取	111
8.2	多核访存架构	113
	8.2.1	多处理器系统架构	113
	8.2.2	异构系统架构	115
	8.2.3	缓存一致性	116
8.3	编写缓存友好的代码	120
	8.3.1	顺序访问数据	120
	8.3.2	数据打包	121
	8.3.3	对齐与填充	121
8.4	本章小结	123
8.5	思考题	123

第9章 微体系结构性能分析 …… 124

9.1	处理器性能的铁律	124
	9.1.1	优化每时钟周期的时长	125
	9.1.2	优化指令路径长度	126
	9.1.3	优化CPI	128
9.2	CPI分解方法	129
	9.2.1	根据不同类型的指令进行 CPI 分解	129
	9.2.2	根据不同停顿进行 CPI 分解	130
9.3	自顶向下的微体系结构分析方法	132
9.4	本章小结	134
9.5	思考题	135

第10章 异构计算与编程 …… 136

10.1	异构计算概述	136
	10.1.1	体系结构的分类	136
	10.1.2	异构计算的特性	138
10.2	并行编程框架	139
	10.2.1	多核编程	139
	10.2.2	多节点编程	144
10.3	异构编程：SYCL	148
	10.3.1	硬件设备抽象：设备和队列	148
	10.3.2	数据访问方法	149
	10.3.3	并行性表达	150
	10.3.4	软硬件结合	151
	10.3.5	案例分析：矩阵乘法	153
10.4	本章小结	155
10.5	思考题	155

第四部分 编译优化

第11章 源程序级别的常见优化方法 …… 158

11.1	程序的工作量	158
11.2	数据结构优化示例	159
	11.2.1	打包和编码	159
	11.2.2	数据增添	160
	11.2.3	预先计算	161
	11.2.4	编译时做初始化	162
	11.2.5	缓存	163
	11.2.6	稀疏性	164
11.3	程序逻辑优化	166
	11.3.1	常数折叠与传播	167
	11.3.2	公共子表达式消除	167
	11.3.3	代数恒等替换	167
	11.3.4	创建快速通道	168
	11.3.5	逻辑短路	168
	11.3.6	判断顺序	170
	11.3.7	组合判断	170
11.4	循环优化	171
	11.4.1	循环不变量外提	172
	11.4.2	设置"哨兵"	172
	11.4.3	循环展开	173

11.4.4　循环合并 ····················· 173
　　11.4.5　消除无用迭代 ············· 174
11.5　函数优化 ································· 174
　　11.5.1　函数内联 ····················· 174
　　11.5.2　尾递归消除 ················· 175
　　11.5.3　粗化递归 ····················· 176
11.6　本章小结 ································· 176
11.7　思考题 ····································· 177

第 12 章　编译器概述 ····················· 178

12.1　编译器的定义、分类及典型
　　　架构 ·· 178
　　12.1.1　编译器的定义与分类 ··· 178
　　12.1.2　编译器的典型架构 ······ 181
　　12.1.3　程序中间表示的
　　　　　　必要性 ····················· 182
　　12.1.4　程序中间表示的设计
　　　　　　思考 ·························· 183
　　12.1.5　LLVM IR：LLVM 的程序
　　　　　　中间表示 ·················· 184
12.2　符号表 ····································· 187
12.3　程序运行时的内存组织 ········ 188
12.4　程序分析和优化 ····················· 189
12.5　交叉编译 ································· 191
12.6　用编译器优化程序的迭代
　　　循环 ·· 192
12.7　本章小结 ································· 193
12.8　思考题 ····································· 193

第 13 章　目标指令集架构与汇编
　　　　　语言 ····························· 194

13.1　编译与汇编语言 ····················· 194
13.2　x86-64 指令集架构 ················ 197
　　13.2.1　数据类型 ······················· 197
　　13.2.2　寄存器 ·························· 198
　　13.2.3　指令 ······························ 200
　　13.2.4　寻址方式 ······················ 202

13.3　常用的汇编指令模式 ············ 204
13.4　浮点和向量化指令 ················ 205
　　13.4.1　浮点运算指令 ·············· 205
　　13.4.2　向量化指令 ·················· 206
13.5　本章小结 ································· 208
13.6　思考题 ····································· 208

第 14 章　C 程序的汇编代码生成 ···· 209

14.1　C 程序是如何被转换成汇编
　　　代码的 ···································· 209
14.2　C 程序转换成 LLVM IR ········ 210
　　14.2.1　直线代码到 LLVM IR 的
　　　　　　转换 ·························· 211
　　14.2.2　C 函数到 LLVM IR 的
　　　　　　转换 ·························· 212
　　14.2.3　条件分支语句到 LLVM IR
　　　　　　的转换 ····················· 213
　　14.2.4　循环语句到 LLVM IR 的
　　　　　　转换 ·························· 215
　　14.2.5　LLVM IR 中的属性 ···· 217
　　14.2.6　小结 ······························ 218
14.3　LLVM IR 转换成汇编程序 ······ 218
　　14.3.1　汇编制导指令与程序的
　　　　　　内存布局 ·················· 219
　　14.3.2　函数调用规范 ·············· 220
14.4　本章小结 ································· 222
14.5　思考题 ····································· 223

第 15 章　编译器的优化能力 ·········· 225

15.1　编译分析 / 优化报告 ············· 225
15.2　编译器常见的优化能力 ········ 227
15.3　编译优化示例 ························· 228
　　15.3.1　标量优化 ······················· 230
　　15.3.2　结构体优化 ·················· 232
　　15.3.3　函数调用优化 ·············· 234
　　15.3.4　循环优化 ······················ 236
15.4　编译优化的挑战 ····················· 238

15.4.1　静态信息的不准确性 ⋯⋯ 238
15.4.2　编译单元的局限性 ⋯⋯ 239
15.4.3　优化顺序的不唯一性 ⋯⋯ 240
15.5　链接时间优化 ⋯⋯⋯⋯⋯⋯⋯ 240
15.6　本章小结 ⋯⋯⋯⋯⋯⋯⋯⋯⋯ 241
15.7　思考题 ⋯⋯⋯⋯⋯⋯⋯⋯⋯⋯ 242

第 16 章　程序插桩与优化机会识别 ⋯ 243

16.1　什么是程序插桩 ⋯⋯⋯⋯⋯⋯ 243
　　16.1.1　程序插桩应用示例 ⋯⋯ 244
　　16.1.2　程序插桩的手段 ⋯⋯⋯ 246
16.2　二进制翻译助力程序插桩 ⋯⋯ 246
16.3　利用插桩信息识别编译优化
　　　机会 ⋯⋯⋯⋯⋯⋯⋯⋯⋯⋯⋯ 249
　　16.3.1　最原始的编译器优化
　　　　　　机会识别方法 ⋯⋯⋯⋯ 249
　　16.3.2　常用的编译优化机会
　　　　　　识别方法 ⋯⋯⋯⋯⋯⋯ 250
　　16.3.3　热点驱动的半自动编译
　　　　　　优化机会识别框架 ⋯⋯ 250
16.4　本章小结 ⋯⋯⋯⋯⋯⋯⋯⋯⋯ 257
16.5　思考题 ⋯⋯⋯⋯⋯⋯⋯⋯⋯⋯ 257

第五部分　专题讨论

第 17 章　数据中心的性能优化 ⋯⋯ 260

17.1　数据中心简介 ⋯⋯⋯⋯⋯⋯⋯ 260
17.2　混部应用的性能干扰检修 ⋯⋯ 261
17.3　数据中心的性能分析 ⋯⋯⋯⋯ 264
17.4　数据中心的性能评价 ⋯⋯⋯⋯ 267
17.5　本章小结 ⋯⋯⋯⋯⋯⋯⋯⋯⋯ 272
17.6　思考题 ⋯⋯⋯⋯⋯⋯⋯⋯⋯⋯ 272

第 18 章　深度学习框架的优化 ⋯⋯ 273

18.1　深度学习框架简介 ⋯⋯⋯⋯⋯ 273
18.2　优化基础 ⋯⋯⋯⋯⋯⋯⋯⋯⋯ 274
18.3　算子优化 ⋯⋯⋯⋯⋯⋯⋯⋯⋯ 275
　　18.3.1　提高占用率 ⋯⋯⋯⋯⋯ 276
　　18.3.2　提高内存带宽的
　　　　　　利用率 ⋯⋯⋯⋯⋯⋯⋯ 277
　　18.3.3　使用（局部）共享
　　　　　　内存 ⋯⋯⋯⋯⋯⋯⋯⋯ 278
　　18.3.4　小结 ⋯⋯⋯⋯⋯⋯⋯⋯ 278
18.4　基于计算图的优化 ⋯⋯⋯⋯⋯ 278
　　18.4.1　图编译器 ⋯⋯⋯⋯⋯⋯ 279
　　18.4.2　图编译优化 ⋯⋯⋯⋯⋯ 279
　　18.4.3　算子融合 ⋯⋯⋯⋯⋯⋯ 280
　　18.4.4　MLIR 简介 ⋯⋯⋯⋯⋯ 281
　　18.4.5　小结 ⋯⋯⋯⋯⋯⋯⋯⋯ 281
18.5　本章小结 ⋯⋯⋯⋯⋯⋯⋯⋯⋯ 282
18.6　思考题 ⋯⋯⋯⋯⋯⋯⋯⋯⋯⋯ 282

参考文献 ⋯⋯⋯⋯⋯⋯⋯⋯⋯⋯⋯⋯ 283

第一部分

绪　　论

第一部分包含两章。第 1 章介绍一个矩阵乘法性能优化的经典案例，读者可以跟随案例的讲解进行实际操作，亲身感受获得几万倍性能提升的完整过程。第 2 章概述软件系统优化的方法论，它们是贯穿本书的基本观点和方法。

第 1 章　开篇案例：矩阵乘法的性能优化
第 2 章　系统优化方法论概述

CHAPTER 1

第 1 章

开篇案例：矩阵乘法的性能优化

矩阵乘法是线性代数中的一个基本操作，广泛应用于科学计算、图形处理、人工智能和机器学习等领域，但其计算复杂度达到 $O(n^3)$，其中 n 是矩阵的维度。矩阵越大，矩阵乘法的计算成本也越高，所以性能优化对于大规模矩阵乘法至关重要。Charles E. Leiserson 等人于 2020 年在 *Science* 上发表的论文表明，普通程序员编写的矩阵乘法程序和深入理解软件系统优化的专家编写的程序，性能差距可达六万多倍。本章将采用相同的案例，通过两个大小为 4096 × 4096 的矩阵乘法来说明一个完整的性能优化过程。

实验环境

由于影响性能的因素众多，因此性能数据可能出现偏差。我们尽可能完整地描述本书成稿时的软硬件实验环境，并提供相关的源代码和执行指令，帮助读者复现实验结果。本书所有实验涉及的软硬件系统配置和相关工具所对应的版本如表 1.1 所示。

表 1.1 软硬件系统配置和相关工具所对应版本

硬件配置		软件配置	
服务器	浪潮 NF5468M6 双路服务器	操作系统	Ubuntu 22.04 LTS / 5.15.0-91-generic
CPU 处理器	2 × Intel Xeon Gold 6326	编译器	Clang/LLVM 15.07
CPU 基频	2.90GHz		Intel oneAPI ICX/ICPX 2023.2.0.20230721
物理核数	16 cores per socket	Python	3.10.12
超线程数	2 threads per core	OpenJDK	17.0.9
L1 Cache	32 KiB I + 48KiB D per core	Linux Perf	5.15.131
L2 Cache	1.25 MiB per core	Intel oneAPI VTune	2023.2.0
L3 Cache	24 MiB per socket	Valgrind	3.18.1
内存	16 × 32G DDR4 3200MT/s	OpenMP	5.0

1.1 不同编程语言的实现

首先，采用三种常用的编程语言：Python、Java 和 C 语言来实现矩阵乘法程序。为了突出性能优化效果，这里采用了最简单易读的代码实现，源代码参见代码 1.1 ～代码 1.3。

1. Python 语言实现

矩阵乘法的 Python 语言实现如代码 1.1 所示。

代码 1.1　矩阵乘法的 Python 语言实现

```python
import random
from time import *

n = 4096
A = [[random.random() for row in range(n)] for col in range(n)]
B = [[random.random() for row in range(n)] for col in range(n)]
C = [[0 for row in range(n)] for col in range(n)]

start = time()
for i in range(n):
    for j in range(n):
        for k in range(n):
            C[i][j] += A[i][k] * B[k][i]
end = time()

print("% .2f" % (end - start))
```

2. Java 语言实现

矩阵乘法的 Java 语言实现如代码 1.2 所示。

代码 1.2　矩阵乘法的 Java 语言实现

```java
import java.util.Random;

public class gemm {
  static int n = 4096;
  static double[][] A = new double[n][n];
  static double[][] B = new double[n][n];
  static double[][] C = new double[n][n];

  public static void main(String[] args) {
    Random r = new Random();
    for (int i = 0; i < n; i++) {
      for (int j = 0; j < n; j++) {
        A[i][j] = r.nextDouble();
        B[i][j] = r.nextDouble();
        C[i][j] = 0;
      }
    }

    long start = System.nanoTime();
    for (int i = 0; i < n; i++) {
```

```
21        for (int j = 0; j < n; j++) {
22            for (int k = 0; k < n; k++) {
23                C[i][j] += A[i][k] * B[k][j];
24            }
25        }
26    }
27    long end = System.nanoTime();
28
29    double tdiff = (end - start) * 1e-9;
30    System.out.printf("%.2f\n" , tdiff);
31  }
32 }
```

3. C 语言实现

矩阵乘法的 C 语言实现如代码 1.3 所示。

代码 1.3　矩阵乘法的 C 语言实现

```c
1  #include <stdio.h>
2  #include <stdlib.h>
3  #include <sys/time.h>
4
5  #define n 4096
6  double A[n][n];
7  double B[n][n];
8  double C[n][n];
9
10 float tdiff(struct timeval *start , struct timeval *end) {
11     return (end->tv_sec - start->tv_sec) +
12         1e-6 * (end->tv_usec - start->tv_usec);
13 }
14
15 int main(int argc, const char *argv[]) {
16     int i, j, k;
17     for (i = 0; i < n; i++) {
18         for (j = 0; j < n; j++) {
19             A[i][j] = (double)rand () / (double)RAND_MAX;
20             B[i][j] = (double)rand () / (double)RAND_MAX;
21             C[i][j] = 0;
22         }
23     }
24
25     struct timeval start, end;
26     gettimeofday (&start, NULL);
27     for (i = 0; i < n; i++) {
28         for (j = 0; j < n; j++) {
29             for (k = 0; k < n; k++) {
30                 C[i][j] += A[i][k] * B[k][j];
31             }
```

```
32            }
33        }
34        gettimeofday(&end, NULL);
35
36        printf("%.2f\n", tdiff (&start, &end));
37        return 0;
38  }
```

为了后续实验对比的一致性，我们统一采用 Intel ICX 编译器对 C 语言版本的矩阵乘法进行编译。不同的编译器可能在具体实现上采取不同的编译优化手段，这些编译优化的手段会不同程度地影响程序在真实硬件上的运行性能。运行结果如表 1.2 所示。

表 1.2 不同语言实现的矩阵乘法运行时间对比

编程语言	编译及运行指令	运行时间（秒）
Python	python ./gemm.py	18 023.02
Java	javac ./gemm.java && java gemm	702.56
C	icx -O0 gemm.c -o gemm && ./gemm	781.12

根据实验结果，Python 语言实现的运行性能远低于 Java 语言和 C 语言的实现。这是由于 Python 语言实现是通过 Python 解释器进行动态解释运行的。在执行 Python 程序时，需要不断地在解释器中对 Python 语句进行解释并进行相关对象的构造与销毁，同时需要对解释器的状态进行动态更新，这就导致 Python 语言在实际执行一条语句时比另外两种语言更为耗时。

Java 语言实现会先利用 javac 编译器将源程序编译为 Java 字节码（bytecode），然后在 Java 程序实际运行时利用 Java 虚拟机（Java Virtual Machine，JVM）对编译好的字节码文件进行解释或者即时（Just-In-Time，JIT）编译成机器码执行。C 语言实现则更加简单直接，会由编译器直接编译成机器码执行。

通常来说，编译型的 C 语言实现要快于混合了解释和编译的 Java 语言实现。然而，Java 虚拟机会对 Java 程序做许多运行时优化，比如将热点代码即时编译成本地机器码，以减少解释执行的开销。所以，在 C 语言编译器禁用优化时（如，编译时使用了 -O0 选项），Java 语言实现可能比 C 语言实现要快。为了简单起见，下面不考虑运行时优化，继续采用 C 语言的实现进行优化。

1.2 循环交换

数组在内存中是以行主序（row-major order）存储的，即数组每一行的元素是连续存储的，而列之间存在跨越。基于这个特点，在保证矩阵乘法运算结果正确的前提下，可以考虑交换循环顺序来提高访存的空间局部性，从而提高缓存命中率，减少对内存的访问，最终提升程序性能。

图 1.1 展示了三个调换 C 语言实现的循环顺序后数组访存的模式。其中，图 1.1a 对应代码 1.3 中采用的 i, j, k 的循环顺序。这里展示的是当完成一次最内层循环的时候，每个矩阵的访存模式情况。通过图中所示的访存模式可以看出，使用 k, i, j 的循环顺序是有利于内存访问空间局部性的一种实现。代码 1.4 是这种循环顺序对应的源代码，它与代码 1.3 的主要区别就是交换了循环顺序。

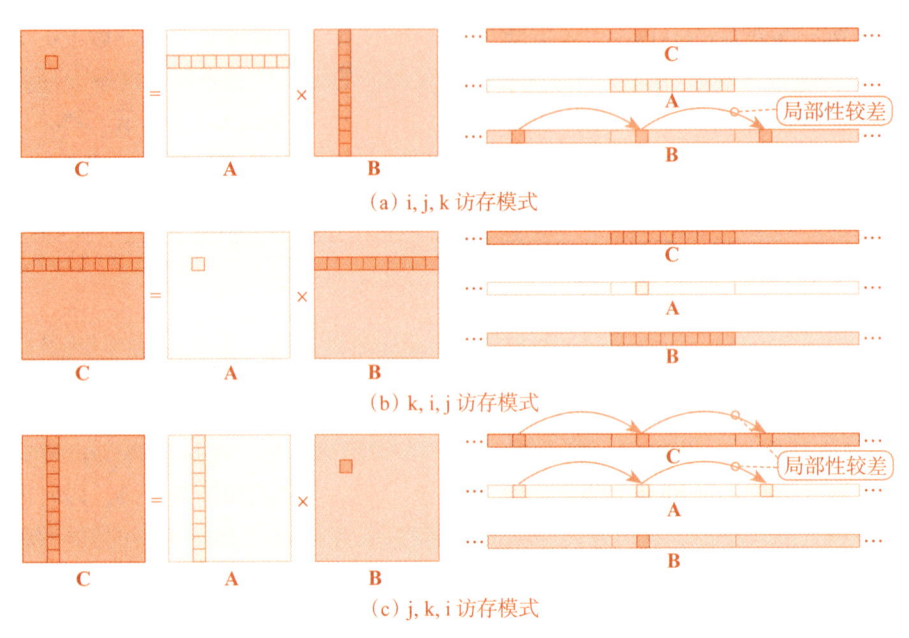

(a) i, j, k 访存模式

(b) k, i, j 访存模式

(c) j, k, i 访存模式

图 1.1 矩阵乘法中不同循环顺序对内存访问空间局部性的影响

代码 1.4 交换了循环顺序后的矩阵乘法实现

```
1  #include <stdio.h>
2  #include <stdlib.h>
3  #include <sys/time.h>
4
5  #define n 4096
6  double A[n][n];
7  double B[n][n];
8  double C[n][n];
9
10 float tdiff(struct timeval *start, struct timeval *end) {
11     return (end->tv_sec - start->tv_sec) +
12         1e-6 * (end->tv_usec - start->tv_usec);
13 }
14
15 int main(int argc , const char *argv[]) {
16     int i, j, k;
17     for (i = 0; i < n; i++) {
```

```
18          for (j = 0; j < n; j++) {
19              A[i][j] = (double)rand() / (double)RAND_MAX;
20              B[i][j] = (double)rand() / (double)RAND_MAX;
21              C[i][j] = 0;
22          }
23      }
24
25      struct timeval start, end;
26      gettimeofday(&start, NULL);
27      for (k = 0; k < n; k++) {
28          for (i = 0; i < n; i++) {
29              for (j = 0; j < n; j++) {
30                  C[i][j] += A[i][k] * B[k][j];
31              }
32          }
33      }
34      gettimeofday(&end, NULL);
35
36      printf("%.2f\n", tdiff (&start, &end));
37      return 0;
38 }
```

针对不同的循环顺序，我们分别实现并进行了性能测量。同时，采用 cachegrind 工具对程序的访存行为进行了模拟测量。cachegrind 是 Valgrind 套件中的一个工具，模拟了一个带有多级缓存的计算机系统，会跟踪程序的每次内存访问，并记录缓存的命中和未命中情况。它还提供了一系列对程序进行性能分析的基本功能，使用该工具进行性能测量和分析的基本命令如下：

```
$ valgrind --tool=cachegrind ./gemm
```

从表 1.3 所示的性能数据可以看出，具有良好访存模式的 k, i, j 和 i, k, j 都取得了较好的性能，同时，由 cachegrind 仿真测得的最后一级高速缓存（Last Level Cache，LLC）未命中率也较低，说明这两种模式下对内存的访问较少。接下来，我们采用结果最好的 k, i, j 循环顺序的实现（即代码 1.4）继续进行优化。

表 1.3 不同循环顺序对运行时间和 LLC 未命中率的影响

循环顺序	运行时间（秒）	LLC 未命中率	循环顺序	运行时间（秒）	LLC 未命中率
i, j, k	781.12	7.7%	j, k, i	1080.15	15.4%
i, k, j	157.53	1.0%	k, i, j	143.01	1.0%
j, i, k	531.30	8.6%	k, j, i	988.40	15.4%

1.3 编译器的不同优化级别

常用的编译器（如 GCC、Clang 以及 ICX）实现中内嵌了许多程序优化手段，调用这些优化手段的一个常用方法是利用 "-O" 选项接上不同的优化级别来对程序进行编译优化。

编译命令如下所示：

```
$ icx -O2 gemm.c -o gemm
```

不同的优化级别往往包含不同的优化手段。采取的优化选项级别越高，编译器就会采取更多的优化手段来尝试对程序进行优化。这些优化手段通常能够较为显著地提升程序的执行效率，从而获得更好的运行性能。表1.4展示了采用ICX编译器对代码1.4进行不同级别的编译优化后的运行时间的结果。从结果可见，随着编译优化级别从 -O0 上升到 -O2，程序的运行性能也得到了显著提升。但是，在开启 -O3 选项以后，程序的运行性能相比于开启 -O2 选项后的性能反而有小幅度下降。常用的编译器在开启 -O3 选项以后，往往会采用更为激进的优化手段来对程序进行优化。然而，采用 -O3 选项生成代码的运行效率不一定比采用 -O2 选项生成代码的运行效率高，这取决于被编译程序本身以及编译器的具体实现。接下来，我们选择性能结果最好的 -O2 选项作为后续实验的编译优化级别。

表 1.4　不同编译优化级别对运行时间的影响

编译优化级别	运行时间（秒）
-O0	143.01
-O1	61.80
-O2	52.02
-O3	52.22

1.4　多核并行优化

仔细观察 CPU 的使用情况后会发现，上述程序实现其实只使用了 CPU 上的一个核心（core）对矩阵乘法进行计算，即可以认为整个程序是串行地进行计算的。这种情况下，我们并没有把现代处理器的多核硬件资源充分利用起来。为此，可以对矩阵乘法的计算任务进行合理拆分，并且把拆分后的任务分别运行在 CPU 的不同核心上并行处理，从而充分利用底层的硬件资源。

这里，采用 OpenMP 并行化编程标准和 Intel oneAPI 工具套件实现多核并行优化。OpenMP 是一套用于多核处理器并行编程的接口规范，利用 OpenMP 编程接口可以轻松地写出高度并行化的程序。例如，利用 OpenMP 定义好的规范编程接口，可以对矩阵乘法程序的 for 循环进行并行化处理，把每个循环迭代里的任务拆分到不同的线程和核心上做并行化处理。ICX 编译器集成了 OpenMP 套件，可使用如下命令编译：

```
$ icx -qopenmp omp_gemm.c -o omp_gemm
```

在使用 OpenMP 编写程序的时候，需要特别注意程序并行后的正确性。一个常见的问题是，对哪一层循环进行并行化处理才可以保证程序的正确性？例如，在针对 k, i, j 循环顺序进行并行化的时候，需要对第二层循环体加上并行处理来保证程序的正确性。代码1.5给出了对 k, i, j 循环顺序进行并行化的参考代码，它与代码1.4的主要区别是在第二层的 i 循环上添加了 OpenMP 并行化处理的接口。其中，schedule(static) 表明申请的线程会静态分配给每个循环，不会进行动态的线程资源调度；firstprivate 表明会为每个线程初始化其循环中对应 k 的值；shared 表明 A、B、C 三个变量是多个线程共享的。

代码 1.5　采用了 k, i, j 循环顺序和 OpenMP 并行化的矩阵乘法

```
1  #include <stdio.h>
2  #include <stdlib.h>
3  #include <sys/time.h>
4  #include <omp.h>
5
6  #define n 4096
7  double A[n][n];
8  double B[n][n];
9  double C[n][n];
10
11 float tdiff(struct timeval *start, struct timeval *end) {
12     return (end->tv_sec - start->tv_sec) +
13            1e-6 * (end->tv_usec - start->tv_usec);
14 }
15
16 int main(int argc, const char *argv[]) {
17     int i, j, k;
18     for (i = 0; i < n; i++) {
19         for (j = 0; j < n; j++) {
20             A[i][j] = (double)rand() / (double)RAND_MAX;
21             B[i][j] = (double)rand() / (double)RAND_MAX;
22             C[i][j] = 0;
23         }
24     }
25
26     struct timeval start, end;
27     gettimeofday(&start, NULL);
28     for (k = 0; k < n; k++) {
29         #pragma omp parallel for schedule(static) firstprivate(k) shared(A, B, C)
30         for (i = 0; i < n; i++) {
31             for (j = 0; j < n; j++) {
32                 C[i][j] += A[i][k] * B[k][j];
33             }
34         }
35     }
36     gettimeofday(&end, NULL);
37
38     printf("%.2f\n", tdiff(&start, &end));
39     return 0;
40 }
```

在代码 1.5 中，若选择对最外层的 k 循环而不是第二层的 i 循环进行并行化，那么根据 k, i, j 循环顺序的访存模式，此时不同的线程会对矩阵 C 的同一位置进行并发写入，引起数据竞争和冲突，从而不能保证矩阵乘法计算结果的正确性。值得注意的是，矩阵乘法中不同的循环顺序会导致使用不同的并行化策略。例如，对同样具有良好访存模式的 i, k, j 循环顺序进行并行化实现时，需要添加并行化处理的是最外层的 i 循环。为了方便对比，代码

1.6 给出了基于 i,k,j 循环顺序进行并行化处理的参考代码。

代码 1.6　采用了 i, k, j 循环顺序和 OpenMP 并行化的矩阵乘法

```c
#include <stdio.h>
#include <stdlib.h>
#include <sys/time.h>
#include <omp.h>

#define n 4096
double A[n][n];
double B[n][n];
double C[n][n];

float tdiff(struct timeval *start, struct timeval *end) {
    return (end->tv_sec - start->tv_sec) +
           1e-6 * (end->tv_usec - start->tv_usec);
}

int main(int argc, const char *argv []) {
    int i, j, k;
    for (i = 0; i < n; i++) {
        for (j = 0; j < n; j++) {
            A[i][j] = (double)rand() / (double)RAND_MAX;
            B[i][j] = (double)rand() / (double)RAND_MAX;
            C[i][j] = 0;
        }
    }

    struct timeval start, end;
    gettimeofday(&start, NULL);
    #pragma omp parallel for schedule(static) shared(A, B, C)
    for (i = 0; i < n; i++) {
        for (k = 0; k < n; k++) {
            for (j = 0; j < n; j++) {
                C[i][j] += A[i][k] * B[k][j];
            }
        }
    }
    gettimeofday(&end, NULL);

    printf("%.2f\n", tdiff (&start, &end));
    return 0;
}
```

实际上，这两种不同循环顺序的并行化方式会带来不小的性能差异。在 k, i, j 的循环体实现中，每轮 k 的迭代都需要重新申请新的线程来处理矩阵乘法子任务。从操作系统资源分配的角度来看，采用这种策略无疑是消耗比较大的。这里可以做一个简单的计算，假如我们选择分配 16 个线程来处理该矩阵乘法的任务，在 k, i, j 循环之下，最外层的 k 循环总共有 4096 次迭代，而每轮 k 的迭代都需要申请 16 个线程来进行内层循环的并行化处理，那么完成该矩阵乘法的所有循环迭代总共需要申请 4096×16=65 536 个线程来进行处理。反观采用同样缓存友好型的 i, k, j 循环顺序，则只需要在最外层循环进行对应线程的申请，即只需要申请 16 个线程就能完成矩阵乘法的处理，这样整体消耗的线程数量要比采用 k, i, j 循环顺序少得多。

除此之外，在 i, k, j 循环顺序的并行化处理方式当中，各个线程之间可以并发地处理 4096×4096=2^{24} 次循环迭代。反观 k, i, j 的循环并行化，每个线程之间只能并发地处理 4096 次循环迭代。由此可见，i, k, j 循环顺序并行化后的处理效率更高。

我们对两种循环顺序的并行化实现进行了性能测量，具体数据如表 1.5 所示。可以看出，采用 i, k, j 循环顺序并行化后的性能比采用 k, i, j 循环顺序并行化更好。同时，随着并行线程数的增加，并行化性能也持续得到了提升。注意：在编写并行化 `for` 循环程序的时候，尽量对最外层循环进行并行化，这样往往可以获得最佳的性能。

表 1.5　不同循环顺序并行化对运行时间的影响

线程数	i, k, j 循环顺序运行时间（秒）	k, i, j 循环顺序运行时间（秒）	线程数	i, k, j 循环顺序运行时间（秒）	k, i, j 循环顺序运行时间（秒）
4	13.19	16.04	12	4.39	8.36
8	6.38	9.90	16	3.51	7.71

对于 OpenMP 中所采用的并行线程数，可以通过配置系统环境变量来实现。通常，可以通过设置 `OMP_NUM_THREADS` 系统环境变量来指定处理并行任务用到的线程数量。另外，也可以通过设置 `OMP_PLACES` 变量来表明要将对应的线程分配到 CPU 的哪个核心上进行处理。例如，将 `OMP_PLACES` 设置为 "`{0}:16:1`"，表明这 16 个线程要从 CPU 的 0 号核心开始放置，总共放置 16 个核心，且每个核心放置的间隔步长为 1。这样，OpenMP 的运行环境就会把线程按照具体调度的策略分配到 0～15 号核心上。

在这个实验中，我们选择最多采用 16 个线程来对矩阵乘法进行处理。下面给出本例的 OpenMP 系统环境设置：

```
export OMP_NUM_THREADS=16
export OMP_PLACES="{0}:16:1"
export OMP_DISPLAY_ENV=verbose
```

可以配合使用以下 numactl 命令，保证 OpenMP 程序绑定到 CPU 指定的核心上运行，同时可以限定 OpenMP 程序的内存访问节点：

```
$ numactl --membind=0 --physcpubind=0-15 ./omp_gemm
```

接下来，我们继续对并发性能较好的、采用 i,k,j 循环顺序的代码 1.6 进行优化。

1.5　循环分块

我们进一步思考如何利用底层硬件中的 CPU 高速缓存来优化程序性能。虽然通过交换循环顺序提高了程序访存的空间局部性和缓存命中率，但CPU高速缓存的大小是有限的，放不下所有要访问的数据。简单估算一下，在i,k,j的循环顺序之下，对结果矩阵写一行数据需要多少次访存需求呢？如图1.2a所示，对于结果矩阵 **C**，在写入一行数据之时，需要4096次的数据写入。而针对矩阵 **A**，此时需要读入矩阵的一行数据作为计算的输入，即4096次内存读入。而对于矩阵 **B**，则需要读取整个矩阵作为计算输入，即需要4096×4096=2^{24}次内存数据读入。由此可见，在写入一行矩阵 **C** 的数据时，共计有2^{12}+2^{12}+2^{24}次内存访问需求。由于读取的数据都是 `double` 类型，根据机器的应用二进制程序接口（Application Binary Interface，ABI）的定义，`double` 类型数据的大小为8字节，那么在矩阵 **C** 写入一行时就需要约128MiB的内存访问量。这个内存访问量明显大于实验环境下CPU上的三级缓存（L3 Cache）容量。这就表明，在处理一行矩阵 **C** 的结果时，要发生多次缓存未命中来进行内存数据访问。那么，有什么好的方法能够提高缓存数据的复用性呢？

一个可行的方法就是对矩阵乘法进行分块（tiling）处理。比如，将4096×4096矩阵乘法拆分成64×64个更小规模的64×64小矩阵乘法进行迭代处理。如图1.2b所示，可以估算一下采用这种方法的内存访问需求量。在写入矩阵 **C** 的一个小分块时，需要64×64=2^{12}次内存写入，对于矩阵 **A** 则需要64×4096=2^{18}次内存读取。对于矩阵 **B**，也需要4096×64=2^{18}次内存读取。在这种情况下，总共需要约4MiB的内存访问量，这个规模的数据就可以考虑都放在CPU三级缓存中复用，从而增加缓存命中率。代码1.7给出了对代码1.6进行循环分块优化的示例，注意，它与代码1.6的主要差别是对循环体进行了更深层次的拆分。

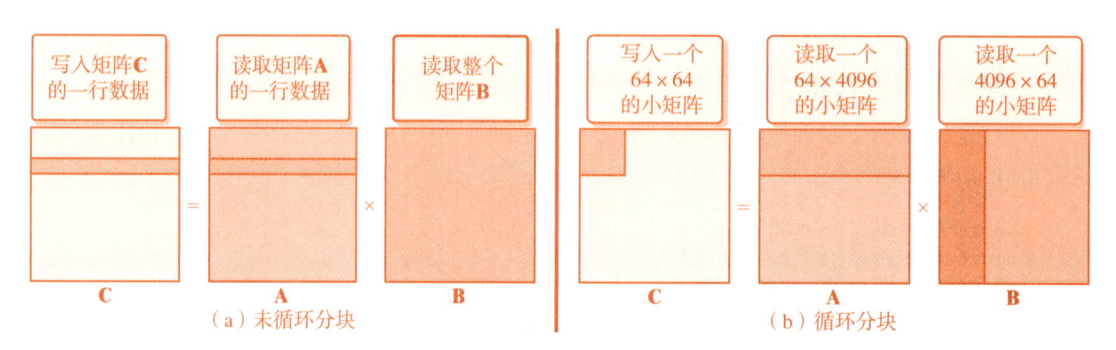

图1.2 矩阵乘法的循环分块

代码1.7 采用了循环分块的矩阵乘法

```
1  #include <stdio.h>
2  #include <stdlib.h>
3  #include <sys/time.h>
4  #include <omp.h>
5
6  #define n 4096
```

```
 7  double A[n][n];
 8  double B[n][n];
 9  double C[n][n];
10
11  float tdiff(struct timeval *start , struct timeval *end) {
12      return (end->tv_sec - start->tv_sec) +
13          1e-6 * (end->tv_usec - start->tv_usec);
14  }
15
16  int main(int argc, const char *argv []) {
17      int i, j, k;
18      for (i = 0; i < n; i++) {
19          for (j = 0; j < n; j++) {
20              A[i][j] = (double)rand() / (double)RAND_MAX;
21              B[i][j] = (double)rand() / (double)RAND_MAX;
22              C[i][j] = 0;
23          }
24      }
25
26      struct timeval start, end;
27      int ih, il, jh, jl, kh, kl;
28      gettimeofday(&start, NULL);
29
30      // S 为具体的分块大小, 编译时通过命令行传入
31      #pragma omp parallel for shared(A, B, C) schedule(static) collapse(2)
32      for (ih = 0; ih < n; ih += S)
33          for (jh = 0; jh < n; jh += S)
34              for (kh = 0; kh < n; kh += S)
35                  for (il = 0; il < S; il++)
36                      for (kl = 0; kl < S; kl++)
37                          for (jl = 0; jl < S; jl++)
38                              C[ih + il][jh + jl] += A[ih + il][kh + kl] *
                                    B[kh + kl][jh + jl];
39      gettimeofday(&end, NULL);
40
41      printf("%.2f\n", tdiff(&start, &end));
42      return 0;
43  }
```

由于循环拆分的特性, 此时可以对最外面的两层循环同时进行并行化处理。我们使用 OpenMP 中的 `collapse(2)` 接口来对外面两层循环同时进行并行化。实际上, 在 OpenMP 编程规范的具体实现中, 会把外面两层循环重新合并计算为一层循环, 再对合并后的单层循环进行并行化。不过, 编译器会自动处理这个合并操作, 我们只需要按照原本分析问题的逻辑编写程序即可。

然而, 这里又会出现一个问题, 我们该如何设定分块大小才能让性能更好? 最好的办法就是通过实验测量来判定, 这也是一项常见的配置参数调优工作。对于代码 1.7, 可以利用以下命令在编译程序的时候就直接传入分块 S 的大小:

```
$ icx -O2 -qopenmp ./gemm.c -DS=32 -o gemm
```

此外，在上述代码和命令的基础上，可以实现一个简单的<u>自动调优器</u>（autotuner），枚举各种可能的分块大小，再编译和运行程序，最后根据运行结果选择性能最优的分块大小。这里，枚举不同的分块大小后，获得的运行数据如表 1.6 所示。根据实验结果可以看到，在我们的机器上将 4096×4096 矩阵乘法拆分为 32×32 个 128×128 的子矩阵乘法进行处理是一个性能较优的方案。接下来，我们在此分块配置的基础上继续优化。

表 1.6　矩阵分块大小对运行时间的影响

分块大小 S	运行时间（秒）	分块大小 S	运行时间（秒）
4	4.91	64	1.38
8	3.74	128	1.20
16	1.41	256	1.79
32	1.60		

注意，尽管上述循环分块使得一次子矩阵乘法计算的数据量能够存放在 CPU 三级缓存中进行复用，但目前还是没有充分利用底层硬件的 CPU 缓存。这是因为 CPU 缓存通常是一个多层体系结构，包括一级、二级和三级缓存。缓存的级别越高（一级最高，三级最低），速度越快，但容量越小。因此，可以考虑进一步分块，使计算规模更小，尽可能复用级别更高、速度更快的缓存。代码 1.8 给出了参考实现，它与代码 1.7 的主要区别是进行了更深层次的二级循环分块。

代码 1.8　采用了二级循环分块的矩阵乘法

```
1  #include <stdio.h>
2  #include <stdlib.h>
3  #include <sys/time.h>
4  #include <omp.h>
5
6  #define n 4096
7  double A[n][n];
8  double B[n][n];
9  double C[n][n];
10
11 float tdiff(struct timeval *start , struct timeval *end) {
12     return (end->tv_sec - start->tv_sec) +
13         1e-6 * (end->tv_usec - start->tv_usec);
14 }
15
16 int main(int argc, const char *argv[]) {
17     for (int i = 0; i < n; i++) {
18         for (int j = 0; j < n; j++) {
19             A[i][j] = (double)rand() / (double)RAND_MAX;
20             B[i][j] = (double)rand() / (double)RAND_MAX;
21             C[i][j] = 0;
```

```
22          }
23      }
24
25      struct timeval start, end;
26      int ih, il, im, jh, jl, jm, kh, kl, km;
27      gettimeofday(&start, NULL);
28
29      // S 和 T 为多层拆分后的子矩阵的维度，编译时通过命令行传入
30      #pragma omp parallel for shared(A, B, C) schedule(static) collapse(2)
31      for (ih = 0; ih < n; ih += S)
32          for (jh = 0; jh < n; jh += S)
33              for (kh = 0; kh < n; kh += S)
34                  for (im = 0; im < S; im += T)
35                      for (jm = 0; jm < S; jm += T)
36                          for (km = 0; km < S; km += T)
37                              for (il = 0; il < T; ++il)
38                                  for (kl = 0; kl < T; ++kl)
39                                      for (jl = 0; jl < T; ++jl)
40                                          C[ih + im + il][jh + jm + jl] +=
41                                              A[ih + im + il][kh + km + kl] *
42                                              B[kh + km + kl][jh + jm + jl];
43      gettimeofday(&end, NULL);
44
45      printf("%.2f\n", tdiff(&start, &end));
46      return 0;
47  }
```

在代码 1.8 中，首先将 4096×4096 矩阵乘法拆分为 4096/S×4096/S 个大小为 S×S 的子矩阵乘法进行处理，然后，将这些 S×S 子矩阵乘法进一步拆分为 S/T×S/T 个更小的 T×T 子矩阵乘法。采用自动调优的方法，可以尝试 S 和 T 的不同大小，找到适合实验环境下 CPU 缓存的循环分块配置。表 1.7 列出了实验结果，可以看到，当 S 为 128、T 为 16 的时候，可以获得实验环境下性能最优的二级循环分块配置。

表 1.7 二级循环分块参数对运行时间（秒）的影响

S	T			
	4	8	16	32
32	1.40	2.89	1.20	—
64	1.79	2.28	1.02	1.34
128	1.67	2.02	1.00	1.27
256	1.88	3.15	1.03	1.30

1.6 内建函数

在 ICX 编译器开启 -O2 优化选项时，会尝试对程序进行自动向量化优化。自动向量化优化会利用 CPU 的单指令多数据（Single Instruction Multiple Data，SIMD）特性，生成对应的 SIMD 指令来提高程序的运行效率。这类 SIMD 指令通常能够在较短的时间周期内完成多个数据项的并行处理。但是，编译器提供的自动向量化能力往往比较有限，这时可以利用 Intel 编程手册提供的高级矢量扩展（Advanced Vector eXtension，AVX）内建函数（intrinsic function）进行特定平台上的专用向量化编程。合理地使用这些内建函数去编写专

用程序，通常能够在特定平台上生成性能更高的代码。

代码 1.9 给出了参考实现，它在代码 1.8 的基础上加入了 Intel AVX 内建函数，利用 AVX 内建函数替代了原来最内层的矩阵乘法操作。

代码 1.9　采用了 Intel AVX 内建函数的矩阵乘法

```
1  #include <stdio.h>
2  #include <stdlib.h>
3  #include <sys/time.h>
4  #include <omp.h>
5  #include <immintrin.h>
6
7  // 二级循环分块的参数大小，下面的程序已进行替换
8  #define S 128
9  #define T 16
10
11 #define n 4096
12 double A[n][n] __attribute__((aligned(32)));
13 double B[n][n] __attribute__((aligned(32)));
14 double C[n][n] __attribute__((aligned(32)));
15
16 float tdiff(struct timeval *start , struct timeval *end) {
17     return (end->tv_sec - start->tv_sec) +
18         1e-6 * (end->tv_usec - start->tv_usec);
19 }
20
21 int main(int argc, const char *argv []) {
22     for (int i = 0; i < n; i++) {
23         for (int j = 0; j < n; j++) {
24             A[i][j] = (double)rand() / (double)RAND_MAX;
25             B[i][j] = (double)rand() / (double)RAND_MAX;
26             C[i][j] = 0;
27         }
28     }
29
30     struct timeval start, end;
31     int ih, il, im, jh, jl, jm, kh, kl, km;
32     __m256d packedA, packedB, packedC;
33     gettimeofday (&start, NULL);
34
35     #pragma omp parallel for shared(A, B, C) schedule(static) collapse(2)
36     for (ih = 0; ih < n; ih += 128)
37         for (jh = 0; jh < n; jh += 128)
38             for (kh = 0; kh < n; kh += 128)
39                 for (im = 0; im < 128; im += 16)
40                     for (jm = 0; jm < 128; jm += 16)
41                         for (km = 0; km < 128; km += 16)
42                             for (il = 0; il < 16; ++il) {
43                                 for (kl = 0; kl < 16; ++kl) {
```

```
44                          // 将AVX寄存器设置为4个A[ih + im + il][kh
                            + km + kl]
45                          packedA = _mm256_set1_pd(A[ih + im + il]
                            [kh + km + kl]);
46                          for (jl = 0; jl < 16; jl += 4) {
47                            // 加载C[ih+im+il][kh+km+kl] ~
                                 C[ih+im+il][kh+km+kl+3]
48                            packedC = _mm256_load_pd(&C[ih + im
                                 + il][jh + jm + jl]);
49                            // 加载B[kh+km+kl][jh+jm+jl] ~
                                 B [kh+km+kl][jh+jm+jl+3]
50                            packedB = _mm256_load_pd(&B[kh + km
                                 + kl][jh + jm + jl]);
51                            // packedC += packedA * packedB
52                            packedC = _mm256_fmadd_pd(packedA,
                                 packedB, packedC);
53                            // 将packedC写入内存
54                            _mm256_store_pd(&C[ih + im + il][jh
                                 + jm + jl], packedC);
55                          }
56                        }
57                      }
58    gettimeofday(&end, NULL);
59
60    printf("%.2f\n", tdiff(&start, &end));
61    return 0;
62  }
```

注意，在使用ICX编译器编译包含AVX内建函数的代码时，需要在编译选项中添加 -march=native 选项，例如：

```
$ icx ./gemm.c -qopenmp -O2 -march=native -o gemm
```

经测试，上述代码的运行时间为 0.36 秒。

从实验结果可见，采用AVX内建函数生成的代码的运行性能更高。需要说明的是，这里的 -march=native 选项也会指导编译器生成更符合当前CPU架构特性的指令序列，这样的指令序列往往可以在CPU流水线中有更高的执行效率，进而提升程序的实际运行性能。

1.7 本章小结

本章尝试使用不同的方法对两个 4096×4096 矩阵的乘法进行性能优化。为了方便对比各个版本程序的性能，我们以性能最差的 Python 语言实现版本作为基线（baseline），计算各个版本程序性能的绝对加速比（absolute speedup），公式如下：

$$\text{绝对加速比} = \frac{\text{性能最差版本的运行时间}}{\text{其他版本的运行时间}}$$

同时，计算每个版本的性能相对于前一个版本的性能所获得的相对加速比（relative speedup），公式如下：

$$相对加速比 = \frac{前一版本的运行时间}{当前版本的运行时间}$$

此外，计算各个实现版本的每秒十亿次浮点运算次数（Giga Floating Point Operations Per Second，GFLOPS）作为算力比较的一部分。在 4096×4096 矩阵乘法中，以 Python 语言实现为例，总运算量包括一个三重循环的计算，且最内层的每次循环都需要进行浮点数的一次乘法和一次加法的运算，总运算量约为 $2 \times (2^{12})^3 = 2^{37}$ 次浮点运算。因此，可以用 $\frac{2^{37}}{10^9 \times 运行时间（秒）}$ 来计算各个版本的 GFLOPS。

综上，各个实现版本的运行结果如表 1.8 所示。从结果可以看到，最终的优化代码 1.9 相比最早的实现代码 1.1，性能提升了 50 064 倍。这充分说明了普通程序员编写的程序和深入理解软件系统优化的专家编写的程序之间存在巨大的性能差距，也说明了学习软件系统优化相关知识的必要性。

表 1.8　矩阵乘法各实现版本的性能优化结果

实现版本	代码版本	运行时间（秒）	相对加速比	绝对加速比	GFLOPS
Python 语言实现	代码 1.1	18 023.02	1.0	1	0.008
Java 语言实现	代码 1.2	702.56	25.7	26	0.197
C 语言实现	代码 1.3	781.12	0.9	23	0.176
循环交换	代码 1.4（O0 级别）	143.01	5.5	126	0.961
编译器的不同优化级别	代码 1.4（O2 级别）	52.02	2.8	346	2.642
多核并行优化	代码 1.6	3.51	14.8	5135	39.156
循环分块	代码 1.7	1.20	2.9	15 019	114.532
二级循环分块	代码 1.8	1.00	1.2	18 023	137.439
AVX 内建函数	代码 1.9	0.36	2.8	50 064	381.775

1.8　思考题

1. 什么情况下不能采用循环交换来优化程序性能？
2. 在使用多核并行优化时，是否开启并行线程越多性能就越好？
3. 在本章的矩阵乘法案例中，如何快速确定性能最优的循环分块大小？
4. 本章利用 AVX 内建函数对矩阵乘法进行优化时，实际上采用了基于 256 位寄存器的 Intel AVX2 指令。如果采用基于 512 位寄存器的 Intel AVX-512 指令，程序性能会如何变化呢？请通过实验进行验证。
5. 通过本章的案例，分析影响矩阵乘法性能的因素。是否可以建立一个关于矩阵乘法性能的数学模型？

CHAPTER 2

第 2 章

系统优化方法论概述

在上一章，我们通过一个矩阵乘法性能优化的案例，对性能优化的过程有了具象化的初步认识。本章将概述软件系统优化的方法论，阐明本书的基本观点和方法，并说明与后续章节的关系。

2.1 后摩尔时代性能优化的驱动力

美国物理学家理查德·费曼（Richard P. Feynman）在 1959 年发表了著名的演讲"There's Plenty of Room at the Bottom"，预言了微型化计算机的趋势，提出在技术领域减小芯片、组件、设备的尺寸，以便在更小的空间内实现相同或更强大的计算能力。过去几十年，随着集成电路制程工艺不断精细化，计算机体系结构也不断优化，计算机的性能得到了迅猛提升。这个过程深受摩尔定律（Moore's law）和登纳德缩放（Dennard scaling）定律两大定律的影响。

1. 摩尔定律

摩尔定律是一个关于集成电路技术发展速度的经验性规律，与芯片的发展紧密关联。该定律是由 Intel 公司创始人之一戈登·摩尔（Gordon E. Moore）于 1965 年提出的。摩尔定律的核心观点是：集成电路上可容纳的晶体管数量每隔大约 18 个月至 24 个月会增加一倍。

虽然摩尔定律是一个经验性的而非严格的物理定律，但它在过去几十年内一直有效，为芯片行业的快速发展提供了指导，也对计算机行业的发展产生了深远的影响。然而，随着集成电路制程工艺逼近物理极限，一些人认为摩尔定律可能会在未来的某个时刻失效。晶体管密度的增加，需要更加先进的制程工艺，但工艺的复杂程度与错误率也将成倍增长。

2. 登纳德缩放定律

登纳德缩放定律由罗伯特·登纳德（Robert H. Dennard）在 1974 年提出，最初是为金属氧化物半导体场效应晶体管（Metal-Oxide-Semiconductor Field-Effect Transistor，MOSFET）制定的，是半导体领域指导芯片设计的重要定律。该定律的大致内容是：随着晶体管尺寸的缩小，它们的功率密度（即单位面积的功率）保持恒定，因此功率和面积成正比。

根据登纳德缩放定律，晶体管缩小会带来三方面的好处，使计算机性能得以快速增长。首先，每一代晶体管的尺寸缩小30%，意味着面积可以缩小约50%，从而使得每一代晶体管的密度翻倍，这就是摩尔定律。其次，随着晶体管尺寸缩小30%，晶体管的响应延迟（即从关断到导通或反之的时间）减少到原来的70%，因而相同时间内可以执行更多操作，频率提高约1.4倍（即1/0.7倍）。最后，由于晶体管的尺寸缩小30%，为了保持晶体管内电场恒定以保障可靠性，供电电压也降低到原来的70%。根据主动功率公式$P=CV^2f$（其中P是主动功率，C是电容，V是电压，f是频率），此时的功率大约下降到原来的一半（即$0.7 \times 0.7^2 \times 1.4$）。由于面积也缩小了50%，因此功率密度保持不变。

综合上述三点来看，随着每一代芯片工艺的提升，集成电路上的晶体管数量增加一倍，处理速度提升40%，而总功耗（在多出一倍晶体管的情况下）保持不变。根据这个缩放规律，过去几十年里，处理器时钟频率从几MHz提高到了几GHz，性能提升了三个数量级。芯片架构师利用晶体管密度创建了复杂的架构，利用晶体管速度提高了频率，而且这些成果都是在合理的功率和能耗范围内实现的。

然而，随着芯片制程逐渐趋向纳米级甚至埃米级，登纳德缩放定律遇到了越来越多的挑战。如果希望进一步通过提高时钟频率的方式获得性能提升，则需要进一步降低电压，而电压继续下降会使得晶体管泄漏电流（leakage current）的问题变得无法忽略，泄漏电流会产生额外的功耗，使处理器芯片面临"热失控"的威胁。事实上，现代处理器中有相当大比例的功耗是由于泄漏电流造成的。计算机设计者面临着功耗墙（power wall）的问题，处理器芯片的功耗已经接近实际的极限。

3. 后摩尔时代

随着摩尔定律和登纳德缩放定律的逐渐失效，处理器难以通过单纯地提高频率来获得性能提升，那么如何进一步提高性能呢？

Charles E. Leiserson等人于2020年在 Science 上发表了论文"There's plenty of room at the Top: What will drive computer performance after Moore's law?"，他们认为：在后摩尔时代，算力的提升将越来越多地来自软硬件栈"顶部"的技术，而不是来自"底部"的技术，这一趋势与理查德·费曼和戈登·摩尔等在半个多世纪前所预测的历史情况相反。这里所说的"顶部"技术包括三项：软件性能工程、算法和硬件体系结构。

软件性能工程（software performance engineering）通过重构软件来提高软件的运行性能。过去，相当多的软件开发方法关注提高软件开发效率、缩短软件开发周期，这使得程序中产生了不少低效运行的部分，称为代码膨胀（code bloat）。性能工程一方面致力于消除这些代码膨胀，另一方面尽可能使软件适配其运行的硬件，例如，把多核处理器和专用加速器等利用起来。

算法提供了更高效的解决问题的方法，但算法的创新相当不容易，存在不均衡性和偶发性，最终可能面临收益递减（diminishing return）的问题。时下，更大的机会可能来自面向新兴领域（例如，机器学习等）的算法和适配新型硬件的理论模型。

硬件体系结构的优化思路是硬件精简（hardware streamlining）。一种形式是处理器简化（processor simplification），例如，用更简单的处理器核心替换复杂的核心，减少单核上晶体管的数量，而释放出来的晶体管可以用于增加处理器核心的数量等。另一种形式是领域特化（domain specification），即面向特定领域来定制硬件。这种特化会去除处理器中不需要的功能，同时可以根据领域特性进行定制，比如，为机器学习应用减少浮点精度等。

2.2 数据驱动的系统优化方法

本书提出的"数据驱动的系统优化"方法围绕"软件 + 硬件 + 数据"三个方面展开，包括测量、分析和优化三个递进的步骤。如图 2.1 所示，首先，针对目标系统，遵循规范、标准的评价体系，进行系统相关指标（不只限于性能）的测量，收集全面、可靠的数据。然后，基于获取的数据，运用系统化的分析方法，准确定位系统瓶颈。最后，针对所识别的瓶颈，综合运用软硬协同的优化手段，完成高效的优化实现，再返回测量阶段进行验证。

图 2.1　数据驱动的系统优化方法

测量、分析和优化这三个步骤构建了一个互相关联、相辅相成、持续优化的方法闭环。测量为系统优化提供了可靠的数据基础，分析为系统优化指明了合理的方向，优化不仅解决了当前识别的问题，还通过反馈回到测量，进一步验证和改进效果。最终，这样循环往复的过程实现了系统优化的价值，包括提升性能、减少存储、降低能耗、提高资源利用率、提升服务质量、增强可靠性和安全性、降低运营成本、实现架构和系统创新等。本书的内容侧重于软件系统的性能优化。

2.3 从单点到全局的系统观

系统优化的对象可以是一个应用程序、一个系统库、一个编译器或一个硬件设备，也可以是一台服务器、一个服务器集群或整个数据中心。由于影响性能的因素众多、关系复杂，对于任一优化对象，系统优化都需要考虑该对象所处的整体软硬件环境对性能的影响。

程序性能优化的一个重要原则是考虑程序执行时间的整体优化，而不仅仅是影响性能的任何单一部分的优化。这要求我们在优化系统时，应当建立从单点到全局的系统观。本书提出的"系统观",本质上是强调在系统优化过程中应该具备的整体思维和全局视角。如图2.2所示,系统观包含两个维度:一个是垂直扩展(scale up)的维度,即从底层硬件设备、中间系统软件到上层应用负载的全栈思维(full-stack thinking);另一个是水平扩展(scale out)的维度,即从单机到集群、数据中心、去中心化系统的扩展思维(scalable thinking)。

图 2.2 从单点到全局的"系统观"

从全栈思维的视角,应用负载、系统软件和硬件设备各层的优化是互相关联的,共同形成软硬件的全栈优化。各层的优化不一定有叠加的效果,任一层上的改动都需要考虑对其他层和全栈整体的影响。

应用负载优化的典型场景是基准评测(benchmarking)和配置优化(configuration optimization),其核心目标都是找到已知的最佳配置(Best-Known Configuration, BKC),从而使应用负载的性能达到最优。为了达到这个目标,需要可靠的性能测量和合理的性能评价。这些内容都是性能工程的基础知识,将在本书第二部分介绍。

硬件设备优化的核心是处理器优化和存储器优化,包括超标量处理、乱序执行、分支预测和高速缓存等。这些优化能够实现的前提是有效定位复杂硬件设备的性能瓶颈,这就需要面向微体系结构的量化分析方法。然而,单一类型的处理器可能无法高效处理当今各种复杂而多样的计算任务,这推动了异构计算(heterogeneous computing)和异构编程(heterogeneous programming)技术在近年来的快速发展。异构编程使得开发者能够编写和管理在不同指令集上运行的程序,通过组合不同体系结构的处理器(如CPU+GPU),利用各自的优势来优化特定的任务,从而提高系统的整体性能。这些内容都涉及计算机体系结构优化,将在本书第三部分介绍。

系统软件通常包括操作系统、编译器等,它们是软硬件栈的中枢,是保障应用负载在硬件设备上高效运行的关键组件。应用负载的行为其实是用各种编程语言编写的程序在特定输入的情况下所表现出来的动态运行特征。编译器作为重要的系统软件之一,在很大的程度上对程序的性能起着至关重要的作用,理解和运用编译优化是实现软件系统优化的一个重要手段。编译优化的相关内容将在本书第四部分介绍。

从扩展思维的视角,系统优化不止于单机环境,还需要考虑优化效果在规模化应用环境下的扩展性。以大规模数据中心和云计算平台为例,可扩展的性能优化更具吸引力,因为即使几个百分比的资源利用率提升也会带来相当可观的经济效益。此外,近年来,人工智能（Artificial Intelligence, AI）和大语言模型（Large Language Model, LLM）技术迅猛发展，相关的算力需求空前高涨，对 AI 系统和深度学习框架等进行深度优化成为研究热点。这样的优化不仅能提升 AI 模型训练与推理的速度和精度，还能降低对计算资源的需求，从而推动 AI 技术在各个领域的广泛应用和持续创新。这些内容将作为面向新兴领域的技术专题在第五部分讨论。

2.4 本章小结

软件系统优化既要知其然，更要知其所以然。在第 1 章案例介绍的基础上，本章总结了软件系统优化的方法论。首先，回顾了过去半个多世纪里计算机性能受集成电路制程工艺的重要影响，介绍了后摩尔时代性能优化的驱动力。进而，提出了数据驱动的系统优化方法，其中包含的测量、分析和优化三个步骤构成了一个互相关联、相辅相成的持续优化过程。同时，强调了在优化系统时应具备从单点到全局的系统观，包括全栈思维和扩展思维。全栈思维强调应用负载、系统软件和硬件设备各层的优化是互相关联的，共同形成软硬件的全栈优化。扩展思维强调优化效果在规模化应用环境下的扩展性。本书接下来的各部分也是按照系统观的思路逐步展开的。

2.5 思考题

1. 阅读参考文献中理查德·费曼和戈登·摩尔发表的文章，看看他们的预言是否都已成真？
2. 试着自己推导一遍登纳德缩放定律，验证为何在集成电路上晶体管数量翻一倍时，功率密度可以保持不变？
3. 你是否认同 Charles E. Leiserson 等人提出的后摩尔时代性能优化的驱动力？对于他们总结的各种驱动力，能找到对应的案例吗？
4. 对照第 1 章的性能优化案例，看看是否符合本章所提出的数据驱动的系统优化方法？
5. 根据本章所提出的系统观，思考为何软硬件全栈各层的优化是互相关联的？试着更改第 1 章案例中的系统软件配置或硬件设备配置，看看在矩阵乘法的应用程序层面所做的优化是否需要做相应的更改？

第二部分

性能工程基础

性能工程是专注于优化计算机系统性能的领域。它需要深入了解软件、硬件和数据分析等方面的知识，掌握各种系统工具以及性能测量、分析和评价方法，进而不断改进系统性能，满足用户需求和业务目标。本部分包含四章。第3章介绍性能测量的方法和工具，以获取可靠的性能数据。第4章和第5章分别介绍应用负载优化的两个典型场景：基准评测和配置优化，用于定义标准化性能基线以及获取性能最优的系统配置。第6章总结了一个系统化的性能评价过程，通过合理的推导做出恰当的决策。

- 第3章 性能测量
- 第4章 基准评测
- 第5章 配置优化
- 第6章 性能评价

CHAPTER 3

第 3 章

性能测量

性能测量是性能工程的首要环节。没有可靠的性能测量,就无法实现准确的性能分析和有效的性能优化,甚至可能误导后续的分析和优化。本章首先介绍性能测量的三种基本方法和常用工具,然后解释性能数据收集的三种策略,最后探讨性能测量中一些重要、有趣的话题,包括性能波动、测量开销和测量误差。

3.1 测量方法

我们先准备一个简单的测试程序作为性能测量的对象,并且主要关注程序的运行时间。下面的代码 3.1 是用 C 语言编写的测试程序 count_primes,用于统计指定整数区间内素数的个数。

代码 3.1 统计指定整数区间内素数个数的程序 count_primes

```
1  #include <stdio.h>
2  #include <stdlib.h>
3
4  int is_prime(int n) {
5      if (n <= 1) return 0;
6      if (n <= 3) return 1;
7      if (n % 2 == 0 || n % 3 == 0) return 0;
8      int i = 5;
9      while (i * i <= n) {
10         if (n % i == 0) return 0;
11         i++;
12     }
13     return 1;
14 }
15
16 int count_prime(int start, int end) {
17     int num, count = 0;
18     for (num = start; num <= end; num++)
19         if (is_prime(num) == 1) count++;
20     return count;
```

```
21  }
22
23  int main(int argc, char *argv []) {
24      if (argc != 3) printf("This program should be called with 2 arguments
            .\n");
25      else {
26          int start = atoi(argv[1]);
27          int end = atoi(argv[2]);
28          int count = count_prime(start, end);
29          printf("Found %d prime(s) in interval [%d , %d] .\n", count, start,
                end);
30      }
31  }
```

使用 GCC 编译该程序，该程序从命令行接收两个参数，分别作为区间的下界与上界，最后在控制台输出该区间包含的素数个数：

```
1  $ gcc -o count_primes count_primes.c
2  $ ./count_primes 1 20000000
3  Found 1270607 prime(s) in interval [1, 20000000].
```

3.1.1 外部测量

外部测量（external measurement）是通过外部工具或系统级别的方法来测量程序性能的方法，通常不需要修改程序代码。要测量程序的运行时间，一种简单的方法是使用 Linux 操作系统自带的 time 工具（`/usr/bin/time`）进行外部测量。可以将执行待测程序的命令直接添加在 `time` 命令之后，该工具会测量待测程序的运行时间，在程序运行结束后输出测量结果，例如：

```
1  $ time ./count_primes 1 20000000
2  Found 1270607 prime(s) in interval [1, 20000000].
3
4  real    0m10.509s
5  user    0m10.505s
6  sys     0m0.004s
```

利用该工具可以了解待测程序的运行时间，包括：

- **真实时间**（real time），也称**挂钟时间**（wall-clock time），即真实世界里消逝的时间（elapsed time），对应输出结果的 `real` 那一行。值得注意的是，该时间受操作系统多进程调度的影响，可能包括其他进程占用处理器或当前进程被阻塞（例如，I/O 等待或系统调用）而产生的时间。
- **CPU 时间**（CPU time），即程序占用 CPU 处理器进行运算的时间，又可细分为处于用户态的运行时间和处于内核态的运行时间，分别对应输出结果的 `user` 与 `sys` 两行。

观察上面的输出，可以知道该程序绝大部分的 CPU 时间用于在用户态执行计算操作，因此测量得到的真实时间与 CPU 时间相差不大。另外，使用 time 工具测量得到的时间精度实际上不算很高，只精确到了毫秒级。如果一个程序执行很快，甚至在一毫秒内就能够执行完毕，那么就很难通过这个工具精准测量了。

注意，在上述例子中，我们使用的是一个单线程程序，其运行消耗的 CPU 时间会小于或等于真实时间。但对于多线程程序，程序消耗的 CPU 时间则相当于所有线程占用 CPU 进行运算的时间之和。因此在使用该工具时，若发现测出的 CPU 时间比真实时间还要多，那么可能是由于该程序是多线程导致的。例如，实现一个并行执行的程序 count_prime_parallel（参见代码 3.5），从测量结果中可以发现 CPU 时间是大于真实时间的。

```
1  $ time mpirun -np 8 ./count_prime_parallel 1 20000000
2  Found 1270607 prime(s) in interval [1, 20000000].
3
4  real    0m1.573s
5  user    0m10.921s
6  sys     0m0.156s
```

3.1.2 内部测量

内部测量（internal measurement），或叫插桩（instrumentation），是通过修改程序的源代码或二进制文件，在程序中插入时间测量代码或性能分析工具来测量程序性能的方法。例如，为了获取某个程序或某段代码的运行时间，可在程序内部插桩计时器进行测量。通常是在需测量的程序代码段的开始和结尾各插入一个计时器，用两次计时的间隔来表示所测量程序的运行时间。这种计时器也叫间隔计时器（interval timer）。

以上面的测试程序 count_primes（参见代码 3.1）为例，核心计算逻辑是函数 `count_prime`，但程序中还包括其他部分。例如，在程序开始时需要使用 `atoi` 库函数将用户输入的字符串转换为整数，在程序结束时需要使用 `printf` 库函数输出结果等。如果使用外部测量，实际上是对整个程序的所有部分进行测量。如果我们只关心核心函数 `count_prime` 的执行时间，可以在该函数执行前和执行后分别插入一个插桩点（instrumentation point），记录当时的时间戳，根据前后两个时间戳的差值就可以测量该函数的执行时间。

根据上述思路，改造后的程序 count_primes_gettime 如代码 3.2 所示。

代码 3.2 采用 `clock_gettime` 函数的程序 count_primes_gettime

```
1  #include <time.h>
2  ...
3
4  struct timespec t_start, t_end;
5  clock_gettime(CLOCK_MONOTONIC, &t_start);
6  int count = count_prime(start, end);
7  clock_gettime(CLOCK_MONOTONIC, &t_end);
8  ...
9
10 double t_diff = (t_end.tv_sec - t_start.tv_sec)
11                + 1e-9 * (t_end.tv_nsec - t_start.tv_nsec);
```

```
12    printf("time : %.9lf\n", t_diff);
13    ...
```

在 `count_prime` 函数前后的插桩点上，使用了用于记录时间戳的函数 `clock_gettime`，这是 Linux 提供的应用程序接口（Application Programming Interface，API），用于采集纳秒级的系统时间。其中，时钟类型为 `CLOCK_MONOTONIC`，它从系统启动就开始计时，计数值单调不变（即不会回退）。编译、运行该程序，结果如下：

```
1    $ gcc -o count_primes_gettime count_primes_gettime.c
2    $ ./count_primes_gettime 1 20000000
3    Found 1270607 prime(s) in interval [1, 20000000].
4    time: 10.491397467
```

可以发现，由于采用了纳秒级的时间戳，测量精度也提高到了纳秒级。而且，内部测量能够精准测量程序内部特定函数，但是必须修改程序源代码。从这个例子的结果来看，内部测量的 `count_prime` 函数运行时间与上一节外部测量的整个程序运行时间相差无几，这表明该程序的绝大部分运行时间都花在 `count_prime` 函数上。

此外，如果没有程序源代码，只有二进制可执行程序，那么可以采用二进制插桩（binary instrumentation）技术，在二进制可执行程序的特定位置插入代码，以测量和记录程序的执行时间、内存访问、函数调用等性能数据。

3.1.3 仿真测量

仿真测量（simulation measurement）是使用计算机模型或仿真工具来模拟程序、系统或硬件在不同条件下的行为，进而评估其性能和稳定性等指标的方法。与实际运行程序不同，仿真测量是在虚拟环境中进行的，通过模拟真实世界的情况来预测程序的性能或评估系统的行为。

Valgrind 是一个用于软件内存泄漏检测、性能分析的一套工具。Valgrind 本质上是一个使用即时编译技术的虚拟机，交给 Valgrind 分析的程序并非直接在宿主机运行，而是被 Valgrind 转译为平台无关的中间代码。中间代码会先交给虚拟机执行，虚拟机会模拟宿主机的架构，而 Valgrind 的工具会在执行过程中观察虚拟机的行为，以收集程序运行时的各类信息，完成后会再将中间代码转换为平台相关的代码交给宿主机执行。

如下面的代码所示，我们使用 Valgrind 中的 cachegrind 工具测量程序 count_primes（参见代码 3.1）在运行时缓存相关的性能指标，同时要求 Valgrind 打印时间戳。

```
1    $ valgrind --tool=cachegrind --time-stamp=yes ./count_primes 1 20000000
2    ==00:00:00:00.000 48807== Cachegrind, a cache and branch-prediction profiler
3    ==00:00:00:00.000 48807== Copyright (C) 2002-2017, and GNU GPL'd, by Nicholas
         Nethercote et al.
4    ==00:00:00:00.000 48807== Using Valgrind-3.18.1 and LibVEX; rerun with -h for
         copyright info
```

```
 5  ==00:00:00:00.000 48807== Command: ./prime 1 20000000
 6  ==00:00:00:00.000 48807==
 7  --00:00:00:00.000 48807-- warning: L3 cache found, using its data for the LL
        simulation.
 8  Found 1270607 prime(s) in interval [1, 20000000].
 9  ==00:00:02:16.859 48807==
10  ==00:00:02:16.861 48807== I   refs:      51,696,993,359
11  ==00:00:02:16.861 48807== I1  misses:            1,340
12  ==00:00:02:16.861 48807== LLi misses:            1,317
13  ==00:00:02:16.861 48807== I1  miss rate:         0.00%
14  ==00:00:02:16.861 48807== LLi miss rate:         0.00%
15  ==00:00:02:16.861 48807==
16  ==00:00:02:16.861 48807== D   refs:      23,456,869,742  (23,390,189,673 rd +
        66,680,069 wr)
17  ==00:00:02:16.861 48807== D1  misses:            2,164  (         1,539 rd +          625 wr)
18  ==00:00:02:16.861 48807== LLd misses:            1,910  (         1,322 rd +          588 wr)
19  ==00:00:02:16.861 48807== D1  miss rate:          0.0%  (           0.0%  +           0.0%  )
20  ==00:00:02:16.861 48807== LLd miss rate:          0.0%  (           0.0%  +           0.0%  )
21  ==00:00:02:16.861 48807==
22  ==00:00:02:16.861 48807== LL  refs:              3,504  (         2,879 rd +          625 wr)
23  ==00:00:02:16.861 48807== LL  misses:            3,227  (         2,639 rd +          588 wr)
24  ==00:00:02:16.861 48807== LL  miss rate:          0.0%  (           0.0%  +           0.0%  )
```

由结果可见，使用 Valgrind 测量该程序花费了约 2 分 16 秒，而在相同输入的情况下，外部测量的该程序运行时间约为 10 秒。由于仿真测量需要借助运行在宿主机之上的虚拟机，因此会造成可观的性能开销；但是，也能够获得较为丰富的仿真性能数据。例如，在上面的案例中，通过仿真，可以估计程序运行时各级缓存的未命中率。若不依赖仿真测量，那么通常需要借助硬件性能计数器测量各级缓存访问次数与未命中次数。

注意，由于仿真测量是通过虚拟机来仿真程序在硬件平台运行时的行为，因此得到的测量结果可能与实际情况存在一定差异。另外，这里要注意区别指令集架构（Instruction Set Architecture, ISA）和微体系结构（microarchitecture）：指令集架构描述的是每条机器代码指令的效果，它不关心硬件内部的实际设计细节，而是定义了程序员和编译器所看到的计算机的编程接口；而微体系结构描述的是处理器实际上是如何实现的，它决定了如何执行和加速指令，以实现指令集架构所定义的功能。不同的处理器家族可以具有相同的指令集架构，但它们的微体系结构可能有显著差异。一般来说，仿真测量大多是基于指令集架构，而不是针对特定的微体系结构进行仿真。这是因为针对不同微体系结构进行仿真需要更多的细节，复杂性更高，而且某些实现细节可能涉及处理器厂商的专有技术。通过指令集架构级别的仿真，开发者可以更好地理解程序在不同处理器上的性能行为，而无须关心微体系结构的具体实现。

3.2 计时器的选择

计算机系统在软件和硬件层面实现了各种类型的计时器（timer），选择合适的计时器对于性能测量的准确性非常重要。本节介绍三种常见的计时器，比较它们的差异，并说明计时器选择的策略。

1. 计时器 1：`clock_gettime` 函数

如程序 count_primes_gettime（参见代码 3.2）的做法。

2. 计时器 2：`gettimeofday` 函数

将程序 count_primes_gettime（参见代码 3.2）中的 `clock_gettime` 函数改为 `gettimeofday` 函数。引入头文件 `sys/time.h`，将用于记录时间戳的结构体更换为 `struct timeval`，同时修改计算时间戳差值的表达式，因为当前获取的时间戳是微秒级的。修改后的程序 count_primes_gettimeofday 如代码 3.3 所示。

代码 3.3　采用 `gettimeofday` 函数的程序 `count_primes_gettimeofday`

```
1  #include <sys/time .h>
2      ...
3
4  struct timeval t_start, t_end;
5  gettimeofday (&t_start, NULL);
6  int count = count_prime(start, end);
7  gettimeofday(&t_end, NULL);
8  ...
9
10 double t_diff = (t_end.tv_sec - t_start.tv_sec)
11              + 1e-6 * (t_end.tv_usec - t_start.tv_usec);
12 printf("time : %.6lf\n", t_diff);
13     ...
```

编译、运行该程序，结果如下：

```
1 $ gcc -o count_primes_gettimeofday count_primes_gettimeofday.c
2 $ ./count_primes_gettimeofday 1 20000000
3 Found 1270607 prime(s) in interval [1, 20000000].
4 time: 10.493744
```

可以看到，更换记录时间戳的函数后，依然能够得到 `count_prime` 函数执行时间的测量结果。不同的是，使用 `clock_gettime` 函数能够获得纳秒级的测量结果，而使用 `gettimeofday` 函数获得的是微秒级的测量结果。

3. 计时器 3：时间戳计数器

时间戳计数器（Time Stamp Counter, TSC）是 x86-64 架构处理器内部的一个 64 位硬件性能计数器，以基时钟（base clock）的频率，也称基频（base frequency），进行计时，可以在代码中嵌入相应机器指令以获得时间戳。

为了访问硬件性能计数器，这里使用 x86-64 指令集中的 `rdtsc` 指令，采取嵌入汇编的方式编写一个函数用于读取 TSC 计数器的值。编写完成后，将程序 count_primes_gettime（参见代码 3.2）的 `clock_gettime` 函数改为所编写的使用 `rdtsc` 指令的函数，再根据处理器的基频将计数值的差值转换为时间。修改后的程序 count_primes_rdtsc 如代码 3.4 所示。

代码 3.4　采用 rdtsc 机器指令的程序 `count_primes_rdtsc`

```
1  ...
2  double const BASE_FREQ = 2900000000;
3
4  static __inline__ unsigned long long rdtsc(void) {
5      unsigned hi, lo;
6      __asm__ __volatile__("rdtsc" : "=a" (lo), "=d" (hi));
7      return ( ((unsigned long long)lo) | (((unsigned long long)hi) << 32) );
8  }
9  ...
10
11 unsigned long long t_start, t_end;
12 t_start = rdtsc();
13 int count = count_prime(start, end);
14 t_end = rdtsc();
15 ...
16
17 double t_diff = (t_end - t_start) / BASE_FREQ;
18 printf("time : %.9lf\n", t_diff);
19 ...
```

编译、运行该程序，结果如下：

```
1  $ gcc -o count_primes_rdtsc count_primes_rdtsc.c
2  $ ./count_primes_rdtsc 1 20000000
3  Found 1270607 prime(s) in interval [1, 20000000].
4  time: 10.224389530
```

注意，不同处理器的基频是不同的，这里给出两种方法进行检查：

1）使用 `lscpu` 输出的 Model name，其中 @ 符号后面的是基频。例如，对于 Intel(R) Xeon(R) Gold 6326 CPU @ 2.90GHz，基频是 2.90 GHz。

2）使用 `cpuid -1` 命令，该命令会解析 `CPUID` 机器指令（用于导出处理器配置信息的指令）的输出，检查 Core Base Frequency(MHz) 一行，后面的结果是以 MHz 为单位的基频。

4. 选择策略

在上述三种计时器里，推荐使用"计时器 1：`clock_gettime` 函数"获取时间戳，因为该函数使用的是操作系统内核的 `CLOCK_MONOTONIC` 时钟。该时钟自系统启动时开始计时，计数值单调不变（不会回退）。而采用其他两个计时器都会存在一定的缺陷与风险。

使用 `gettimeofday` 函数时，需要注意下面几点：
- 该函数使用的是 `CLOCK_REALTIME` 时钟，即系统实时时间，时钟计数值会随系统时间的改变而改变。该时钟从 UTC1970-1-1 0:0:0 开始计时，如果在测量时被用户手动修改时间或者时区，则对应的计数值会发生改变。因此相较于 `clock_gettime` 函数存在计时回退的问题。
- 精度稍差，该函数能精确到微秒级（$1\mu s=1\times 10^{-6}s$），而 `clock_gettime` 函数能够精确到纳秒级（$1ns=1\times 10^{-9}s$）。

使用 `rdtsc` 命令时需要注意下面几点：
- 在多核处理器上，每一个核都会有一个 TSC 计数器，但多个核之间的计数值不一定是同步的。考虑到操作系统的调度器会将进程在多核间迁移，除非将进程绑定在某一个核上，否则得到的计数差值有可能是不准确的。
- TSC 是硬件计数器，其宽度为 64 位，当计数器计数值满时，将会发出溢出中断并将计数值清零。若测量过程中恰好遇到溢出情况，由于无法确定测量时发生溢出中断的次数，因此可能无法通过 TSC 计数的差值来准确测量程序的运行时间。
- 使用 TSC 得到的结果是计数差值，若要测量运行时间，则需要根据处理器的频率进行换算。然而，x86-64 架构的处理器通常以动态频率运行（例如，启用 Intel 睿频加速技术），若采用固定的基频进行换算，结果可能不准确。

3.3 数据收集策略

3.3.1 计数型

计数（counting）型策略是用计数器（counter）收集特定事件发生的绝对次数。这些计数器可能是硬件计数器，即计算机硬件内真实存在的寄存器；也可能是软件计数器，即操作系统内核或用户进程在内存中维护的变量。例如，在上一节的内部测量中，我们分别使用了 `clock_gettime` 函数与 `rdtsc` 机器指令获取时间戳，本质上获得的是计数器在对应时刻的计数值，只不过前者是软件计数器，后者为硬件计数器。

计数器是事件驱动的（event-driven），即在发生特定事件后，计数器的计数值会自增。硬件计数器与软件计数器的工作原理如图 3.1 所示。TSC 计数器接收到时钟信号的上升沿时（标志着一个新的时钟周期开始），它的计数值会自增 1；而操作系统内部的 `CLOCK_MONOTONIC` 时钟则是在收到周期性的时钟中断时，时钟的计数值会自增 1，处理器的时钟中断来源于一个独立的时钟信号。因此，计数器计数值的变化反映了程序运行期间时钟周期的次数，进而能够测量程序的运行时间。

计数器不仅能监测时钟周期的个数或时钟中断个数，还能监测其他性能事件。现代处理器除了 TSC 以外，通常还会配有硬件性能计数器，组成性能监测单元（Performance Monitoring Unit，PMU）。例如，在硬件层面能够监测指令数量、缓存未命中次数等事件，在软件层面能够监测缺页中断次数、进程上下文切换次数等。PMU 由一定数量的性能监测计数器（Performance Monitoring Counter，PMC）及相应的控制寄存器组成。PMC 包括专用性能监测计数器（fixed PMC）和通用性能监测计数器（generic PMC）。其中，专用 PMC 与 TSC 类似，只能监测特定的性能事件，而通用 PMC 则能够通过编程的方式指定需要监测的性能事件。

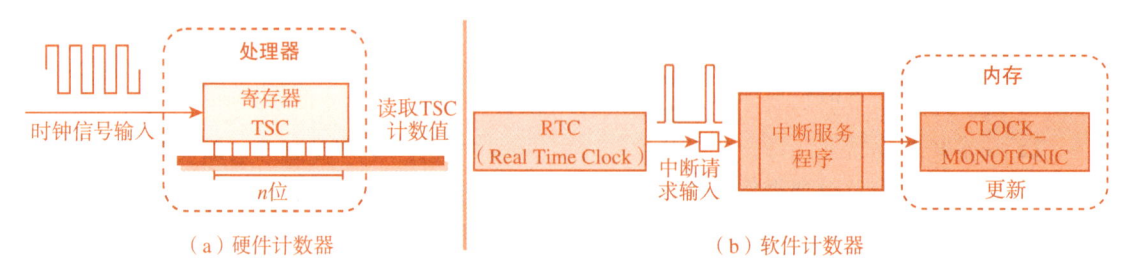

图 3.1　硬件计数器与软件计数器的工作原理

图 3.2 展示了 Intel Cascade Lake 处理器的 PMU 架构，其中包含 4 个通用 PMC 与 3 个专用 PMC。

- 4 个通用 PMC 有对应的控制寄存器，通过修改控制寄存器的编码，即可控制 PMC 监测的性能事件。这些通用 PMC 通常能够用于监测平台支持的性能事件。
- 3 个专用 PMC 分别用于监测 3 种特定的性能事件：指令数、时钟周期、参考时钟周期（reference cycle）。

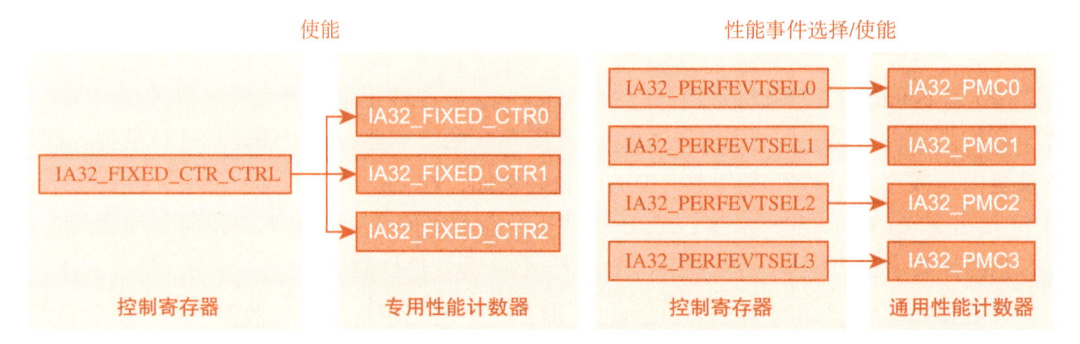

图 3.2　Intel Cascade Lake 处理器性能监测单元的架构

注意，不同处理器平台的 PMU 架构、包含的 PMC 个数以及支持监测的性能事件都是不同的，需要查阅硬件生产商的官方文档获取具体信息。

Linux perf 是 Linux 上常用的性能剖析工具，可以使用 `stat` 选项对待测程序以计数方式收集性能数据，该工具能够从软件计数器也可以从硬件计数器中收集性能数据。例如，使用 Linux perf 评估 count_primes 程序（参见代码 3.1）在处理器微体系结构层面的执行效率，需要使用 2 个 PMC 分别测量程序运行过程中时钟周期与指令的数量，在 Linux perf 中对应的性能事件名分别为 `cycles` 与 `instructions`。用这两个性能事件的计数值可以计算<u>每时钟周期的平均指令数</u>（Instructions Per Cycle，IPC），该指标是评估指令流水线效率的基本指标。在 Linux 系统上可以使用下面的命令进行测量，其中，`-e` 选项用于指定需要测量的性能事件，可以指定多个事件。各平台支持的性能事件能够使用 `perf list` 命令导出。

```
1  $ perf stat -e cycles,instructions ./count_primes 1 20000000
2  Found 1270607 prime(s) in interval [1, 20000000].
3
4   Performance counter stats for './prime 1 20000000 ':
5
6      34,535,493,614      cycles
7      51,709,581,852      instructions              #    1.50   insn per cycle
8
9         10.504566736 seconds time elapsed
10
11        10.504132000 seconds user
12         0.000000000 seconds sys
```

Linux perf 是借助 Linux perf_event 子系统控制底层 PMC 完成测量的。在开始测量时，perf_event 启用 PMC 并读取其初始值；测量中，这些 PMC 监测特定性能事件并更新计数值；测量结束时，perf_event 子系统禁用 PMC 并读取计数值，计算计数值之差并返回给用户态的 Linux perf，最后输出测量结果。

注意，这里存在用户需要大量性能指标而处理器上 PMC 个数有限的矛盾。因此，需要设计硬件性能计数器的<u>复用</u>（multiplexing）机制来提高硬件性能数据的采样效率，同时保证性能数据采集的准确性。为此，我们设计和开发了一套跨平台的性能测量和分析工具 hperf[⊖]，感兴趣的读者可以试用。

3.3.2 采样型

<u>采样</u>（sampling）型策略是指在程序运行过程中，对系统有规律地进行采样，在采样时刻会记录系统状态信息以形成<u>样本</u>（sample）。程序运行结束后，会对采样得到的样本进行统计，分析程序的执行过程。何时触发采样通常是由用户设定的，因此使用采样方式收集性能数据，用户能够控制采样带来的开销。

在上一小节我们使用了 Linux perf 的 `stat` 选项，以计数型方式收集性能数据。事实上，Linux perf 也支持以采样型方式收集性能数据，可以用 Linux perf 的 `record` 选项完成这项工作。例如，对 count_primes 程序（参见代码 3.1），使用下面的命令进行采样：

```
1  $ perf record -F 99 -e cpu-clock ./count_primes 1 20000000
2  Found 1270607 prime(s) in interval [1, 20000000].
```

⊖ 参见 https://github.com/solecnugit/hperf。

```
3 [ perf record: Woken up 1 times to write data ]
4 [ perf record: Captured and wrote 0.058 MB perf.data (1041 samples) ]
```

这条采样命令的含义是，当 `cpu-clock` 事件（操作系统内核维护的统计 CPU 时间的事件，单位为纳秒）发生一定次数时触发采样，这里的"一定次数"应尽可能为每秒采样 99 次。测量结束后，Linux perf 报告一共采集了 1041 个样本，并生成名为 perf.data 的二进制文件，里面记录了每个样本在采样时刻系统的状态。接着，可以用 `perf report` 命令解析该文件，输出报告，如图 3.3 所示。

```
Samples:   1K of event 'cpu-clock',    Event count (approx.): 10515151410
Overhead   Command     Shared Object   Symbol
  99.52%   prime       prime           [.] is_prime
   0.48%   prime       prime           [.] count_prime
```

(a) 观察热点函数

```
Samples: 1K of event 'cpu-clock', 99 Hz, Event count (approx.): 10515151410
is_prime /home/tongyu/project/ssoTextbook/chpt.2/prime [Percent: local period]
Percent |         mov    %edx,%eax
        |         sub    %ecx,%eax
  0.10  |         test   %eax,%eax
        |         jne    5c
  0.10  |   55:   mov    $0x0,%eax
        |         jmp    8d
  0.10  |   5c:   movl   $0x5,-0x4(%rbp)
  0.10  |         jmp    7d
        |   65:   mov    -0x14(%rbp),%eax
        |         cltd
        |         idivl  -0x4(%rbp)
 84.36  |         mov    %edx,%eax
        |         test   %eax,%eax
        |         jne    79
  0.29  |         mov    $0x0,%eax
  0.48  |         jmp    8d
 13.51  |   79:   addl   $0x1,-0x4(%rbp)
        |   7d:   mov    -0x4(%rbp),%eax
        |         imul   %eax,%eax
        |         cmp    %eax,-0x14(%rbp)
        |         jge    65
```

(b) 观察热点指令

图 3.3 使用 `perf report` 命令解析采样结果

该报告指出，有 99.52% 的样本落在了 `is_prime` 函数内。从统计上来说，该程序 99.52% 的执行时间耗费在该函数上，这样的函数通常被称为热点（hotspot）函数。进一步地，可以使用 `perf report` 的"注释"（annotate）功能观察落在该函数内部的指令分布情况。同时，由于知道了收集的样本总数和采集频率，可以估计程序的运行时间，即

$$1041 \times \frac{1}{99\,\text{Hz}} \approx 10.5\ \text{秒}。$$

基于时间的采样与基于事件的采样

采样要遵循一定的规律。一种常见的做法是以固定频率进行采样，即每一次采样的时间间隔是固定的，这称为基于时间的采样（time-based sampling），它在达到时间间隔时通过中断等方式触发采样；另一种做法是当发生事件次数到达预设阈值时触发采样，这样触发采样就变成事件驱动的了，这称为基于事件的采样（event-based sampling），通常的实现方式是使用计数器监测特定性能事件，当计数值达到阈值之后触发采样。

图 3.4 展示了基于时间的采样与基于事件的采样之间的差异。使用基于时间的采样，相邻样本间的时间间隔是固定的；采用基于事件的采样，相邻样本间的时间间隔不一定是固定的，但特定事件的发生次数是一定的。

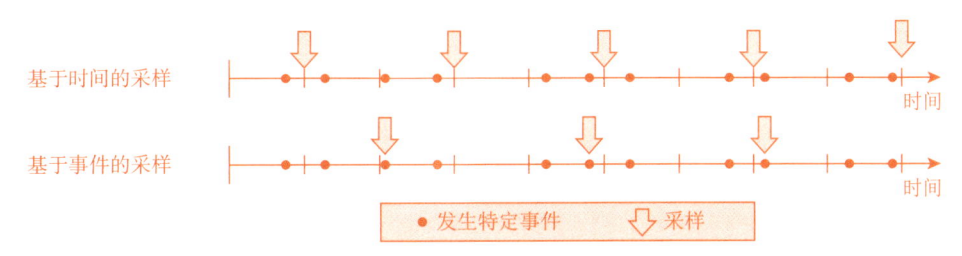

图 3.4　基于时间的采样与基于事件的采样的区别

3.3.3　追踪型

追踪（tracing）型策略记录程序执行过程中的每个事件和函数调用，提供详细的时间序列信息。与计数型策略类似，追踪型策略也是事件驱动的，它们的区别在于，计数型策略仅仅在特定事件发生时更新计数器，而追踪型策略则需要记录特定事件发生的时间以及用户关心的其他状态信息。因此，追踪型策略的开销主要取决于特定事件发生的频率，如果事件发生较为频繁，追踪将会造成显著的开销。

strace 是 Linux 上追踪程序运行时系统调用事件的工具，该工具会记录系统调用发生的时间、系统调用名、参数以及返回值，这些信息有利于分析应用程序与操作系统内核的交互。例如，使用下面的命令调用 strace 追踪 count_primes 程序（参见代码 3.1），输出如下：

```
1 $ strace -tt ./count_primes 1 20000000
2 00:36:11.446959 execve("./prime", ["./prime", "1", "20000000"], 0x7ffea13bb9b8
      /* 42 vars */) = 0
3 00:36:11.447274 brk(NULL)               = 0x55d8c23b5000
4 00:36:11.447314 arch_prctl(0x3001 /* ARCH_??? */, 0x7fffe322e350) = -1
      EINVAL (Invalid argument)
5 00:36:11.447435 mmap(NULL, 8192, PROT_READ|PROT_WRITE, MAP_PRIVATE|MAP_
      ANONYMOUS, -1, 0) = 0x7f7d79f50000
```

```
 6  00:36:11.447469 access ("/etc/ld.so.preload", R_OK) = -1 ENOENT (No such file
       or directory)
 7  ...
 8  00:36:21.953784 brk(NULL)                  = 0x55d8c23b5000
 9  00:36:21.953835 brk(0x55d8c23d6000)        = 0x55d8c23d6000
10  00:36:21.953900 write (1, "Found 1270607 prime(s) in interv" ... , 50Found
       1270607 prime(s) in interval [1, 20000000].
11  ) = 50
12  00:36:21.953972 exit_group (0)             = ?
13  00:36:21.954085 +++ exited with 0 +++
```

在 Linux 上也有许多其他工具能够使用追踪的方式收集性能数据，例如 bpftrace 与 Linux perf 的 `perf probe` 等。

3.4 性能波动

同一套软件在同一台硬件设备上多次重复运行时，每次性能测量的结果可能不同，从而形成**性能波动**（performance variation）。性能波动是计算机系统不可回避的一个特性，它对于系统**可复现性**（reproducibility）研究和定量比较不同系统的性能具有重要影响。理解、分析和控制波动对于系统性能的严格测量、比较和验证尤为重要，也会影响实际应用系统的用户体验和资源规划等。

计算机系统里造成性能波动的原因有很多。例如，同一程序的性能会不可避免地受硬件条件的影响，即使是同一套硬件设备也可能由于运行温度、制造差异等的不同而产生性能波动。造成性能波动的常见原因包括：后台任务、中断、线程或运行时调度、CPU 或内存绑定、**多租户**（multitenancy）、代码或数据对齐、**超线程**（Hyper-Threading）、**动态电压和频率调节**（Dynamic Voltage and Frequency Scaling, DVFS）、网络流量等。

下面通过一个例子来说明性能波动。在高性能计算领域，经常需要编写并行程序，以充分发挥多核处理器的性能。**消息传递接口**（Message Passing Interface, MPI）是一种进程间通信的编程接口，常用于并行计算领域。利用 MPI 可以将 count_primes 程序（参见代码 3.1）改写成并行程序 count_primes_parallel，如代码 3.5 所示。

代码 3.5 并行统计指定整数区间内素数个数的程序 count_primes_parallel

```
1  #include <mpi.h>
2  #include <stdio.h>
3  #include <stdlib.h>
4  ...
5
6  int main(int argc, char *argv[])
7  {
8      if (argc != 3)
9          printf("This program should be called with 2 arguments .\n");
```

```
10      else {
11          int my_rank, comm_sz, block_size, local_start_1, local_end_1, local_
                start_2, local_end_2, local_count, source, total_count;
12          int start = atoi(argv[1]);
13          int end = atoi(argv[2]);
14
15          MPI_Init(NULL, NULL);
16          MPI_Comm_rank(MPI_COMM_WORLD, &my_rank);
17          MPI_Comm_size(MPI_COMM_WORLD, &comm_sz);
18          block_size = (end - start) / (comm_sz * 2);
19
20          local_start_1 = start + block_size * my_rank;
21          local_end_1 = local_start_1 + block_size - 1;
22          local_end_2 = end - block_size * my_rank;
23          local_start_2 = local_end_2 - block_size + 1;
24
25          if (my_rank == comm_sz - 1)
26              local_count = count_prime(local_start_1, local_end_2);
27          else
28              local_count = count_prime(local_start_1, local_end_1) + count_
                    prime(local_start_2, local_end_2);
29
30          if (my_rank != 0)
31              MPI_Send(&local_count, 1, MPI_INT, 0, 0, MPI_COMM_WORLD);
32          else {
33              total_count = local_count;
34              for (source = 1; source < comm_sz; source++) {
35                  MPI_Recv(&local_count, 1, MPI_INT, source, 0, MPI_COMM_WORLD,
                        MPI_STATUS_IGNORE);
36                  total_count += local_count;
37              }
38          }
39          MPI_Finalize();
40      }
41      return 0;
42  }
```

编译和运行的命令如下:

```
1 $ mpicc -o count_primes_parallel count_primes_parallel.c
2 $ mpirun -np <num_of_processor>
3 $ ./count_primes_parallel <start> <end>
```

其中，<num_of_processor> 为并行进程的个数，<start> 与 <end> 分别为区间的下界与上界。该并行程序的思想是将区间分割为若干子区间，分配给各并行进程，分别统计对应子区间包含的素数个数。0 号进程负责汇总其他进程统计的结果，并最后输出。如

图 3.5 所示，这样进行任务划分的目的是尽可能地保证每一个并行进程的工作量相等。

为了观察性能波动，我们使用同样的输入，多次运行上述程序。为了让程序能够多运行一段时间，我们稍微放大程序输入的规模，令程序统计 [1, 20 000 000] 区间内包含的素数个数。在待测机器上，为该程序启动 16 个并行进程，该程序每一次的运行时间大约为 1 秒。令程序运行 100 次，每次测量程序的运行时间，最后进行统计。分别绘制运行时间的累积分布图、离散分布图，以及每一次运行时间高于最短运行时间百分比的升序排列结果，如图 3.6 所示。

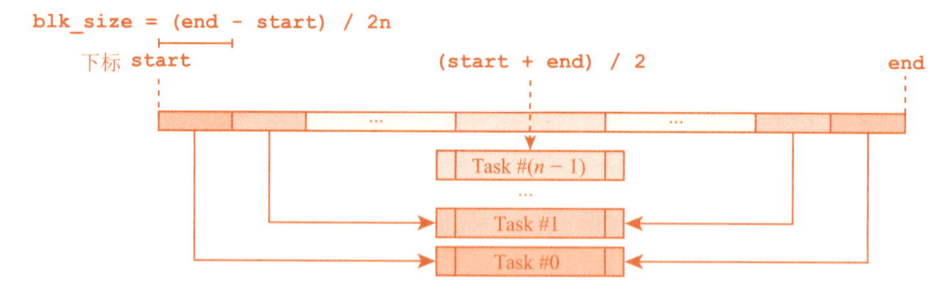

图 3.5 并行统计指定整数区间内素数个数的任务划分

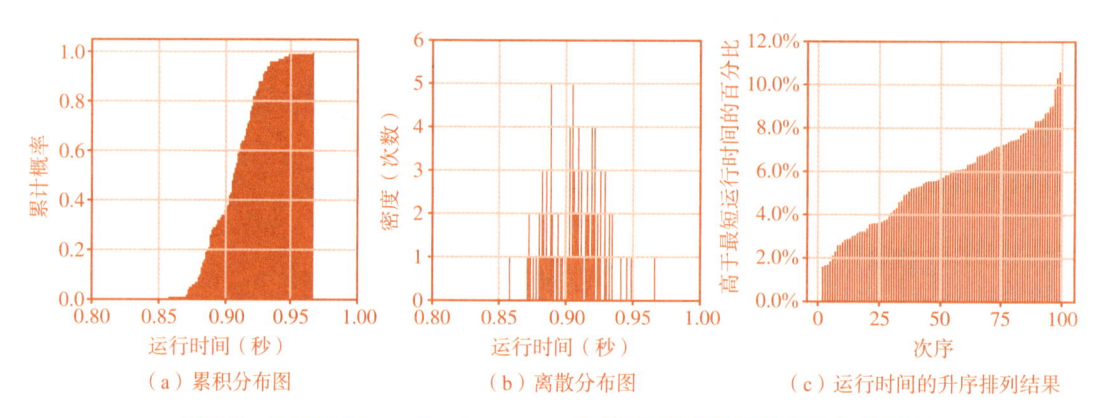

图 3.6 并行程序 count_primes_parallel 运行时间性能波动的实验结果

可以看到，在 100 次运行中，运行时间大多为 0.9 秒左右，但是并非每一次运行的时间都相等，最长的运行时间相较于最短运行时间有 12% 的差异。

对于该程序性能波动的来源，可以分别从软件层面与硬件层面进行初步分析：

- ❏ **软件层面**：工作进程由操作系统调度，而操作系统是中断驱动的，具有不确定性，每一次运行时这些工作进程被调度的顺序可能是不同的；并且在多核系统中，操作系统基于负载均衡考虑，工作进程可能发生处理器迁移。
- ❏ **硬件层面**：对于 x86-64 架构的处理器，会根据处理器的负载情况动态调整处理器的电压与时钟频率，以追求更好的能效和在高负载情况下处理器的峰值性能；同时，由于硬件层面存在超线程技术，可能存在进程在物理核层面的资源竞争，进而导致每一次运行存在差异。

系统静默

控制性能波动的一个常见方法是系统静默（quiescing），即将系统处于一个静默状态，将造成性能波动的因素尽可能地消除或固定，确保数据的一致性和稳定性。常见的系统静默方法包括：

❏ 检查并关闭无关的后台进程、守护进程（daemon）、定时任务等。
❏ 关闭网络连接，避免外部访问的干扰。
❏ 对于并行程序，将工作进程或线程绑定在固定的处理器核上，以减少核间迁移和通信。
❏ 关闭 Intel 超线程技术。
❏ 关闭 Intel 睿频加速技术。
❏ 关闭 DVFS，避免动态电压和频率调节的影响。

仍以程序 count_primes_parallel（参见代码 3.5）为例，尝试使用系统静默方法来控制性能波动。首先，将并行工作的进程或线程绑定到固定的处理器核上，简称"绑核"。在用 `mpirun` 运行 MPI 并行程序时，启用 `--bind-to core` 选项，该选项会为每一个工作进程分配一个核。保持其他条件不变，执行与图 3.6 相同的实验和统计分析。结果如图 3.7 所示，程序运行时间的分布更加集中，每一次运行时间相较于最短运行时间百分比的差异也略有下降。不过，控制性能波动的效果并不明显。

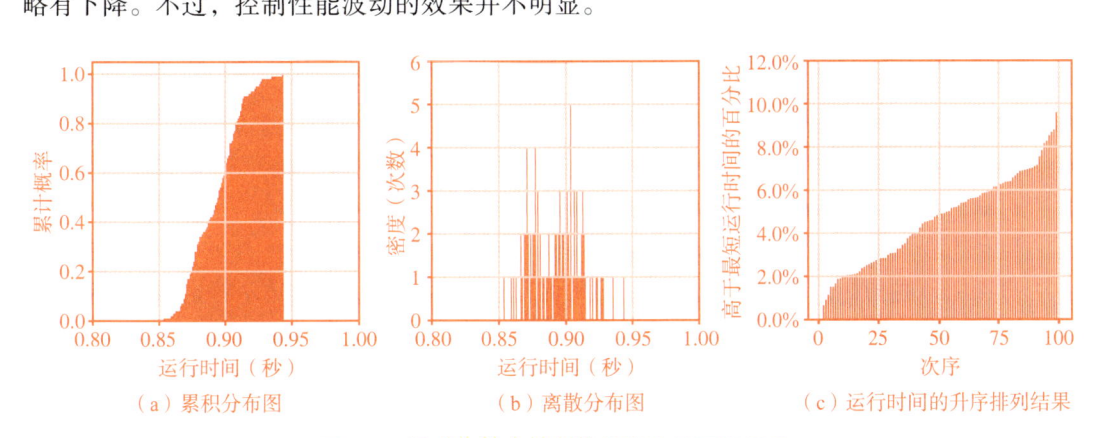

（a）累积分布图　　（b）离散分布图　　（c）运行时间的升序排列结果

图 3.7 通过绑核来控制性能波动的实验结果

在上述绑核的基础上，进一步关闭待测系统平台的 Intel 超线程和睿频加速。执行相同的实验和统计分析，结果如图 3.8 所示。由于关闭了睿频加速，处理器的最大时钟频率被限制，对于这样的计算密集型应用，程序的性能会受到影响。可以看到，程序运行时间略有延长，不过运行时间的分布变得更加集中，并且，85% 的运行时间相较于最短运行时间的差异在 3% 以内。可见，关闭超线程和睿频加速有效控制了性能波动。

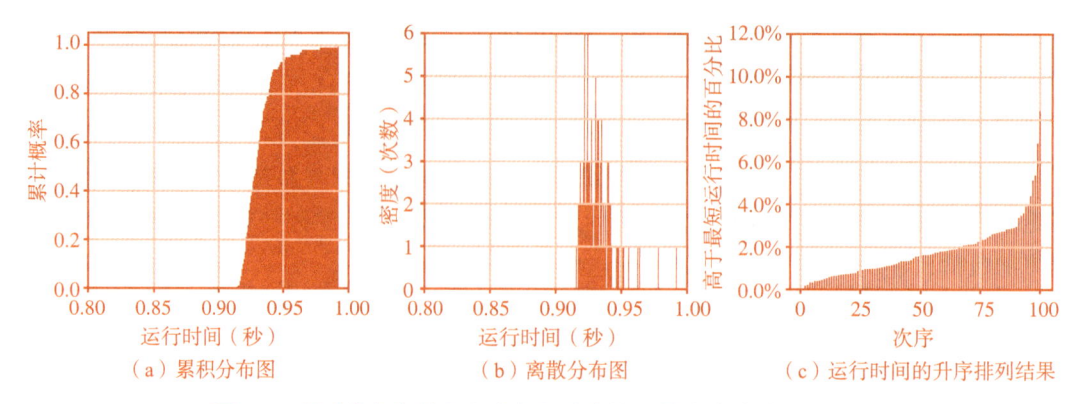

(a)累积分布图　　　　　（b)离散分布图　　　　　（c)运行时间的升序排列结果

图 3.8　通过关闭超线程和睿频加速来控制性能波动的实验结果

3.5　测量开销

任何性能测量都会或多或少地引入额外的系统资源和时间的开销（overhead）。进一步地，性能测量的开销会产生系统扰动（perturbation），即对系统正常行为的干扰或影响。比如，性能测量工具的运行可能会加剧资源争抢和上下文切换等，从而造成测量结果不准确，严重者甚至会影响系统的正常运行。因此，在进行性能测量时，需要综合考虑测量准确性、测量开销和对系统的扰动，以确保在高效地得到可靠性能数据的同时最小化对程序和系统的干扰。

以内部测量中提到的间隔计数器为例，下面定量地分析测量的开销。首先，无论使用哪一种函数来获取时间戳，程序的实现逻辑通常如下所示：

```
t_start = get_timestamp();    …… 获得测量开始时的时间戳
// code to be measured         …… 需要被测量的代码
t_end = get_timestamp();      …… 获得测量结束时的时间戳
t_diff = t_end - t_start;     …… 通过时间戳的差值计算运行时间
```

事实上，时间戳的获取也要消耗一定的时间，从而造成测量开销。特别地，在测量时间较短的情况下，这样的测量开销实际上是难以忽略的。将上述程序实现逻辑展示在时间轴上，如图 3.9 所示。对于从计数器获取时间戳这个操作，实际上有两个步骤：（1）从计数器读取计数值，这可能涉及内存读取，也可能涉及通过系统调用读取硬件寄存器，这部分消耗的时间记录为 T_{read}；（2）将计数值保存下来，即将 `get_timestamp()` 函数的返回值保存到内存变量（如 `t_start` 或 `t_end`）中，用 T_{store} 记录这部分时间。注意，在测量开始和结束两次获得时间戳时，都会发生计数器读取和计数值保存的操作。

假设需要测量的代码的真实运行时间为 T_e，那么测量得到的时间（记为 T_m）相较于真实时间增加了 T_{read} 与 T_{store}，即 $T_m = T_e + (T_{read} + T_{store})$。增加的部分就是测量的开销，会使得测量结果偏大，即 $T_{overhead} = T_{store} + T_{read}$。若 $T_e \gg T_{overhead}$，那么测量开销造成的误差可以被忽略；否则，测量结果的准确性将受到较大影响。通常，建议 T_e 至少是 $T_{overhead}$ 的 100 倍。

```
t_start = get_timestamp();
// code to be measured
t_end = get_timestamp();
t_diff = t_end - t_start;
```

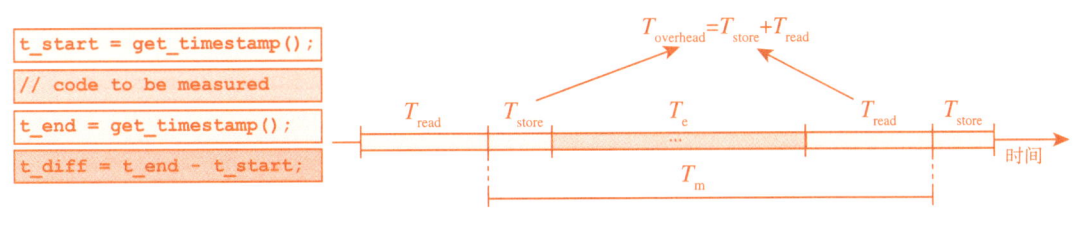

图 3.9　间隔计数器的测量开销

3.6　测量误差

性能测量的误差主要有两类：随机误差（random error）和系统误差（systematic error）。

- 随机误差是由于测量过程中的随机变化或不确定性引起的误差。这类误差通常是不可避免的，即使在相同条件下进行多次测量，结果也会有一定变化。通常，随机误差可以通过多次测量并计算平均值来实现一定程度的消减。
- 系统误差是由于测量过程中的固定偏差或不一致性引起的误差，可能源于测量工具、测量仪器、测量方法或测量环境的不合理设置等。这类误差是必须避免的，否则会导致测量结果不准确。系统误差通常是可检测的，需要进行校准和调整进行纠正。

此外，性能测量还可能涉及人为误差（human error），比如，由于性能测量人员的不正确操作、读取或记录错误等引起的误差。所以，性能测量应尽可能自动化测量过程，并通过准确性测试，从而避免人为误差。

下面仍以间隔计时器为例，说明性能测量中可能碰到的一种随机误差。在内部测量中，我们使用了 `clock_gettime` 函数与 `gettimeofday` 函数获得时间戳。前者能获得纳秒级的时间戳，而后者能获得毫秒级的时间戳。通常将计时器能分辨的最小时间称为计时器的分辨率（resolution）。计时器的分辨率越高，测量结果的精度（precision）越高。然而，计时器的分辨率总是有限的，这就可能造成随机误差。

如图 3.10 所示，假设计时器的分辨率为 T_c，某待测程序真实的运行时间为 T_e，那么 T_e 可以表示为 $T_e = n \cdot T_c + \Delta$，其中 $0 < \Delta < T_c$。开始测量时刻 t_{start} 的不同可能会导致间隔计时器测量结果的不同，从而产生随机误差，图 3.10 中列出了两种可能的情况。在真实运行时间 T_e 不变的情况下，测量开始时刻 t_{start} 的不同会影响到测量结束时刻 t_{end} 在计时器计数值更新之前（情况 1）或之后（情况 2），进而导致测量结果 T_m 可能是 $n \cdot T_c$ 或 $(n+1) \cdot T_c$。

然而，我们很难控制每次测量的开始时刻相较于计时器计数值更新时刻的偏移是固定的，由此造成的随机误差是难以避免的。对于这种情况，可以认为测量开始的时间是随机的，并且落在计时器计数周期任意一点的概率是等同的，进而可以通过多次测量的方式减少这一因素带来的随机误差，以获得更加准确的结果。

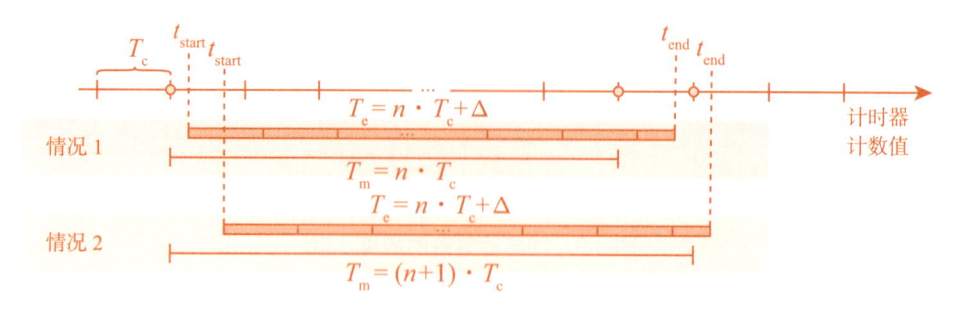

图 3.10　间隔计时器可能造成的一种随机误差

3.7　本章小结

可靠的性能测量是性能工程的基础，需要结合具体的性能测量需求（例如，低开销、高精度等），选择合适的性能测量方法和数据收集策略。本章介绍了外部测量、内部（插桩）测量和仿真测量三种方法，还专门讨论了计时器的选择。进一步地，区分了计数型、采样型和追踪型三种数据收集策略。在性能测量中，要注意性能波动。事实上，我们几乎不可能完全消除性能波动，但是可以明确性能波动的主要来源，并尽可能地控制它们。特别注意，要关注性能测量数据的质量，并客观、科学地采集和报告性能数据。

3.8　思考题

1. 本章专门介绍了 Intel Cascade Lake 处理器的 PMU 架构。在该系列处理器上，最多能够同时测量多少个性能事件？如果希望同时测量大量（远超实际的 PMC 个数）性能事件，应该如何做？可能会有什么限制？
2. 在实际的性能测量中，采样频率通常会被设为 99Hz 或 999Hz，而不是 100Hz 或 1000Hz 这类比较规整的数字，这样做的目的是什么？
3. 对于同一个程序，使用 `cpu-clock` 事件采样与使用 `cache-misses` 事件采样得到的热点函数是一样的吗？它们分别表示什么含义？
4. 在性能数据存在波动的情况下，如何科学地报告实验数据以反映这个程序的性能？只报告平均运行时间足够吗？
5. 假设待测程序的真实运行时间较小，并没有远大于测量的开销，如何尽可能消除测量误差并得到准确的测量结果？
6. 是不是静默所有人工可控制的因素，性能波动就不会出现呢？

CHAPTER 4

第 4 章 基准评测

基准评测（benchmarking）一词的英文是由单词"bench"与"mark"组成的，分别具有"工具台"与"标记"的意思。最初，"bench mark"是土地测量员用来表示在某个永久性物体上的标记，这个标记在之后的地形测量中会作为标准参考点。在计算机领域中，基准评测是指用计算机执行一组已知的操作，通过这些操作来衡量计算机系统的性能。其中，"一组已知的操作"要具有代表性，同时评测方法要有公信力。

基准评测提供了一套标准化的计算机系统性能评价手段，也为竞品分析（competitive analysis）提供了数据基础。不同的芯片制造商需要测量它们制造的芯片的性能，不同的服务器制造商需要测量它们组装的服务器的性能，不同的云服务提供商也需要测量它们提供的云实例的性能。对于这些制造商或服务提供商而言，基准评测有以下几方面用处：

1）基于标准化的评测过程，帮助了解自己产品真实的性能，从而不断优化产品设计。

2）基于相对公平的性能对比，帮助了解与其他行业竞品的性能差异，从而不断调整产品定位和市场策略。

3）基于公开的评测结果，助力宣传产品性能，提高市场竞争力。

此外，对于用户而言，基准评测能够帮助用户根据需求更好地选择产品，比如综合考虑产品的性能与价格再做出决定。

本章将围绕基准评测展开讨论，首先介绍各种类型的基准评测程序，从简单的单一指令到复杂的应用基准评测程序；接着以 SPEC CPU 2017 为例介绍业界常用的标准化基准评测套件，进而定义三种基准评测策略；最后讨论在并行计算领域评测性能的两个重要定律。

4.1 基准评测程序

基准评测程序是随着计算机系统的发展而不断演进的，从简单到复杂；相应地，基准评测程序的代表性也逐渐增强。本节以此为脉络，介绍不同类型的基准评测程序及其特点。

4.1.1 单一指令

在早期计算机系统中,最重要且最昂贵的组件通常是处理器,因此提升处理器执行指令的速度是工程师的首要设计目标。最早和最普遍接受的性能衡量标准之一是执行单个操作(例如,常见的加法指令)所需的时间。

由于早期指令集架构较为简单,执行指令消耗的时钟周期通常是相同的。因此,知道执行单个指令所需的时间就足以描述计算机系统的性能了。

4.1.2 指令组合

随着计算机系统的发展,指令集架构逐渐复杂起来,指令的类型不断丰富,不同类型指令消耗的时钟周期也有所差异。例如,乘法指令通常要比加法指令消耗更多的时钟周期。这时,采用单一指令的基准评测程序不足以评测计算机系统的性能,故而提出了使用指令组合(instruction mix)作为基准评测程序。一个指令组合是由多种类型指令以及它们的使用频率定义的,其中不同指令的使用频率来源于真实系统。Gibson 指令组合是最常被提及的指令组合,如图 4.1 所示,该指令组合由 Jack C. Gibson 于 1959 年提出,其中各类指令的使用频率是在 IBM 704 和 650 系统上测得的。

指令类型	频率
寻址	18.00%
不使用寄存器的指令	5.30%
逻辑操作(Logical、And、Or 等)	1.60%
移位	4.40%
定点除法	0.20%
定点乘法	0.60%
浮点除法	1.50%
浮点乘法	3.80%
浮点加法与减法	6.90%
分支	16.60%
比较	3.80%
定点加法与减法	6.10%
存取	31.20%

图 4.1 Gibson 指令组合(数据来源于文献 [1])

设指令组合定义了 n 种不同类型的指令,其使用频率分别为 $w_i(i=1,2,\cdots,n)$ 且 $\sum_{i=1}^{n} w_i = 1$。经过测量,能得到不同指令平均消耗的时钟周期数为 $\text{CPI}_i(i=1,2,\cdots,n)$,那么每条指令的平均执行时间为 $\sum_{i=1}^{n} w_i \times \text{CPI}_i \times T_c$,其中 T_c 为时钟周期的时长。

指令组合的基本思想是通过测量不同类型指令的平均执行时间,再基于不同指令使用频率的加权,得到每条指令平均消耗的执行时间,通过这个加权平均值作为比较不同待测系统性能的指标。

使用指令组合作为基准评测程序，在一定程度上解决了单一指令代表性不足的缺陷，但仍存在不足。首先，不同应用程序所包含指令类型和使用频率可能都不一样，一组固定了使用频率的不同指令组合不一定能代表实际的应用程序。其次，执行一个程序所需要的指令数量在不同的软硬件系统上也不一定是固定的，有些处理器可能会使用更少的指令来执行程序。此外，不同编译器的优化能力、不同的缓存架构等都会影响指令执行的时间。

4.1.3 合成程序

上述指令组合的一个主要问题在于，随着时间的推移和应用系统的演进，一组固定比例的指令组合可能无法反映后续应用系统的特点。因此，开发合成程序（synthetic program）的方案出现了。它的思路是编写一个程序，使其与预期的或所需的指令组合相匹配。从这个意义上来说，它是指令组合思想的增强和补充。

事实上，合成程序是没有实际用途的人工程序。这些程序中执行的操作组合是经过精心选择的，以匹配某类应用程序中观察到的操作组合。由于合成程序的指令组合与实际应用程序中的相同，因此，可以认为执行合成程序时获得的性能应该能够反映执行实际应用程序时的情况。

注意，合成程序无法切实模拟真实应用的行为，一个主要的问题是合成程序不能准确地模拟由于特定的指令排序而引起的指令之间的交互及其对性能的影响。例如，指令的不同排序会产生指令间不同的依赖模式，从而影响指令执行的性能。此外，实际应用程序的内存访问模式很难在合成程序中复现，这可能会影响内存访问的局部性，从而产生明显不同的性能结果。

4.1.4 程序内核

程序内核（program kernel）表示应用程序的核心或基本部分，本质上是一个指令组合的泛化形式，通常是一组频繁使用的操作。例如，科学计算常用的矩阵乘法、矩阵求逆等，以及应用程序常用的排序函数、查找函数等。

程序内核通常是从一般的应用程序中提取出来的小程序，可能只有十几行代码，很容易移植到许多不同的计算机系统上。这部分程序通常会被应用程序反复地执行，或者执行时间占整个应用程序总执行时间的很大一部分，因此，它能在某种程度上反映应用程序性能的特点。然而，程序内核毕竟只是应用程序的一部分，故它的代表性是受限的。即使充分评测和优化了程序内核，但有时候应用程序的性能瓶颈恰恰是没有被程序内核覆盖的部分。

4.1.5 微基准评测程序

微基准评测程序（microbenchmark program）是专门设计的小程序，主要用于评测计算机系统的某个特定组件，例如，内存接口芯片、输入/输出子系统或浮点执行单元等。开发微基准评测程序要求开发人员对于特定的系统待测组件有深入的理解。当整个计算机系统的性能可能受限于某个单一组件时，微基准评测（microbenchmarking）可用于评测这种情况下系统可能达到的最高性能。此外，微基准评测也可用于确定系统组件的性能特征，从而为系统仿真提供重要参考。

例如，JMH（Java Microbenchmark Harness）是 OpenJDK 提供的一个用于编写、执行和分析 Java 微基准评测程序的开源框架。它提供了丰富的选项来配置评测过程，可以自动化地多次运行评测程序，并报告性能评测结果。JMH 在 Java 社区中广泛使用，能够帮助开发人员进行性能优化，找出代码中的瓶颈，并优化和改进他们的代码。

4.1.6　应用基准评测程序

一般来说，基准评测程序的最好选择就是真实应用。应用基准评测程序（application benchmark program）直接使用真实的应用作为基准评测程序。这些程序是完整的真实程序，能完成实际的操作并产生有意义的结果。然而，单一应用通常代表性有限，为了提高基准评测的代表性，一种常见的做法是收集一组应用程序形成应用基准评测套件（application benchmark suite）。组成套件的应用程序可以是同一类的应用，比如都是科学计算应用，可以覆盖大部分科学计算的应用场景；也可以是不同类的应用，比如包含了编译器、编解码、科学计算、物理仿真等应用，可以覆盖某个计算机系统上大部分常用的应用场景。

与合成程序等其他类型的基准评测程序相比，应用基准评测程序或套件能更准确地刻画实际应用如何使用计算机系统，从而更准确地评测性能。然而，实际应用的性能测量可能具有较高的代价，为了减少运行整套程序所需的时间，应用基准评测程序通常会人为地使用较小的输入数据集。这样做的一个主要问题是可能会限制应用基准评测程序准确地模拟实际的访存行为和输入/输出需求。即使如此，这些应用基准评测程序或套件仍是目前开展全面基准评测的最佳选择。

4.2　标准化基准评测套件

为了进一步提高基准评测的代表性和公信力，一些标准化组织相继成立，它们开发和维护标准化基准评测套件（standardized benchmark suite），评审各个厂商产品的性能并公开发布标准化评测报告，逐渐形成行业标准。例如，用于评测计算机浮点运算能力的 LINPACK、用于评测数据库性能的 TPC-H 或 TPC-DS、用于评测处理器性能的 SPEC CPU 2017 和评测 Java 服务器性能的 SPECjbb 2015 等。

下面以 SPEC CPU 2017 为例，介绍标准化基准评测套件，并说明基准评测的衡量标准。

4.2.1 SPEC CPU 2017

标准性能评估公司（The Standard Performance Evaluation Corporation，SPEC）是一家非营利性组织，旨在为计算机系统的性能和能效等建立、维护和背书一套标准化基准评测。SPEC 开发了若干基准评测套件，同时，负责审核各个厂商的评测结果，并将结果公开发布在其网站上。

表 4.1 列出了 SPEC 推出的部分标准化基准评测套件，不同基准评测套件评估系统性能的场景或者角度是不同的。例如，有的是面向处理器整型和浮点型计算的，有的是面向 Java 服务器的。

表 4.1 SPEC 推出的部分标准化基准评测套件

评测场景	套件名称	简介
云计算	SPEC Cloud IaaS 2018	运行典型的云服务工作负载并评估基础设施即服务的云平台性能
处理器	SPEC CPU 2017	运行计算密集型的整型和浮点型应用并评估处理器性能
高性能计算	SPEC OMP 2012	运行基于 OpenMP 的程序并评估并行处理应用的性能
Java 服务器	SPECjbb 2015	运行分布式 Java 应用并评估 Java 服务器的性能
服务器能效	SPECpower_ssj 2008	运行多种不同的工作负载并评估服务器的功耗和性能的关系
虚拟化平台	SPEC virt_sc 2013	运行服务器整合场景的应用并评估虚拟化平台的性能

其中，SPEC CPU 是使用最为广泛的用于评估 CPU 处理器性能的基准评测套件。该套件自 1989 年被首次推出，之后经过多次更新，根据时代的需求新增和替换了各种基准评测程序，目前最新的版本为 SPEC CPU 2017。此外，为了适应处理器和计算机逐渐提高的性能，基准评测程序的输入规模也逐渐扩大。

如表 4.2 所示，SPEC CPU 2017 包含 43 个应用基准评测程序，使用了 C、C++ 和 Fortran 三种语言开发，覆盖了 24 个不同的应用领域，例如编译器、视频压缩、人工智能应用等。这些基准评测程序依据不同的运行方式（Rate 或 Speed）与数据类型（整型或浮点型）分为 4 个不同的子套件，用于不同的评测目的。其中，名称相同但后缀分别是 __r 与 __s 的基准评测程序本质上是同一个程序，只是运行方式存在区别：

1）**Rate 方式**：并行地执行若干程序副本，每一个程序是单线程的（禁用 OpenMP）。

2）**Speed 方式**：只执行程序的一个副本，但允许使用多线程加速程序运行（启用 OpenMP）。

由于运行方式不同，SPEC 设计了两种性能评价指标：SPECspeed 指标是基于时间的指标，用于 Speed 类型的基准评测；SPECrate 是基于吞吐量的指标，用于 Rate 类型的基准评测。其计算方式分别是：

$$\text{SPECspeed} = \frac{T_{\text{ref}}}{T}$$

$$\text{SPECrate} = N_{\text{copy}} \times \frac{T_{\text{ref}}}{T}$$

表 4.2 SPEC CPU 2017 的 43 个应用基准评测程序

SPECrate 2017 Integer	SPECspeed 2017 Integer	编程语言[1]	千行代码数[2]	应用领域
500.perlbench_r	600.perlbench_s	C	362	Perl 解释器
502.gcc_r	602.gcc_s	C	1304	GNU C 编译器
505.mcf_r	605.mcf_s	C	3	路径规划
520.omnetpp_r	620.omnetpp_s	C++	134	离散事件模拟、计算机网络
523.xalancbmk_r	623.xalancbmk_s	C++	520	通过 XSLT 进行 XML 到 HTML 的转换
525.x264_r	625.x264_s	C	96	视频压缩
531.deepsjeng_r	631.deepsjeng_s	C++	10	人工智能：alpha-beta 树搜索（国际象棋）
541.leela_r	641.leela_s	C++	21	人工智能：蒙特卡洛树搜索（围棋）
548.exchange2_r	648.exchange2_s	Fortran	1	人工智能：递归解生成器（数独）
557.xz_r	657.xz_s	C	33	通用数据压缩

SPECrate 2017 Floating Point	SPECspeed 2017 Floating Point	编程语言	千行代码数	应用领域
503.bwaves_r	603.bwaves_s	Fortran	1	爆炸建模
507.cactuBSSN_r	607.cactuBSSN_s	C++, C, Fortran	257	物理：相对论
508.namd_r	—	C++	8	分子动力学
510.parest_r		C++	427	生物医学成像：有限元光学断层扫描
511.povray_r		C++, C	170	光线追踪
519.lbm_r	619.lbm_s	C	1	流体动力学
521.wrf_r	621.wrf_s	Fortran, C	991	天气预报
526.blender_r	—	C++, C	1577	3D 渲染与动画
527.cam4_r	627.cam4_s	Fortran, C	407	大气建模
—	628.pop2_s	Fortran, C	338	大范围海洋建模（气候级）
538.imagick_r	638.imagick_s	C	259	图像处理
544.nab_r	644.nab_s	C	24	分子动力学
549.fotonik3d_r	649.fotonik3d_s	Fortran	14	计算电磁学
554.roms_r	654.roms_s	Fortran	210	区域海洋建模

[1] 对于多编程语言的基准测试，列表中的第一个编程语言决定了库和链接选项（详细信息见文档）。
[2] KLOC = 用于构建的源文件行数（包括注释/空白行）/1000。

其中，T_{ref} 是参考机器的执行时间，这里，SPEC 采用的参考机器是 Sun 公司在 2006 年发布的 Sun Fire V490 with 2100 MHz UltraSPARC-IV+，T 是待测机器的执行时间。由于参考机器相较于目前的主流机器性能较差、运行时间也比较长，因此 SPECspeed 的值一般都大于 1。对于 SPECrate 指标，由于测试时是在待测机器上并行地执行若干程序副本，相较于 SPECspeed 指标，SPECrate 指标的数值会根据副本数量的多少而放大一定的比例。

SPECspeed 指标反映的是待测系统完成一定工作量的运行时间，运行时间越短，该指标越高；而 SPECrate 指标反映的是单位时间内待测系统能够完成的工作量，即整个系统并行处理的吞吐量，吞吐量越高，该指标越高。

使用 SPEC CPU 2017 进行基准评测的基本步骤如下：

1）检查待测系统是否满足配置要求。
2）使用安装包来安装 SPEC CPU 2017。
3）选择使用哪一个子套件进行评测。
4）生成一个配置文件，定义如何编译和运行基准评测程序。
5）使用 `runcpu` 工具执行基准评测。
6）如果需要发布结果，需要遵循预先规定的运行与报告的规则。

标准化基准评测一方面是为了按照要求生成标准化的结果，另一方面是希望在相同的标准下生成性能最优的结果。关键的环节在第 4 步，考虑如何生成一个已知的最佳配置（Best-Known Configuration，BKC），使得待测机器能够达到最优性能。通常而言，获得 BKC 的步骤如下：

1）根据待测的软硬件环境，选定一个初始配置，记为 config A。一般会从 SPEC 网站发布的公开报告里选择与待测环境类似的 BKC。
2）测量 config A 的性能。
3）为了获取更优的性能，采用各种配置优化方法，生成新的配置 config A'。
4）测量 config A' 的性能。
5）如果 config A' 的性能优于 config A，那么用 config A' 替换 config A。
6）评价当前 config A 的性能，如果仍然不满足需求，则回到第 3 步继续调优。

4.2.2　基准评测套件的开发标准

尽管真实应用是开发基准评测套件的最佳选择，但是真实应用可能存在部署困难、输入规模多变和运行时间不可控等限制。所以，基准评测套件通常只能最大程度地模拟真实应用的行为和性能，同时，尽可能地覆盖各种复杂多变的应用场景。虽然仍有局限性，但基准评测套件易于建立性能基线，也便于进行不同产品的性能比较，因而广泛应用于各类产品的性能评价和竞品分析中。那么，如何开发一个合适的基准评测套件呢？

根据 SPEC 的规范，开发基准评测套件要遵循以下几条标准：

1）严格定义工作量，即保证每一次测试中待测机器需要完成的操作是一致的，可以通过校验基准评测程序的输出来检验是否完成指定的工作量。
2）结果可复现，多次运行得到的结果应当不存在较大的性能波动。
3）报告至少一个性能指标，该数值能够表示待测机器的性能，通常是响应时间或吞吐量。
4）结果可比较，多个系统之间的性能指标应能够用于评估性能差异。
5）定义运行与报告的规则，规定应当如何运行基准评测程序，以及如何汇总与报告测试结果。

4.3 基准评测的策略

在使用基准评测程序评价待测系统的性能时,通常是考察这段程序的运行时间。程序运行的时间越短,表示性能越好,这是一种较为直接的策略。实际上,还有一些其他策略,本节将详细讨论。

4.3.1 固定计算的基准评测

固定计算(fixed computation)是一种常见的基准评测策略。为了帮助理解,我们引入一些符号并给出形式化定义。记待测机器运行基准评测程序完成的工作量为 W,这里的工作量是一个抽象的概念,在不同的场景下会有不同的解释,比如,事务或指令等。执行时间记为 T,那么可以定义待测机器的"执行速率"为 $R=W/T$。假设有两个待测系统,它们的执行速率分别为:

$$R_1 = \frac{W_1}{T_1}, \quad R_2 = \frac{W_2}{T_2}$$

这里的执行速率实际上就是我们关心的性能,是希望通过基准评测进行评价的关键指标。执行速率越高,性能越好。为了比较两个系统,可以计算第一个系统相对于第二个系统的加速比,即

$$\text{speedup} = \frac{R_1}{R_2} = \frac{W_1/T_1}{W_2/T_2}$$

这时,可以设定要对比的两个系统需要完成的工作量是一致的,有 $W_1=W_2$,那么加速比就仅与两个待测机器的执行时间相关了,即:

$$\text{speedup} = \frac{T_2}{T_1}$$

固定计算的基准评测策略,就是在基准评测中固定要完成的工作量,使得两个对比系统的工作量一致,从而可以用待测系统的执行时间作为性能对比的主要指标。这个策略符合我们对计算机性能提升的直觉,即性能越好的系统,程序执行时间越短。SPEC CPU 2017 正是采用了这样的策略,例如,SPECspeed 指标反映的是待测系统完成一定工作量的运行时间相对于参考机器的加速比,运行时间越短,该指标的值就越高。

4.3.2 固定时间的基准评测

在某些应用场景下,程序需要完成的工作量可能很大,这时固定计算的策略就不适用于基准评测了。例如,评测一个天气预报系统,如果每次预报第二天天气的任务都需要 24 小时以上的运行时间,那么这个评测本身是没有用处的。

对于许多大规模计算问题,基准评测常常采用固定时间(fixed time)的策略。这时,可以从另一个角度来看待性能提升:在相同的执行时间内,完成的工作量越多,则性能越

好。也就是说，固定时间的基准评测策略是以规定的执行时间内完成的总工作量来衡量不同待测系统的相对性能。

继续沿用上一节定义的符号，仍然来对比两个系统，第一个系统相对于第二个系统的加速比是：

$$\text{speedup} = \frac{R_1}{R_2} = \frac{W_1/T_1}{W_2/T_2}$$

根据固定时间的策略，则 $T_1=T_2$，那么加速比就与两个待测机器在固定时间内完成的工作量相关，即

$$\text{speedup} = \frac{W_1}{W_2}$$

注意，这里的工作量可以是完成计算任务的数量，或者是已经完成求解的问题规模的大小，对于不同应用场景需要定义清楚。

SLALOM 是一个采用固定时间策略的基准评测程序，每一次评测中程序完成的工作量是变化的。该评测衡量性能的指标是，在一分钟内，待测机器针对一个问题计算答案的准确程度。该程序会持续进行迭代，在一分钟的时间限制内，完成的迭代次数越多，得到的答案越准确。该基准评测没有限定求解问题的算法，以答案的准确程度作为衡量待测系统性能的依据，目的是体现系统解决实际问题的能力。该基准适用于不同架构系统的性能比较，并且，在待测机器性能差距比较悬殊的情况下，具有较好的适用性。

4.3.3 可变计算和可变时间的基准评测

前两节围绕待测机器的执行速率，介绍了固定计算和固定时间的策略，前者限定工作量而后者限定执行时间。那么，可否既不限定工作量也不限定执行时间呢？这种策略称为可变计算和可变时间（variable computation and variable time）的基准评测策略，它通常以兼顾工作量和执行时间的一个函数 $f(W,T)$ 作为性能评测的指标。

HINT 基准评测正是采取了这样的策略。它严格定义了一个数学问题，同时定义了该问题解决方案的质量。解决方案的执行需要一定的时间，同时解决方案的质量可以通过额外的计算不断提高，因此，这个质量指标与达到该质量水平所需时间的比值就是性能评测指标。HINT 基准将这一性能评测指标定义为 QUIPS(QUality Improvements Per Second)，即每秒获得的质量提升。

4.4 阿姆达尔定律

在计算机性能评测领域，尤其是并行计算的性能分析方面，有一条著名的定律：阿姆达尔定律（Amdahl's law）。根据固定计算的基准评测策略，由于固定了待测系统需要完成的工作量，因此一旦改进系统并采用了更快的执行方式，则系统完成工作量的时间会缩短，

进而相比改进前，加速比会提高。那么，一个有意思的问题是，改进待测系统能带来的最大性能提升是多少？阿姆达尔定律给出了这个问题的答案并给出了加速比的上界。

阿姆达尔定律指出，计算机系统对某一部分采用更快执行方式能获得的性能提升程度，取决于该部分的执行时间占总执行时间的比例。如图 4.2 所示，设程序原始的总执行时间为 T_{old}，保持程序不受改进影响的比例为 α。仅对其 $(1-\alpha)$ 的部分采用更快的执行方式进行改进，该部分运行时间缩短为原有的 $1/q$。记改进后程序的总执行时间为 T_{new}，那么：

$$T_{new} = \alpha T_{old} + \frac{(1-\alpha)T_{old}}{q}$$

此时，加速比为：

$$\text{speedup} = \frac{T_{old}}{T_{new}} = \frac{T_{old}}{\alpha T_{old} + \frac{(1-\alpha)T_{old}}{q}} = \frac{1}{\frac{1}{q} + \alpha\left(1 - \frac{1}{q}\right)}$$

当 $q \to +\infty$，那么加速比的极限为：

$$\lim_{q \to +\infty} \frac{1}{\frac{1}{q} + \alpha\left(1 - \frac{1}{q}\right)} = \frac{1}{\alpha}$$

这意味着，程序性能提升的上限取决于程序不受改进影响部分的比例。阿姆达尔定律给系统设计人员的启示是，应当集中精力优化那些程序中最常出现的操作。这部分操作通常占较大比例，因而优化后可能获得更大的性能提升。

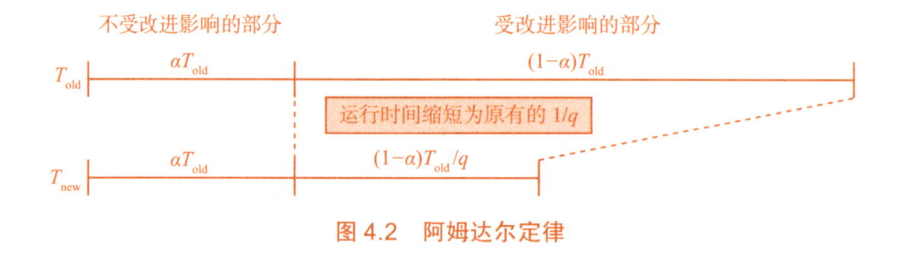

图 4.2 阿姆达尔定律

4.5 古斯塔夫森定律

古斯塔夫森定律（Gustafson's law）实际上是针对阿姆达尔定律固定计算假设的局限性而提出的。古斯塔夫森定律提出，工程师应当调整工作量以充分利用待测机器的运算能力，如果有更快的设备，就可以在相同的时间内解决更大规模的问题。

为了帮助理解，首先来讨论阿姆达尔定律的局限性。对于并行计算，阿姆达尔定律可以这样解释：对于一个并行程序，串行化操作的比例是 α，而可并行化的比例是 $(1-\alpha)$，通过增加处理器数量，可并行化部分的运行时间将会缩短。理想情况下，若有 p 个处理器，那么可并行化部分的运行时间会被缩短为原来的 $1/p$。根据阿姆达尔定律，加速比的上限是 $1/\alpha$。

如果一个程序可并行部分的比例不大，那么无论增加多少个处理器，实际上能够获得的加速比也是十分有限的。这样的结论是悲观的，意味着即使应用超级计算机，也没法得到更大的性能提升。然而，阿姆达尔定律实际上是一个固定计算的模型，工作量的大小是固定的，进而可并行化的规模也是固定的。在实际操作中，我们不会用一台超级计算机来处理一个小问题。当待测机器的运算能力增加之后，也可以去解决规模更大的问题。

下面给出古斯塔夫森定律的描述，如图 4.3 所示。仍然是上面所述的并行计算程序，记 T_p 为并行程序在 p 个处理器下的运行时间；假设存在这样一个单处理器机器（这个机器可能实际上并不存在）要完成同样的工作，记 T_1 为该并行程序等价的串行程序的运行时间，那么可以认为程序并行化部分的执行时间将被扩大 p 倍，那么：

$$T_1 = \alpha T_p + p \cdot (1-\alpha) T_p$$

以该假想机器为基准，此时的加速比为：

$$\text{speedup} = \frac{T_1}{T_p} = \frac{\alpha T_p + p \cdot (1-\alpha) T_p}{T_p} = \alpha + (1-\alpha)p = p + \alpha(1-p)$$

当问题的规模足够大时，α 接近于 0，此时可以认为 $\text{speedup} \approx p$。这意味着获得的性能提升与处理器数量成正比，而非受限于串行化操作的比例。注意，这里的待测系统完成的工作量会随着处理器数量而不断增大，设单处理器时的工作量为 W，那么当使用 p 个处理器时，工作量会放大到：

$$W_p = \alpha W + p(1-\alpha)W$$

事实上，古斯塔夫森定律将基准评测的策略设定为在相同时间内解决一个更大的问题。在某种程度上，该定律重新定义了效率，使得程序串行化部分所施加的限制可以通过增加计算总量来抵消。然而，有些问题的规模无法持续增加，甚至增量很小，还有些问题的算法具有非线性运行时间，这些问题都很难利用古斯塔夫森定律所展示的并行性。

图 4.3 古斯塔夫森定律

4.6 本章小结

基准评测为标准化性能评价和竞品分析提供了有效手段和数据基础。本章先介绍了几类常见的基准评测程序，从早期的单一指令、指令组合、合成程序到现在常用的程序内核、微基准评测程序和应用基准评测程序。然后，以 SPEC CPU 2017 为例介绍了标准化基准评测套件及其开发标准，这里的一个重要原则是尽可能代表真实应用，同时结果可复现。进而，介绍了三种基准评测策略，分别是固定计算、固定时间和可变计算和可变时间的策略。最后，讨论了对并行计算的性能评测有重要影响的阿姆达尔定律和古斯塔夫森定律。

4.7　思考题

1. 为什么大多情况下需要使用应用基准评测程序进行性能评测而非真实应用？使用真实应用进行性能评测可能会遇到什么问题？
2. 访问 SPEC 官方网站，尝试运行一个标准的基准评测程序（例如，免费的 SPECjvm 2008）。尝试寻找 BKC 以优化性能。
3. 查阅 SPEC CPU 2017 的官方文档，分析为什么 Speed 方式的基准评测程序允许使用 OpenMP 多线程加速？这样设置的目的是什么？
4. 多次运行一个标准的基准评测程序，观察和分析性能波动。
5. 对比和阐述阿姆达尔定律与古斯塔夫森定律的局限性和适用条件。

CHAPTER 5

第5章

配置优化

上一章中提到，标准化基准评测的一个关键环节是获取已知的最佳配置 BKC，使得待测机器达到最优性能，从而应对竞品分析的需求。本章将围绕如何获取 BKC 展开详细讨论。首先，介绍配置优化的基本概念，然后讨论配置优化的技术挑战，最后介绍配置优化的主要方法，包括实验设计、基于机器学习的方法和领域知识驱动的方法。

5.1 基本概念

可配置性（configurability）是软件系统实现灵活定制和快速部署的基本属性，普遍存在于各类软件产品和应用系统中。在软件系统的部署、升级和迁移等应用场景中，系统管理员经常通过设定各种系统配置项的取值来灵活地定制软件的行为，从而获得期望的系统功能以及非功能属性（也称为质量属性，例如，性能、成本、能耗等）。从小型的智能手机到大型的无人驾驶汽车，从几十 KiB 大小的编解码工具到大规模人工智能训练平台，配置广泛存在于各类软件产品和系统中。同时，随着软件系统的规模和复杂性不断增加，系统配置项的数量越来越多，配置间的约束也越来越复杂。

配置优化（configuration optimization）的主要目标是找到满足期望功能和非功能属性的软件系统最优配置。为了增强灵活性和可定制性，软件系统通常会设置众多配置项，但众多配置项之间可能存在复杂且隐蔽的关联约束，因此，在查找最优配置时，系统管理员事实上很难充分理解各配置项及其交互（interaction）对软件功能行为和非功能属性的影响。此外，在配置优化过程中，所期望达到的非功能属性可能有多个（例如，高性能和低成本）。因而，配置优化是一个复杂的多目标优化问题，本章主要围绕软件系统配置的性能优化（即一个单目标优化问题）展开讨论。

下面以一个用于视频编码的命令行程序 x264 为例，说明与配置相关的一些基本概念。如图 5.1 所示，在命令行中，用户可以通过配置不同的参数来控制软件对视频进行编码的行为，例如，是否输入日志、编码时参照帧数量等，这些可配置项称为特征（feature）。各个特征有不同的取值，可以是布尔型，也可以是数值型。软件系统所有特征的一组取值称为一种配置（configuration），代表可配置软件系统的一个变体（variant）。

```
用于编码视频流的命令行程序
┌─────────────────────────────────────┐
│ x264 --quiet           ⇒ 特征 1  ┐  │
│      --no-progress     ⇒ 特征 2  │  │
│      --no-asm          ⇒ 特征 3  ├ 配置1
│      --rc-lookahead 60 ⇒ 特征 4  │ （变体1）
│      --ref 9           ⇒ 特征 5  ┘  │
│      -o trailer_480p24.x264 ⇒ 输入流│
│      trailer_2k_480p24.y4m  ⇒ 输出流│
└─────────────────────────────────────┘
```

图 5.1　用于视频编码的命令行程序 x264

如表 5.1 所示，选择了 x264 的 16 个布尔型特征，生成 16 个不同的配置，并且通过一个基准性能评测获取不同配置下的视频编码时间作为目标性能值。不同的配置会改变程序的行为，因而可能产生不同的性能值。例如，表中配置 x_1 和 x_2 的性能值分别为 651 秒和 536 秒。

表 5.1　x264 不同配置的性能值

配置 x_i	$x_i^{(1)}$	$x_i^{(2)}$	$x_i^{(3)}$	$x_i^{(4)}$	$x_i^{(5)}$	$x_i^{(6)}$	$x_i^{(7)}$	$x_i^{(8)}$	$x_i^{(9)}$	$x_i^{(10)}$	$x_i^{(11)}$	$x_i^{(12)}$	$x_i^{(13)}$	$x_i^{(14)}$	$x_i^{(15)}$	$x_i^{(16)}$	性能 y_i
x_1	1	1	0	1	1	1	1	0	1	0	0	1	1	0	0	1	651
x_2	1	1	1	1	1	1	0	1	1	1	0	0	1	0	1	0	536
x_3	1	1	1	1	0	0	0	0	1	1	0	1	0	0	0	1	581
x_4	1	0	0	0	0	0	1	0	1	1	0	0	1	0	1	0	381
x_5	1	1	0	1	1	0	0	0	1	1	1	0	0	1	0	1	424
x_6	1	1	0	0	1	0	1	1	1	1	1	0	0	1	0	1	615
x_7	1	0	1	0	0	1	1	0	1	1	0	0	1	0	1	0	477
x_8	1	0	1	0	0	0	0	1	1	0	0	1	1	1	0	0	263
x_9	1	0	0	0	0	1	1	1	1	1	0	0	1	0	1	0	272
x_{10}	1	1	1	0	0	1	1	1	0	1	0	0	1	1	1	0	247
x_{11}	1	0	0	0	0	0	0	0	1	0	1	0	0	0	0	1	612
x_{12}	1	0	1	0	0	0	0	1	1	0	0	0	1	1	0	0	510
x_{13}	1	1	1	0	1	1	0	1	0	1	0	0	0	1	0	1	555
x_{14}	1	1	0	1	0	1	1	1	1	0	0	1	0	0	0	0	264
x_{15}	1	1	0	0	1	0	1	0	0	1	1	1	0	1	0	0	576
x_{16}	1	0	1	0	1	1	1	0	1	0	1	1	0	0	0	0	268

尽管只选取了 16 个特征，但若不考虑特征之间的约束，那么所有特征的简单组合会生成 2^{16}=65 536 个配置；若考虑了约束，实际的有效配置总数，即配置空间（configuration space）的大小会减少到 1152 个。配置性能优化就是在配置空间中尽可能找到性能最好的配置。

在上述例子中，即使 x264 的配置空间大小只有 1152，但在实际中，很难通过穷举法获取并测量所有配置的性能值，因为性能测量的成本可能很高。假设对于 x264 的一次性能测量平均需要耗费 500 秒，同时每一种配置重复进行 3 次实验取均值作为该配置的最终性能值，那么完成所有测量约需要耗费 20 天。

通常，考虑到有限的时间和人力成本等因素，实际上只会测量和获取一小组配置的性能值，即配置空间的一个小样本。例如，对于 x264，我们就随机选择了 16 种配置并测量这些配置的性能值。这里，一个有趣的研究问题是如何使用有限的小样本来学习性能模型，并预测配置空间中其他配置的性能，即性能学习（performance learning）或性能预测（performance prediction）问题。通过性能学习和预测，可以建立可配置软件系统的性能模型，预测各种配置的性能，从而达到配置性能优化的目的。

5.2 技术挑战

配置性能优化面临的主要技术挑战包括：配置空间的组合爆炸、性能测量的高昂代价，以及复杂隐蔽的特征交互。

5.2.1 配置空间的组合爆炸

表 5.2 列出了一组具备几个或几十个特征的小规模可配置软件系统的基本情况。对于 x264 这样功能较为简单的命令行程序，它的配置空间大小达到了 1152 个，而稍大一点的软件系统的配置空间大小可以达到几万个。

表 5.2 较小规模软件系统的配置空间

系统	领域	编程语言	程序代码行数	特征数	配置空间大小
AJStats	代码分析	C	14 782	19	30 256
Apache	Web 服务器	C	230 277	9	192
BDB-C	数据库系统	C	219 811	18	2560
BDB-J	数据库系统	Java	42 596	26	180
Clasp	回答集求解器	C++	30 871	19	700
HIPAcc	视频处理库	C++	25 605	52	13 485
LLVM	编译器基础设施	C++	47 549	11	1024
lrzip	压缩库	C++	9132	19	432
SQLite	数据库系统	C	312 625	39	4653
x264	视频编码器	C	45 743	16	1152

如表 5.3 所示，较大规模的软件系统的特征数可达上千个，特征之间的约束会更加复杂，甚至配置空间的大小都难以计算。以 Linux 内核为例，用户在编译内核前需要配置内核源码目录中的 .config 文件，该配置文件中可配置的特征数量可达 6888 个，并且特征之间存在复杂的约束关系，这些约束的数量超过了 34 万条。再以大语言模型的应用 ChatGPT

为例，GPT-3 约拥有 1750 亿个可配置特征，而 GPT-4 的可配置特征数更是达到了 1.8 万亿个。

表 5.3 较大规模软件系统的特征数和约束数（配置空间的大小难以计算）

系统	版本	特征数	约束数	系统	版本	特征数	约束数
eCos	3.0	1244	3146	uClinux	20100825	1850	2468
FreeBSD	8.0.0	1396	62 183	Linux	2.6.28.6	6888	343 944
Fiasco	2011081207	1638	5228				

注意，配置空间大小的计算可以形式化归约为一个模型计数（model counting）问题，也称为 Sharp-SAT 或 #SAT 问题，即给定一个布尔表达式，计算满足该表达式的所有解个数的问题。其计算复杂度高于常见的 NP 完全的布尔可满足性问题（boolean SATisfiability problem, SAT）。

5.2.2 性能测量的高昂代价

为了获得软件系统不同配置的具体性能值，需要进行性能测量。然而，对于复杂的软件系统，进行性能测量的时间和人力代价通常很高。每组配置都需要执行完整的基准评测来确定性能值，不同的基准评测可能产生不同的性能值。同时，为了避免随机误差，一般会对相同的基准评测执行多次。配置空间的组合爆炸已经使配置搜索十分困难了，若进一步考虑性能测量的代价，那么性能调优耗费的时间和人力成本将进一步提高，增加了配置优化的难度。

以 SPEC CPU 2017 为例，这是一个广泛用于处理器性能评估的基准评测套件。该套件中包含若干基准评测程序，每个独立的基准评测程序运行一次需要耗费至少 5 分钟，大的程序运行一次甚至需要 75 分钟。为了保证测试结果的可复现性，需要多次运行并测量性能值。表 5.4 列出了 SPEC 官网公布的一组样例测试数据，若要完整地进行一次测试，每个套件完整运行都要花费至少 2.5 小时。该基准评测套件也具有许多可配置的特征，例如编译各种基准评测程序的编译器版本、编译的参数、操作系统内核参数等，其涉及的软硬件可配置的特征数量可能有上千种。因此，若希望针对 SPEC CPU 2017 在待测机器上进行配置优化，一方面需要应对庞大的配置空间，另一方面需要考虑每一次测量的时间代价。

表 5.4 SPEC CPU 2017 性能测量的代价

套件	设置	单个基准测试程序运行时间	完整运行时间
SPECrate 2017 Integer	单副本	6~10 分钟	2.5 小时
SPECrate 2017 Floating Point	单副本	5~36 分钟	4.8 小时
SPECspeed 2017 Integer	4 线程	6~15 分钟	3.1 小时
SPECspeed 2017 Floating Point	16 线程	6~75 分钟	4.7 小时

除了 SPEC CPU 2017，用户还可能关心待测机器在其他基准评测套件上的性能，比如，评测 Java 性能的 SPECjbb2015、评测数据库性能的 TPC 系列套件等。各种基准评测套件的测量代价也各有不同。

5.2.3 复杂隐蔽的特征交互

特征交互（feature interaction）表示一个系统功能特征的行为由于另一个特征（或一组特征）的出现而受到影响。它通常会产生无法预期的系统行为，也会导致难以预测的性能。

以 x264 为例，图 5.2 选出了 4 种配置。配置 1 与配置 2 之间的差异是 `--quite` 选项是否打开。对比这两种配置的性能值可以发现，开启 `--quite` 选项使运行时间减少 227 秒，那么是不是可以说明特征 `--quite` 对 x264 的性能影响就是 227 秒呢？

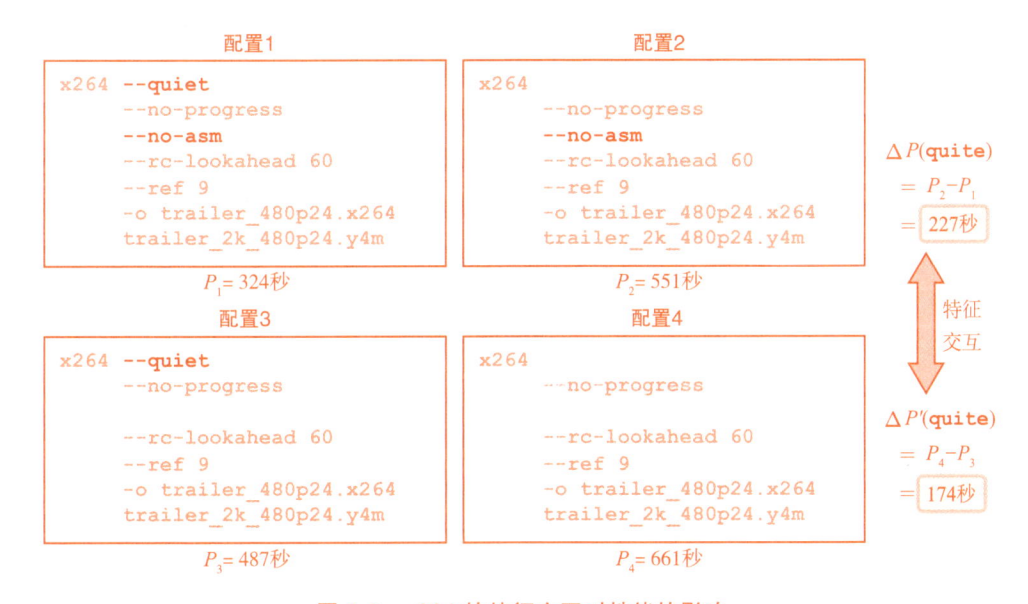

配置1
```
x264 --quiet
     --no-progress
     --no-asm
     --rc-lookahead 60
     --ref 9
     -o trailer_480p24.x264
     trailer_2k_480p24.y4m
```
$P_1 = 324$ 秒

配置2
```
x264
     --no-progress
     --no-asm
     --rc-lookahead 60
     --ref 9
     -o trailer_480p24.x264
     trailer_2k_480p24.y4m
```
$P_2 = 551$ 秒

$\Delta P(\text{quite}) = P_2 - P_1 = 227$ 秒

特征交互

配置3
```
x264 --quiet
     --no-progress

     --rc-lookahead 60
     --ref 9
     -o trailer_480p24.x264
     trailer_2k_480p24.y4m
```
$P_3 = 487$ 秒

配置4
```
x264
     --no-progress

     --rc-lookahead 60
     --ref 9
     -o trailer_480p24.x264
     trailer_2k_480p24.y4m
```
$P_4 = 661$ 秒

$\Delta P'(\text{quite}) = P_4 - P_3 = 174$ 秒

图 5.2　x264 的特征交互对性能的影响

再来看配置 3 和配置 4，两种配置的差异仍是 `--quite` 选项是否打开，但此时性能差异为 174 秒，特征 `--quite` 的性能影响相比配置 1 和配置 2 明显减少了。这是为什么呢？

注意，配置 1 和配置 2 都把 `--no_asm` 选项打开了，而配置 3 和配置 4 都把该选项关掉了。这里，存在复杂而隐蔽的特征交互：特征 `--no-asm` 可能与特征 `--quite` 产生交互，也可能与其他特征（如 `--no-progress`）产生交互。一个特征可能与另一个特征产生交互，也可能与其他多个特征产生交互；不同的特征交互对性能的影响可能各不相同。由于特征交互的存在，无法简单地仅改动一个特征并测量两个配置的性能值来计算该特征的性能影响。例如，配置 1 与配置 2 的性能差异 227 秒和配置 3 和配置 4 的性能差异 174 秒都不能准确地表示特征 `--quite` 的性能影响。特征交互使得准确构建软件系统的性能模型异常困难，也使得性能学习或性能预测的研究工作更具挑战性。

5.3 实验设计

在性能工程中，实验设计与性能评测实验相关联，需要在待测系统上运行一组性能评测程序，通过引入和调整影响性能的因素，观察性能值的变化，进而选择性能最优的配置。按照实验设计的术语表达，这些影响性能的因素称为实验的因子（factor），每一个因子的具体取值称为因子的水平（level），每次实验得到的性能结果称为实验的响应（response）。

实验设计通过测量软件系统不同配置的性能，以实验结果作为依据来选择性能最优的配置，是一种较为直接的配置优化手段。然而，每次性能实验都是有代价的，执行具体的性能测量可能涉及高昂的时间或人力的代价。因此，高效的实验设计，要力求用尽可能少的实验代价来获取尽可能多的信息，从而尽快找到性能最优的配置。

根据实验因子的调整方式，可以将实验设计划分为单次单因子设计、全因子设计和部分因子设计。进一步地，为了评估 k 个因子的影响，可以采用 $2^k r$ 因子设计，其中每个因子有两个备选水平，且每一组实验重复执行 r 次。此外，我们还可以通过随机搜索和自动调优来提高实验设计的效率。下面分别展开介绍。

5.3.1 单次单因子设计

单次单因子设计（one-factor-at-a-time design）是最简单的实验设计方法，它为每个因子选定一个初始水平，每次实验只选择一个因子进行水平调整，其他因子保持不变。假设有 k 个因子，每个因子有 $n_i (i=1,2,\cdots,k)$ 个水平，那么完整实施该设计所需要进行的实验数量为 $1+\sum_{i=1}^{k}(n_i-1)$。

以 x264 为例，因子数量为 16。由于每个因子都是布尔型的，因此每个因子的水平数均为 2 种。实验先对所有因子设置一个初始水平，进行一次实验；之后对于每个因子，在改动其水平而保持其他因子不变的条件下进行一次实验，需要 (2–1) 次实验，因此总共需要进行 1+16×(2–1)=17 次实验。

单次单因子设计反映了实验的响应如何受单因子变化的影响，实施简单且完整实施的实验数量较少，也易于解释实验结果。但注意到在上一节讨论过的特征交互问题，显然单次单因子设计忽略了特征交互的影响，尤其是多因子之间的交互对于性能的影响，因此在实际使用时要特别小心，防止产生错误的结果。

5.3.2 全因子设计

全因子设计（full factorial design）是将所有因子的所有水平进行组合，对每一种组合都进行一次实验的方法。假设有 k 个因子，每个因子有 $n_i(i=1,2,\cdots,k)$ 个水平，那么需要进行的实验数量为 $\prod_{i=1}^{k} n_i$。

仍以 x264 为例，由于有 16 个因子且每个因子有 2 种水平，因此总共需要进行 2^{16}=65 536 次实验。当然，由于这些因子之间可能存在约束，简单的组合并不能生成合理的、可运行的配置，因此实际实施时不需要进行那么多次实验。如表 5.2 所示，受约束影响，x264 实际有效配置的总数只有 1152 个。

全因子实验由于覆盖了整个配置空间，因此能够用于评估所有因子及其交互对于响应的影响，但它也带来了很大的实验开销。当配置空间较大且性能测量代价较高时，实验的时间与资源开销将极其可观，甚至在实际中根本不可行。为此，可以从以下三个方面尝试减少需要的实验数量：

- 减少每个因子的水平数量。
- 减少因子数量。
- 采用部分因子设计。

以第一种方式为例，可以将所有因子的水平都设置为 2 个，再进行全因子设计实验，这样的实验设计方法称为 2^k 因子设计。这样进行实验的好处是能够分辨不同因子的相对重要程度，并且在后续实验中，以此为依据筛选需要实验评估的因子，从而减少因子的数量。后面我们会专门讨论这类实验设计。

5.3.3 部分因子设计

无论是因子的数量大还是因子水平的数量大，全因子设计都需要大量的实验，这在实际实施中通常是不可行的。在这种情况下，可以从全因子设计中选出一部分进行实验，以减少实验数量，这就是部分因子设计（fractional factorial design）。

注意，部分因子设计选出的一部分配置并非随机选择，通常需要遵循一定策略。一种常见的做法是尽量保证每一个因子对各自水平的覆盖程度。仍以 x264 为例，根据部分因子设计，可以设置如表 5.5 所示的 8 个实验。由于每个因子均有 2 个水平，在设置的 8 个实验中，每一个因子都在其 2 个水平上分别使用了 4 次。

表 5.5 x264 的部分因子设计

实验	$x_i^{(1)}$	$x_i^{(2)}$	$x_i^{(3)}$	$x_i^{(4)}$	$x_i^{(5)}$	$x_i^{(6)}$	$x_i^{(7)}$	$x_i^{(8)}$	$x_i^{(9)}$	$x_i^{(10)}$	$x_i^{(11)}$	$x_i^{(12)}$	$x_i^{(13)}$	$x_i^{(14)}$	$x_i^{(15)}$	$x_i^{(16)}$
1	1	0	1	0	0	1	1	1	0	0	0	0	1	1	1	1
2	0	1	1	1	0	0	1	1	1	0	0	0	0	1	1	1
3	1	0	0	1	1	0	0	1	1	1	0	0	0	0	1	1
4	0	1	0	0	1	1	0	1	1	1	1	0	0	0	0	1
5	1	0	1	0	0	1	0	1	1	1	1	1	0	0	0	0
6	0	1	1	1	0	0	1	0	0	1	1	1	1	0	0	0
7	1	1	0	1	1	0	0	0	0	0	1	1	1	1	0	0
8	0	1	0	0	1	1	0	0	0	0	0	1	1	1	1	0

与全因子设计相比，部分因子设计在一定程度上可以减少实验开销。但是，获得的信息也少于从全因子设计中获得的信息。当存在特征交互时，很可能无法获得所有因子及其交互对于性能的影响。但如果事先知道某些特征交互，或者特征交互的影响可以忽略不计，那么部分因子设计是一个较好地控制实验开销的方案。

5.3.4　$2^k r$ 因子设计

$2^k r$ 因子设计用于确定 k 个因子的影响，其中每个因子都有两个备选水平，且每组实验被重复执行 r 次。按照 Raj Jain 的观点，这类实验设计值得特别讨论，因为它易于分析，并有助于按照影响力的顺序筛选因子。

通常，在性能评测实验的初期，因子及其水平的数量较多。这时，首先，需要减少因子的数量，选择对性能有显著影响的因子。其次，一个因子的影响通常是单向的，即当因子的水平从最小值升到最大值时，性能要么持续下降、要么持续上升。因此，可以先选择因子的最小和最大水平进行实验，这有助于判断改变该因子水平的性能差异是否足够显著，是否值得进一步研究。

为了说明 $2^k r$ 因子设计的方法，我们先从最简单的、只有两个因子的 2^2 因子设计开始介绍，之后再推广到更多因子的 2^k 情况以及重复 r 次实验的 $2^k r$ 情况。

1. 2^2 因子设计

这里仍然采用 x264 的案例，固定其他特征的取值，仅考虑改变 no-8x8dct（即禁用自适应空间大小）和 no-mbtree（即禁用宏块树速率控制）两个特征，分别简记为 A 和 B，并定义两个特征变量 x_A 和 x_B 如下：

$$x_A = \begin{cases} -1 &, 特征 A 未启用 \\ 1 &, 特征 A 被启用 \end{cases}$$

$$x_B = \begin{cases} -1 &, 特征 B 未启用 \\ 1 &, 特征 B 被启用 \end{cases}$$

注意，与表 5.1 不同，这里将特征变量在特征未启用时的取值设为 −1，在特征被启用时的取值设为 1。这两个特征变量及其两个候选取值构成了四组不同实验，即 2^2 因子设计。同时，将性能测量值简记为变量 y，得到表 5.6。

表 5.6　x264 的 2^2 因子设计案例

实验	x_A	x_B	y	实验	x_A	x_B	y
1	−1	−1	275	3	1	−1	261
2	−1	1	310	4	1	1	291

为了量化两个因子 x_A 和 x_B 及其交互对性能 y 的影响，构建一个非线性回归（nonlinear regression）模型如下：

$$y = c_0 + c_A x_A + c_B x_B + c_{AB} x_A x_B \qquad (5.1)$$

记四组实验测量的性能值为 y_1, y_2, y_3, y_4，则可联立方程组如下：

$$\begin{cases} c_0 - c_A - c_B + c_{AB} = y_1 \\ c_0 - c_A + c_B - c_{AB} = y_2 \\ c_0 + c_A - c_B - c_{AB} = y_3 \\ c_0 + c_A + c_B + c_{AB} = y_4 \end{cases}$$

求解该方程组，得到非线性回归模型中的系数如下：

$$\begin{cases} c_0 = \dfrac{1}{4}(y_1 + y_2 + y_3 + y_4) \\ c_A = \dfrac{1}{4}(-y_1 - y_2 + y_3 + y_4) \\ c_B = \dfrac{1}{4}(-y_1 + y_2 - y_3 + y_4) \\ c_{AB} = \dfrac{1}{4}(y_1 - y_2 - y_3 + y_4) \end{cases}$$

代入表5.6中的四组实验测量的性能值，得到回归模型如下：

$$y = \frac{1137}{4} - \frac{33}{4} x_A + \frac{65}{4} x_B - \frac{5}{4} x_A x_B$$

事实上，除了采用数学方法求解，还有一种更为简单的<u>符号表</u>（sign table）方法可以求解上述非线性回归模型的系数。如表5.7所示，对表5.6进行扩展，可以得到 2^2 因子设计的符号表。该表由五列构成，其中，第二、三、五列分别对应表5.6中的 x_A、x_B 和 y 列；第一列标记为 I 列，所有值为1；第四列标记为 $x_A x_B$，取值为 x_A 和 x_B 列对应取值的乘积。

采用符号表方法，如表5.7所示，接下来进行"加和"。对于前四列，将每一列的各项与 y 列中对应项的乘积进行加和，所得值放入对应列。例如，对于 x_A 列，加和值为 $(-1) \times 275 + (-1) \times 310 + 1 \times 261 + 1 \times 291 = -33$。最后，对每一列的加和值求四组实验的算术平均，所得值即为非线性回归模型的系数，其中 I、x_A、x_B 和 x_{AB} 列中所得平均值分别对应系数 c_0、c_A、c_B 和 c_{AB}。

表 5.7　2^2 因子设计的符号表

I	x_A	x_B	$x_A x_B$	y
1	−1	−1	1	275
1	−1	1	−1	310
1	1	−1	−1	261
1	1	1	1	291
1137	−33	65	−5	（加和）
$\dfrac{1137}{4}$	$-\dfrac{33}{4}$	$\dfrac{65}{4}$	$-\dfrac{5}{4}$	（平均）

下面，我们分析各个因子对性能的影响。首先，计算性能值的<u>总离差平方和</u>（Total Sum of Squares, TSS），即性能的所有观测值 y_i 与其均值 $\bar{y}$ 之差的平方和：

$$\text{TSS} = \sum_{i=1}^{2^2} (y_i - \bar{y})^2 \qquad (5.2)$$

对于 2^2 因子设计，通过推导，总离差平方和可以分解为如下三部分：

$$\begin{aligned} \text{TSS} &= \text{SSA} + \text{SSB} + \text{SSAB} \\ &= 2^2 c_A^2 + 2^2 c_B^2 + 2^2 c_{AB}^2 \end{aligned} \quad (5.3)$$

其中，SSA（Sum of Squares due to A）、SSB（Sum of Squares due to B）和 SSAB（Sum of Squares due to the interaction of A and B）分别表示由于特征 A、特征 B 以及特征 A 与 B 的交互所造成的离差平方和。例如，代入表 5.7 中计算的系数，得到：

$$\begin{aligned} \text{TSS} &= \text{SSA} + \text{SSB} + \text{SSAB} \\ &= \frac{33^2}{4} + \frac{65^2}{4} + \frac{5^2}{4} \\ &= \frac{5339}{4} \end{aligned}$$

各个因子对性能的影响可以量化为各个因子所造成的离差平方和占总离差平方和的比例，即 $\frac{\text{SSA}}{\text{TSS}}$、$\frac{\text{SSB}}{\text{TSS}}$ 和 $\frac{\text{SSAB}}{\text{TSS}}$ 分别表示特征 A、特征 B 以及特征 A 与 B 的交互对性能的影响。在上例中，特征 A、特征 B 及其它们的交互对性能的影响分别约为 20.4%、79.1% 和 0.5%。显然，特征 A 与 B 的交互对性能的影响很小，而特征 B 对性能的影响显著。通过这样的计算，有助于判断哪些特征及其交互值得进一步关注和研究。

2. 2^k 因子设计

基于上一节讨论的 2^2 因子设计，很容易扩展到 2^k 因子设计。对于 k 个因子，且每个因子有两个备选水平，因此总共需要 2^k 组实验。对应地，在符号表中，存在 2^k 组不同配置和性能值。其中，由单因子组成的特征变量有 k 个，由两因子交互组成的特征变量有 $\binom{k}{2}$ 个，由三因子交互组成的特征变量有 $\binom{k}{3}$ 个，依此类推。

以 2^3 因子设计为例，可构建非线性回归模型如下：

$$y = c_0 + c_A x_A + c_B x_B + c_C x_C + c_{AB} x_A x_B + c_{AC} x_A x_C + c_{BC} x_B x_C + c_{ABC} x_A x_B x_C \quad (5.4)$$

在符号表中，有 2^3 组不同配置的实验及其测量值 $y_1, y_2, \ldots, y_8$。其中，表示单因子的特征变量有 x_A、x_B 和 x_C，表示两因子交互的特征变量有 $x_A x_B$、$x_A x_C$ 和 $x_B x_C$，表示三因子交互的特征变量有 $x_A x_B x_C$。

对于 2^3 因子设计，总离差平方和可以分解为以下部分：

$$\begin{aligned} \text{TSS} &= \text{SSA} + \text{SSB} + \text{SSC} + \text{SSAB} + \text{SSAC} + \text{SSBC} + \text{SSABC} \\ &= 2^3 (c_A^2 + c_B^2 + c_C^2 + c_{AB}^2 + c_{AC}^2 + c_{BC}^2 + c_{ABC}^2) \end{aligned} \quad (5.5)$$

通过上述公式，可以计算各个因子及其交互所造成的离差平方和占总离差平方和的比例，从而评价各个因子及其交互对于性能的影响。

3. $2^k r$ 因子设计

由于 2^k 因子设计中没有重复实验，因此无法估计实验误差。为了量化实验误差，$2^k r$ 因子设计对 2^k 因子设计进行了扩展，对于 2^k 因子设计中的每一组实验重复执行 r 次，可得到 $2^k r$ 组实验及其测量值。

仍以表 5.7 所示的 x264 案例为例，扩展到 $2^2 3$ 的情况，如表 5.8 所示。在 $2^2 3$ 因子设计的符号表中，每一组相同配置的实验被重复执行三次，因此 y_{ij} 列所示的每组实验的性能测量值有三个，而 $\bar{y}_i = \dfrac{\sum_{j=1}^{3} y_{ij}}{3}$ 为每组实验三个测量值的算术平均值。对应地，该表中用于计算非线性回归模型系数的"加和"和"平均"是以 $\bar{y}_i$ 列的值计算的。

考虑到实验误差 e，公式 5.1 所定义的非线性回归模型可扩展如下：

$$y = c_0 + c_A x_A + c_B x_B + c_{AB} x_A x_B + e \quad (5.6)$$

表 5.8　$2^2 3$ 因子设计的符号表

I	x_A	x_B	$x_A x_B$	y_{ij}	$\bar{y}_i$
1	−1	−1	1	(275,272,278)	275
1	−1	1	−1	(308,310,312)	310
1	1	−1	−1	(263,265,255)	261
1	1	1	1	(290,288,295)	291
1137	−33	65	−5		（加和）
$\dfrac{1137}{4}$	$-\dfrac{33}{4}$	$\dfrac{65}{4}$	$-\dfrac{5}{4}$		（平均）

根据上述模型，对于第 i 组实验配置，$\hat{y}_i$ 表示因子 A 和 B 在对应的水平 x_{Ai} 和 x_{Bi} 上的性能估计值，即：

$$\hat{y}_i = c_0 + c_A x_{Ai} + c_B x_{Bi} + c_{AB} x_{Ai} x_{Bi} \quad (5.7)$$

由于每组实验重复了三次，则对于第 i 组的第 j 次实验，实验误差 e_{ij} 等于该次实验实际测量值与该组实验性能估计值之差，即：

$$e_{ij} = y_{ij} - \hat{y}_i \quad (5.8)$$

如表 5.9 所示，对于 $2^2 3$ 次实验，可分别计算实验误差。注意，同一组实验的误差总和应为零，所有实验的误差总和也为零。

表 5.9　$2^2 3$ 因子设计的误差计算

实验配置组					测量值			估计值	误差		
i	I	x_A	x_B	$x_A x_B$	y_{i1}	y_{i2}	y_{i3}	$\hat{y}_i$	e_{i1}	e_{i2}	e_{i3}
1	1	−1	−1	1	275	272	278	275	0	−3	3
2	1	−1	1	−1	308	310	312	310	−2	0	2
3	1	1	−1	−1	263	265	255	261	2	4	−6
4	1	1	1	1	290	288	295	291	−1	−3	4

这里，性能值的总离差平方和仍为性能的所有观测值 y_{ij} 与其均值 $\bar{y} = \dfrac{\sum_{i=1}^{2^2} \sum_{j=1}^{3} y_{ij}}{2^2 \times 3}$ 之差的平方和：

$$\text{TSS} = \sum_{i=1}^{2^2} \sum_{j=1}^{3} (y_{ij} - \bar{y})^2 \quad (5.9)$$

对于 $2^2 3$ 因子设计，总离差平方和可以分解为如下四部分：

$$\text{TSS} = \text{SSA} + \text{SSB} + \text{SSAB} + \text{SSE}$$
$$= 2^2 \times 3 \times (c_A^2 + c_B^2 + c_{AB}^2) + \sum_{i=1}^{2^2}\sum_{j=1}^{3} e_{ij}^2 \quad (5.10)$$

对比公式（5.3）可以发现，公式（5.10）多了一项残差平方和（Sum of Squared Error, SSE）。$\text{SSE} = \sum_{i=1}^{2^2}\sum_{j=1}^{3} e_{ij}^2$，表示所有观测值与模型估计值（或预测值）之差的平方和。在上式中，SSE 表示在总离差平方和中实验误差所占的部分。例如，代入表 5.9 中的值，计算得到：

$$\text{TSS} = \text{SSA} + \text{SSB} + \text{SSAB} + \text{SSE}$$
$$= 2^2 \times 3 \times \left(\frac{33}{4}\right)^2 + 2^2 \times 3 \times \left(\frac{65}{4}\right)^2 + 2^2 \times 3 \times \left(\frac{5}{4}\right)^2 + 108$$
$$= \frac{16449}{4}$$

可以得到，在上例中，特征 A、特征 B、特征 A 与 B 的交互，以及实验误差对性能的影响分别约为 19.9%、77.1%、0.4% 和 2.6%。

进一步地，还可以计算所估计的非线性回归模型系数的置信区间。在公式（5.6）所定义的模型中，假设实验误差 e 符合标准正态分布 $N(0, \sigma^2)$，则性能值 y 也符合正态分布且方差也为 σ^2。同时，由于 $c_0 = \frac{1}{2^2 r}\sum_{i=1}^{2^2}\sum_{j=1}^{r} y_{ij}$ 是正态分布变量 y_{ij} 的线性组合，则系数 c_0 也符合正态分布且方差为 $\frac{\sigma^2}{2^2 r}$；类似地，系数 c_A，c_B 和 c_{AB} 也符合正态分布且方差为 $\frac{\sigma^2}{2^2 r}$。其中，r 表示同一组实验配置下重复执行的次数，在 $2^2 3$ 因子设计中，$r=3$。

根据实验结果，可以计算实验误差 e 的样本方差 s_e^2 如下：

$$s_e^2 = \frac{\text{SSE}}{2^2(r-1)} \quad (5.11)$$

注意，由于同一组配置下的实验误差总和为零，因此，该组实验执行 r 次后有 $r-1$ 个独立的观测值，故而这里样本方差的自由度为 $2^2(r-1)$。相应地，可计算模型系数的样本方差如下：

$$s_{c_0}^2 = s_{c_A}^2 = s_{c_B}^2 = s_{c_{AB}}^2 = \frac{s_e^2}{2^2 r} \quad (5.12)$$

由于样本数量较小，采用 t 检验，计算模型系数 c_i 在 $(1-\alpha)$ 置信水平上的置信区间如下：

$$[c_i - t_{\alpha/2, 2^2(r-1)} s_{c_i}, c_i + t_{\alpha/2, 2^2(r-1)} s_{c_i}] \quad (5.13)$$

其中，c_i 对应模型系数 c_0，c_A，c_B 或 c_{AB} 中的任一个，$t_{\alpha/2; 2^2(r-1)}$ 是自由度为 $2^2(r-1)$ 的 t 分布在双侧检验时右尾概率为 $\alpha/2$ 的临界值。例如，设定置信水平为 90%，则 $t_{0.1/2; 2^2\times(3-1)} = 1.86$。

在表 5.8 和表 5.9 所示的案例中，$s_e^2 = 108/2^2 \times (3-1) = 13.5, s_{c_i} = s_{c_0} = s_{c_A} = s_{c_B} = s_{c_{AB}} = \sqrt{\frac{13.5}{4\times 3}} \approx$

1.06，则 $t_{\alpha/2;2^2(r-1)}s_{c_i}=1.86\times1.06\approx1.97$。分别计算系数 c_0，c_A，c_B 和 c_{AB} 的置信区间为：$\left[\dfrac{1137}{4}-1.97,\dfrac{1137}{4}+1.97\right]$，$\left[-\dfrac{33}{4}-1.97,-\dfrac{33}{4}+1.97\right]$，$\left[\dfrac{65}{4}-1.97,\dfrac{65}{4}+1.97\right]$ 和 $\left[-\dfrac{5}{4}-1.97,-\dfrac{5}{4}+1.97\right]$。可见，前三个置信区间不包含零值，而最后一个置信区间包含零值。根据假设检验原理，可以认为系数 c_0，c_A，c_B 的计算具备统计学上的显著性，而系数 c_{AB} 的计算不具备显著性。

4. 扩展类型

2^k 因子设计本身还是一种全因子设计。如果 k 值较大，则需要大量实验。为了减少实验数量，可以考虑采用 2^{k-p} 部分因子设计。这里，$p=1$ 就可以减少一半的实验数量。然而，这种部分因子设计会造成<u>混淆</u>（confounding）问题，即由于数据缺失而无法明确分离出所有因子及其交互对性能的影响。因此，在实验设计和数据分析中，需要特别处理混淆问题。

2^k 因子设计限制了每个因子只有两个备选水平。实际中，所考虑的因子可能有更多的水平。如果实验中只考虑单个因子，且不限制该因子的水平数，这类实验统称为<u>单因子</u>（one-factor）实验设计，例如，比较 m 个不同处理器上某个程序的运行时间。如果实验中涉及两个因子，且每个因子的水平数都不受限制，这类实验统称为<u>双因子</u>（two-factor）实验设计，例如，比较 m 个不同处理器上 n 个不同程序的运行时间。类似 $2^k r$ 因子设计的做法，单因子和双因子实验设计也可以定义符号表，并采用<u>方差分析</u>（ANalysis Of VAriance，ANOVA）来分析统计显著性。

上述扩展类型的实验设计在 Raj Jain 所著的 *The Art of Computer Systems Performance Analysis: Techniques for Experimental Design, Measurement, Simulation, and Modeling* 一书中有详细讨论，感兴趣的读者可以查阅相关内容。事实上，本书在第 6 章讨论性能评价中数据的比较时，就采用了单因子实验设计。

5.3.5 随机搜索

<u>随机搜索</u>（random search）是从配置空间中随机选出一部分配置进行测量和实验的方法。与部分因子设计相比，随机搜索选择的配置是随机的，而部分因子设计会根据需求、按照一定的策略来选择配置。

如表 5.1 所示，在 x264 的配置空间中随机选择了 16 种配置进行实验，结果中性能最好的配置即为要寻找的配置，这种实验设计方法就是一种随机搜索。由于配置的选择是随机的，因此，在实验数量较小的情况下可能很难获得在整个配置空间中性能最优或近似最优的配置，也很难充分理解特征交互对性能的影响。但由于随机搜索的实验数量可以由实验人员根据需求自行决定，因此随机搜索不仅简单易行，而且实验开销可控。

注意，在配置空间未知的情况下，想做到完全的随机搜索是很困难的。为了提高随机搜索的效率和效果，研究人员开展了不少相关的研究，例如，<u>分层采样</u>（stratified sampling）、<u>蒙特卡洛采样</u>（Monte Carlo sampling）、<u>拉丁超立方采样</u>（Latin Hypercube Sampling，LHS）

和索伯采样（Sobol sampling）等。这部分内容涉及一些有趣的数学知识，也是研究热点，感兴趣的读者可以查阅相关文献。

5.3.6 自动调优

上述实验设计方法可以通过人工执行，通常会遵循一定的规则来选择配置和设计实验，测量并收集不同配置的性能值，最后比较结果并输出最优配置。在实际的配置性能优化中，实验人员通常会考虑将上述流程自动化，即通过程序规范化地控制实验执行，自动选择配置并进行性能测量，最后自动输出配置调优结果。这样的实验设计方法被称为自动调优（autotuning），它一方面可以提高实验执行的效率，另一方面可以降低人工干预和避免人为误差，被广泛应用在各类调优工具中。

自动调优的基本流程可归纳如下：

1）定义配置空间 C。
2）从配置空间中根据不同的实验设计策略选择一个配置 c。
3）测量并评估配置 c 的性能值 p。
4）如果调优时间达到限制，结束流程并从所有评测过的配置中选出 BKC。
5）如果调优时间未达到限制，则继续下一步。
6）如果 p 满足性能要求，结束流程并输出配置 c 及其性能值 p。
7）如果 p 不满足性能要求，则从配置空间中再选择一个新的配置 c'，令 $c=c'$。
8）返回步骤 3 并执行。

5.4 基于机器学习的方法

除了采用实验设计方法，还可以采用基于机器学习的方法来理解软件系统各个可配置的特征及其交互对性能的影响，建立各个特征与性能之间的预测模型。

如图 5.3 所示，各个可配置的特征与性能值之间的预测问题本质上可以规约为一个非线性回归问题。为了解决该问题，首先可以选定一组配置（例如，可以随机采样，也可以根据部分因子设计选择符合一定策略的样本），并进行性能测量，形成一个初始的样本，包含一组配置及其性能值。然后，基于该样本，采用各种机器学习方法，如分类与回归树（Classification And Regression Tree, CART）、随机森林、神经网络或深度学习等，学习和建立一个性能预测模型。进而，计算和验证该模型的预测准确率。如果预测结果可以接受，则学习停止；否则，新增一组配置并进行性能测量，再基于更多的数据重新学习模型并提高其预测准确率。

注意，这里值得研究的一个关键问题是，如何选择一个有代表性的小样本，通过尽可能小的测量代价来建立一个尽可能准确的性能预测模型？解决这个问题需要尽可能地平衡配置样本的大小、性能测量的代价、学习方法的效率以及性能模型的准确率等因素。

图 5.3 基于机器学习的性能预测

如表 5.1 所示，从 x264 的配置空间中随机选择了 16 种配置并测得性能值。考虑只用这个小样本构建一个性能预测模型，这里选择分类与回归树，以残差平方和（即性能的实际观测值与模型预测值之差的平方和）作为损失函数确定决策变量，自顶向下逐层生成二叉决策树。一个样例如图 5.4 所示，每个叶子结点至少包含两个配置，且采用该结点所包含配置的实测性能值的平均值作为该结点的性能预测值。

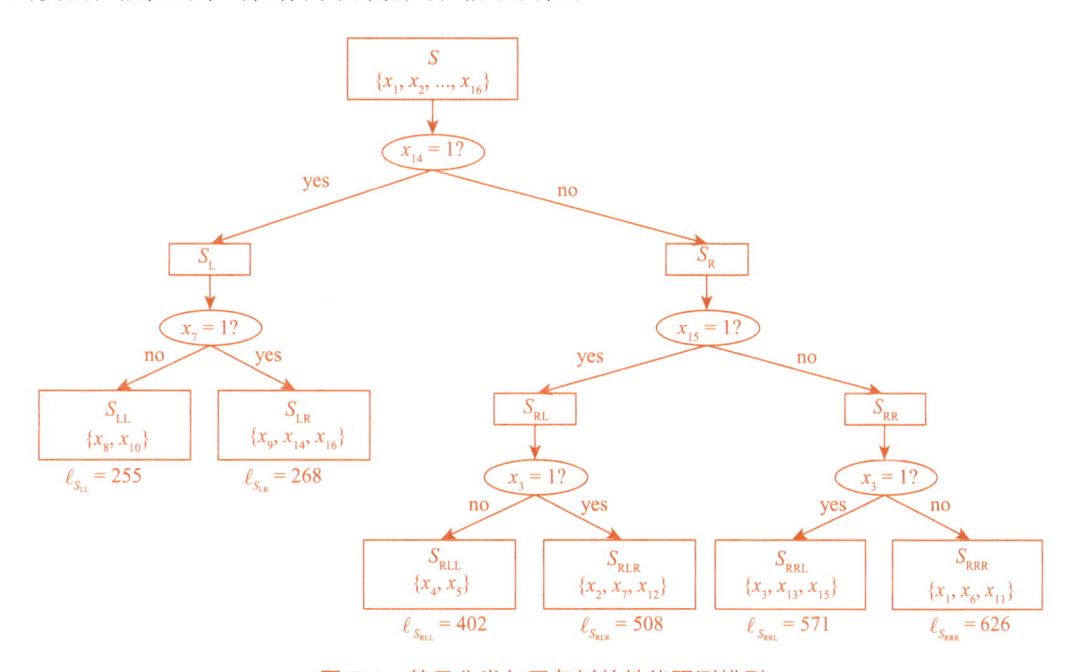

图 5.4 基于分类与回归树的性能预测模型

上述性能模型构建完成后，对于一个新的配置，可以根据它的特征值判断其在分类与回归树上的分支和叶子结点，再以该叶子结点的性能预测值作为新的配置的预测结果。例如，某个新配置的特征值如下：

$$x^{(1)}\ x^{(2)}\ x^{(3)}\ x^{(4)}\ x^{(5)}\ x^{(6)}\ x^{(7)}\ x^{(8)}\ x^{(9)}\ x^{(10)}\ x^{(11)}\ x^{(12)}\ x^{(13)}\ x^{(14)}\ x^{(15)}\ x^{(16)}$$
$$x = (\ 1\ 1\ 0\ 1\ 1\ 0\ 0\ 0\ 0\ 1\ 0\ 0\ 1\ 0\ 1\ 0\ )$$

该配置在图 5.4 所示的分类与回归树中会落在 S_{RLL} 叶子结点中，因为该配置未启用 $x^{(3)}$ 和 $x^{(14)}$ 但启用了 $x^{(15)}$，符合分类与回归树中从根结点到 S_{RLL} 叶子结点分支上决策变量的取值。同时，S_{RLL} 叶子结点包含原样本中的两个配置 x_4 与 x_5，它们测量的性能平均值为 402，即代表符合该分支特征的配置的性能值接近 402，因此，新配置的性能值也被预测为 402。

同时，通过已构建的性能模型，也能快速获取具有最优性能（图中叶子结点预测性能值为 255 的分支）和最差性能（图中叶子结点预测性能值为 626 的分支）的配置及其特征。

注意，机器学习领域的一个重要话题是超参数优化（hyperparameter optimization）。超参数指用于配置机器学习模型训练过程的参数。这些参数不同于模型从数据中学到的权重或系数，它们需要在模型训练之前预先设置，并对模型的训练效率和性能有显著影响。与模型的参数（如线性回归中的权重）不同，超参数不会在训练过程中更新，而是通过实验和优化方法进行选择。超参数优化也是一种配置优化，调优的目标可以是训练得到的模型的预测准确率、调优速度等。

5.5 领域知识驱动的方法

领域知识驱动的方法是充分利用领域专家对目标评测环境中软硬件的先验知识和相关经验来进行性能调优的方法。由于依赖已知的领域规则或原理，领域知识驱动的方法通常具有以下优点：

- 能生成更确定、更具解释性的结果。
- 不需要大量数据来运行实验或训练模型。
- 对已知领域的适用性较好。

然而，它也具有一定的局限性：

- 过于依赖领域知识和专家经验。
- 泛化能力有限，通常只适用于已知的特定领域。
- 需要持续更新维护，以适应领域的快速发展和演化。

在性能工程中，领域知识驱动的方法要特别关注软硬件栈上应用负载、系统软件或硬件平台的新特性。例如，应用负载高并发执行的部署规格、操作系统上新的功能设计、计算机体系结构上支持的新特征或新指令等。

下面介绍一个领域知识驱动的配置优化案例。Arm 公司在 ARMv8.1 指令集架构中引入了新的指令集扩展 LSE（Large Systems Extension）。LSE 实现了一组新的原子操作（atomic operation），比如 CAS（Compare-And-Swap）指令。由于 Arm 架构具有弱内存模型（weak memory model），因此 LSE 在实现新的原子操作时，采用了加载获取（load-acquire）和存储释放（store-release）语义。与传统方法使用一对独占加载/独占存储（load/store exclusive）语义相比，新的原子操作实现成本更低。

根据 LSE 的已知信息和实现原理，我们知道 LSE 有助于高并发的尤其是使用了大量同步的应用负载的性能优化。对于 Java 应用，该特性的启用方式是在编译 JDK 时，在 GCC 中使用 -march 选项加入新的指令集扩展，使得运行 Java 应用的 Java 虚拟机能够使用 LSE 中新的原子操作实现。假设目前需要对 SPECjbb2015 进行配置调优，由于涉及该应用本身，以及运行应用需要的 Java 虚拟机、操作系统和硬件平台，整个软硬件系统的配置空间非常复杂。如果调优工程师了解新增的 LSE 特性，并且待测机器也支持该特性，那么可以直接启用该特性而无须通过实验设计或机器学习等方法以验证该特性是否能够带来性能提升。

图 5.5 展示了在 Oracle Cloud Infrastructure (OCI) Ampere A1 实例上用 OpenJDK11.0.8 运行 SPECjbb2015 的性能结果。根据评价 SPECjbb2015 性能的两个反映吞吐量的关键指标，启用 LSE 后，max-jOPS 指标提升了 1.8 倍，critical-jOPS 指标提升了 2.1 倍。由该案例可见，新架构特性能够显著地优化软件系统的性能，并且这种优化是确定的、可解释的。

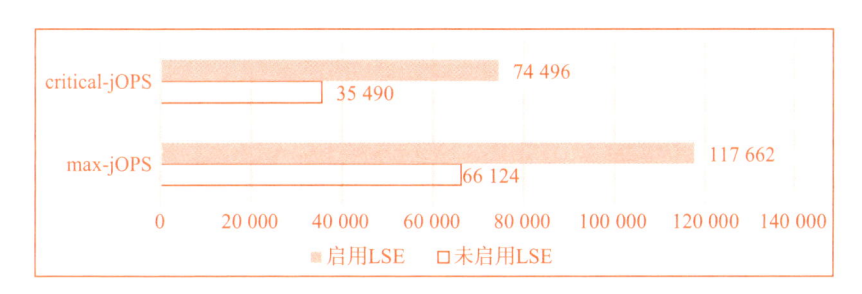

图 5.5　LSE 对 SPECjbb2015 性能的影响

5.6　本章小结

软件系统的可配置性是普遍存在的，不同的配置可能导致软件系统的不同性能。配置性能优化是软件系统优化的重要环节。配置优化需要考虑和处理组合爆炸、测量代价和特征交互等技术挑战。实现配置优化的方法通常包括实验设计方法、基于机器学习的方法和领域知识驱动的方法。实验设计包含多种因子设计策略，$2^k r$ 因子设计中介绍的统计分析方法经常被用来判别和筛选有影响力的因子。实验设计还能够被自动化，这种自动调优方法目前已被广泛使用。事实上，实验设计、机器学习和领域知识三种方法经常被结合起来使用，共同提高配置优化的效率和效果。

5.7　思考题

1. 观察周围熟悉的软件系统或工具是否为可配置的？如果是，统计可配置的特征和取值，并尝试计算配置空间的大小。
2. 选择一个熟悉的可配置软件系统，尝试在该系统上运行一个性能评测程序，观察和分析不同配置对性能的影响。
3. 观察做过的性能评测实验的数据，分析是否存在特征交互问题。如何快速检测潜在的特征交互？
4. 在基于机器学习的性能预测框架下，如何选择一个有代表性的小样本，从而达到较小的性能测量代价和较高的预测准确率之间的平衡？
5. 在你熟悉的领域里，有哪些通过领域知识来优化性能的案例？

CHAPTER 6

第 6 章

性 能 评 价

性能评价旨在通过可靠的性能测量和分析，准确地评价软件系统的性能，全面解释并判定预期目标是否达成，为进一步的优化和决策提供依据。一个系统化的性能评价过程大致可以归纳为如下循环执行的过程：

1）设定评价目标（包括待测系统、服务和产出）。

2）选择评价方法。

3）选择评价指标。

4）选择工作负载。

5）实验设计。

6）分析与解释数据。

7）展示结果。

8）返回步骤1继续执行（可以根据结果重新设定评价目标）。

根据该过程，本章接下来依次介绍评价目标的设定、评价方法的选择、评价指标的选择，以及数据的分析与解释。对于工作负载的选择，通常是选择基准评测程序，这已经在第4章中介绍过了。第5章也介绍了如何进行实验设计。结果展示属于一般的数据可视化范畴，本书就不再展开介绍了，读者可以查阅和参考相关文献。

性能评价对软件系统优化至关重要，但又相当复杂，很容易出错。本章最后将讨论性能评价中常见的错误以及规避方法。

6.1 评价目标的设定

在性能评价过程中，必须首先设定评价目标，这会影响到接下来性能评价过程的每一步。目标设定的一个重要环节是明确定义待测系统（System Under Test, SUT）或待测组件（Component Under Test，CUT）的边界，这个边界会因为评价目标的不同而不同。同时，待测系统可能会向用户提供不同的服务，而每一种服务又可能产生各种不同的结果，这些会影响后续评价指标和工作负载的选择。所以，明确设定评价目标有助于确定待测系统及其提供的服务和产生的结果，为性能评价任务定义一个明确的边界，否则整个过程会陷入投入巨大但收效甚微的窘境。

6.2 评价方法的选择

评价方法确定了使用何种手段对待测系统进行评价，对于不同类型的系统需要选择合适的评价方式。通常有三种手段对待测系统进行性能评价，它们分别是测量（measurement）、仿真（simulation）和分析建模（analytical modeling）。

- 测量：在真实系统上进行性能测量以获得评价指标。
- 仿真：在仿真器中模拟待测系统的行为以获得评价指标。
- 分析建模：建立待测系统的数学模型或行为模型，进而推导计算评价指标。

性能测量已经在第 3 章中做了详细讨论。第 3 章中也介绍了仿真测量，但不涉及仿真器开发等专业知识。系统仿真是一个专门的工程领域，不在本书讨论范围之内，感兴趣的读者可以查阅相关的文献。分析建模是性能分析与评价中的常用方法，在本书多个章节都有涉及。这里，专门围绕性能评价指标及其关系，以利特尔法则（Little's law）为例进行简单介绍。如图 6.1 所示，对于一个稳定的系统，系统服务的平均任务数 L，等于任务抵达率 λ 乘以任务在系统中的平均等待时间 W，即

$$L=\lambda W$$

该法则通过系统建模和数学公式，阐明了三个性能评价指标之间的关系。

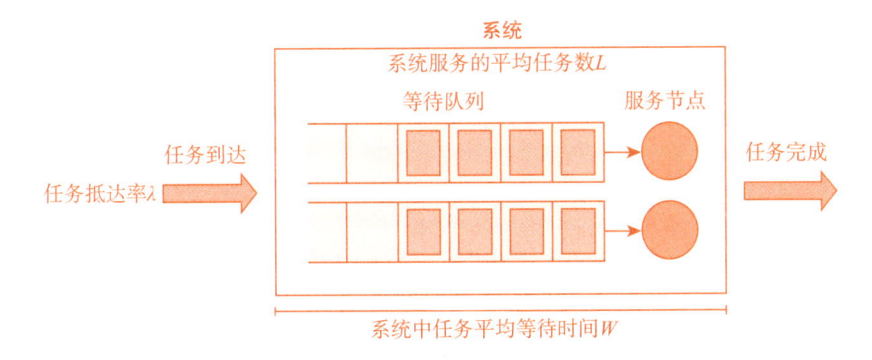

图 6.1 利特尔法则

6.2.1 评价方法的选择条件

需要根据不同的条件选择适合的评价方法，表 6.1 列举了一些常用的选择条件。

对于条件 1，当待测系统真实存在时，一般会采用测量方法进行性能评价；当待测系统可能处于其生命周期的任意阶段时，可以考虑采用仿真或分析建模方法。例如，对芯片进行性能评价和验证时，如果芯片处于流片（tape-out）前的阶段，即实际的芯片还没有生产

出来时，无法进行实际的性能测量，这时主要采用分析建模方法或在芯片模拟器上进行仿真评价。

表 6.1　评价方法的选择条件

选择条件	测量	仿真	分析建模
1. 适用阶段	存在原型系统时	任何阶段	任何阶段
2. 需要的时间	可多可少	中等	少
3. 需要的工具	测量工具	仿真器	分析建模的技能
4. 准确性	可高可低	中等	低
5. 综合成本	高	中等	低

对于条件2，一般来说，分析建模所需的时间投入较低；仿真需要在仿真器上执行具体测试，时间投入较大；而测量所需的时间可多可少，取决于测量时负载的执行时间和实验设计方法等。

对于条件3，不同的评价方法借助的工具是不同的，需要考虑这些工具在当前场合是否可用。对于测量，由于是在真实系统进行性能测量，因此需要考虑是否有可靠的性能测量工具来获取需要的评价指标。对于仿真，自然需要一个仿真器，不仅需要对真实系统行为进行模拟，还需要具备性能测量能力。对于分析建模，这里通常需要依赖分析师的专业知识和专家经验，即使没有计算机辅助工具，也可以通过手工推导完成性能评价。

对于条件4，评价的准确性直接影响结果的可信度。通常而言，由于系统的复杂性，分析建模需要大量的简化和假设，这意味着模型与真实系统可能存在较大差距，因此分析建模的准确性相对不高。相较于分析建模，仿真可以模拟真实系统的更多细节，所需的假设也更少，因此评价结果通常更接近于真实系统。测量由于是在真实系统上获取数据，因此一般来说准确性最高。但如第3章提到的，各种不同的测量方法、数据收集策略，以及性能波动等都会影响测量的准确性，不恰当的测量可能会产生误导性结果。

对于条件5，综合成本包括时间、人力、物力等成本。由于测量需要真正的系统、测量工具以及测量时间等，综合成本投入较高。分析建模通常主要涉及分析师的人力成本等，综合成本较低。而仿真一般介于两者之间，需要真实的仿真器和仿真测量时间等。当然，如果算上仿真器的开发成本，可能不亚于一个真实系统的开发成本。

6.2.2　评价方法的优缺点

上述三种评价方法均存在优势与劣势，并且在实践中会面临不同的挑战。表6.2对评价方法的优势、劣势与挑战进行了总结。

注意，在实际的性能评价中，并非只能从三种评价方法中选择一种，而是可以将多种评价方法结合起来使用。同时，可以进行交叉验证，使得评价结果更具可信度和说服力。例如，可以先使用分析建模进行性能评价，在得到性能模型之后使用仿真或测量来验证性能模型的准确性并进行相应的调整。再如，要对一个可配置系统进行性能调优，首先可以为系统建立一个简单的分析模型，确定配置取值的大致范围；之后使用仿真来研究该范围内各种配置的性能，找到性能较好的一组配置；最后对这些配置进行实际的性能测量和验证。这种做法能够减少仿真和测量的次数，有效控制成本并获得有说服力的评价结果。

表 6.2 评价方法的优势、劣势与挑战

方法	优势	劣势	挑战
测量	提供真实系统的数据 能够测试压力极限	要求系统应能正常工作 难以得到因果关系	定义适当的评价指标 使用适合的工作负载
仿真	相较于制作原型系统进行测量，成本较低能够测试各种压力场景	仿真并非真实系统 无法对预期性能提供保证	正确地模拟真实系统 正确地使用模拟器
分析建模	可以洞察因果关系，并对预期行为提供保证无需构建原型系统	预测结果完全依赖于建模的好坏 依赖专业知识和经验	正确地构建模型 长期积累专业技能

6.3 评价指标的选择

6.3.1 评价指标的分类

评价指标是衡量待测系统性能的指标。对于每项性能研究，都必须选择一套评价指标体系。待测系统可能会向用户提供一系列服务，分析系统提供的服务及其产出能够帮助选择合适的评价指标。

根据不同的系统行为和产出，可以对评价指标进行分类，如图 6.2 所示。对于向系统发出的服务请求，系统的响应行为和产出可以分成三类：1) 系统完成了请求，并执行正确；2) 系统完成了请求，但执行错误；3) 系统没有完成请求。以数据库系统为例，若用户向系统发出的请求为一个查询操作，上述三种情况分别举例如下：1) 数据库将正确的查询结果返回给用户；2) 数据库将错误的查询结果返回给用户；3) 数据库（可能因为故障）没有响应用户请求。

如果系统正确地完成了请求，主要的性能指标一般包括：

- 响应时间（response time）：完成一次服务请求所需的时间。
- 吞吐量（throughput）：完成服务请求的速率，即单位时间内完成服务请求的数量。
- 利用率（utilization）：完成服务请求时系统消耗的计算机系统各类资源的比例，通常包括 CPU、内存、存储和网络这四类资源。

如果系统不正确地完成了请求，即系统发生了错误。对于某个特定的错误，一般存在两种评价指标：错误发生概率、错误发生间隔。这些指标统称为可靠性（reliability）指标。

如果系统不能完成请求，即无法对用户提供服务，那么系统此时处于"不可用"（比如宕机、故障）状态。对于某个导致系统不可用的原因，一般存在两种评价指标：不可用持续时间、不可用发生间隔。这些指标统称为可用性（availability）指标。

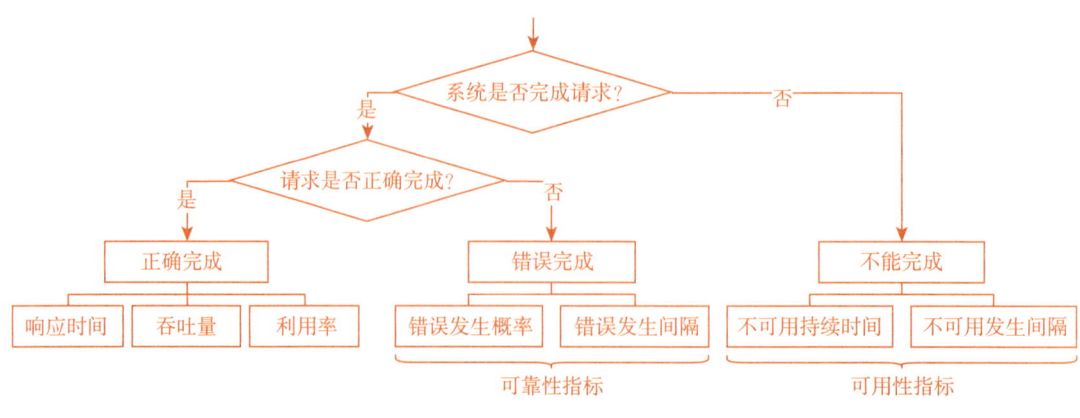

图 6.2 评价指标的分类

系统提供的每项服务都会有若干评价指标，若系统提供不止一种服务，评价指标的数量也会相应增加。

6.3.2 评价指标的选择条件

由于一个系统提供的服务可能很多，根据不同的服务产出，也有很多不同的评价指标。然而，这并不意味着需要使用那么多指标对系统进行评价，可以按照下面的条件对评价指标进行选择。

1）**低波动**：考虑到性能波动，如果通过测量进行性能评价，那么多次测量并汇总结果是不可避免的。选择低波动的评价指标有助于获得更稳定的结果，并减少重复实验次数。此外，尽量不要用两个变量的比例作为评价指标，因为两个变量之比的波动通常比两个变量中任一个的波动都大。

2）**不冗余**：为了使评价结果更加简洁清晰，应尽量减少冗余的性能指标。比如，两个评价指标反映了系统同一方面的性能，那么这两个指标保留一个即可。另外，如果从数据中观察到两个评价指标具有较强的相关性，那么可以在结果中仅保留一个指标，在需要时用相关性去推导、解释另一个指标。

3）**完整性**：对于最后选择的指标集合，在评价目标范围内，应当完整覆盖系统不同方面的性能。例如，若需要考察操作系统中各类资源的利用率，那么 CPU、内存、存储、网络都应该包括在内。再例如，评价过程中可能会发现系统中某些指标表现好而某些指标表现不好，但不能只报告那些看起来有利的指标而隐藏不利的指标。

6.3.3 量纲分析与合理性检查

在完成评价指标的选择和设计后，建议进行两方面的分析和检查：

- **量纲分析**（dimensional analysis）：指物理学或工程学中使用物理量的量纲（例如，

长度、质量、时间等）来分析或检查几个物理量之间的关系。在性能评价中，量纲分析可用于检查性能指标是否具有合理的量纲（包括无量纲），从而判定所采用或设计的指标是否具有物理意义或是否合理。
- 合理性检查（sanity check）：指检查性能指标是否处于可接受的范围内，从而确保系统运行及其性能指标在一个基本水平上是合理的。

6.4 数据的分析与解释

性能评价的难点之一是对性能数据进行分析与解释。本节主要讨论两个重要的话题：
- 数据的汇总：对某个评价指标的一组测量结果进行汇总。
- 数据的比较：比较两个或两组评价指标的结果。

6.4.1 数据的汇总

性能评测过程会产生大量的数据，有效地汇总数据是提供清晰、简洁、有用的结论的基础，也能帮助决策者更好地理解数据的关键特征和趋势，从而做出恰当的决策。汇总方式多种多样，具体选择哪一种，与评价目标和实际需求相关，也与各种汇总统计量的适用条件相关。

下面用一个例子来说明。假设要在一台有噪声干扰的计算机上测量 100 次某个确定性程序的运行时间。采用哪个汇总统计量最能代表该程序的原始运行时间呢？是算术平均数、中位数、最大值还是最小值呢？

考虑到待测系统有噪声干扰，测量得到的时间相当于程序的原始运行时间加上少量的噪声干扰开销。因此，应当选择 100 次测量中的最小值，以尽可能地接近程序的原始运行时间。

从统计角度来说，汇总数据通常关心数据的集中趋势（central tendency）和离散程度（dispersion）。

1. 集中趋势

数据的集中趋势就是数据的平均，用来描述数据的集中位置或平均位置。最常见的集中趋势是平均数，包括算术平均数（arithmetic mean）、调和平均数（harmonic mean）和几何平均数（geometric mean）。假设有一组 n 个数据值 $x_1, x_2, \cdots, x_n$ 需要汇总，三种平均数的定义如下：

- 算术平均数：

$$\bar{x}_a = \frac{1}{n} \sum_{i=1}^{n} x_i$$

- 调和平均数：

$$\bar{x}_h = \frac{n}{\sum_{i=1}^{n} 1/x_i}$$

- 几何平均数：

$$\bar{x}_g = \sqrt[n]{\prod_{i=1}^{n} x_i}$$

算术平均数适用于单一物理量或单变量数据的汇总，例如，时间、长度、重量、温度等。以程序的运行时间 T 为例，根据算术平均数公式，得到平均运行时间如下：

$$\bar{T}_a = \frac{1}{n}\sum_{i=1}^{n} T_i$$

此时，得到的平均运行时间与总运行时间 $\sum_{i=1}^{n} T_i$ 成正比。这符合我们对于运行时间的直观理解，例如，如果总运行时间提高一倍，则平均运行时间也应该提高一倍。因此，算术平均数可以作为汇总运行时间的方式。

再考虑程序的吞吐量（如每秒处理的用户请求数）$R = \frac{W}{T}$，这是一个比率（rate）型物理量，即由两个单一物理量的比值得到。W 代表程序的工作量（如程序需要处理的所有用户请求数），T 代表程序的运行时间。假设工作量 W 是固定的，每次测量中程序的运行时间为 T_i，则 n 次测量后得到一组吞吐量 $R_i = \frac{W}{T_i}$。根据算术平均数公式，得到平均吞吐量如下：

$$\bar{R}_a = \frac{1}{n}\sum_{i=1}^{n} R_i = \frac{1}{n}\sum_{i=1}^{n} \frac{W}{T_i} = \frac{W}{n}\sum_{i=1}^{n} \frac{1}{T_i}$$

此时，得到的平均吞吐量与每次程序运行时间的倒数之和 $\sum_{i=1}^{n} \frac{1}{T_i}$ 成正比，这不符合我们的直观理解。一般来说，吞吐量应该与运行时间之和成反比，例如，在总请求数固定的条件下，如果总运行时间减少一半，则平均吞吐量应该提高一倍。因此，算术平均数不能作为汇总吞吐量的方式。

这时，可以引入调和平均数来汇总吞吐量。根据调和平均数公式，得到平均吞吐量如下：

$$\bar{R}_h = \frac{n}{\sum_{i=1}^{n} \frac{1}{R_i}} = \frac{n}{\sum_{i=1}^{n} \frac{T_i}{W}} = \frac{nW}{\sum_{i=1}^{n} T_i}$$

此时，得到的平均吞吐量与每次程序运行时间之和 $\sum_{i=1}^{n} T_i$ 成反比，这符合我们的直观理解。因此，调和平均数可以作为汇总吞吐量的方式。

如果再把调和平均数用于汇总运行时间这样的单一物理量会怎么样呢？根据调和平均数公式，得到平均运行时间：

$$\overline{T}_\text{h} = \frac{n}{\sum_{i=1}^{n} \frac{1}{T_i}}$$

此时，得到的平均运行时间与每次程序运行时间的倒数之和 $\sum_{i=1}^{n} \frac{1}{T_i}$ 成反比，这不符合我们的直观理解，即平均运行时间应该与总运行时间成正比。因此，调和平均数不能作为汇总运行时间的方式。

综上所述，无论是算术平均数还是调和平均数，都不能盲目使用，需要根据评价指标选择适用的汇总方式。关于几何平均值，常常用于加速比的汇总，将在下一节详细讨论。

注意，这里有两个容易混淆的概念：比率与比例（ratio）。这两个概念都是由两个单一物理量的比值得到的，区别在于：

- 比率是两个不同量纲的物理量的比值，得到的是一个有量纲的指标。例如，速度（量纲：公里/小时）是距离（量纲：公里）和时间（量纲：小时）的比值。
- 比例是两个相同量纲的物理量的比值，或两个无量纲的数字的比值，得到的是一个无量纲的指标。例如，比例尺是图上距离（量纲：厘米）与实际距离（量纲：厘米）的比值，加速比是旧机器运行时间（量纲：秒）与新机器运行时间（量纲：秒）的比值。

2. 离散程度

计算机系统的性能存在波动，且无法完全避免。因此，在选择评价指标时，应当尽可能选择低波动的性能指标。但采用集中趋势汇总数据后，性能指标的波动就被掩盖了。为了更加客观地报告性能数据，需要刻画性能波动，作为集中趋势的补充。

从统计学的角度，刻画性能波动的主要手段是计算性能数据的离散程度。常用的离散程度统计量包括：范围或极差（range）、样本方差（sample variance）、样本标准差（sample standard deviation）、变异系数（Coefficient of Variation, CV）等。它们的定义与特点如表 6.3 所示。

表 6.3 刻画数据离散程度的统计量

指标	定义	特点
极差	$r = x_{\max} - x_{\min}$	体现指标波动的最大范围，对极端值或异常值过于敏感
样本方差	$s^2 = \frac{1}{n-1} \sum_{i=1}^{n}(x - \overline{x})^2$	最常用的离散程度指标，样本方差的量纲与原始指标或平均值的量纲不一致，而采用样本标准差可以解决这个问题
样本标准差	$s = \sqrt{\frac{1}{n-1} \sum_{i=1}^{n}(x - \overline{x})^2}$	
变异系数	$CV = s / \overline{x}$	消除了特定量纲问题，提供了一个无量纲的比值

6.4.2 数据的比较

性能评价经常需要通过比较两个或两个以上相互可替代方案的数据，从而做出决策。例如，对某个系统的软硬件配置或算法进行优化后，评价系统优化前后两个状态下的性能，或者比较多台竞品服务器在同一标准化基准评测 SPEC CPU 2017 下的性能。

下面主要讨论两个替代方案的数据比较。首先，介绍加速比，这里会特别讨论加速比的汇总方式。然后，介绍如何使用置信区间去比较两个替代方案。

1. 加速比的比较和汇总

加速比（speedup）是一个重要的概念，在讨论基准评测时已经做了初步介绍，本节再结合性能评价展开讨论。在比较两个替代方案的性能时，经常会用到的表述是"方案 X 比方案 Y 快"，这表示在给定任务工作量的条件下，X 的运行时间比 Y 更短。为了衡量 X 和 Y 的性能差异，引入了加速比，如下所示：

$$\text{speedup} = \frac{T_Y}{T_X} = k$$

这表示"Y 的运行时间是 X 的 k 倍"，或者"X 的速度是 Y 的 k 倍"。对于加速比 k，如果 $k>1$，表示 Y 比 X 慢；如果 $k<1$，表示 Y 比 X 快；如果 $k=1$，表示 Y 和 X 一样快。通常，将运行较慢的方案的运行时间放在分子，而运行较快的方案的运行时间放在分母，从而使得加速比 $\text{speedup} \geqslant 1$。

根据上一节吞吐量的定义 $R = \frac{W}{T}$，假设方案 X 和方案 Y 完成的工作量 W 是固定的，则有：

$$\text{speedup} = \frac{T_Y}{T_X} = \frac{\frac{W}{R_Y}}{\frac{W}{R_X}} = \frac{R_X}{R_Y} = k$$

这表示"方案 X 的吞吐量是方案 Y 的 k 倍"，即在单位时间内，X 完成的工作量是 Y 的 k 倍。

根据上一节对比率和比例的区分，加速比属于无量纲的比例。那么，延续上一节的讨论，如何汇总加速比呢？下面用一个例子来介绍。

【例 1】现有两个系统 X 和 Y 各自独立运行同一个程序 4 次，测量程序的运行时间（单位：秒）如表 6.4 所示。对每个实验，计算 X 相对于 Y 的加速比。最后，用算术平均数对 X 的运行时间、Y 的运行时间、X 相对于 Y 的加速比分别进行汇总，如表 6.4 所示。其中，(a)、(h)、(g) 分别表示算术、调和、几何平均数（下面的表与此相同）。根据加速比的定义，可以得到结论：系统 Y 的速度是 X 的 3.03 倍。这个结论正确吗？

注意，加速比 3.03 是通过 4 个实验的加速比汇总算术平均数得到的。然而，X 的平均运行时间相对于 Y 的平均运行时间的加速比为 $7.25/6.75 \approx 1.07$，与上述加速比 3.03 不一致，即加速比的算术平均

表 6.4　用算术平均数比较加速比

实验	T_X	T_Y	T_X/T_Y
1	9.00	3.00	3.00
2	8.00	2.00	4.00
3	2.00	20.00	0.10
4	10.00	2.00	5.00
平均数	(a)7.25	(a)6.75	(a)3.03

数不等于算术平均数的加速比。

接下来，在表 6.4 中加一列，计算 Y 相对 X 的加速比及其算术平均数，得到表 6.5。显然，这里产生了矛盾！根据 X 相对于 Y 的加速比，Y 的速度是 X 的 3.03 倍；而根据 Y 相对于 X 的加速比，X 的速度是 Y 的 2.70 倍。这不符合我们的直观理解。一般来说，假如系统 X 的速度比系统 Y 的速度快，则系统 Y 的速度应该比系统 X 的速度慢。

通常，对于比值型指标（无论是有量纲的比率，还是无量纲的比例）汇总平均数（无论是算术平均数、调和平均数还是几何平均数），有下面的规则：

<u>比值 A/B 的平均数应该是比值 B/A 的平均数的倒数。</u>

显然，采用算术平均数汇总加速比不符合上述规则。同样地，如表 6.6 所示，采用调和平均数汇总加速比也不符合上述规则，并且两个加速比的调和平均数都小于 1，也产生了矛盾！

进一步地，采用几何平均数对加速比进行汇总，得到表 6.7。此时，根据 X 相对于 Y 的加速比，Y 的速度是 X 的 1.57 倍；而根据 Y 相对于 X 的加速比，X 的速度是 Y 的 0.64 倍。这符合我们的直观理解，同时：

$$\overline{\left(\frac{T_Y}{T_X}\right)}_g = 0.64 \approx \frac{1}{1.57} = \frac{1}{\left(\frac{T_X}{T_Y}\right)_g}$$

表 6.5　用算术平均数比较加速比及其倒数

实验	T_X	T_Y	T_X/T_Y	T_Y/T_X
1	9.00	3.00	3.00	0.33
2	8.00	2.00	4.00	0.25
3	2.00	20.00	0.10	10.00
4	10.00	2.00	5.00	0.20
平均数	(a) 7.25	(a) 6.75	(a) 3.03	(a) 2.70

表 6.6　用调和平均数比较加速比及其倒数

实验	T_X	T_Y	T_X/T_Y	T_Y/T_X
1	9.00	3.00	3.00	0.33
2	8.00	2.00	4.00	0.25
3	2.00	20.00	0.10	10.00
4	10.00	2.00	5.00	0.20
平均数	(a) 7.25	(a) 6.75	(h) 0.37	(h) 0.33

表 6.7　用几何平均数比较加速比及其倒数

实验	T_X	T_Y	T_X/T_Y	T_Y/T_X
1	9.00	3.00	3.00	0.33
2	8.00	2.00	4.00	0.25
3	2.00	20.00	0.10	10.00
4	10.00	2.00	5.00	0.20
平均数	(a) 7.25	(a) 6.75	(g) 1.57	(h) 0.64

这也符合上述定义的规则。因此，几何平均数可以用于汇总加速比。此外，几何平均数还有一个重要性质：

<u>几何平均数的比值与比值的几何平均数是相等的。</u>

这个性质在需要对多个系统进行性能比较的场合非常有用，如下面的例 2 所示。

【例 2】假设在上述例子的场景中加入第三个系统 Z，其 4 次性能测量值如表 6.8 所示。

表 6.8　比较三个系统的加速比

实验	T_X	T_Y	T_Z	T_Y/T_X	T_Z/T_X	T_Z/T_Y
1	9.00	3.00	4.00	0.33	0.44	1.33
2	8.00	2.00	4.00	0.25	0.50	2.00

（续）

实验	T_X	T_Y	T_Z	T_Y/T_X	T_Z/T_X	T_Z/T_Y
3	2.00	20.00	1.00	10.00	0.50	0.05
4	10.00	2.00	3.00	0.20	0.30	1.50
平均数	(a) 7.25	(a) 6.75	(a) 3.00	(g) 0.64	(g) 0.43	(g) 0.67

设系统 X 为参照系统，分别计算系统 Y 和系统 Z 相对于系统 X 的加速比，并计算其几何平均数，得到

$$\overline{\left(\frac{T_Y}{T_X}\right)}_g = 0.64, \overline{\left(\frac{T_Z}{T_X}\right)}_g = 0.43$$

这表示，平均来说，参照系统 X 最慢，其速度是 Y 的 0.64 倍，是 Z 的 0.43 倍。

由于加速比本身是无量纲的比例，且两个系统 Y 和 Z 计算加速比的参照系统是相同的。因此，这两个加速比是可比的，可以直接计算两个几何平均数的比值，得到

$$\overline{\left(\frac{T_Z}{T_X}\right)}_g \bigg/ \overline{\left(\frac{T_Y}{T_X}\right)}_g = \overline{\left(\frac{T_Z}{T_Y}\right)}_g = 0.43/0.64 \approx 0.67$$

对应表格中的最后一列，用 4 个实验的数据计算系统 Z 相对于系统 Y 的加速比的几何平均数，得到

$$\overline{\left(\frac{T_Z}{T_Y}\right)}_g = 0.67$$

这两种计算方式得到的结论一致，即系统 Y 的速度是 Z 的 0.67 倍，系统 Z 更快。

几何平均数的重要性质表明：只要参照系统确定，任意个系统相对于参照系统的加速比都是可比的；如果参照系统发生改变且对所有其他系统同时改变，也能得到一致的比较结果。

回顾"基准评测"一章，SPEC CPU 2017 所设计的两种性能评价指标，SPECspeed 和 SPECrate 都是加速比，所采用的参照机器是相同的，并且，针对 43 个应用基准评测程序汇总结果时也采用了几何平均数。

2. 置信区间的比较

本节从统计学的角度讨论性能数据比较，先思考下面两个问题。

【问题1】现有待测机器 A 与 B，令其运行同一基准评测程序，测得运行时间分别为 x_A 与 x_B，若 $x_B < x_A$，可以说明机器 B 的性能更好吗？

注意，在性能测量过程中，不可避免地会存在随机误差，仅凭一次测试结果可能没有办法做出可靠的决策，因此，需要做多次测试来消减随机误差。

【问题2】现有待测机器 A 与 B，令其运行同一基准评测程序各 3 次，测得两台机器每一次的运行时间并计算算术平均数，分别为 $\bar{x}_A$ 与 $\bar{x}_B$，若 $\bar{x}_B < \bar{x}_A$，可以说明机器 B 的性能

更好吗？如果还不足以说明，那么需要进行多少组重复测量呢？

对于性能数据的比较，需要分析的一个关键问题在于：如何说明数据的差异是来源于待测系统本身性能的差异而非随机误差造成的差异。这里的待测系统可能是性能优化前后的同一系统，也可能是不同系统。对于这个问题，从统计学角度，常见的解决方法是通过假设检验（hypothesis testing）做出统计推断（statistical inference）。然而，一般的假设检验存在的问题是只能给出"接受/拒绝"的判定结果，并不能指出判定结果与真实情况到底有多接近。

当比较两个系统或两个替代方案的性能时，我们不仅想知道两者之间的差异是否存在统计显著性，还想知道这种差异的大小。为此，我们介绍使用置信区间来进行性能比较的方法。该方法的核心思想是，判定两个对比样本的差值的置信区间是否存在零值。如果存在零值，则断言没有证据表明数据存在统计学上的显著差异；而如果不存在零值，则断言没有证据表明数据不存在统计学上的显著差异。注意这里的统计学断言：对于存在零值的情况，我们不能断言数据中出现的差异不是由于随机误差造成的；而对于不存在零值的情况，我们也不能断言对比的数据就一定存在差异，这里仍然存在一定概率使得数据差异是由于随机误差造成的。

进一步地，根据两个样本是配对的（paired）还是非配对的（unpaired），有两类比较方法。下面分别通过例子说明这两类比较方法的适用范围与流程。

（1）配对样本的比较

对于两个配对样本的比较，最常见的场景就是在同一台机器上进行某项优化前后的比较，而比较的结果就是该项优化的效果。这样的比较也称前后比较（before-and-after comparison）。下面来看一个例子。

【例3】在某台机器上运行某程序10次，记录其运行时间T_{before}（单位：秒），进行某项优化（比如，更改系统配置或升级操作系统版本等）后，再次运行该程序10次，记录其优化后运行时间T_{after}，结果见表6.9。那么应如何评价该项优化的效果呢？

表6.9 配对样本的比较

实验	1	2	3	4	5	6	7	8	9	10	样本均值
T_{before}	37.6	32.1	30.1	29.0	28.4	28.8	28.3	27.6	30.0	29.7	30.16
T_{after}	33.8	33.4	31.7	31.2	30.5	29.8	28.1	30.2	27.3	28.9	30.49
差值 d	3.8	−1.3	−1.6	−2.2	−2.1	−1.0	0.2	−2.6	2.7	0.8	−0.33

从样本均值来看，由于$\bar{T}_{before} < \bar{T}_{after}$，似乎优化后的性能更差了。接下来，展开置信区间的比较，看看结果有什么不同。

根据表中的数据，同一台机器在优化前后分别运行程序10次，形成了10组配对的测量样本。计算配对样本的差值$d_i = T_{before,i} - T_{after,i}$。

由于样本数量$n=10$较小，因此采用t检验，计算配对样本差值在$(1-\alpha)$置信水平上的置信区间，公式如下：

$$\left[\bar{d} - t_{\alpha/2;n-1}\frac{s_d}{\sqrt{n}}, \bar{d} + t_{\alpha/2;n-1}\frac{s_d}{\sqrt{n}}\right]$$

其中，$\bar{d}$ 是配对样本差值的样本均值，s_d 是配对样本差值的样本标准差，α 是显著性水平，$t_{\alpha/2;n-1}$ 是自由度为 (n–1) 的 t 分布在双侧检验时右尾概率为 $\alpha/2$ 的临界值。

若设定显著性水平为 0.05，置信水平为 95%，经过计算可以得到：

$$\bar{d} = -0.33, s_d = 2.18, t_{0.025;9} = 2.2622$$

置信区间为 [-1.89, 1.23]。

由于置信区间包含零值，说明没有证据表明数据存在统计学上的显著差异，因此，不能仅根据样本均值就判定优化后性能更差了。

此外，条件允许的情况下，建议尽可能多收集一些样本数据。通常，若样本数量 $n \geq 30$，根据中心极限定理，样本均值的分布趋向于正态分布，此时，置信区间的计算可以采用更简单（不需要考虑自由度）的正态分布替换上述 t 分布，即

$$\left[\bar{d} - z_{\alpha/2}\frac{s_d}{\sqrt{n}}, \bar{d} + z_{\alpha/2}\frac{s_d}{\sqrt{n}}\right]$$

（2）非配对样本的比较

两个非配对样本表示两个样本中的元素不存在一一对应的关系，一个典型的情况是两个样本的元素个数不相同。下面看一个例子。

【例4】某数据中心有两个机房 A 和 B，分别有 500 台和 600 台相同配置的服务器，从两个机房各随机抽取 10% 的服务器进行性能测试，测量同一工作负载下的性能指标（越高越好），根据原始测试数据（这里省略了）得到的各个样本统计量如表 6.10 所示。请问哪一个机房服务器性能更好？

表 6.10　非配对样本的比较

机房	样本大小	样本均值	样本标准差
机房 A	n_1=50	$\bar{x}_1 = 86$	s_1=5.8
机房 B	n_2=60	$\bar{x}_2 = 78$	s_2=7.2

由于样本数量较多（均大于 30），采用 z 检验计算样本均值的差值在 (1–α) 置信水平上的置信区间如下：

$$\left[(\bar{x}_1 - \bar{x}_2) - z_{\alpha/2}\sqrt{\frac{s_1^2}{n_1} + \frac{s_2^2}{n_2}}, (\bar{x}_1 - \bar{x}_2) + z_{\alpha/2}\sqrt{\frac{s_1^2}{n_1} + \frac{s_2^2}{n_2}}\right]$$

同样给定置信水平为 95%，那么 $z_{\alpha/2}$=1.96，可以计算得到置信区间为 [5.57, 10.43]。

由于该置信区间不包含零值，说明没有证据表明数据不存在统计学上的显著差异，并且有 95% 的把握认为数据存在统计学上的显著差异。也就是说，有 95% 的把握认为机房 A 比机房 B 的性能更好，并且根据样本均值的差值的置信区间，性能更好的程度范围在 [5.57, 10.43] 之间。

6.5 常见错误与规避方法

性能评价是一个复杂的过程，尤其是对数据进行分析和解释时，经常会出错，进而得到一些误导性结论。表 6.11 参照 SPEC CPU 2017 官方文档给出的基准评测中常犯的错误，针对在性能评价过程中可能存在的一些误导性描述，说明如何进行批判性分析（critical analysis），并给出了规避错误的方法。

表 6.11 基准评测中常见错误的分析与规避

可能存在的误导性描述	批判性分析	规避方法
该程序已运行了十亿次循环	程序是不是真正地在待测机器上执行了十亿次循环？部分编译器在代码生成阶段通常会执行"死码删除"（dead code elimination），即删去对程序输出无影响的代码，实际可能没有执行那么多次循环	在循环执行的过程中输出某些内容进行验证
程序输出了结果，但是没有校验，因为浮点数结果有微小差异是可以预期的	即使是微小的浮点数差异，也有可能是执行时指令路径不同导致的。如果该程序是由于异常而退出的，程序并没有完成预期的工作量	应当校验程序的结果，并且规定结果容许的误差范围
基准评测程序已经是预编译好的，下载之后即可直接运行，不需要在待测系统上进行编译	可能无法比较新硬件、新操作系统、新编译器对性能的影响	基准评测应当提供源代码，以拓宽待测系统的范围，并且应当提在多种编译器与操作系统下进行测试
基准评测程序测量了某方面的性能	测量结果可能包含了程序启动的部分，如果这部分占据主导地位，那么可能会产生误导性的结果	检查程序的性能剖析数据，检查真正被测量的是什么
在一个知名的基准评测程序上进行了微小的改造，得到了一个新的基准评测程序	是否有改造的确切记录？这样的改造是否破坏了可比较性	应当由第三方进行检查
基准评测没有定义运行规则，因为如何正确运行该基准评测程序"显而易见"	尽管运行程序可能的正确方法是"显而易见的"，但是仍有可能出现问题。即便是一个微小的改动也可能得到完全不同的结果	为了保证基准评测结果能够进行有意义的比较，需要定义明确的运行规则
该基准评测是代表某一应用的一系列的低级操作	如何说明这些操作的代表性	基准评测程序应当优先从真实应用中抽取

想要做好性能评价，评价者应具备批判性思维（critical thinking），这是做性能评价时需要具备的系统化思维能力和素养，包含以下几个方面：

1）明确定义和识别问题：充分理解需求，提出关键问题，挖掘隐含的假设，以及识别关联问题等。

2）收集可靠的数据：寻找可信的数据源，采用可靠的方法，理清数据关联并交叉验证，保障数据可靠性。

3）合理的分析和推理：综合分析不同的观点和解释，评估优点和缺点，使用归纳推理（从特定观察中得出一般性结论）和演绎推理（从一般原则得出特定结论）等进行合理的逻辑推理。

4）切实解决问题：复杂问题的求解通常涉及优劣取舍，在充分分析后，还是需要得到切实可行的解决方案，并做出恰当的决策。

　　5）清晰有效的沟通：清晰有效地将分析结果传递给相关人员也是非常关键的，要能明确表达自己的观点和推理，与相关人员开展有意义的讨论和辩论。

6.6　本章小结

　　本章首先介绍了一个系统化的性能评价过程，强调了设定评价目标的重要性。针对测量、仿真和分析建模三种评价方法，讨论了它们的选择条件，并且对比了它们的优缺点。然后，从系统的角度介绍了评价指标的分类和选择条件，并且建议对设计的指标使用量纲分析和合理性检查。接着，从数据的汇总和比较两个角度，介绍了性能数据的分析与解释方法。对于数据的汇总，主要衡量数据的集中趋势和离散程度。对于数据的比较，主要介绍了加速比的比较和置信区间的比较。最后，讨论了性能评价的常见错误和规避方法。

6.7　思考题

1. 针对自己熟悉的软件系统，尝试采用测量、仿真和分析建模三种方法进行性能评价。
2. 某云服务提供商向客户出售某云服务实例时，服务水平协议（Service Level Agreement，SLA）规定了服务响应延迟应当低于 100 毫秒。为了评估 SLA 的完成情况，应当如何设计服务响应延迟的汇总统计量呢？
3. 某用户需要购买一台服务器，主要用于运行某个特定应用，但平时也会运行若干个其他类型的应用。现在希望比较不同候选服务器在运行这些不同应用时的综合性能，那么评价综合性能应该采用哪种汇总统计量呢？
4. 列出自己常用的性能评价指标，分析它们是否具备低波动、不冗余和完整性，并尝试使用量纲分析检查指标量纲的合理性。
5. 考虑本章介绍的两个样本的置信区间比较方法，当得到的置信区间不包含零值时，是否能够认定两组样本之间存在性能差异？当得到的置信区间包含零值时，是否能够认定两组样本不存在性能差异？试根据所学的统计学相关知识，分析统计学的方法可能产生的谬误。
6. 批判性思维不仅对性能评价具有重要意义，对于性能工程的各个环节也具有重要意义。请对照表6.11，检查自己曾经做过的性能实验，思考和讨论是否存在误导性分析和结论。

第三部分

计算机体系结构优化

随着摩尔定律与登纳德缩放定律逐渐失效，单个处理器核心难以通过单纯地提高频率来获得性能提升。因此，芯片制造商尝试将多个核心集成到一个芯片上并行地处理更多的任务，从而提高性能。于是，处理器芯片迎来了多核（multi-core）与众核（many-core）时代。多核与众核指的都是在一个处理器芯片上集成多个处理器核心的设计方式，但是倾向性有所不同。多核处理器的核心数量通常不会特别多，仅使用单个核心也有较好的性能，对于串行与并行任务都做了设计优化，目前大多数 CPU 处理器芯片采用的都是多核设计。众核处理器则是为了大规模并行计算而设计的，目的是追求高吞吐量，其核心数量非常多（成百上千），但单个核心的性能是有限的。

多年来，计算机架构师提升处理器性能主要有两种设计思路。一种思路是提高并行性（parallelism），主要包括指令级并行（Instruction-Level Parallelism, ILP）、数据级并行（Data-Level Parallelism, DLP）和线程级并行（Thread-Level Parallelism, TLP）。另一种思路是提高局部性（locality），包括空间局部性（spatial locality）和时间局部性（temporal locality）。

这一部分的主题是计算机体系结构的优化，包含四章。第 7 章介绍现代处理器的重要特性和优化技术，包括流水线执行、超标量处理、乱序执行和分支预测等实现指令级并行的技术。第 8 章介绍存储器优化的相关技术，包括利用存储器层次结构和高速缓存提高局部性，以及在代码层面优化缓存性能的方法。第 9 章介绍面向微体系结构的量化分析方法，这是实现计算机体系结构优化和瓶颈定位的重要基础。第 10 章介绍并行编程和异构计算框架，包括通过向量化和 GPU 设备等提高数据级并行的技术。

第 7 章　处理器优化
第 8 章　存储器优化
第 9 章　微体系结构性能分析
第 10 章　异构计算与编程

CHAPTER 7

第 7 章

处理器优化

处理器微体系结构（microarchitecture）是指处理器内部的设计和组织方式，涉及处理器的各个功能模块、数据通路、控制逻辑等方面的实现细节。处理器微体系结构定义了处理器的底层实现，负责执行指令集架构（Instruction Set Architecture,ISA）定义的机器指令。不同指令集架构的处理器通常具有不同的微体系结构设计，采用同一指令集架构的不同厂商或不同代际（generation）的处理器也可能具有不同的微体系结构设计。

设计处理器微体系结构需要权衡多方面因素，例如，性能、功耗、制造成本等。一个良好的微体系结构设计能够高效地执行指令，从而提高处理器的性能。本章首先以一个抽象的五阶段处理器微体系结构及其指令执行流程作为预备知识，进而引出现代处理器的一个重要特性：指令流水线（instruction pipeline）。在此基础上，为了应对流水线执行中的三大冒险（hazard），处理器微体系结构做了相应的优化设计，即针对结构冒险的超标量（superscalar）处理、针对数据冒险的乱序（out-of-order）执行和针对控制冒险的推测（speculative）执行。

7.1 五阶段处理器

我们先介绍一个抽象的五阶段处理器微体系结构及其指令处理流程。了解指令在处理器内部的执行过程，有助于理解现代处理器微体系结构的关键特性。

处理器执行一条指令通常涉及很多操作，概括来说，通常需要经过五个主要阶段（stage），包括：取指（Instruction Fetch，IF）、译码（Instruction Decode，ID）、执行（EXecute，EX）、访存（Memory Access，MA）和写回（Write Back，WB）。图 7.1 展示了一个五阶段处理器执行指令的基本流程。注意，五阶段处理器是一种简单抽象，现代处理器的微体系结构设计实际上会更加复杂。下面分别讲述每个阶段的一些实现细节。

1. 取指阶段

取指阶段如图 7.2（1）所示，程序计数器（Program Counter，PC）是存放将要执行的下一条指令地址的寄存器；取指单元（fetch unit）根据程序计数器指向的地址，从存储器中读取指令并加载到指令寄存器（Instruction Register，IR），之后程序计数器自增。

注意，对于定长指令集架构，程序计数器每次的增量是固定的；对于不定长指令集架构，程序计数器数值的增量等于加载到指令寄存器的机器指令的长度。程序计数器通常对用户可见，用户可以在执行指令的过程中用到程序计数器的值。

2. 译码阶段

译码阶段如图 7.2（2）所示，译码器（decoder）读取指令寄存器中的机器指令，分析指令中涉及的操作数（operand）及其寻址方式，准备执行阶段所需要的数据。其中：

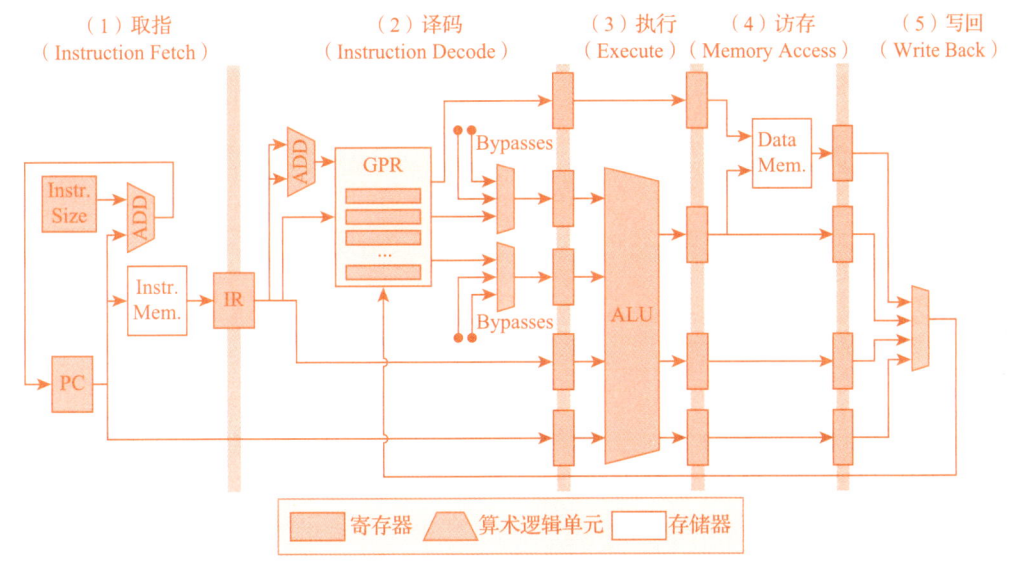

图 7.1 五阶段处理器

- 如果操作数是立即数，译码器不做处理，直接进入执行阶段。
- 如果操作数是寄存器，译码器从通用寄存器（General-Purpose Register，GPR）组中将操作数取出。
- 如果操作数需要通过内存寻址，那么需要先将地址存放在通用寄存器中，再进行内存访问操作。此外，部分复杂的寻址方式（例如涉及基地址与偏移的变址寻址），在译码阶段会进行内存地址的计算。

3. 执行阶段

执行阶段如图 7.2（3）所示，译码阶段的操作数准备好之后，算术逻辑单元（Arithmetic Logic Unit，ALU）根据机器指令的操作码（operation code，opcode）执行对应的算术逻辑操作，输出操作结果。对于那些不需要 ALU 的内存访问指令，则直接进入访存阶段。

4. 访存阶段

访存阶段如图 7.2（4）所示，这个阶段主要负责从存储器加载（load）数据或存储（store）数据到存储器：

- 对于译码阶段需要从内存中寻址的操作数，根据译码与计算得到的操作数地址从存储器中将操作数读取出来。
- 对于那些需要将运算结果存储到内存的指令，根据译码阶段得到的操作数地址，将执行阶段得到的运算结果存储到存储器的相应地址中。
- 对于那些不涉及内存操作的指令，直接进入写回阶段。

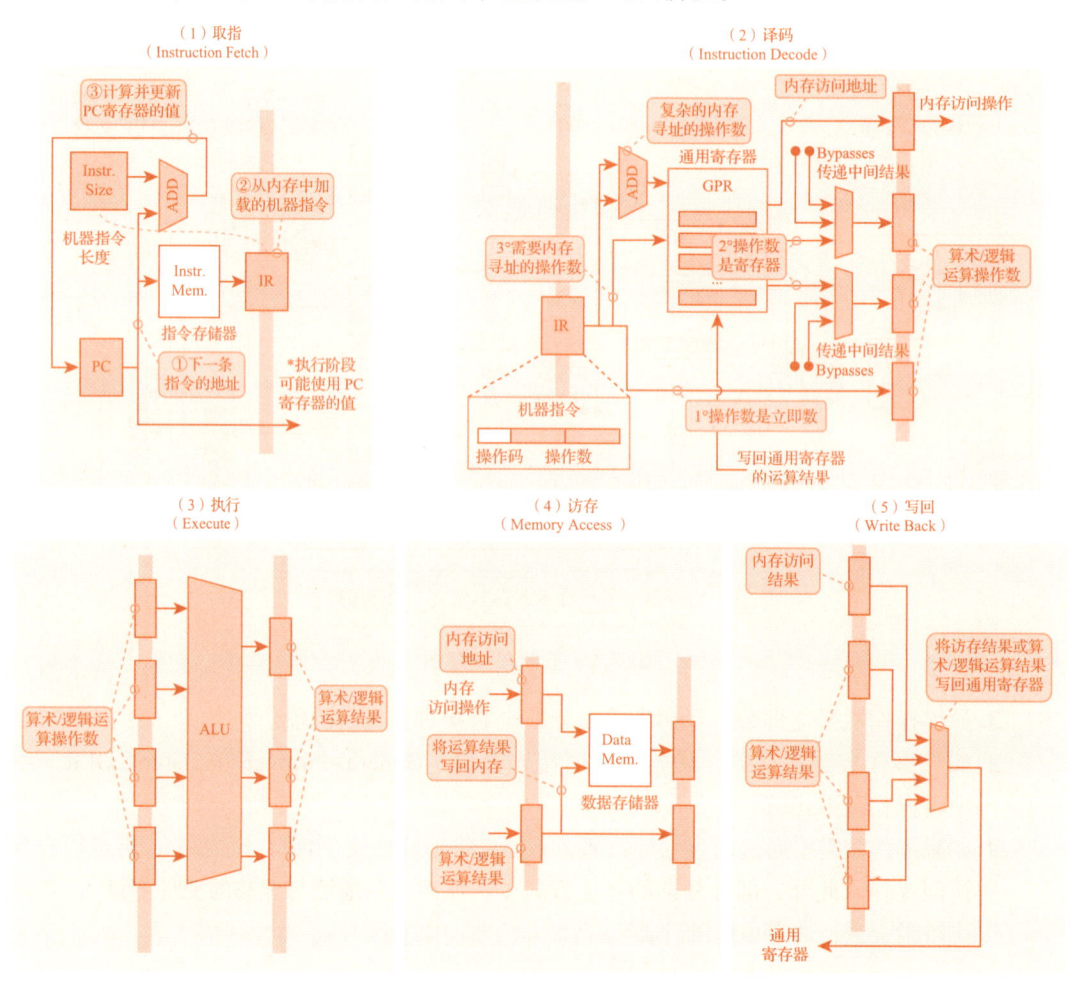

图 7.2 五阶段处理器的各阶段实现

5. 写回阶段

写回阶段如图 7.2（5）所示，该阶段将访存阶段加载的操作数或将执行阶段的运算结果写回通用寄存器，并更新系统状态。

经过多年的发展，现代处理器具有更多的阶段和更高的并行性，远比上述的五阶段处理器复杂，但是一条机器指令的执行也基本遵循"取指—译码—执行—访存—写回"的五阶段流程。

7.2 流水线执行

7.2.1 指令流水线

将机器指令在处理器内部的执行过程划分为不同的阶段，其本质目的是将执行过程流水线化，形成指令流水线。在指令流水线中，多条指令的执行阶段在时间上重叠，处理器每一个阶段的组件能够并行处理不同指令。流水线使处理器各个阶段的组件能够得到有效利用，使处理器执行机器指令的吞吐量得到显著提高。

以五阶段处理器为例，用流水线方式执行机器指令，称为五级指令流水线。假设每个阶段均能够在 1 个时钟周期内完成，图 7.3a 与图 7.3b 展示了顺序执行与流水线执行的时序图。

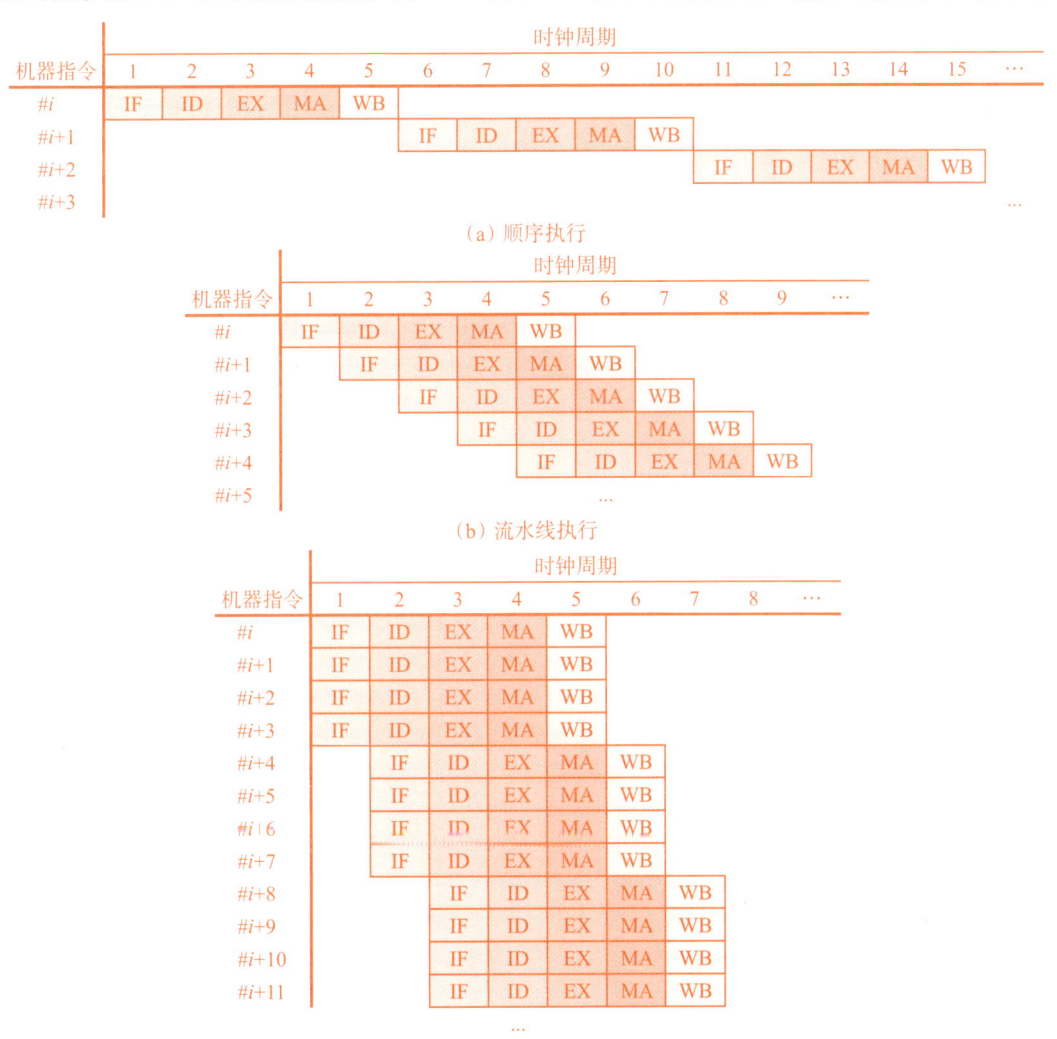

图 7.3 顺序执行、流水线执行和超标量流水线执行

相较于顺序执行，指令流水线并非要等到一条指令完成写回阶段后，下一条指令才能开始进入取指阶段；而是当第 i 条指令进入译码阶段后，由于负责取指阶段的组件是空闲的，因此第 $i+1$ 条指令可以紧接着进入流水线。以此类推，在第 5 个时钟周期，流水线满载，即处理器五个阶段的组件都在工作，且每一个组件都在处理不同的机器指令。

7.2.2 前端与后端

现代处理器通常将指令流水线划分为前端（frontend）与后端（backend）两部分，分别处理不同的任务：

- 前端的主要任务是从内存中加载机器指令并解码，为后端的执行做准备。
- 后端的主要任务是负责机器指令的实际执行，包括对数据进行运算、访问内存以及将结果写回寄存器。

对于五阶段处理器，可以认为取指与译码阶段属于前端，而执行、访存与写回阶段属于后端。指令流水线前后端分离的主要目的是提高指令级并行度，同时有助于提高设计的灵活性。

7.2.3 流水线的性能评价和细分

业界常用每时钟周期的平均指令数（Instructions Per Cycle，IPC）来评价指令流水线的吞吐量。以图 7.3 所示的顺序执行与流水线执行为例，仍假设处理器执行过程中各个阶段只消耗 1 个时钟周期，那么：

- 对于顺序执行，每 5 个时钟周期完成一条指令的执行，此时 IPC=1/5。
- 对于流水线执行，当流水线满载时，每 1 个时钟周期完成一条指令的执行，此时 IPC=1。

当流水线满载时，流水线执行相较于顺序执行，加速比 $\text{speedup} = \dfrac{1}{1/5} = 5$，即指令执行效率提升了 5 倍，恰好等于流水线级数。

然而，在实际中，处理器各个阶段的执行很难在 1 个时钟周期内完成，例如，译码一个复杂的指令等。为了缩短各个阶段的处理时间，一个自然的想法是简化各个阶段的任务，这就是流水线细分（segmentation），即将处理器流水线的各个阶段再次划分为更多的子阶段。如图 7.4 所示，五级流水线可以进一步细分为 11 级流水线。

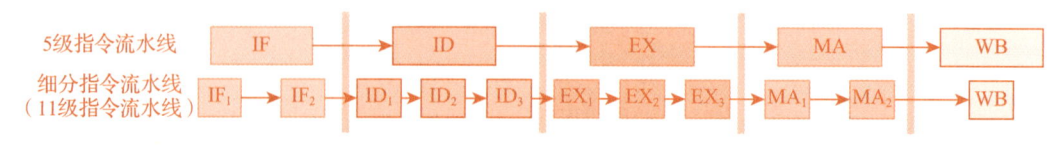

图 7.4 指令流水线阶段的细分

流水线细分主要有两方面作用：

- **提高指令级并行度**：更多的指令能够同时处于不同阶段，允许同一时刻处理多个指令的不同阶段，从而提高处理器执行指令的并行度。
- **提高时钟频率**：细分后，各个阶段的任务更小，实现的电路更简单，有助于处理器以更高的时钟频率运行。

从性能评价的角度看，流水线细分的一个目标是尽可能使得每一个流水线阶段在 1 个时钟周期内完成，此时单条指令流水线能够达到的理论最大吞吐量为每时钟周期完成一条指令，即最大 IPC 为 1。

流水线细分广泛应用于现代处理器设计中。例如，Intel Haswell 处理器的执行过程包含 14 ～ 19 个阶段。这里，指令执行需要的阶段数存在变化，原因在于不同指令的解码、执行的复杂程度可能存在差异。因此，现代处理器设计了分离的功能单元进行处理，使得指令执行的路径存在差异。

7.2.4 流水线的停顿与冒险

理想情况下，每一条指令在每一个时钟周期结束时都能够进入下一个阶段，此时能够达到最大吞吐量。但实际上，指令在流水线中可能出现停顿（stall）。造成流水线停顿的原因有很多，例如：在取指阶段，取指单元从内存中加载机器指令，但一级指令缓存未命中，从而使得取指阶段无法在预定的时钟周期内完成，进而影响下一条指令无法顺利进入取指阶段；在译码阶段，没有空闲的解码单元；在访存阶段，访问存储器的一级缓存或二级缓存未命中等，如图 7.5 所示。

机器指令	1	2	3	4	5	6	7	8	9	10	11	12	13	...
#*i*	IF	ID	EX	MA	WB									
#*i*+1		IF	ID	ID	ID	EX	MA	WB						
#*i*+2			IF	IF	IF	ID	EX	MA	WB					
#*i*+3						IF	IF	IF	ID	EX	MA	WB		
#*i*+4									IF	ID	EX	MA	WB	

时钟周期

没有空闲的解码单元造成的流水线停顿

一级指令缓存未命中造成的流水线停顿

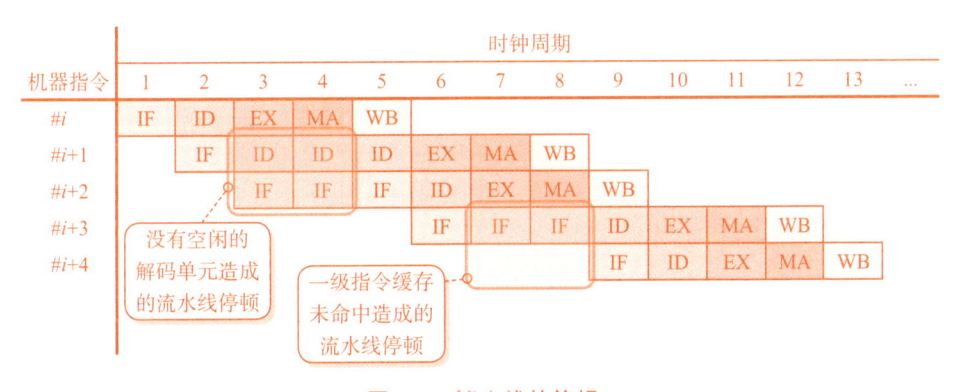

图 7.5 流水线的停顿

流水线停顿实际上是规避流水线冒险（hazard）的一种手段。流水线冒险泛指指令流水线中部分指令之间存在依赖时可能引发的问题，这些问题会导致指令无法在预定的时钟周期内执行。指令流水线的三大冒险包括结构冒险、数据冒险和控制冒险。

- **结构冒险**（structural hazard）：因缺乏硬件资源而导致指令无法在预定时钟周期内执行。例如，指令流水线的某个功能单元在同一时刻被多条指令需要。

- 数据冒险（data hazard）：因无法提供指令所需数据而导致指令无法在预定时钟周期内执行。例如，一条指令依赖另一条指令的结果，而这个结果尚未计算完成，需要等待计算结果完成，否则会导致计算错误。
- 控制冒险（control hazard）：也称为分支冒险，主要由条件分支（conditional branch）指令引起。当改变控制流的条件尚未确定时，流水线不确定应当选择执行哪一条分支的指令流，因此取到的指令可能并不是所需要的，此时将导致正确的指令无法在预定的时钟周期内执行。

现代处理器为了应对流水线执行中的三大冒险，在处理器微体系结构层面分别做了优化设计：采用超标量处理，应对结构冒险；采用乱序执行，应对数据冒险；采用推测执行，应对控制冒险。下面分别展开介绍。

7.3 超标量处理

如上面的内容所述，即使采用细分流水线设计，单条指令流水线设计的理论最大 IPC 被限制在 1，这样的指令流水线称为标量（scalar）流水线。现代处理器通过采用超标量（superscalar）设计而突破了该限制。超标量处理器通常具有多个功能部件，超标量流水线可以在取指、译码和执行等任一阶段同时处理多条指令，使得在单个时钟周期内能够执行更多条指令。

7.3.1 超标量指令流水线

超标量处理的核心思想是在一个时钟周期内同时发射和执行多条指令。为了实现这一点，超标量流水线相较于标量流水线的差异在于：
- 在译码阶段增加了多个译码器。
- 在执行阶段增加了多个执行单元（Execution Unit，EU）。
- 在流水线前端与后端的连接处，增加了发射（issue）单元，在每个时钟周期内将前端译码完成的多条指令发射到后端。

假设某超标量处理器能同时发射和执行 4 条指令，在理想情况下，五阶段超标量流水线的执行情况如图 7.3c 所示。若再细分流水线，使得每一个阶段都能在 1 个时钟周期内完成，那么在流水线满载的情况下，每 1 个时钟周期能够完成 4 条指令，此时 IPC=4。

超标量处理的一个设计动机实际上是为了适应指令集架构定义的日渐复杂的指令。现代处理器指令集架构定义的指令类型非常多，例如 Intel IA-32 指令集架构支持的指令数量已经达到上千条。不同类型指令的复杂程度是不同的，进而在执行阶段消耗的时钟周期数是不同的。例如，浮点数运算、除法运算等操作的硬件实现较为复杂，在执行阶段相较于其他指令有较长的延迟。以 Intel Haswell 处理器为例，表 7.1 列出了不同类型指令在执行阶段的参考延迟。

表 7.1　Intel Haswell 处理器的不同类型指令在执行阶段的参考延迟

指令类型	x86-64 指令示例	执行阶段的延迟（以时钟周期计）
整数算术运算、逻辑运算、移位指令	add,sub,and,or,xor,sar,sal,lea...	1
整数乘法指令	mul,imul	3
整数除法指令	div,idiv	可变
浮点数加法指令	addss,addsd	3
浮点数乘法指令	mulss,mulsd	5
浮点数除法指令	divss,divsd	可变
浮点数乘积累加（Fused Multiply-Add，FMA）运算指令	vfmass,vfmasd	5

当指令流水线执行这些复杂指令时，由于延迟较长，后续指令的执行将受到阻塞。为了应对这样的情况，处理器设计人员倾向于为那些复杂的操作（浮点数运算、除法运算等）设计独立的执行单元和寄存器，一方面能够简化 ALU 的设计；另一方面，在复杂指令的执行期间，其他指令能够使用空闲的执行单元。

如图 7.6 所示，在指令流水线的执行阶段，分别针对不同的运算操作设置不同的执行单元。每种执行单元能够执行的操作类型不同，部分执行单元会独立于指令流水线工作。例如，需要反复迭代的整数或浮点数除法运算单元。另外，针对浮点运算的操作数，还设置了对应的浮点数寄存器，如 Intel IA-32 的 `%xmm0` 寄存器等。

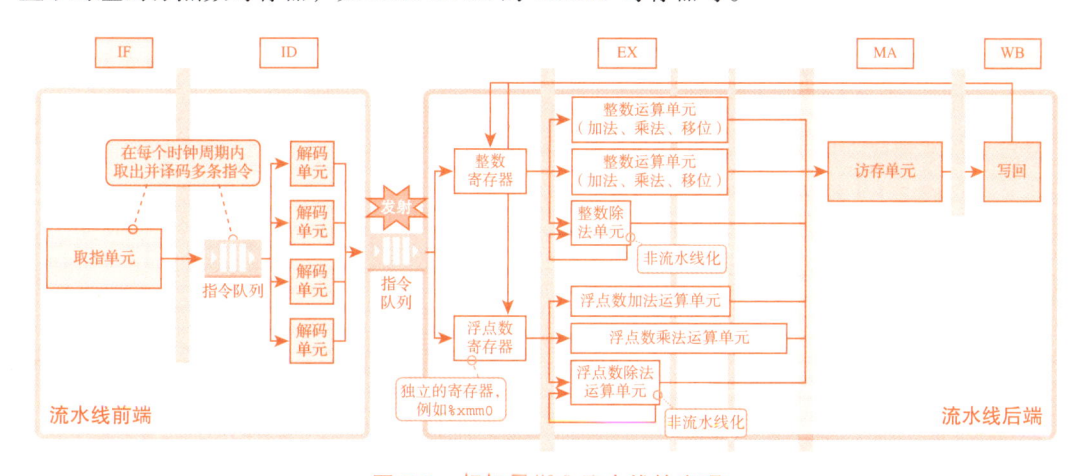

图 7.6　超标量指令流水线的实现

同时设置了多个执行单元后，就能够进一步地提高指令级并行性。在标量流水线中，由于只有单一的执行单元，同一时刻只能处理一条指令。而在超标量流水线中，多个执行单元使得同时执行多条指令成为可能，例如，整数运算能够与浮点数运算同时执行。此外，对于一些常用操作，每个操作都配置了多个执行单元（如用于整数加法、乘法、移位操作的执行单元），从而提高常用操作的执行效率。

为了使多个执行单元尽可能多地工作，取指与译码阶段也需要相应地进行优化和改造。在标量流水线中，前端每个时钟周期至多获取、解码一条指令，在执行阶段则无法利用多个执行单元并行处理的能力。为此，在超标量流水线的前端，每个时钟周期内获取并译码多条指令，并且在前端与后端的交界处设置发射单元。发射单元设置指令队列用于暂存前端完成译码的指令，并根据指令类型分发到后端不同的执行单元执行。

7.3.2 机器指令与微操作

为了更高效地实现超标量流水线，方便发射单元的处理以及后端指令级并行的实现，对于 x86-64 架构的处理器，会在译码阶段将机器指令拆解为更加简单的操作，称为微操作（micro-operation，micro-op 或 μop）。例如，Intel Haswell 处理器的前端能够在每个时钟周期内向后端发射 4 个 μop。

将机器指令翻译为 μop 实际上是考虑到了 x86-64 指令集架构中较为复杂的寻址方式与指令操作。对于一些简单的指令，例如 `addq $100,%rax`，只会被前端解码为 1 个 μop；如果寻址方式比较复杂，例如 `addq $100,(%rax)`，此时指令就会被解码为 2 个 μop，其中第一个 μop 用于从内存中依据 `%rax` 的地址加载操作数，第二个 μop 用于执行加法运算。对于更复杂一些的运算，例如 `imulq %r8`，则会被解码为 4 个 μop。

关于 CISC 与 RISC

x86-64 架构的计算机有时候被称为复杂指令集计算机（Complex Instruction Set Computer, CISC），与精简指令集计算机（Reduced Instruction Set Computer, RISC）相对应。CISC 架构的设计目标是通过复杂的指令集来提供更高层次的抽象，使得程序员能够更轻松地编写复杂的程序；而 RISC 架构则追求简单和高效，通过减少指令集复杂度来提高指令执行的效率。表 7.2 大致列举和对比了两种架构的一些特性。历史上，计算机体系结构领域里存在一些关于选择 CISC 或 RISC 的争论。随着技术的发展和经验的积累，两者之间的明确边界逐渐模糊，而结合两者思想的架构设计逐渐普遍。

表 7.2 CISC 与 RISC 指令集架构的比较

项目	CISC	RISC
指令集复杂度	复杂，包含许多复杂而功能强大的指令，一条指令可以执行多个低级操作	精简，通常每条指令只执行一个基本操作
指令执行时间	部分指令需要消耗较多时钟周期来执行，例如将一个整块从内存的一个地址复制到另一个地址的指令，以及同时操控多个寄存器的指令	追求简单性和效率，每条指令通常在一个时钟周期内执行完毕
指令格式	指令编码长度可变，寻址方式多样，包括偏移量、基址、变址、伸缩因子等	指令编码长度固定，寻址方式简单，通常仅支持基址与偏移量寻址
内存访问	可以直接对内存的操作数进行操作，因此指令可能包含对内存的直接访问，甚至可以执行复杂的内存操作	仅通过 Load/Store 型指令进行内存访问，要求将数据加载到寄存器中进行处理

7.4 乱序执行

7.4.1 数据依赖的分类

数据冒险是指因无法提供指令所需数据而导致指令无法在预定时钟周期内执行的情况。具体来说，一条指令 i 与其后续指令 j 若存在数据依赖（data dependence），则可能产生数据冒险。数据依赖的分类与示例如表 7.3 所示，包括：

- 真依赖（true dependence），即写后读（Read After Write，RAW）依赖。
- 假依赖（false dependence），即读后写（Write After Read，WAR）依赖和写后写（Write After Write，WAW）依赖。WAR 依赖也称为反依赖（anti-dependence），而 WAW 依赖也称为输出依赖（output-dependence）。

表 7.3 数据依赖的分类与示例

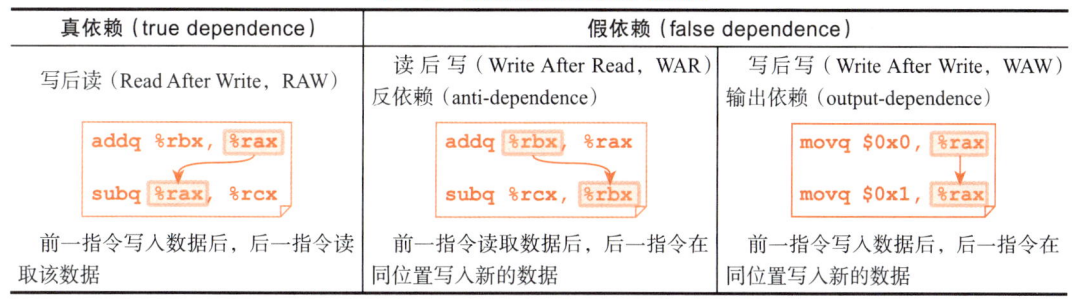

真依赖（true dependence）	假依赖（false dependence）	
写后读（Read After Write，RAW）	读后写（Write After Read，WAR）反依赖（anti-dependence）	写后写（Write After Write，WAW）输出依赖（output-dependence）
`addq %rbx, %rax` `subq %rax, %rcx`	`addq %rbx, %rax` `subq %rcx, %rbx`	`movq $0x0, %rax` `movq $0x1, %rax`
前一指令写入数据后，后一指令读取该数据	前一指令读取数据后，后一指令在同位置写入新的数据	前一指令写入数据后，后一指令在同位置写入新的数据

在指令流水线中，为了保证指令执行的结果是正确的，当一条指令与前面的指令存在数据依赖时，会等待数据可用之后再继续执行，这会造成流水线停顿与性能损失，阻碍指令级并行的进一步提升。

现代处理器主要借助乱序执行（Out-of-Order Execution，OOE 或 OoOE）等技术改造指令流水线，以缓解数据冒险造成的流水线停顿，具体来说：

- 对于真依赖，能够通过旁路（bypassing）和乱序执行的技术来减少其造成的性能损失，但是没有办法完全地避免真依赖造成的流水线停顿。
- 对于假依赖，能够通过寄存器重命名（register renaming）机制完全消除假依赖造成的流水线停顿。

7.4.2 旁路

仍以五阶段流水线为例，对于表 7.3 中真依赖的两条指令，第二条指令由于使用 `%rax` 作为操作数，需要第一条指令将结果写入 `%rax` 寄存器中，此时产生了 RAW 依赖。第二条指令需要等待第一条指令完成写回阶段，才能够进入执行阶段，如图 7.7a 所示。

实际上，第一条指令在完成执行阶段后，已经得到了计算结果，只不过计算结果没有写回到通用寄存器 `%rax` 中，那么第二条指令实际上并不需要等待第一条指令的访存与写回阶段。

因此，现代处理器在硬件上实现了旁路技术，或称前递（forwarding）技术，可以直接从前面一条指令的中间阶段将数据传递给后面一条指令，而无须等待数据到达程序员可见的寄存器或存储器。如图 7.7b 所示，若采用了旁路技术，第一条指令的运算结果可以在其执行阶段完成后就传递给第二条指令，此时第二条指令也恰好进入执行阶段，那么因数据依赖而产生的流水线停顿就被消除了。

旁路的效果是显著的，但并不能够完全避免所有因数据依赖而产生的流水线停顿。旁路有效的一个前提是目标阶段在时间上晚于源阶段。考虑图 7.7c 的两条指令，假设第二条指令所需的数据必须在第一个指令完成访存阶段后才可用，那么在这种情况下，即使存在旁路，第二条指令也不得不停顿一个周期。

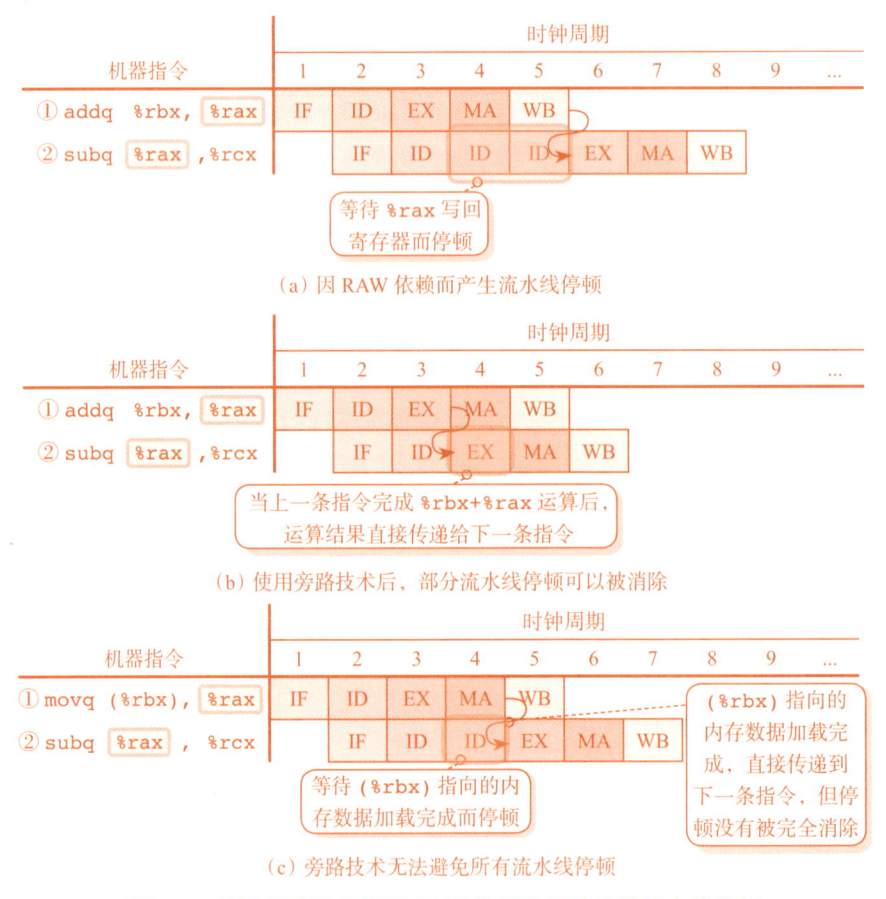

图 7.7　使用旁路技术缓解 RAW 数据依赖造成的流水线停顿

7.4.3　顺序执行与乱序执行

除了旁路以外，能否进一步提高指令级并行性？下面来看一个更加复杂的例子。如图 7.8 所示，分析该图中包含的六条机器指令的执行过程。注意，每条指令的执行阶段的延迟列在图中，它们各不相同。为了简化问题，假设流水线前端在每一个时钟周期仅向后端发射一条指令，忽略除执行阶段外的其他阶段，且执行阶段有足够多的执行单元并行地执行。

若指令流水线按顺序发射指令，那么六条指令执行的时序图和数据流图（dataflow graph）如图 7.8a 所示。其中，指令②与指令④相较其上一条指令延迟一个时钟周期开始执行的原因，是我们已经做出了每时钟周期发射一条指令的假设。指令③、指令⑤与指令⑥需要等待其上一条指令执行结束后才能够开始执行。因为与上一条指令存在数据依赖，所以下一条指令必须等待上一条指令执行完毕。

实际上，对于指令④，其数据依赖源于指令①，与指令②与指令③不存在依赖关系，因此，不需要等到前两条指令执行完成后才能开始执行。为了充分利用执行单元，可以考虑调整指令执行的顺序，让指令乱序执行。

假设指令的数据依赖满足后就立刻发射并进入执行阶段，指令的执行顺序会发生改变，那么上述六条指令的执行顺序如图 7.8b 所示。可以看到，指令④与指令⑤被提前到执行指令③之前执行。尽管指令执行的顺序被打乱，但指令间的数据依赖关系没有变化，因此上述指令的执行结果也不会发生改变。

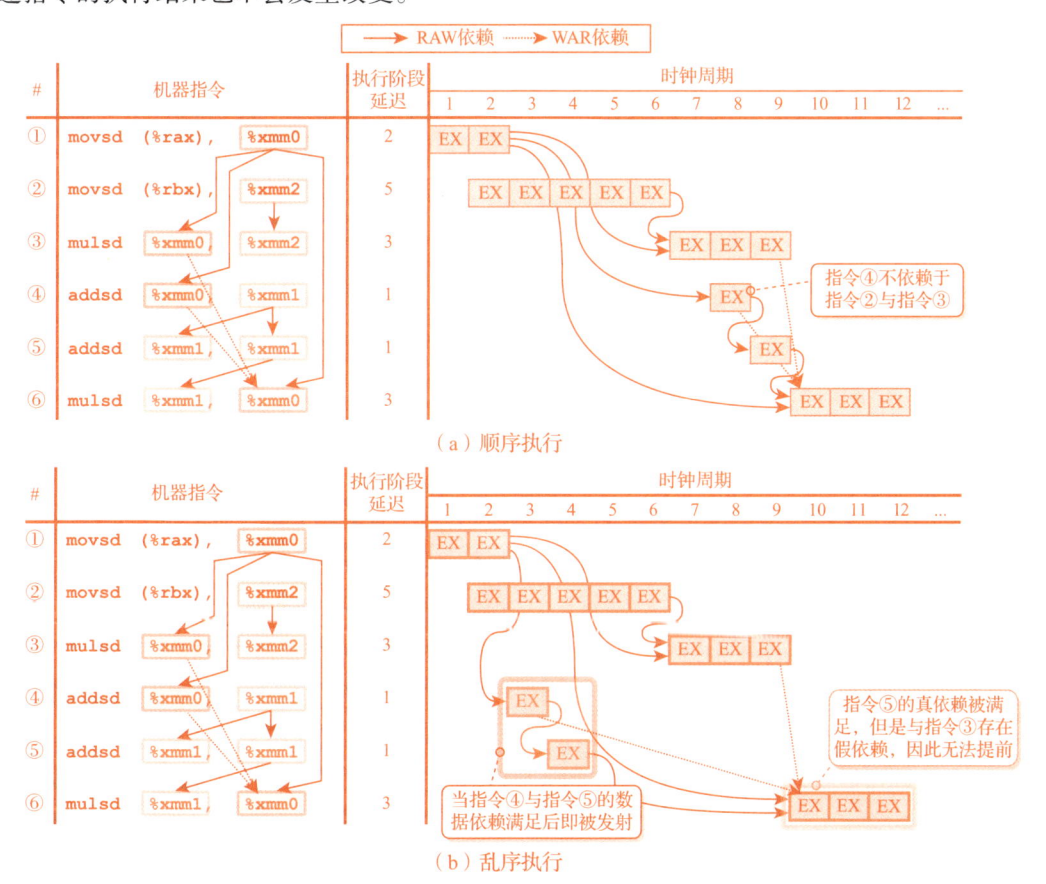

图 7.8　顺序执行和乱序执行的数据流图和指令流水线

#	机器指令	执行阶段延迟	时钟周期 1 2 3 4 5 6 7 8 9 10 11 12 ...
①	movsd (%rax), %xmm0	2	EX EX　结果写入Preg7　%xmm0 -> Preg7
②	movsd (%rbx), %xmm2	5	EX EX EX EX EX
③	mulsd %xmm0, %xmm2	3	EX EX EX
④	addsd %xmm0, %xmm1	1	EX　Preg7作为输入　%xmm0 -> Preg7
⑤	addsd %xmm1, %xmm1	1	EX
⑥	mulsd %xmm1, %xmm1	3	EX EX EX　结果写入Preg8　%xmm0 -> Preg8

（c）乱序执行+寄存器重命名

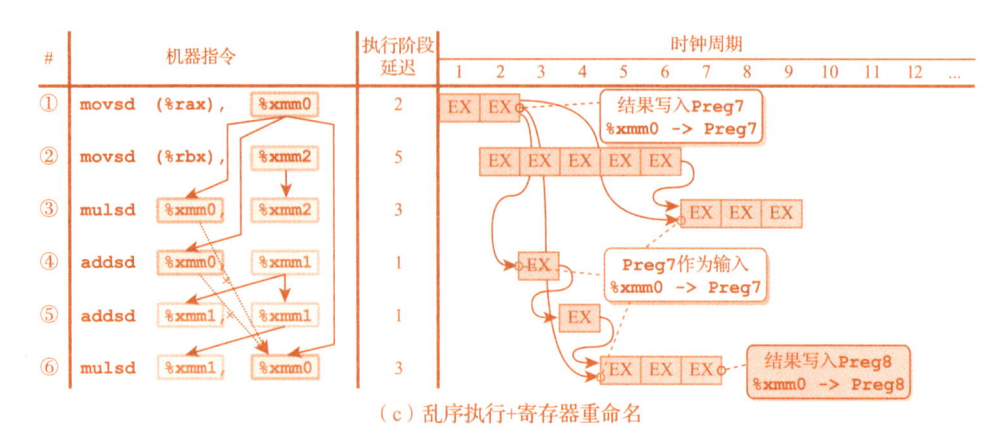

图 7.8 顺序执行和乱序执行的数据流图和指令流水线（续）

7.4.4 寄存器重命名

仍以上面的案例为例，尽管执行指令⑥所需要的数据已经在第 5 个时钟周期开始的时候准备好了，但是没有办法提前执行，这是因为指令⑥与指令③、指令④存在 WAR 依赖。若指令⑥提前至这两条指令之前开始执行，那么寄存器 `%xmm0` 原来的值将会被覆盖，但指令③和指令④恰好要读取该寄存器原来的值，从而导致这两条指令计算错误。

这个问题的根源在于多条指令需要使用同一个寄存器而产生的资源竞争，那么如果有额外的临时寄存器用于存放 `%xmm0` 变化前后的数值，这些指令就可以乱序执行了。

寄存器重命名（register renaming）就是为了解决数据依赖造成的流水线停顿而实现的机制。在硬件层面，处理器实现了一组额外的物理寄存器，这些寄存器并非指令集架构定义的。当指令需要使用某个指令集架构定义的寄存器时，实际上将会为其分配一个空闲的物理寄存器，以确保不同指令之间不会发生冲突。

如图 7.8c 所示，处理器内部额外的物理寄存器记为 `Preg0`、`Preg1` 等。当指令①需要将计算结果写入 `%xmm0` 时，实际上会将其写入一个空闲的物理寄存器（假设为 `Preg7`），并且重命名表会维护指令集架构定义的寄存器与物理寄存器之间的映射关系。指令③、指令④与指令⑥需要 `%xmm0` 的值作为输入，查找重命名表发现该寄存器映射到了物理寄存器 `Preg7`，则会以 `Preg7` 的值进行计算，这个值是指令①完成后 `%xmm0` 的值。对于指令⑥，根据重命名机制，其计算结果会写入到另一个空闲的物理寄存器（假设为 `Preg8`），与 `Preg7` 独立。尽管指令⑥是在指令③之前执行的，但是由于指令③使用 `Preg7` 的值进行计算，因此不会出现运算错误，指令⑥与指令③之间的 WAR 依赖能够被完全消除。

寄存器重命名机制能够消除假依赖（包括 WAR 与 WAW 依赖）造成的流水线停顿，在乱序处理的指令流水线中进一步提高指令级并行性，以充分利用超标量流水线的执行单元。对于上面的六条指令，引入重命名机制后，仅需 9 个时钟周期就能够执行完毕，相较于顺序执行的 12 个时钟周期，获得了 1.33 的加速比。当然，提高性能的同时也要保证正确性。现代处理器采用了计分板（scoreboarding）和重排序缓冲区（Re-Order Buffer，ROB）等技术来跟踪寄存器状态，并管理和协调乱序指令的执行，从而确保指令间的数据依赖，保障程序执行的正确性和一致性。

在现代处理器的实践中，乱序执行与寄存器重命名被证实是行之有效处理数据依赖的手段。只有 RAW 依赖没有办法完美地消除，这也是 RAW 依赖被称为真依赖的原因。

7.5 推测执行

7.5.1 条件分支造成的控制冒险

条件分支指令会用于实现程序条件跳转或循环结构的控制流。当处理器执行条件分支指令时，仅当满足条件时才会更改程序计数器的值以实现跳转。如图 7.9 中的代码片段所示，在 x86-64 指令集架构中，条件分支指令 `jge` 通常与比较指令 `cmpq` 结合使用，在这里是根据 `%rdi` 与 `%rsi` 的比较结果决定是否跳转。因此，这里可能会产生两种指令流，即分支跳转（taken）或不跳转（not taken）。

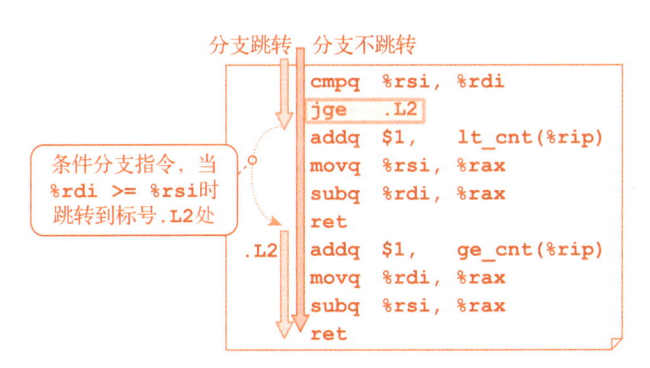

```
        分支跳转   分支不跳转
        cmpq    %rsi, %rdi
        jge     .L2
        addq    $1,   lt_cnt(%rip)
        movq    %rsi, %rax
        subq    %rdi, %rax
        ret
.L2:    addq    $1,   ge_cnt(%rip)
        movq    %rdi, %rax
        subq    %rsi, %rax
        ret
```

条件分支指令，当 `%rdi >= %rsi` 时跳转到标号 .L2 处

图 7.9　包含条件分支指令的代码片段

现代处理器都是以流水线方式执行指令，这些条件分支指令可能会对流水线执行产生很大影响。这是因为分支指令的条件判断会导致流水线中的执行指令流发生变化，从而引起延迟和性能下降的情况，这被称为控制冒险。如图 7.10 所示，用五阶段指令流水线分析图 7.9 所示的代码片段，在第 3 个时钟周期开始时，应当取出要执行的第三条指令，但由于第三条指令要执行 `addq $1,lt_cnt(%rip)` 还是 `addq $1,ge_cnt(%rip)` 依赖于第一条 `cmpq` 指令的比较结果。考虑到旁路，至少需要在该指令执行阶段结束之后才能够知道，因此流水线会产生停顿，最早也需要等到第 4 个时钟周期开始时才能够进入第三条指令的取指阶段。

流水线停顿是解决控制冒险的最基本也是最简单的方法。指令流水线遇到条件分支指令后立刻停顿，直到跳转条件的判断完成后继续执行。但是，分支指令实际上是普遍存在的，因此停顿将变得非常频繁，会造成大量的性能损失。

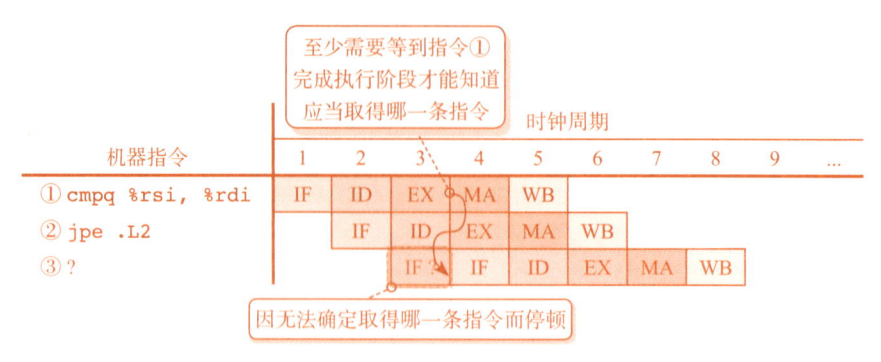

图 7.10 因条件分支指令而产生的控制冒险

为了减少因条件分支造成的停顿，现代处理器普遍采用推测执行或分支预测（branch prediction）的方式处理条件分支指令。当指令流水线碰到条件分支时，会提前预测条件分支是否跳转，按照预测的指令流继续执行，而不是等到跳转条件确定后再继续执行，那么，当跳转条件判断完成后：

- 如果发现推测正确，流水线继续前进，不会发生停顿。
- 如果发现推测错误，此时流水线将停止错误分支指令流的执行，撤销错误分支上已经执行的指令，重新执行正确分支上的指令流，这样的过程称为流水线刷新（flush）。

当分支预测失败时，流水线刷新的过程会使整个指令流水线停顿，造成较大的性能损失。例如，对于 Intel Haswell 处理器，这样的过程会消耗 15～20 个时钟周期。

7.5.2 分支预测器

推测执行是由硬件实现的，该硬件称为分支预测器（branch predictor），通常作用于指令流水线的取指阶段，目的在于提高分支预测的正确率，更加高效地实现推测执行。

一种简单的分支预测算法是基于饱和计数器（saturating counter）或双模态预测器（bimodal predictor）的，如图 7.11 所示，分支预测器内部维护了一张指令跳转地址与预测结果的映射表。

图 7.11 基于饱和计数器的分支预测器

- 预测：映射表中的预测结果是一个两位计数器，取值范围是 00、01、10、11，预测结果的初始值通常设为 01 或 10。当指令流水线执行到条件分支时，根据其指令跳转地址索引映射表，获得预测结果：
  - 若预测结果为 11 或 10，则跳转。
  - 若预测结果为 00 或 01，则不跳转。
- 更新：当条件分支的跳转条件判断完成时，根据实际的跳转结果更新映射表：
  - 若跳转，则该跳转地址的预测结果数值加 1，最大增加到 11。
  - 若不跳转，则该跳转地址的预测结果数值减 1，最小减少到 00。

这就是 Intel Pentium 处理器最初采用的分支预测方法的基本思路，这个方法被证明是简单有效的，对 SPEC CPU89（即 SPEC CPU 2017 的前身）的分支预测准确率能达到约 93.5%。现代处理器分支预测器的实现更加复杂，会结合更多的历史数据进行判断，以获得更加准确的分支预测结果，但很少有硬件生产商提供公开资料说明分支预测器的设计方法与算法。

7.6 本章小结

现代处理器在微体系结构层面做了相应的优化设计，以提高指令级并行性。本章从最基本的五阶段处理器开始，介绍了现代处理器为应对三大冒险造成的流水线停顿而做的设计优化：

- 针对结构冒险，引入超标量指令流水线，通过设置多个执行单元和实现多发射机制，使指令流水线的吞吐量突破 IPC=1 的限制。
- 针对数据冒险，通过旁路和乱序执行机制，缓解了 RAW 数据依赖造成的流水线停顿，通过寄存器重命名机制，消除了 WAW 和 WAR 数据依赖造成的流水线停顿。
- 针对控制冒险，即为了处理程序中出现的条件分支指令，通过设置分支预测器进行推测执行，在预测正确的情况下消除了等待分支条件确定时的流水线停顿。

7.7 思考题

1. 处理器的一级缓存普遍划分为指令缓存和数据缓存，为何不对二级缓存也做同样划分？
2. 当流水线满载时，细分指令流水线对执行指令的延迟和流水线的吞吐量分别有什么影响？尝试使用分析建模的方法进行推导。
3. IPC 是评价应用性能的常用指标之一。一种说法认为，IPC>1 时性能较好，IPC<1 时性能欠佳。这种说法对吗？为什么？
4. 分析 CISC 与 RISC 指令集架构的优缺点，思考为何 x86-64 架构最终引入了微操作？
5. 除了提高分支预测器的准确率，还有哪些方法可以缓解分支预测错误和流水线刷新所带来的性能损耗？

CHAPTER 8

第 8 章

存储器优化

上一章讨论了处理器微体系结构层面的优化，本章则着眼于存储器（不特别加以区分时，广义上包括内存、磁盘等存储设备）系统的优化。现代计算机基本遵循冯·诺依曼体系结构（Von Neumann architecture），也称为普林斯顿体系结构（Princeton architecture），这种设计的核心思想是把程序的指令和数据都保存在同一个存储器中，处理器再从存储器中取出指令和数据进行计算，如图 8.1 所示。

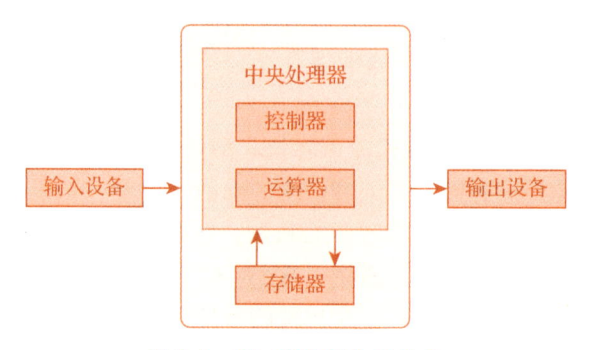

图 8.1 冯·诺依曼体系结构

这种设计思想奠定了现代计算机体系结构的基础，使得计算机可以根据需要改变执行的程序，进而使计算机变得更加灵活和通用。冯·诺依曼体系结构是以处理器为中心的，这样的结构也造成了处理器对存储器的依赖。随着处理器工艺以及微体系结构设计的进步，处理器的运算速度逐步提高。相应地，也需要从存储器中快速获得运算所需的指令与数据，而存储器的读写速度却没有跟上处理器的运算速度。如图 8.2 所示，以 1980 年的计算机系统为基准，展示了 1980～2015 年间处理器性能与内存性能的变化趋势。在三十余年间，处理器性能提高了近一万倍，而内存性能仅提升了约十倍。两者之间性能增长的不匹配形成了处理器与内存性能的"剪刀差"。

处理器与存储器性能不匹配成为冯·诺依曼体系结构下计算机系统的性能瓶颈，也称为冯·诺依曼瓶颈（Von Neumann bottleneck）。为了应对该瓶颈，一方面通过研发更先进的存储技术以缩小处理器与存储器的性能差距，另一方面则通过计算机体系结构的设计优化来缩小差距。

图 8.2　处理器与内存性能的"剪刀差"（图片来源于参考文献 [2]）

哈佛体系结构（Harvard architecture）的设计可以缓解存储器带宽（bandwidth）争抢的问题。这是一种将指令存储与数据存储完全分离的体系结构，指令和数据各自拥有独立的地址空间和独立的总线，如图 8.3 所示。然而，这样的设计也存在复杂性高、成本高等问题，一般用于特定的领域和应用。

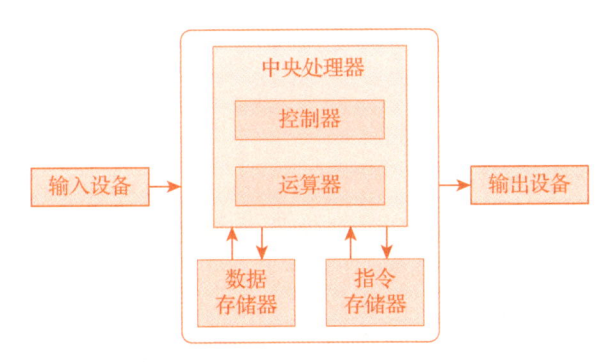

图 8.3　哈佛体系结构

随着摩尔定律与登纳德缩放定律逐渐失效，单核性能难以进一步提高，处理器与存储器性能的"剪刀差"仍然是一个显著的问题。在多核与众核时代，处理器内部核心数量的增加实际上也会对存储器带宽提出更高的要求。

在现代计算机系统中，普遍使用高速缓存（cache）来优化冯·诺依曼瓶颈。缓存是基于局部性原理，在处理器与存储器交换数据时设置更小型、更快速的存储器来暂存最常用的数据与指令，以减少对原本速度较慢的存储器直接访问的次数。引入缓存后，建立起了层次化的存储器结构，从而更高效地应对处理器的数据访问。进一步地，为了提高缓存的性能，降低缓存未命中的性能损失，还引入了多级缓存（multilevel cache）。

事实上，现代计算机体系结构在引入缓存以优化冯·诺依曼体系结构时，借用了哈佛体系结构指令存储与数据存储分离的思想，这种兼具冯·诺依曼体系结构与哈佛体系结构特性的结构称为混合体系结构（hybrid architecture），如图 8.4 所示。对于离处理器最近的一级缓存，则分为指令缓存（instruction cache，i-cache）和数据缓存（data cache，d-cache）两个分离的部分，这样折中的设计既在一定程度上解决了流水线执行中指令访问与数据访问争抢存储器带宽的问题，也保留了冯·诺依曼体系结构低成本、易扩展的特性。

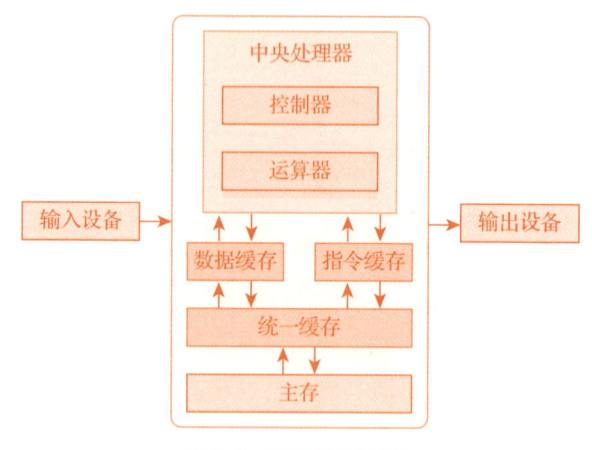

图 8.4　混合体系结构

8.1　高速缓存

8.1.1　存储器的层次结构

现代计算机以层次化的方式组织存储器系统，称为存储器层次结构（memory hierarchy），如图 8.5 所示。层级越低（从上往下），存储设备容量越大，单位成本越低但速度越慢，离处理器越远；层级越高（从下往上），存储设备容量越小，单位成本越高但速度越快，离处理器越近。根据 Intel Haswell 处理器的测试结果，以时钟周期为单位，访问不同层级存储器的延迟（即处理器完成一次读或写操作大约需要消耗的时间）的典型值也标记在图中。例如，对于最高层的寄存器，处理器通常能够在 1 个时钟周期内访问它们。

存储器各层访问速度的差异与存储器的介质材料有很大关系。例如，高速缓存通常使用静态随机访问存储器（Static Random-Access Memory，SRAM）实现，主存（main memory）（也称为内存）通常使用动态随机访问存储器（Dynamic Random-Access Memory，DRAM）实现，而辅存（secondary storage）则大多是大容量的机械硬盘（Hard Disk Drive，HDD）或固态硬盘（Solid-State Drive，SSD）等。

基于存储器层次结构进行性能优化的核心思想是：将位于高层级的、更小但更快的存储设备作为位于低层级的、更大但更慢的存储设备的缓存；当处理器需要访问数据时，应尽可能地使用高层级中被缓存的数据，从而降低访问低层级存储器的次数，以提高性能。

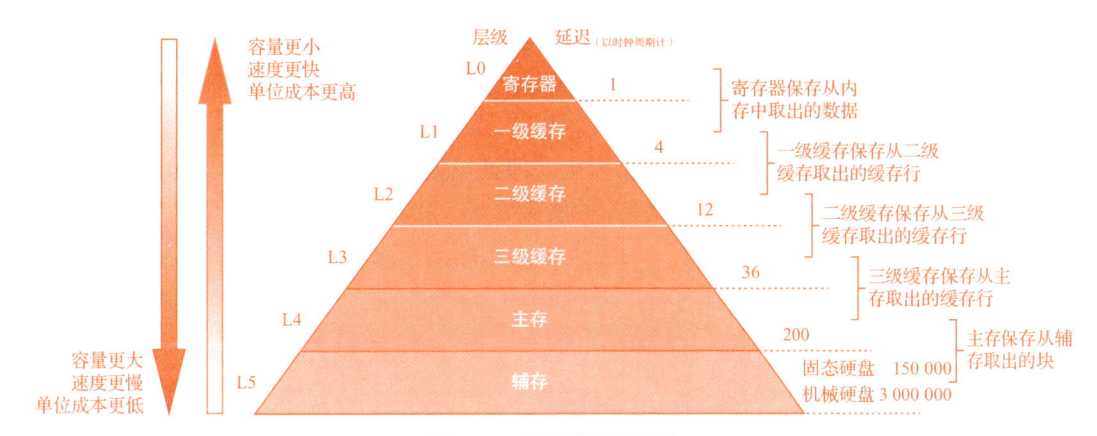

图 8.5　存储器层次结构

8.1.2　高速缓存的组织结构

高速缓存作用于处理器与内存的数据交换中，我们用一个简化的模型来描述缓存的组织结构。假设先不考虑多级缓存与辅存，将存储器层次结构简化为缓存和内存这两层，如图 8.6 所示。设缓存容量为 M 字节，缓存行（cache line）的大小为 B 字节，那么缓存行的数量可以表示为 M/B。假设内存以 B 字节为单位划分为若干个地址连续的块（block），内存与缓存之间以块为单位进行数据交换，内存的一个块恰好能够被放在一个缓存行中。

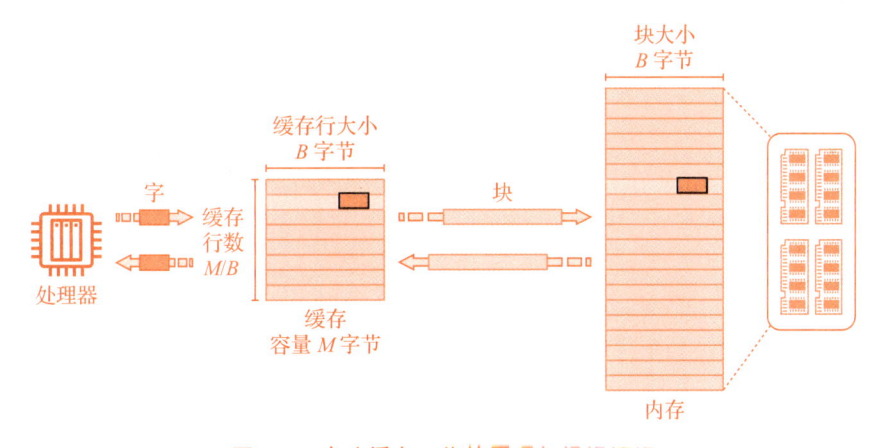

图 8.6　高速缓存工作的原理与组织结构

1. 缓存命中与缓存未命中

当处理器发出访存请求时，如果要访问的数据所在的内存块已经在缓存中了，此时称为缓存命中（cache hit）；如果对应的内存块不在缓存中，此时称为缓存未命中（cache miss），需要从内存中取出相应的块并放入缓存中再执行访问。

缓存未命中通常包括以下四种类型：

- **强制性未命中**（compulsory miss）：初始状态下缓存是空的，对任何内存块的访问都不会命中，此时称为强制性未命中。由于一个空的缓存有时被称为冷缓存（cold cache），因此强制性未命中也称为冷未命中（cold miss）。强制性未命中通常是短暂的，在缓存"热身"（warm up）后，即被反复访问处于稳定状态后，就不会再出现。
- **冲突未命中**（conflict miss）：在缓存放置策略的控制下，多个内存块映射到同一个或同一组缓存行。由于它们之间的竞争或冲突会导致缓存行被频繁地替换，此时产生的未命中称为冲突未命中。
- **容量未命中**（capacity miss）：程序在一段时间访问内存块的集合称为工作集（working set），当工作集的大小超过缓存大小时，会出现容量未命中，即缓存不足以容纳整个工作集。
- **一致性未命中**（coherence miss）：在多处理器系统中，每一个处理器核心都会拥有自己独立的缓存。为了保证数据一致性，当一个核心修改了共享数据，会导致其他核心的缓存数据失效，此时其他核心发出的对该数据的访问请求将会未命中，这称为一致性未命中（后面讨论缓存一致性时，将详细介绍）。

2. 缓存替换策略

当发生缓存未命中时，如果缓存已经满了，会有其它缓存行被替换，这取决于缓存替换策略（cache replacement policy）。一种常用的替换策略是最近最少使用（Least Recently Used，LRU）策略，即选择最久未被使用的缓存行进行替换，而保留最近访问的数据。

3. 缓存放置策略

当发生缓存未命中后，要访问的内存块会被放到缓存中，而缓存放置策略（cache placement policy）就是用来确定该内存块应该放在缓存的哪一个位置。缓存放置策略与缓存的组织方式有关，如图 8.7 所示，根据缓存组（cache set）的不同设置方式，可以将缓存的组织方式分为三种：

- **全相联**（fully associative）：整个缓存的所有缓存行就是一组，那么一个内存块可以放置到整个缓存中任意一个缓存行。
- **组相联**（set-associative）：将整个缓存的所有缓存行分为若干组，每个组有相同数量的缓存行且至少有 2 个缓存行。一个内存块根据其地址会被映射到一个特定的缓存组，进而该内存块可以放置到该缓存组中任意一个缓存行。对于组相联缓存，每一个组包含的缓存行数量称为相联度（associativity）。如果用 k 表示相联度，那么在描述组相联缓存时，可以称为 k 路组相联缓存（k-way set associate cache）。例如，图 8.7b 所示的缓存是 2 路组相联缓存。
- **直接映射**（direct-mapped）：每一个缓存行就是一个缓存组，一个内存块根据其地址会被放置到一个特定的缓存行中。

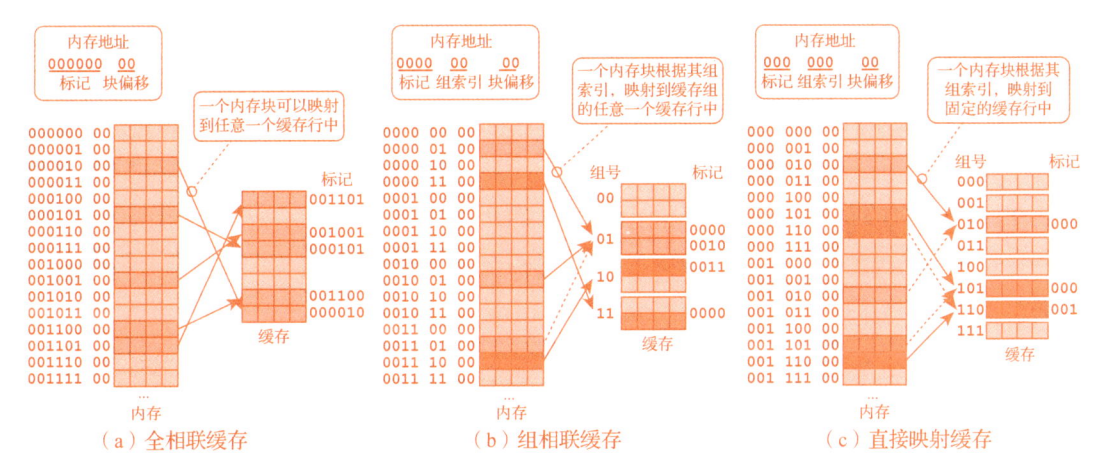

图 8.7 高速缓存的三种组织方式

当需要访问一个内存地址时，首先要判断该地址所在内存块是否已经在缓存中，即检索该内存地址的标记是否与某一个缓存行匹配。由于缓存是硬件实现的，为了实现全相联缓存而设计一个又大又快的比较电路有较高的复杂度，成本也高；相比之下，实现直接映射缓存则简单得多。若不考虑硬件实现的复杂度，在容量相同的情况下，全相联缓存能更好地利用缓存行的空间，而直接映射缓存则面临内存块映射到相同缓存行的冲突问题，这可能造成大量的冲突未命中。

权衡上述两种设计因素，现代处理器大多采用折中的设计方案，即组相联缓存。组相联相当于全相联与直接映射的结合，一方面将内存地址映射到一个特定的缓存组，降低了硬件实现的复杂度；另一方面，在组内实现全相联设计，提升了组内缓存行的利用率，降低了冲突未命中的风险。以 Intel Haswell 处理器为例，该处理器每个核心的一级指令缓存和一级数据缓存均为 8 路组相联缓存，每个缓存组包含 8 个 64 字节长度的缓存行，一级指令缓存与一级数据缓存都各有 64 个缓存组、512 个缓存行，缓存容量均为 32 KiB。

8.1.3 缓存预取

在执行访存请求时，若缓存命中，则会很快完成访存请求；若缓存未命中，则需要消耗额外的时间访问内存，这段额外的时间称为未命中惩罚（miss penalty）。在流水线执行的处理器中，缓存未命中是导致流水线停顿的重要原因之一，因此提高缓存命中率是优化程序性能的关键。

优化缓存命中率的一个手段是预取（prefetching），即提前将可能访问的指令或数据放到缓存中，而不必等到缓存未命中的时候。如果在流水线中能充分提前地发出预取请求，那么未命中惩罚的时间就可以在很大程度上被隐藏。预取能够在硬件或软件层面实现，下面分别介绍。

1. 硬件预取

硬件预取由处理器内部的**硬件预取器**（hardware prefetcher）实现。硬件预取器会监测过去一段时间内存的访问，从中发现常见的访问模式，以此为依据推测即将要访问的内存地址，并提前访问内存，将数据取到缓存中。例如，我们需要顺序访问一个双精度浮点数的数组，设数组的首地址是 x，那么内存地址的访问顺序会是 $x \to x+8 \to x+16 \to \cdots$。硬件预取器能够监测到这样"连续访问"的模式，此时预取器将提前从内存中取出需要的数据。

再比如，如图 8.8a 所示，代码片段需要按列访问内存中的一个矩阵。由于矩阵是按行存储的，因此访问内存块的顺序不是连续的而是以固定间隔访问的。在这种情况下，硬件预取器依然能识别这样的"间隔访问"的模式，同样地，也能够从内存中提前取出需要的数据。

```
for(j = 0; j < n; j++) {
  for (i = 0; i < m; i++) {
    sum += x[i][j];
  }
}
```

```
for(i = 0; i < m; i++) {
  for(j = 0; j < n; j++) {
    sum += x[i][j];
  }
}
```

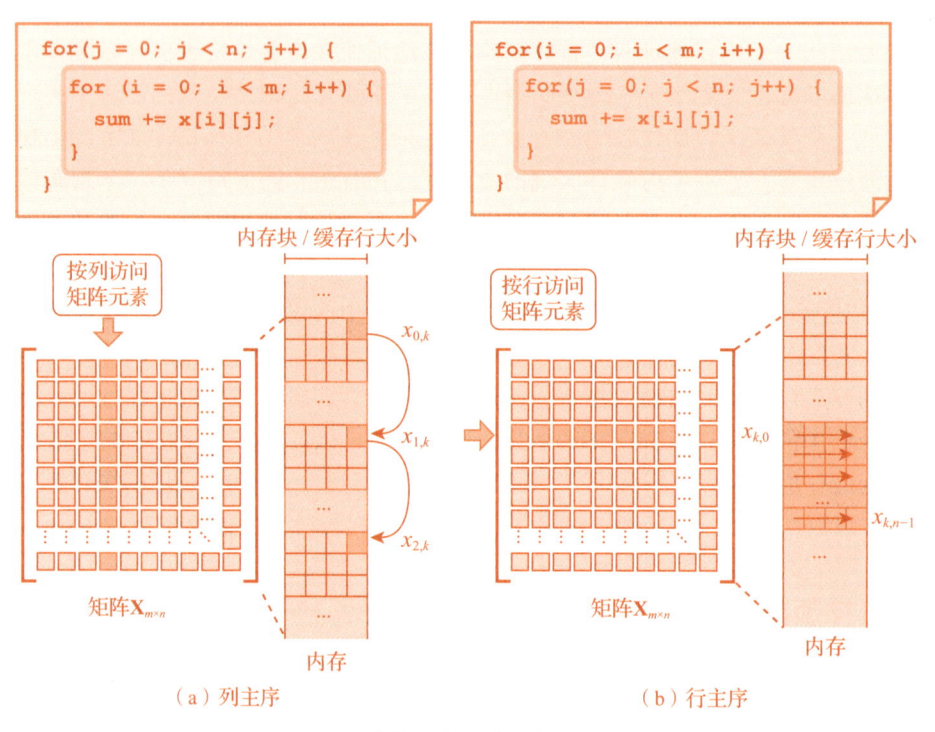

（a）列主序　　　　　　　　　　　　　（b）行主序

图 8.8　矩阵的列主序访问与行主序访问

硬件预取是通过消耗部分内存带宽来获得更低的内存访问延迟。当预取有效时，内存访问延迟将降低，此时不会造成内存带宽的浪费；当预取无效时，会造成内存带宽的浪费。现代处理器的缓存普遍具有硬件预取的功能，用户能够自行选择是否开启硬件预取（通常在 BIOS 中进行设置）。开启硬件预取优化性能时，无须修改程序代码，且不需要额外的编译优化的支持。不过，硬件预取的局限性在于访问模式的识别，它仅限于监测与识别一些预先定义好的、较为简单的模式；若内存访问模式不太规律，则硬件预取器的效果将受到限制。

2. 软件预取

软件预取是在程序代码层面实现预取的方式。如图 8.9 所示，当需要按行依次访问内存元素时，可以通过在程序代码中手动插入预取指令来执行预取。

```
for (i = 0; i < m; i++) {
  for (j = 0; j < n; j++) {
    prefetch(&x[i + 1][j]);
    sum = sum + x[i][j];
  }
}
```

图 8.9　软件预取

注意，代码中预取的地址是下一行元素 x[i+1][j] 而不是下一个元素 x[i][j+1]，这是因为矩阵是按行存储的，x[i][j] 与 x[i][j+1] 通常在同一个内存块中，也会被放在同一个缓存行中，这里预取下一行元素实际上是为了预先将下一个内存块取到缓存中。

除了手动插入预取指令来实现软件预取外，还能够在编译时使用编译优化选项，自动地将预取指令插入到生成的二进制代码中。

相较于硬件预取，软件预取则给程序员提供了更大的灵活性，让他们能够借助预取指令编写更高效的代码，但同时，也对程序员提出了更高的要求。一方面，在高速运行的指令流水线中，需要程序员确定合适的时间进行预取，但这是比较困难的，因为预取过早可能导致预取的缓存行在需要的时候已经被替换掉了，而预取过迟则无法保证在需要的时候数据已经在缓存中了。另一方面，程序员需要考量预取的数据是否为程序所需要的，以防大量预取操作抢占其他操作的带宽。

8.2　多核访存架构

8.2.1　多处理器系统架构

多处理器（multiprocessor）系统架构是一种具有多个处理器的计算机体系结构。每个处理器可以是单核的，也可以是多核的。这些处理器可以分别独立地执行程序，以特定的互联结构进行通信和协作，通过并行计算来提高系统性能。多处理器系统通常由单个操作系统控制，通过共享地址空间来实现内存的共享。共享内存架构包括集中式与分布式两种，如图 8.10 所示。

1. 集中式共享内存架构

在集中式共享内存（Centralized Shared Memory，CSM）架构中，所有处理器连接并共享一个集中式内存，而且可以对等地访问它。这种访问模式也称为一致内存访问（Uniform Memory Access，UMA），这里的"一致"指的是所有处理器访问内存的延迟是一致的。UMA 模式的一种常见实现是对称多处理（Symmetric Multi-Processing，SMP）系统，即每个处理器有对称的地位和权限，可以独立执行任务，并且共享系统资源。

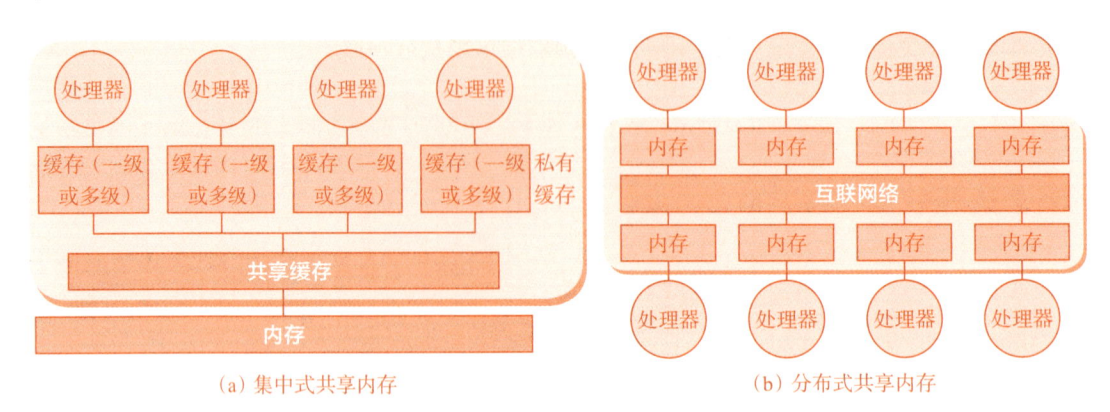

图 8.10　集中式与分布式的共享内存架构

图 8.10a 展示了一个典型的对称多处理系统，并且由于该系统在单芯片上集成了多个处理器，也称为单片多处理器（Chip Multi-Processor，CMP）系统。如图所示，多处理器芯片上通常有一层共享缓存和一级或多级私有缓存，但所有处理器都共享相同的内存，并且访问内存的延迟是相同的。

然而，集中式共享内存架构受限于冯·诺依曼瓶颈。随着处理器数量的增加，内存系统可能无法满足大量处理器的高带宽低延迟的需求，这时可以考虑采用分布式共享内存架构。

2. 分布式共享内存架构

如图 8.10b 所示，在分布式共享内存（Distributed Shared Memory，DSM）架构中，物理内存分布在各个处理器上，通过互联网络相互连接，被所有处理器共享访问。由于内存在物理上是分离的，因此处理器访问本地直连内存的延迟通常明显低于访问通过互联网络连接的远程内存的延迟。这种访问模式也称为非一致内存访问（Non-Uniform Memory Access，NUMA）。这里，处理器及其本地直连内存被称为 NUMA 节点（node）。对于每个处理器而言，有本地节点与远程节点之分。

NUMA 模式将内存分布在各个节点上，能够有效提高系统整体访存带宽并支持更多的处理器，同时有利于降低本地 NUMA 节点访存延迟。但频繁的跨 NUMA 节点内存访问将会影响性能，这要求程序员在软件开发时应注意 NUMA 特性以充分利用本地内存。

NUMA 模式的一种普遍实现是缓存一致的非一致内存访问（cache coherent Non-Uniform Memory Access，ccNUMA）系统。ccNUMA 系统通过专门的硬件保持缓存中数据的一致性，不需要软件来保持多个数据副本之间的一致性，从而简化了程序员的任务。

8.2.2 异构系统架构

传统意义上，计算任务主要依赖于通用的中央处理器（Central Processing Unit，CPU）来完成。随着对图形处理等特定需求的增加，专用计算设备被集成到计算机系统中，例如图形处理器（Graphics Processing Unit，GPU）、现场可编辑逻辑门阵列（Field Programmable Gate Array，FPGA）、数字信号处理器（Digital Signal Processor，DSP）、特殊应用集成电路（Application-Specific Integrated Circuit，ASIC）、数据处理器（Data Processing Unit，DPU）、神经处理器（Neural Processing Unit，NPU）等。这种同时集成多种异构计算单元的系统架构称为异构系统架构（Heterogeneous Systems Architecture，HSA），其目的是充分利用不同计算单元的优势，更好地处理不同类型的工作负载。

为了充分发挥异构系统的能力，一个关键的挑战是如何高效地在异构计算单元之间进行数据传递。图 8.11 展示了一个典型的具有 CPU 与 GPU 的异构系统的组织结构。通常，CPU 与 GPU 通过外设组件互联扩展（Peripheral Component Interconnect express，PCIe）总线连接；GPU 拥有自己的内存系统，称为设备内存（device memory）；CPU 无法直接访问设备内存，CPU 能够访问的内存系统称为主机内存（host memory）或系统内存（system memory）。如图所示，为了利用 GPU 进行计算任务，需要先将数据传输到 GPU 的设备内存中，GPU 才能执行计算。在 GPU 计算完成后，还要将计算结果传回 CPU 能够直接访问的主机内存。

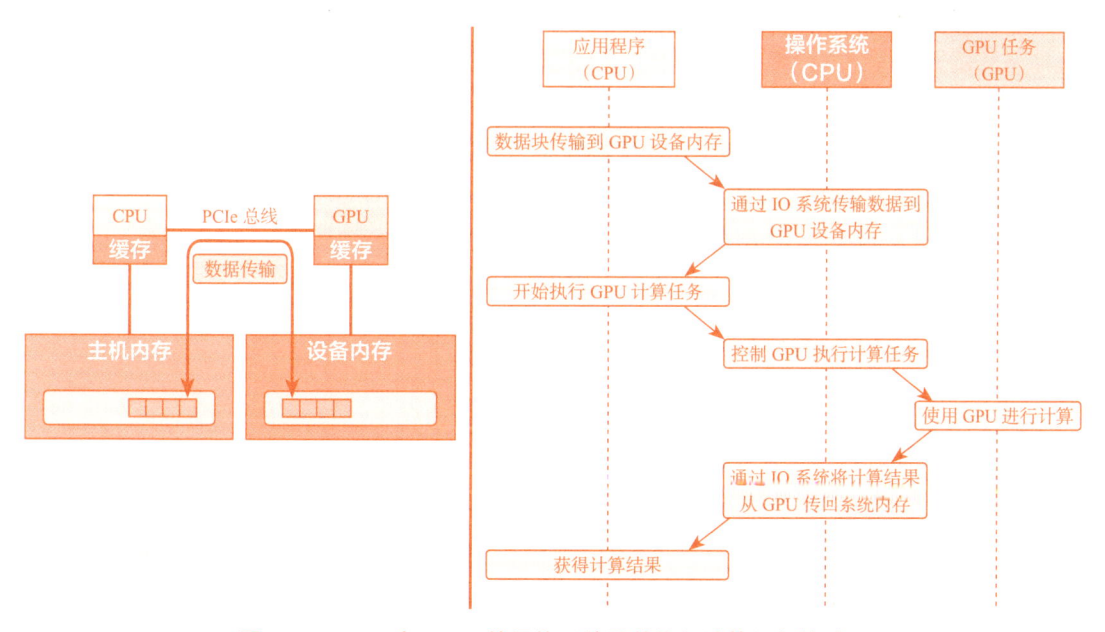

图 8.11 CPU 与 GPU 的异构系统及其执行计算任务的过程

对于异构系统上的应用程序，程序员需要手动地对主机内存与设备内存进行管理，在程序中显式地调用设备驱动等进行内存分配、释放和数据传递等操作，这实际上提高了异构计算应用编写的复杂度。为了简化编程模型，许多异构系统采用了统一内存访问（unified memory access）模型，建立 CPU、GPU 以及其他计算设备能够直接统一访问的内存空间，这样无须在应用程序中显式地进行数据传递，有利于降低编程复杂度和提高数据的共享效率。

统一内存访问模型通常有两种实现方案，如图 8.12 所示。

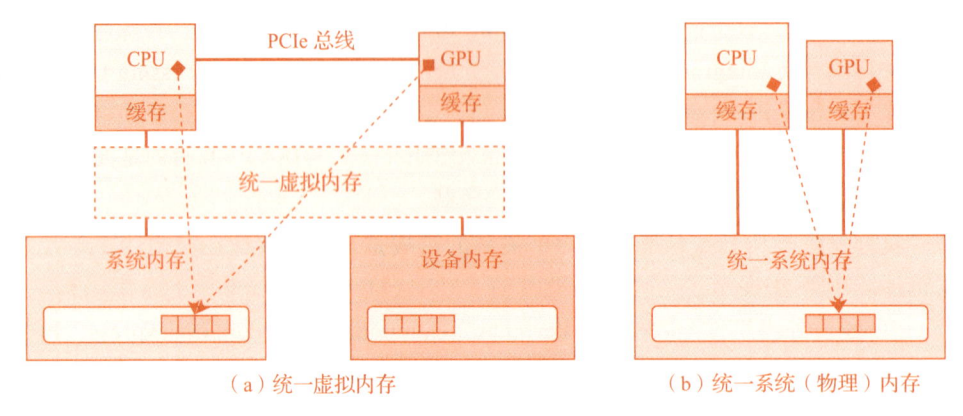

图 8.12 CPU 和 GPU 统一内存访问模型的两种实现方案

1）在软件层面，实现统一的虚拟内存空间。在此方案中，仍保留传统的 CPU 与 GPU 硬件组织结构不做更改，但在软件层面隐藏系统内存与设备内存的传输细节。当 GPU 需要访问系统内存或 CPU 需要访问设备内存时，由操作系统调用设备驱动进行数据传输，而无须程序员显式操作。例如，借助 Intel oneAPI 编程框架，用户可以申请一块统一虚拟内存，其中的数据能够被 CPU 与 GPU 共同访问。

2）在硬件层面，建立 CPU 与 GPU 能够统一访问的系统（物理）内存，从根本上避免了计算设备之间数据传递的问题。在此方案中，CPU 与 GPU 原有的硬件组织结构发生了改变，此时 CPU 与 GPU 共用统一的系统内存，共享同一个物理地址空间。例如，AMD Accelerated Processing Unit（APU）正是采用了这样的实现方案。

8.2.3 缓存一致性

回顾图 8.10a 所示的单片多处理器（CMP）系统，假设每个处理器都是单核的，且每个处理器核心都有独立的私有缓存。对于共享的任意一个内存块，它的副本可能存在于多个核心的私有缓存中。在这种情况下，多个副本可能存在缓存数据不一致的问题。

如图 8.13 所示，运行在核心 0 上的进程需要读取变量 x 的值时，由于此时数据不在该核心的私有缓存中，因此发生缓存未命中；进而通过内存访问获取数据，并将内存块副本放在该核心的缓存中。之后，运行在核心 2 的进程需要修改变量 x 的值，在该核心的缓存中修改数据后，此缓存行会被写回内存。注意，此时两个核心的私有缓存所保存的数据出现不一致。

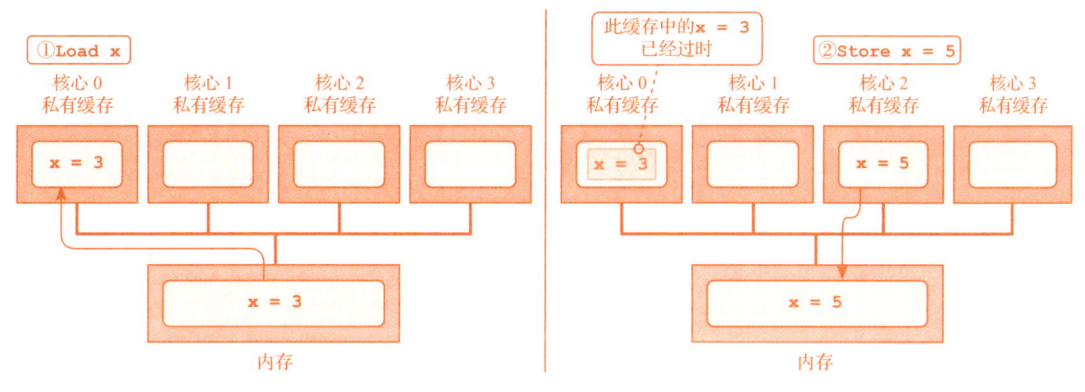

图 8.13 缓存不一致的示例

1. 缓存一致性协议

为了避免多个处理器或处理器核心之间缓存的数据不一致，需要设计和实现缓存一致性（cache coherence）协议，以确保不同处理器或核心看到的共享数据是一致的。在多核访存架构中，缓存一致性主要指同一内存地址的数据在缓存中应保持一致的状态。具体而言，包括以下两方面：

- 读操作的一致性：当一个处理器或其他组件从内存中读取数据时，要确保它获取的是最新的数据，而不是过时或失效的数据。
- 写操作的一致性：当一个处理器或其他组件向内存中写入数据时，要确保这个写操作被同步到所有相关的缓存中，以避免其他处理器或组件读取到过期的数据。

MSI（Modified，Shared，Invalid）协议是一种常用于多处理器系统的缓存一致性协议。该协议定义了缓存行的三种缓存状态。

- Modified（M）：当某个处理器将数据写入一个缓存行时，该行被标记为 M 状态。这表示该处理器拥有对这个缓存行的独占写权限，并且缓存数据与内存中的数据不一致，需要写回到相应的内存块中。此时其他处理器缓存中对应相同数据的缓存行不会处于 M 或 S 状态。
- Shared（S）：当某个处理器读取一个缓存行的数据，而该数据在其他处理器的缓存中也存在时，这个缓存行被标记为 S 状态。此时多个处理器的缓存共享相同的数据。
- Invalid（I）：当某个处理器将数据写入到一个缓存行时，其他处理器缓存中对应相同数据的缓存行被标记为 I 状态。这表示其他缓存中的数据已经过时，需要从新写入的缓存或内存重新加载数据。

图 8.14 展示了一个写缓存操作的示例。图 8.14a 是多核处理器缓存的初始状态，此时，核心 0、核心 1 和核心 3 从内存中读取了同一个变量 y，它们对应的缓存行会被标记为 S 状态。如图 8.14b 所示，当核心 1 写入缓存行 y=5 之后，会执行如下操作：首先，核心 1 的本地缓存行会被标记为 M 状态；其次，将广播通知其他核心，若存在同一个变量的缓存行，

则会被标记为 I 状态。此时，如果核心 0 需要读取变量 y，如图 8.14c 所示，但核心 0 的私有缓存对应 y 的缓存行为 I 状态，表示该数据已经过时，因此将发生缓存未命中，即一致性未命中。接下来，如图 8.14d 所示，首先，核心 1 上对应变量 y 且标记为 M 状态的缓存行将被强制写回内存，并被标记为 S 状态；其次，写回完成后，发出访问请求的核心 0 从核心 1 的缓存中重新加载该共享缓存行，并将本地缓存行也标记为 S 状态，此时核心 0 能正确对数据进行访问了。

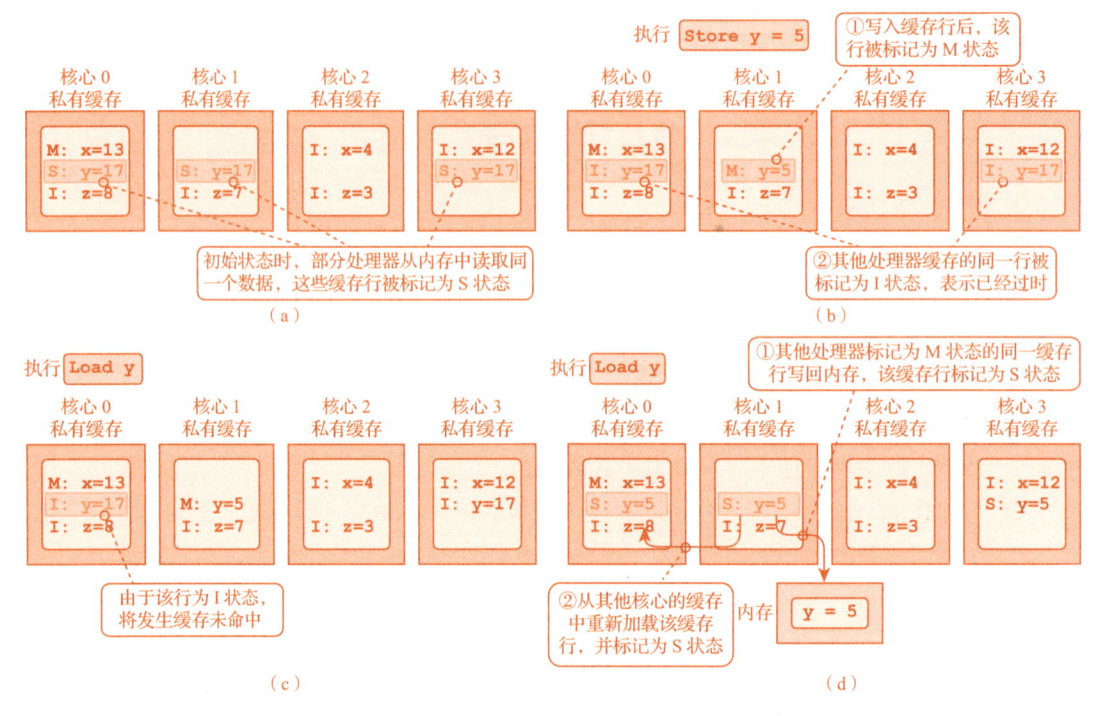

图 8.14 MSI 协议的应用示例

MSI 协议通过定义这些状态与状态转换规则，确保了在多处理器系统中的缓存一致性。从实现角度来看，对于每一个缓存行，需要增加 MSI 的状态位，并且需要在读写操作时广播通知其他处理器，这增加了总线的负载与系统实现的复杂性。

除了 MSI 协议以外，常见的缓存一致性协议还包括 MESI（Modified, Exclusive, Shared, Invalid）协议、MOESI（Modified, Owned, Exclusive, Shared, Invalid）协议、VI（Valid, Invalid）协议等。

2. 缓存一致性未命中

在图 8.14 的示例中，当一个处理器修改了共享数据，导致其他处理器的缓存数据失效时，这种缓存未命中称为缓存一致性未命中。注意，现代处理器缓存行的大小通常是 64 字节，不同的变量可能会存放在同一个缓存行或内存块中。当处理器修改缓存行中的一个变量时，也会认为该缓存行已经被修改，进而导致其他处理器上的同一缓存行全部失效。

先来看下面使用 OpenMP 编写的并行代码片段：

```
1  int sum = 0;
2  #pragma omp parallel for num_threads (4) reduction (+: sum)
3  for (i = 1; i < n; i++)
4      sum += a[i];
```

该代码片段将启动 4 个线程，分别负责访问数组 a 的不同部分的元素并求和，求和结果将保存到变量 sum 中。这 4 个线程都需要访问并修改变量 sum，因而多个处理器会频繁地修改变量 sum 所在的缓存行，并且使得其他处理器缓存的同一行失效，造成大量的一致性未命中。像这种多核处理器修改缓存行上相同变量的数据造成的一致性未命中，称为真共享未命中（true sharing miss）。

再来看下面的代码片段：

```
1  struct S {
2      int sumA;
3      int sumB;
4  } s;
5  ...
6  #pragma omp parallel
7  {
8      #pragma omp sections
9      {
10         #pragma omp section
11         {
12             for (int i = 0; i < n; i++)
13                 s .sumA += a[i];
14         }
15         #pragma omp section
16         {
17             for (int i = 0; i < n; i++)
18                 s.sumB += b[i];
19         }
20     }
21 }
```

该代码片段将启动 2 个线程，分别对数组 a 与数组 b 的元素求和，其结果将分别存放在结构体 S 的两个成员变量 sumA 与 sumB 中。假设结构体的两个成员变量刚好位于同一缓存行中（实际工作中这种可能性很大），那么该代码执行时也会造成大量的一致性未命中，但实际上多个处理器访问的是相同缓存行上的不同数据，这种情况称为伪共享未命中（false sharing miss）。

上述两个例子中的缓存一致性未命中是造成并行程序性能问题的常见原因，也是性能优化的关键点。一些性能分析工具，例如 Intel VTune 和 Linux perf，能够检测这些由于一致性未命中造成的性能问题。值得注意的是，伪共享未命中之所以称为"伪"，是因为这样的问题能够通过调整数据布局得以消除。例如，通过对齐（aligning）与填充（padding）手段，使得 sumA 与 sumB 位于不同的缓存行或内存块。下一节将讨论若干编写缓存友好代码的技巧。

8.3 编写缓存友好的代码

编写缓存友好代码的关键在于代码具有良好的局部性，能够利用 CPU 的高速缓存高效地获取程序所需的数据。具体而言，包括时间局部性和空间局部性。

- 时间局部性：当访问某个内存位置时，在不久的将来很可能会再次访问同一位置。理想情况下，我们总是希望下次需要时，缓存中仍然保留这些数据。
- 空间局部性：当某个内存位置被访问时，附近的位置很可能在不久的将来也被访问。通常，缓存行或内存块的大小大于程序需要读取的变量大小，当程序从内存中读取一个数据时，其相邻的数据也会被放在缓存行中。当程序需要这些相邻的数据时，缓存中就有这些数据了。

为了编写缓存友好的代码，需要从缓存组织结构和局部性的角度来思考问题，而不仅仅考虑单个变量及其在内存中的位置。本节将介绍若干编写缓存友好代码的技巧。

8.3.1 顺序访问数据

利用空间局部性原理的最佳方法是顺序访问数据。现代处理器普遍实现了缓存预取技术，硬件预取器可识别内存访问模式，并提前取出下一个可能访问的数据。例如，在内存中，矩阵是按行存储的，假设目前需要对矩阵中所有元素求和，那么存在两种访问方式：列主序（column-major）访问与行主序（row-major）访问，如图 8.8 所示。具有良好空间局部性的做法是按行访问，对于一个矩阵的元素，它对应的内存块放入缓存行时，相邻的元素也会被放在缓存行中；对于内存块而言，下一个需要访问的内存块地址也是连续的，容易让硬件预取器识别其模式，当需要时就很可能被预取到缓存，这样能够大大降低缓存未命中率。

除了调整数据访问顺序以外，还可以通过调整数据结构的存储方式来提升数据访问时的空间局部性。如图 8.15 所示，二叉查找树（binary search tree）是一种用于实现高效的搜索、插入、删除等操作的数据结构，一种可行的存储方式是对二叉树的每一个节点，为其分配内存空间，父节点与子节点之间通过指针关联。不同节点的内存地址不一定是连续的，在访问过程中可能并不具有良好的空间局部性。

一种优化的存储方式是使用 Eytzinger 布局，就是将所有节点按照层级顺序排列在一个一维数组中。放置的规则是：将根节点放在数组的第 0 个位置；对于任意一个节点，如果它在数组中的索引为 i，则它的左子节点的索引为 $2i+1$，右子节点的索引为 $2i+2$。图 8.15 展示了一个二叉查找树的 Eytzinger 布局。这个布局保证了完全二叉树的结构特性，并且可以方便地通过数组索引来访问每个节点。同时，在计算机内存中连续存储有利于数据的访问和遍历。在按层搜索过程中，对此一维数组的访问基本是连续的。

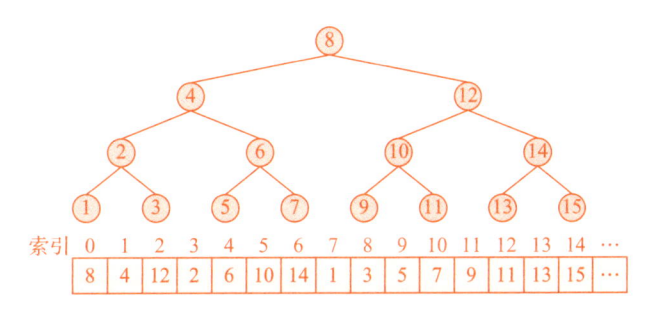

图 8.15　二叉查找树的 Eytzinger 布局

8.3.2　数据打包

数据打包（data packing）是指将数据按照一定规则整理、组织和压缩的过程，目的是提高数据的存储效率、传输效率和处理效率。压缩数据能够节省缓存空间，并且有助于减少缓存与内存之间的数据交换量。

一种典型的数据打包方法是使用位域（bitfield），来看下面的代码片段：

```
1 struct S {
2     unsigned a;
3     unsigned b;
4     unsigned c;
5 } // 结构体 S 的大小是 sizeof (unsigned) * 3 字节
```

结构体 S 的三个成员变量 a、b、c 用于表示枚举值，假设它们只需要一定数量的比特位就足以完成编码，而这个数量远小于 unsigned 类型包含的比特位数量。那么，可以考虑限制这三个成员变量存储的比特位数量，例如限制为 4 比特、2 比特和 2 比特就能满足编码需要，如下所示：

```
1 struct S{
2     unsigned a:4;
3     unsigned b:2;
4     unsigned c:2;
5 } // 结构体 S 的大小仅为 1 字节
```

这样，结构体 S 仅需 1 字节的存储空间。注意，并非所有的数据打包都是有益的。数据打包会使结构体内部成员变量的访问变得复杂，这是数据打包的代价，实际操作中需要权衡利弊再做决定。

8.3.3　对齐与填充

如果变量存储在一个可被变量大小整除的内存地址上，那么访问变量的效率会提高。

例如，一个双精度浮点型（double）变量需要 8 字节的存储空间，因此，最好将它存放在能被 8 整除的地址处，这样的对齐（aligning）称为 8 字节对齐。

再举个例子，如图 8.16 所示，对于一个大小为 16 字节的结构体的访问，当数据未对齐时，该结构体的变量可能占用 2 个缓存行，即从一条缓存行尾部开始到下一条缓存行开头结束。如果对象正确对齐，就可以避免这种情况。这时，可以考虑在结构体变量之前进行填充（padding），使该变量的起始地址对齐到下一个能够被 16 整除的地址处，称为 16 字节对齐。此时，该变量位于下一个缓存行的起始地址，这样读取该变量就只需要读取一个缓存行。

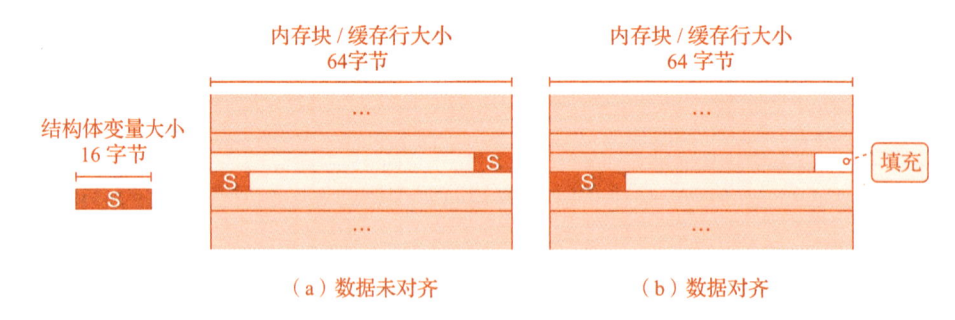

（a）数据未对齐　　（b）数据对齐

图 8.16　使用填充让缓存行中的数据对齐

对齐与填充会造成部分字节未被使用，形成空洞（hole）。在上面的例子中，填充会产生一个空洞。如果有一个结构体变量的数组，每个结构体变量占 40 字节，每个缓存行至多存放一个这样的变量。为了实现对齐，每一个变量的起始地址与缓存行的起始地址对齐，这样在每个存放该变量的缓存行中就会有 64-40=24 字节的空洞。对变量的访问而言，数据对齐能够提高访问缓存数据的效率，但空洞过多也会导致内存带宽利用率降低。

在 C++ 中，可以使用 `alignas` 标识符指定变量的数据对齐。例如，下面的代码定义了一个 16 字节对齐的数组 a 与定义了一个 64 字节对齐的结构体 S。

```
1 alignas(16) int16_t a[N];
2
3 struct alignas(64) S {
4     ...
5 }
```

此外，填充可以用于两个变量之间，从而避免缓存争用或伪共享（false sharing）等情况。例如，对于如下所示的代码：

```
1 struct S {
2     int a;          // 被线程 A 写入
3     int b;          // 被线程 B 写入
4 }
```

当访问结构体 S 时，它的成员变量 a 和 b 很有可能占用同一缓存行。如果这两个变量是由两个不同处理器上的线程分别访问的,那将会频繁地产生伪共享未命中,从而大大降低程序的运行速度。

为了解决伪共享问题,可以填充 S,使成员变量 a 和 b 分属不同的缓存行,如下所示:

```
1  struct S {
2      int a;                    // 被线程 A 写入
3      alignas(64) int b;        // 被线程 B 写入
4  }
```

此外,许多应用程序的性能都取决于多级缓存结构和各级缓存的大小。一个经典的性能优化案例是通过循环分块来改进矩阵乘法的性能,这在本书第 1 章中已经介绍过了,这里就不再赘述。

8.4 本章小结

为了优化冯·诺依曼瓶颈,根据局部性原理,现代计算机普遍采用高速缓存构成存储器层次结构。本章首先介绍了基于存储器层次结构进行性能优化的核心思想,详细介绍了高速缓存的组织结构、各类缓存未命中、缓存替换和放置策略,以及通过软件或硬件预取实现性能优化的方法。接着,扩展到内存和多核访存架构,介绍了多处理器系统的集中式共享内存架构和分布式共享内存架构,它们分别对应一致内存访问和非一致内存访问两种模式,还介绍了集成多种异构计算单元的异构系统架构。为了保障多处理器系统的缓存一致性,讲解了缓存一致性协议和影响性能的两类缓存一致性未命中。最后,讨论了若干在程序代码层面优化缓存性能的方法,包括顺序访问数据、数据打包、对齐与填充。

8.5 思考题

1. 回忆冯·诺依曼瓶颈的成因,并思考哈佛体系结构如何缓解该瓶颈。
2. 根据本章介绍的 LRU 缓存替换策略,思考该策略在缓存的硬件层面可以如何实现?你还能想到其他策略么?
3. 尝试通过软件预取来优化第 1 章的矩阵乘法,比较优化前后的运行时间,分析软件预取优化对程序带来的性能影响。
4. 尝试比较图 8.12 所示的异构系统架构上统一内存访问模型的两种实现的适用范围和技术难点。
5. 回忆真共享未命中和伪共享未命中的成因。根据本章的例子,尝试实现一个存在伪共享未命中的并发程序,并通过 Intel VTune 或 Linux perf 进行检测。

CHAPTER 9

第 9 章

微体系结构性能分析

性能分析是性能工程的核心和难点。没有有效的性能分析，就无法准确定位性能瓶颈，也就无法进一步进行性能优化。本章主要介绍三种面向微体系结构的性能分析方法。

9.1 处理器性能的铁律

图灵奖得主 John L. Hennessy 和 David A. Patterson 在他们的经典书籍 *Computer Architecture: A Quantitative Approach*（第 6 版，1.8 节）中提到：唯一一致且可靠的性能测量指标是真实程序的执行时间，所有那些提出来替代时间的指标或者替代真实程序的测试对象，最终都导致了误导性结论，甚至计算机设计的错误。

程序的执行时间可以根据测量对象的不同以不同的方式定义。如第 3 章所述，最直接的定义是挂钟时间（wall-clock time），即真实世界里消逝的时间，包括程序执行过程中涉及的存储访问、内存访问、输入/输出、操作系统开销等造成的延迟。通过多道程序设计（multiprogramming），处理器会在一个程序等待输入/输出时去处理另一个程序，因而，采用挂钟时间不一定能反映一个程序的执行时间。为了体现这个差异，可以定义和采用 CPU 时间，即一个程序占用 CPU 处理器进行运算的时间，不包括处理器等待输入/输出或运行其他程序的时间。

对于 CPU 时间，存在一条处理器性能的铁律（Iron Law of Processor Performance），它最早由 Joel S. Emer 和 Douglas W. Clark 提出。这条铁律的核心思想是：一个处理器的性能可以由该处理器执行一个程序的 CPU 时间来表示；进一步地，执行一个程序的 CPU 时间（a program's CPU time）由该程序的总指令数（instructions per program）、每条指令的平均时钟周期数（Clock cycles Per Instruction，CPI）和每时钟周期的时长（time per clock cycle）三部分构成，以公式表示如下：

$$\text{A program's CPU time} = \frac{\text{Instructions}}{\text{Program}} \times \frac{\text{Clock cycles}}{\text{Instruction}} \times \frac{\text{Time}}{\text{Clock cycle}} \quad (9.1)$$

由公式（9.1）可见，处理器性能取决于上述三个部分，任一部分的改进都会带来处理器执行程序的性能提升。然而，很难完全独立地改进一个部分而不影响其他部分，因为改进这三个部分所涉及的技术方法是相互依赖的。例如，改进程序的总指令数涉及编译器和指令集架构技术，改进每条指令的平均时钟周期数（CPI）涉及指令集架构和计算机组成技术，改进每时钟周期的时长涉及计算机组成和集成电路技术。所幸，还是有一些技术手段侧重于改进和优化某一部分。下面分别讲述这三个部分，并说明相关的优化手段。

9.1.1 优化每时钟周期的时长

本质上，所有计算机都是用以一定速率运行的时钟构建的。时钟周期是计算机执行运算的最基本的、最小的时间单位，所有的运算操作都是由时钟周期这样的离散时间事件完成的。因此，从侧重时钟周期的角度，公式（9.1）可以改写为：

$$\text{A program's CPU time} = \frac{\text{Clock cycles}}{\text{Program}} \times \frac{\text{Time}}{\text{Clock cycle}} \quad (9.2)$$

每时钟周期的时长是以时间量纲为单位，大小是处理器运行频率的倒数。例如，频率为 1GHz 的处理器的每时钟周期的时长为 1 纳秒。注意，处理器的频率存在不同类型。例如，**基频**（base frequency）表示处理器正常的运行速度，**最大频率**（max frequency）表示处理器的最大运行速度。在没有特别说明的情况下，我们谈到的频率指的是处理器实际执行程序过程中的**运行频率**（operating frequency）。引入频率后，公式（9.2）可以改写为：

$$\text{A program's CPU time} = \frac{\text{Clock cycles}}{\text{Program}} \times \frac{1}{\text{Frequency}} \quad (9.3)$$

由公式（9.3）可见，处理器的频率越高，处理器的运行速度越快，即执行一个程序所需要的 CPU 时间越少，性能越好。这恰恰是摩尔定律自提出后盛行几十年的原因。随着集成电路技术的发展，处理器制程工艺不断精细化，单位面积芯片上的晶体管数量不断增加；同时，根据登纳德缩放定律，单位面积芯片的功耗保持不变，处理器的频率不断增加。因此，单纯依赖硬件和集成电路技术的发展，就能使处理器性能不断提升，用户可以在不对程序做任何改动的情况下，通过更换频率更高的处理器来不断地获得更高的性能。

然而，近年来，随着摩尔定律和登纳德缩放定律的逐渐失效，即使仍然可以保持单位面积芯片上的晶体管数量不断增加，但依赖现有技术，无法继续保持处理器频率的增加。现阶段，大部分服务器芯片的频率维持在 2.0～4.0GHz 之间。那么，怎么利用多余的晶体管来继续提高处理器性能呢？

根据公式（9.2），假设完成一个程序需要的总时钟周期数 $\frac{\text{Clock cycles}}{\text{Program}}$ 是固定的，那么如果能在单位时间内提供更多的时钟周期，即增加 $\frac{\text{Clock cycles}}{\text{Time}}$，就可以减少程序的 CPU 时间，从而更快地完成程序。那么，如何在频率不变的情况下，在单位时间内提供更多的处理器时钟周期数呢？通常，可以采取以下几种方式：

- **提供更多的处理器核心**：当摩尔定律和登纳德缩放定律逐渐失效，单个处理器核心的频率增长受到了限制。对于芯片上多余的晶体管，一个自然的想法就是形成多个处理器核心，使一个程序能由多个核心来执行。其本质思想就是在单位时间内提供更多的处理器时钟周期数来完成程序，从而提高性能。这个思想带动了近年来多核、众核处理器的快速发展，单个 CPU 处理器的核心已经达到上百个。然而，根据阿姆达尔定律，我们知道，通过多个处理器核心并行执行程序不一定会带来程序性能的持续提升。同时，多个核心间的通信机制、同步机制和访问延迟也是在多核编程和性能优化时需要考虑的因素。

- **提供更多的处理器**：虽然单个 CPU 处理器的核心可能多达上百个，但可能仍无法满足某些应用对于计算资源的需求。这时可以考虑采用多处理器系统或多路服务器，即一台服务器主板上有多个插槽（socket），每个插槽可以插一个 CPU 处理器，这样可以同时获得更多的处理器及其核心。需要注意的是，多路服务器上各个 CPU 处理器之间的通信开销和访问延迟，通常比同一 CPU 处理器内的核间通信开销和访问延迟更大。因而，采用多处理器系统增加计算资源的同时，还需要考虑跨路（cross-socket）访问的性能优化。

- **提供更多的服务器**：对于大数据处理等分布式应用，通常会将一个任务拆分成很多子任务，再分发到一个计算集群内的各个服务器上。通过并行使用大规模服务器集群，并利用 MapReduce 等"分而治之"的计算模型，可以快速处理大规模计算任务。虽然这种集群化计算方式能同时获取大量计算资源，但服务器间通信延迟、集群调度的开销以及容错和故障恢复等都是实际应用中必须考虑的因素。

- **提供更多的硬件线程**（hardware thread）：上述采用多核、多处理器、多服务器的手段实质上还是同时获取和利用更多的处理器（物理）核心。在处理器核数不变的情况下，还可以通过同步多线程（Simultaneous Multi-Threading，SMT）和超线程（Hyper-Threading）技术来提高处理器核心上时钟周期的利用率。同步多线程是一种在处理器核心的一个时钟周期内能够执行来自多个线程的指令的硬件多线程（multithreading）技术。本质上，同步多线程是一种将多个核心上的线程级并行处理转化为一个核心的多个硬件线程上的指令级并行处理的方法。类似地，超线程是 Intel 对硬件多线程的实现，其中两个硬件线程同时在一个核心上运行；处理器核心的一个时钟周期或者被某一个硬件线程使用，或者被两个硬件线程共用。逻辑上，一个核心的时钟周期被分为两个硬件线程的时钟周期，然而，本质上，两个硬件线程还是或独占或共用了一个核心的时钟周期。因此，虽然超线程技术提高了处理器核心时钟周期的利用率，但性能提升幅度有限，甚至两个硬件线程可能会争抢所在的同一核心的资源，争抢严重时反而会造成性能下降。

9.1.2　优化指令路径长度

指令路径长度（Instruction Path Length，IPL）表示计算机程序某一部分在执行时所需的机器指令的数量。一个程序的指令路径长度就是该程序在执行时所需的总指令数，即公式（9.1）中的 $\frac{\text{Instructions}}{\text{Program}}$。程序的指令路径长度可被视为该程序在特定计算机硬件上性能的度量标准，尤其在引入高速缓存之前，指令路径长度是对程序运行时间的一种近似。然而，在具有高速缓存的现代处理器中，指令路径长度可能无法很好地近似表示程序运行时间。因为当数据不在缓存中时，某些指令的加载可能需要数百个时钟周期；而当数据在缓存中时，加载速度可能会快几个数量级。

较短的指令路径长度通常意味着程序执行效率较高，因为程序需要较少的指令就能完成特定的任务。所以，减少指令路径长度是优化程序的一个重要目标，常见的手段包括：

❑ 采用更好的编译器和静态编译优化技术：在编译器开发和编译优化中，减少指令路径长度是一个重要的优化目标。本书介绍的很多编译优化技术都可以减少指令路径长度，例如，常量折叠、死代码消除、循环不变量外提、控制流优化、数据流优化等。

❑ 采用PGO等动态编译优化技术：性能画像引导的优化（Profile-Guided Optimization，PGO）是一种基于程序的运行时性能画像数据进行编译优化的技术。它的核心思想是通过收集程序在实际运行中的性能画像数据（profile）来指导编译器进行更精准的优化，从而提高程序的执行效率。PGO优化的主要优势在于它可以根据实际运行时的场景来进行优化，从而更好地适应程序的实际执行情况。当然，它也有一些限制，比如性能数据的收集过程中可能引入了一定的运行时开销。并且，采集的性能数据可能存在局限性，例如，采样的数据可能无法覆盖所有应用场景。因此，需要在实际应用中根据需要使用。

❑ 减少垃圾回收：很多现代高级语言都支持动态内存管理和垃圾回收（Garbage Collection，GC）功能。然而，垃圾回收本身可能需要执行额外的指令来标记、回收或移动内存中的对象。这些额外的指令会增加程序的指令路径长度。例如，使用更有效率的垃圾回收算法、优化内存管理策略或减少不必要的内存分配等方式都可以减少垃圾回收的频率和影响，从而间接减少指令路径长度。

❑ 重写源代码：尽管这是大多数程序员都会想到甚至是经常采用的方法，但重写源代码不一定能减少指令路径长度，甚至可能引入一些新的程序缺陷，还可能导致原来做过的PGO编译优化失效。高德纳（Donald Knuth）在他的经典著作《计算机程序设计艺术》中提到："Premature optimization is the root of all evil."过早的优化可能降低代码可读性，也可能引入新的错误，还可能导致开发人员将大量时间和精力浪费在微小的性能改进上，而这些改进无法使整体性能显著提升。高德纳的观点并不是反对所有优化，而是强调在优化前应该先进行性能分析，了解程序的真正瓶颈所在，然后集中精力解决关键瓶颈问题，而不是过早地开始优化代码。

事实上，复杂指令集计算机（Complex Instruction Set Computer，CISC）的指令集架构

就提供了一组复杂指令来减少指令路径长度，从而优化程序性能。然而，复杂指令通常会增加每条指令的平均时钟周期数，即公式（9.1）中的 CPI，因为它们必须被解码为硬件实际执行的更简单的微操作，最终得到的所有微操作数可能接近精简指令集计算机（Reduced Instruction Set Computer，RISC）所生成的指令数量。当然，并非越精简的指令集架构就一定越快，例如，当允许在单个时钟周期内执行多个微操作时，执行单个 CISC 指令可能比执行等效的一组 RISC 指令更快。

根据公式（9.1），要在指令路径长度 IPL 与每条指令的平均时钟周期数 CPI 之间进行权衡，即减少 IPL 可能增加 CPI，因此只考虑减少 IPL 不一定会带来程序总体性能的提升。处理器性能的铁律将这种权衡明确定义了出来，即：程序性能优化应该考虑程序执行时间的整体优化，而不能仅考虑影响性能的单一部分的优化。

9.1.3 优化 CPI

如果已知一个程序执行需要的所有时钟周期数和指令数，就可以计算该程序每条指令的平均时钟周期数，即公式（9.1）中的 CPI。CPI 及其倒数，即每时钟周期的平均指令数（Instructions Per Cycle，IPC），都是衡量处理器性能的重要指标。

根据公式（9.1），假设某个程序的总指令数和某个处理器的频率都是固定的，则该处理器执行该程序的性能就由 CPI 决定。CPI 越低，对应的 IPC 越高，则程序执行的 CPU 时间越少，性能越高。CPI 或 IPC 之所以成为最流行的处理器性能指标，一个原因在于它们容易量化处理器性能，既可以在流片前通过仿真来估计，也可以在流片后进行实际测量。如上所述，当固定指令数和处理器频率后，通过 CPI 或 IPC 就可以量化地比较不同处理器实现的微体系结构。另一个原因在于，CPI 可以进一步分解，从而通过处理器的相关部件来提供更细粒度的性能分析和优化建议，这部分将在下一节详细描述。

较低的 CPI 或较高的 IPC 通常意味着处理器执行程序的效率较高，即可以用更少的时钟周期来完成更多的指令。因此，降低 CPI 或提高 IPC 是优化程序的一个重要目标。然而，与上述优化时钟周期时长或指令路径长度不同，CPI 的优化既涉及时钟周期，又涉及指令路径长度。因此，CPI 的优化是软硬件一体的优化，不仅要考虑底层硬件和计算机组成，还要考虑指令集架构和编译技术等。CPI 的优化思路通常是采用更先进的处理器设计、更高效的指令集、更先进的编译优化技术等，提高单个时钟周期内处理器执行指令的平均效率。常见的优化手段包括：

- 流水线优化：通过设计更细分、更深的流水线，实现在每个时钟周期内执行更多的指令，提高指令吞吐量。
- 超标量执行：使处理器能在同一时钟周期内执行多条指令，提高指令级并行性。
- 分支预测优化：分支预测错误可能导致流水线刷新，会增加 CPI。因此，可以采用更高效的分支预测算法来实现分支预测器，降低分支预测错误率。
- 高速缓存优化：通过增加各级高速缓存大小或采用更好的缓存置换或预取算法等来

提高缓存命中率，从而减少因数据未在缓存命中而导致的等待延迟。
- 内存访问优化：通过减少数据集的大小或使用更高效的数据结构，减少对内存的访问。此外，可以采用更快的内存硬件，比如高带宽存储器（High Bandwidth Memory，HBM）等，减少内存访问延迟。
- 采用更高效的指令集：选择更适合应用程序特性的指令集，比如 SIMD 指令或加密指令等。如果处理器也同时支持这些指令，则可以大幅提高相应操作的执行效率。
- 使用硬件加速：根据应用特性，将一些在 CPU 上执行较慢的计算任务委托给专用硬件，例如 GPU 或 FPGA，从而提高相应任务的执行效率。

注意，相比单线程应用程序，CPI 对于多线程应用程序的性能衡量存在一定的不准确性。其原因在于，多线程的并行执行存在一定的不确定性，可能由于很小的时间差异导致不同的执行路径和线程交织顺序，这使得并行线程进入临界区（critical section）的顺序可能产生差异，并且这种运行时产生的差异在不同微体系结构上的表现也可能不同。由于这些时间和线程交织的差异，不同运行路径上执行的指令数可能不同，因此 CPI 可能不同。例如，在获取锁之前执行自旋锁（spinlock）循环指令的线程，会增加动态执行指令的数量，从而提高 IPC。然而，这些自旋锁循环指令只是在反复做检查，并没有完成实际有用的工作，因此也没有真正贡献于程序的总体执行时间。这也说明，单纯地增加 IPC 或减少 CPI 不一定能让程序具有更好的性能。

9.2 CPI 分解方法

每条指令的平均时钟周期数 CPI 可以进一步分解，以便从更细粒度或从处理器各部件的角度找到更多性能分析和优化的机会。由于 CPI 的可分解和累加性会引出更多工程方面的深入分析并帮助定位性能瓶颈，因此，许多工程师更倾向使用 CPI（而不是 IPC）进行处理器微体系结构的分析和讨论。CPI 的分解主要有两种方法：一种是根据不同类型的指令进行分解，另一种是根据不同部件造成的流水线停顿进行分解。下面分别介绍这两种方法。

9.2.1 根据不同类型的指令进行 CPI 分解

程序在计算机上执行的机器指令具有不同的类型，例如，加法指令、乘法指令等。不同的指令集架构又可能定义不同的指令类型和格式。后面的表 16.2 列举了 x86-64 和 AArch64 两套指令集架构下的部分指令及其分类。

一个程序的执行是由不同类型指令的执行构成的，同时，不同类型的指令在特定处理器上执行时所需要的时钟周期数也是不同的，所以，公式（9.1）可以改写为：

$$\text{A program's CPU time} = (\sum_i \text{IC}_i \times \text{CPI}_i) \times \text{Clock cycle time} \qquad (9.4)$$

这里，IC_i 表示程序执行中第 i 类指令的数量（Instruction Count，IC），CPI_i 表示每条第 i 类指令的平均时钟周期数，Clock cycle time 还是表示每时钟周期的时长。公式（9.4）中的括号部分表示执行一个程序所需要的总时钟周期数（Total clock cycles），如果用 IC 表示该程序执行时的总指令数（Total instructions），则可以计算整个程序的总 CPI（Total CPI）如下：

$$\text{Total CPI} = \frac{\text{Total clock cycles}}{\text{Total instructions}} = \frac{\Sigma_i \text{IC}_i \times \text{CPI}_i}{\text{IC}} = \sum_i \frac{\text{IC}_i}{\text{IC}} \times \text{CPI}_i \quad (9.5)$$

这里，$\frac{\text{IC}_i}{\text{IC}}$ 表示第 i 类指令在该程序所有指令中所占的比例。

事实上，获取程序执行的指令数和 CPI 并不容易。现代处理器通常会提供一组硬件性能计数器来监测程序执行过程中的时钟周期数和指令数。通过性能测量，可以获取程序执行的指令数，甚至不同类型的指令数及其时钟周期数，进而计算出 CPI。

通过性能测量获取相应数据后，根据公式（9.5）的 CPI 分解公式，开发人员可以获取程序运行的细粒度画像，从不同指令类型了解和分析程序性能，进而优化程序。例如，在了解不同类型指令的分布比例后，可以考虑对占比较大的指令类型做特定优化，也可以考虑引入向量化等特殊指令重排和优化指令序列。

9.2.2 根据不同停顿进行 CPI 分解

现代计算机普通采用了存储器层次结构来弥合处理器快速提升的运算速度与内存提升相对较慢的运算速度之间的"剪刀差"。大多数现代处理器都具有多级缓存（multilevel caches）结构。假设某处理器存在两级缓存结构，一级缓存（L1 cache）访问速度很快，但容量一般不大，当所需数据在一级缓存未命中时，会访问二级缓存（L2 cache）。如果二级缓存包含所需的数据，那么对于一级缓存的未命中惩罚实际上就是二级缓存的访问时间，它将小于内存的访问时间。如果一级缓存和二级缓存都不包含所需的数据，则必须访问内存，这将产生较大的未命中惩罚，因为内存访问时间通常远大于高速缓存的访问时间。

基于上述原理，程序执行的总 CPI 可以根据在存储器层次结构上访问不同类型的缓存或存储器所产生的停顿（stall）进行逐层分解。先来看两个例子，再总结分解公式。

【例 1】假设某处理器的基本 CPI（Base CPI）是 0.5，即理想情况下所有访问都在一级缓存命中时的 CPI 为 0.5，且该处理器频率为 2.5GHz。每次内存访问时间为 100 纳秒，且包含所有未命中处理时间。如果某程序在该处理器执行时，一级缓存上的每条指令未命中率（Misses Per Instruction，MPI）达到了 0.01，则该程序的总 CPI 是多少？

如果该程序中所有访问都能在一级缓存命中，那么该程序的 CPI 就是处理器的基本 CPI，这是最理想的情况。但一般情况下都达不到这种最优性能，实际中，都需要加上一级缓存未命中后访问内存的停顿。在该例中，程序每条指令在一级缓存上平均未命中率达到 0.01，这部分未命中指令需要访问内存，而每次内存访问需要的 CPU 时钟周期为 $\frac{100 \text{ ns}}{1 \text{ ns}/2.5 \text{ Clock cycles}} = 250 \text{ clock cycles}$，所以该程序的总 CPI 为处理器基本 CPI 加上内存访问停顿的 CPI（memory stall CPI），即：

$$\text{Total CPI}_1 = \text{Base CPI} + \text{Memory stall CPI}$$

$$= \text{Base CPI} + \frac{\text{Memory accesses}}{\text{Instruction}} \times \frac{\text{Memory stall cycles}}{\text{Memory access}} \quad (9.6)$$

$$= \text{Base CPI} + \text{L1 cache MPI} \times \text{L1 cache miss penalty}$$

这里，内存访问停顿的 CPI，即 Memory stall CPI $= \frac{\text{Memory accesses}}{\text{Instruction}} \times \frac{\text{Memory stall cycles}}{\text{Memory access}}$。其中，每条指令的平均内存访问次数等于一级缓存的 MPI，即 0.01，而一级缓存每次未命中的惩罚等于每次内存访问所需的时钟周期，即 250 个时钟周期。因此，Total CPI$_1$=0.5+0.01×250=3。

【例 2】在例 1 的基础上，假设在处理器中再加一个二级缓存，它每次访问时间为 5 纳秒，并且，与例 1 相同的程序在二级缓存上的 MPI 为 0.005，那么此时该程序的总 CPI 是多少？处理器性能提升了多少？

在该例的场景下，程序在一级缓存上的 MPI 仍为 0.01，对于一级缓存未命中的数据，程序会在二级缓存查找。如果找到了，则一级缓存未命中的惩罚就等于二级缓存的访问时间，即 L1 cache miss penalty=L2 cache access time=$\frac{5 \text{ ns}}{1 \text{ ns} / 2.5 \text{ clock cycles}}$=12.5 clock cycles。如果所需数据在二级缓存仍没找到，这里的二级缓存 MPI 为 0.005，则需要访问内存查找这部分数据，二级缓存未命中的惩罚就等于内存的访问时间。所以，该程序的总 CPI 为处理器基本 CPI 加上二级缓存停顿的 CPI 和内存访问停顿的 CPI，即：

$$\text{Total CPI}_2 = \text{Base CPI} + \text{L2 stall CPI} + \text{Memory stall CPI}$$
$$= \text{Base CPI} + \text{L1 cache MPI} \times \text{L1 cache miss penalty} + \quad (9.7)$$
$$\text{L2 cache MPI} \times \text{L2 cache miss penalty}$$

根据题设条件，Total CPI$_2$=0.5+0.01×12.5+0.005×250=0.5+0.125+1.25=1.875。

由于程序的总指令数和处理器的频率不变，例 1 和例 2 中两种处理器的性能可以直接通过 CPI 来比较，即 $\frac{\text{Total CPI}_1}{\text{Total CPI}_2} = \frac{3}{1.875} = 1.6$。因此，加入二级缓存后的处理器性能是加入前性能的 1.6 倍。

综上所述，程序执行的总 CPI 可以根据存储器层次结构逐层分解，在处理器基本 CPI（即所有访问都在一级缓存命中的理想 CPI）的基础上，逐层加上各层存储器停顿的 stall CPI，并且每层存储器停顿的 stall CPI 等于前一层存储器上的每条指令未命中率 MPI 与未命中惩罚的乘积，即：

$$\text{Total CPI} = \text{Base CPI} + \text{2nd-level stall CPI} + \text{3rd-level stall CPI} + \cdots$$
$$= \text{Base CPI} + \text{1st-level MPI} \times \text{1st-level miss penalty} + \quad (9.8)$$
$$\text{2nd-level MPI} \times \text{2nd-level miss penalty} + \cdots$$

在公式（9.8）中，各级高速缓存或存储器设计的考虑因素是不同的。例如，在两级缓存结构下，一级缓存设计的容量通常较小，也更关注最小化访问时间，从而获得更小的基本 CPI；而二级缓存设计的容量通常较大，也更专注于降低每条指令未命中率，从而减少对内存的访问。

进一步地，根据公式（9.8）的 CPI 分解公式，可以估算各级高速缓存或存储器对于程序总 CPI 的贡献，这也是采用 CPI 分解方法定位处理器性能瓶颈的关键。例如，根据例 2 计算出的 Total CPI_2，基本 CPI 占比为 $0.5/1.875 \approx 27\%$，由一级缓存未命中造成的停顿 CPI 占比为 $0.125/1.875 \approx 7\%$，由二级缓存未命中造成的 CPI 占比为 $1.25/1.875 \approx 67\%$。由此可见，这里的二级缓存未命中所造成的停顿是主要的性能瓶颈。这种基于各层停顿可加性的 CPI 分解方法，可以帮助开发人员判断 CPI 偏高的主要原因，进而定位处理器的性能瓶颈，为处理器的性能验证和创新设计提供优化建议。

9.3 自顶向下的微体系结构分析方法

Intel 公司的工程师 Ahmad Yasin 在 2014 年发表了论文"A Top-Down Method for Performance Analysis and Counters Architecture"，提出了一种自顶向下的微体系结构分析方法（Top-down Microarchitecture Analysis Method，TMAM）。他认为，传统的 CPI 分解方法仅仅基于各级存储器上的未命中率和未命中惩罚来计算停顿的方法过于简单，虽然对于早期顺序执行（in-order execution）的处理器是适用的，但对于现代的乱序执行处理器则不适用，主要原因包括：

- 停顿可以重叠，因为处理器上的许多功能部件可以并行工作。例如，某个一级数据缓存未命中正在被处理的时候，后续指令可能也在一级指令缓存上未命中。
- 由于处理器采用推测执行和分支预测，因此可能执行了错误的控制路径，而来自错误路径的数据不如来自正确路径的数据重要，进而得到误导性的分析结果。
- 未命中惩罚通常是依赖工作负载的，即使对于同一工作负载和同一级存储器，在不同的工作阶段，存储器的未命中惩罚也可能不同。然而，传统的 CPI 分解方法通常会对各级存储器预设一个固定的未命中惩罚。
- 传统的 CPI 分解方法通常只考虑了一组预定义的未命中事件造成的停顿，而现代处理器的微体系结构越来越复杂，有很多原因会造成停顿，而常见的未命中事件可能只覆盖了其中一部分。
- 处理器的超标量技术可能导致 CPI 分解方法的不准确性，因为处理器可以在一个时钟周期内发射和执行多个指令，无法准确计量每条指令占用的时钟周期数。

乱序执行处理器的流水线主要分为两个部分：前端（frontend）和后端（backend）。前端负责从内存中获取指令并将其解码为微操作。这些微操作会被发射到后端。后端负责根据原始程序的执行顺序调度和执行这些微操作。

基于上述乱序执行处理器的流水线结构，Ahmad Yasin 提出了 TMAM 方法。其核心思想如图 9.1 所示。首先，在前端和后端的交界处，即发射点（issue point），判断一个微操作是否发射到后端：

- 如果成功发射，则这个微操作最终只有两种结果：一种是被成功执行，也称为退役（retiring），另一种是被发现预测错误而撤销。这两种结果分别对应退役和不良推测（bad speculation）两种顶层分类。
- 如果未成功发射，则判断该操作是否存在后端停顿（backend stall）：
  - 如果存在，则归属于后端受限（backend bound）分类。所谓后端停顿是指由于后端资源不可用（例如，缺少加载缓冲区条目）而产生的背压（backpressure）机制。在这种情况下，流水线停顿归因于后端，因为即使前端已经准备好很多微操作，也无法将它们发射到后端流水线中。
  - 如果不存在，则归属于前端受限（frontend bound）分类，即此时流水线停顿归因于前端。

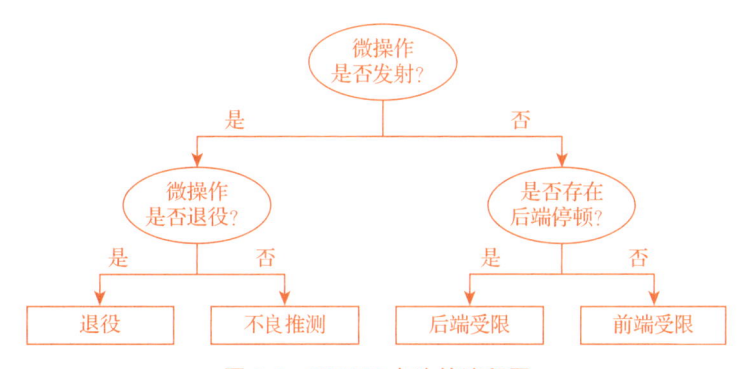

图 9.1 TMAM 方法的流程图

上面定义了 TMAM 方法的四个顶层分类，完整的层次结构如图 9.2 所示。下面以一个受一级数据缓存性能限制的工作负载为例，简述 TMAM 的使用方法。对于该工作负载，测量和收集相关性能数据，再按照 TMAM 定义的公式自顶向下计算各个分类的数据。首先对比四大类顶层节点中的数据，识别主要性能瓶颈在 backend bound 并进行标记，而其他顶层节点则不会标记，表示忽略与 frontend bound、bad speculation 和 retiring 相关的问题。接下来，从 backend bound 节点往下定位下一层原因类别。由于工作负载对缓存敏感，对比同级的 core bound 和 memory bound 节点的数据后，发现 memory bound 节点权重较大，因此 memory bound 节点被识别和标记。进一步地，深入分析造成 memory bound 的原因，通过对比同级节点的数据权重，发现并标记主要原因为 L1 bound，从而最终完成性能瓶颈定位，并建议用户关注和优化所识别的性能瓶颈。

注意，使用 TMAM 方法和层次结构时是逐层比较的，并且存在一个分层安全性属性（hierarchical-safety property）：自四个顶层节点中任一节点向下，除非到特定节点的路径上的所有节点都被标记，否则该节点在比较时应该被忽略；同时，只有同级节点的数据权重是可比较的，因为它们是在相同的流水线阶段计算的。

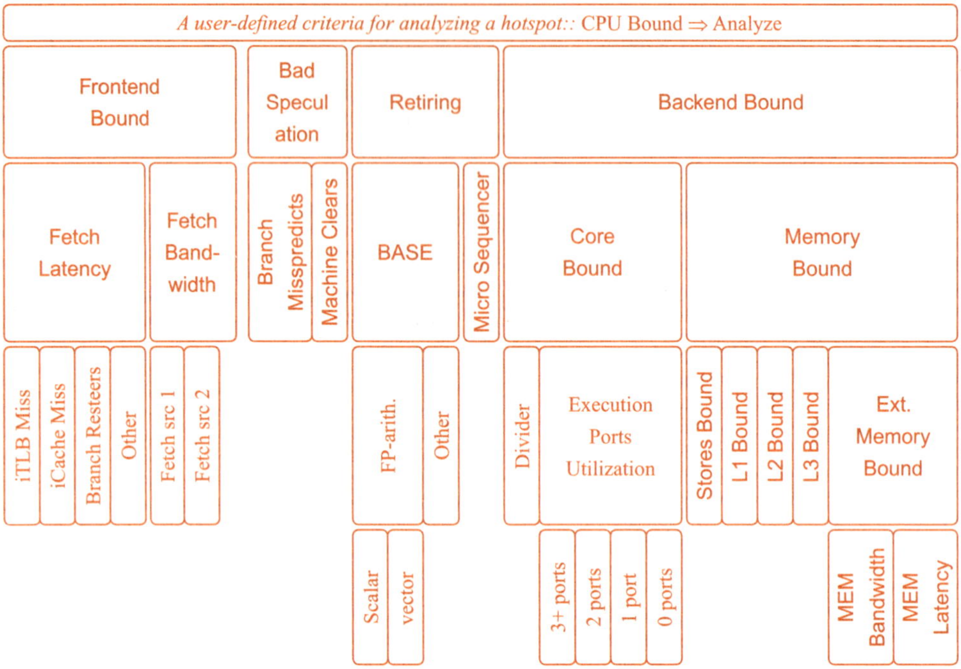

图 9.2 TMAM 方法的层次结构（图片来源自参考文献 [3]）

此外，TMAM 的分类是以流水线槽（pipeline slot）的粒度进行的，所谓的流水线槽实质上代表了处理一个微操作所需要的硬件资源。假设超标量处理器能够在一个时钟周期内最多发射 N 个微操作，那么对应地，在每个时钟周期有 N 个流水线槽可供使用。Ahmad Yasin 认为，这种基于流水线槽的细分粒度使得分析结果相比于传统的基于流水线时钟周期（pipeline cycle）粒度的 CPI 分解方法更加准确和可靠，这在判定顶层节点的时候是必要的。

TMAM 方法一经提出，就在 Intel Sandy Bridge 处理器的设计上取得了成效：通过分析性能瓶颈，引入了 Loop Stream Detector 和 Decoded I-cache 等部件，优化了处理器性能。之后，由于 TMAM 相比传统的微体系结构量化分析方法（包括处理器性能的铁律和 CPI 分解方法）更易于使用和理解，所以受到了业界广泛的关注。遵循相似的思想，Arm 公司也在 2021 年提出了 Arm Neoverse N1/V1 平台上的自顶向下的微体系结构分析方法，感兴趣的读者可以参考附录文献。

9.4 本章小结

性能分析的主要目的是定位性能瓶颈。本章从处理器性能的铁律开始，介绍微体系结构的量化分析方法，解释了每时钟周期的时长、指令路径长度和 CPI 这三个重要指标对处理器性能的影响，以及如何优化和平衡它们来帮助处理器设计和验证。程序性能优化的一个重要原则是应该考虑程序执行时间的整体优化，而不仅仅是影响性能的某个单一部分的优化。进一步地，介绍了 CPI 分解方法，包括根据不同类型的指令进行分解和根据不同停顿进行分解，这是微体系结构量化分析方法的核心内容。利用 CPI 分解方法及其累加性，开发人员可以判断造成 CPI 偏高的主要原因，进而定位处理器的性能瓶颈，为处理器的优化提供建议。现代处理器的各种复杂设计给微体系结构的准确分析带来了很多挑战。为了应对这些挑战，也为了让用户更容易理解微体系结构的分析结果，TMAM 方法在近年来得到了快速发展，从最初的 Intel 平台到 Arm 平台都有一些尝试和成功案例，推动了微体系结构性能分析的发展。

9.5 思考题

1. 通常，监控系统观测到的应用程序响应时间是该程序的 CPU 时间吗？
2. 在处理器上启用同步多线程或超线程可能对什么样的应用程序性能有益，又对什么样的应用程序性能有害？
3. 在处理器、内存等硬件配置都相同的情况下，双路服务器的性能是否就是单路服务器的两倍？为什么？
4. 既然 CPI 分解方法可能不适用于现代的乱序执行处理器，是否就意味着不能用这个方法来做微体系结构的性能分析了？为什么？
5. TMAM 方法存在哪些局限性？

CHAPTER 10

第 10 章

异构计算与编程

传统的多核计算大多为同构计算,是在具有相同类型的指令集和体系结构的硬件上进行计算。而异构计算,顾名思义,就是在具有不同类型的指令集和体系结构的系统中进行计算。将常见的计算单元,如 CPU、GPU 处理器,以及 DSP、ASIC、FPGA 等协处理器,组合起来使用就形成了异构计算,比如典型的 CPU+GPU 模式。因为异构计算使用不同的指令集和体系结构,所以其编程模式和同构(多核)计算有明显的区别,并且编程和优化的难度也更大。

本章首先概述异构计算的一些基本概念,然后介绍几个常见的并行编程框架,最后以 SYCL 为例讲解异构编程框架。

10.1 异构计算概述

10.1.1 体系结构的分类

异构计算通常存在几种不同体系结构的组合。对于不同的体系结构,需要使用不同的编程模式,以及不同的优化手段。为了更好地理解异构计算,首先需要理解不同体系结构之间的区别。业界常用的一种分类方法称为弗林分类法(Flynn's taxonomy)。弗林分类法是按照指令和数据的对应关系来进行分类的,包括单指令单数据、单指令多数据、多指令单数据和多指令多数据。

1. 单指令单数据

单指令单数据(Single Instruction Single Data,SISD)是指每次使用一条指令来控制一个数据。单指令单数据体系结构是典型的单线程标量数据的执行模式。如图 10.1 所示,执行单元每次执行一条指令,并取出对应的数据进行计算。假设需要计算两个数组对应位置的累加操作,即 $C[i]=A[i]+B[i]$,且每个数组只有 4 个元素。那么,根据 SISD,首先两个 load 指令分别读取了两个输入数据,接下来 add 操作将数据相加,最后 store 指令保存结果。在这个过程中,可以看到执行时都是一个指令对应一个数据,其中没有任何并行性,所以需要重复执行该过程 4 遍，才能处理完所有数据。

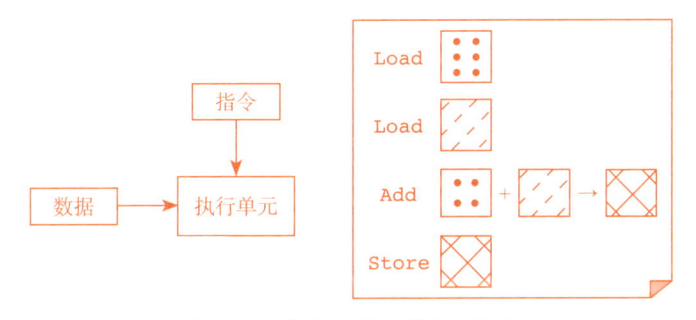

图 10.1　单指令单数据体系结构

2. 单指令多数据

单指令多数据（Single Instruction Multiple Data，SIMD）是最常用的一种向量化并行方法。CPU、GPU 等硬件广泛采用这种体系结构。与 SISD 相比，SIMD 里一条指令操作的对象是一组连续的数据（即向量），而不是单一的数据。SIMD 的优点是在同样指令的吞吐量下，数据的吞吐量得到了有效提高。如图 10.2 所示，由于一条指令可以同时在 4 个数据元素上操作，因此 SIMD 数据处理的效率是图 10.1 所示 SISD 的 4 倍。

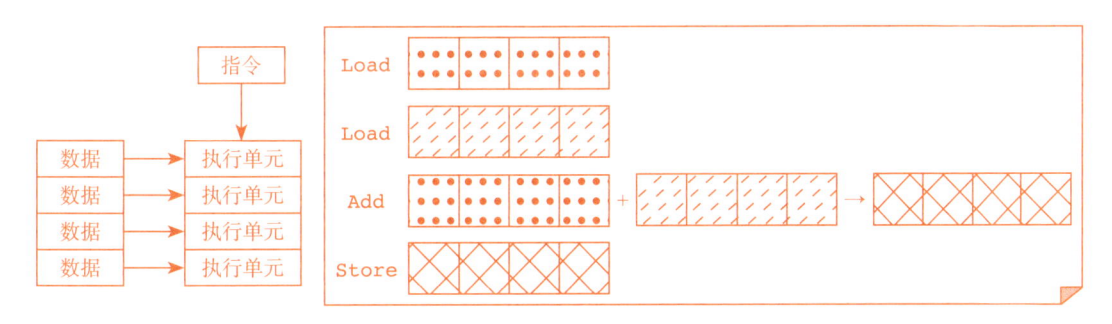

图 10.2　单指令多数据体系结构

单指令多数据的一个典型的扩展是单指令多线程（Single Instruction Multiple Threads，SIMT）。这是现代 GPU 的一种典型体系结构，它比 SIMD 更灵活，每个线程操作的多个数据不再需要是物理存储上连续的数据了，而是可以对不同位置的数据分别操作。

3. 多指令多数据

多指令多数据（Multiple Instructions Multiple Data，MIMD）是一种完全并行化的体系结构。因为每条指令和对应的数据之间都是独立的，没有依赖关系，所以这种结构非常适合并行化。如图 10.3 所示，系统中有多个独立执行任务的处理单元，它们可以分别执行不同的指令并操作不同的数据，有些执行 load 指令，有些执行 store 指令，等等。如果这些处理单元之间不需要同步，且算法上没有依赖关系，那么它们就可以完全独立地运行。

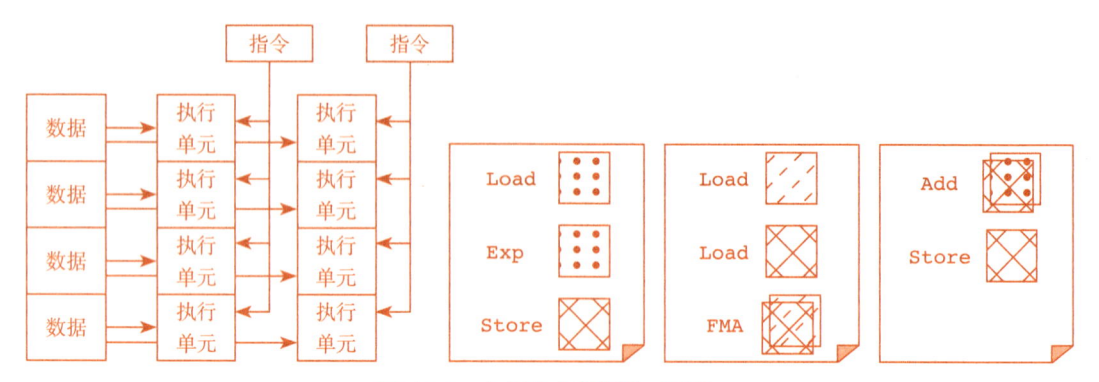

图 10.3　多指令多数据体系结构

4. 多指令单数据

多指令单数据（Multiple Instruction Single Data，MISD）在实际中很少用到，所以我们不做过多介绍。

10.1.2　异构计算的特性

在异构系统里，程序的执行具有独立性、相关性以及并行性。

独立性是指异构系统中的设备在物理上是独立的，它们通过主板或者其他方式连接在一起。这些设备的指令集、内存访问模式，以及内存空间通常是不相同的。如图 10.4 所示，可以看到 CPU 和 GPU 通过 PCIe 总线连接，GPU 和 CPU 的内存分别处于不同的物理位置，两个设备具有不同的缓存结构。

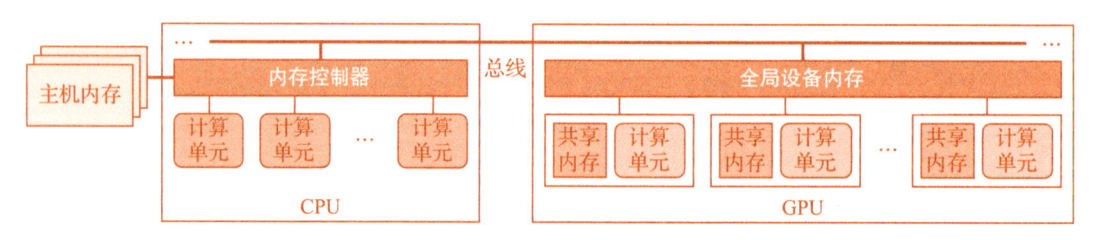

图 10.4　异构计算的独立性

相关性指的是异构设备协同工作的特性。在异构计算中，不同设备组合在一起，各自发挥优势，从而使系统资源得到最充分的利用。在图 10.5 的示例中，程序代码的初始化和后处理部分是在 CPU 上执行的，包括系统初始化、文件操作、数据存取等。尽管这些操作的代码量较大，但主要是逻辑操作且只需执行一次，因此更适合在 CPU 上运行。而热点片段代码虽然数量较少，但通常位于循环体内，是计算最密集的部分，其执行时间往往占据整体时间的 90% 以上。因此，显而易见，这部分热点片段的代码需要卸载（offload）到加速器上执行，以提高性能。

而当图 10.5 中的热点片段代码被卸载到加速器上之后，我们需要考虑如何加速这些代码，使其能够更好地并行执行，这是异构计算的另一个特性，称为并行性。

图 10.5 异构计算的相关性

10.2 并行编程框架

并行编程框架根据其特点可以分为三类：多核编程、多节点编程和异构编程。三类代表性框架如下：

1）多核编程：Pthread、OpenMP。

2）多节点编程：MPI。

3）异构编程：CUDA、OpenCL、SYCL。

这一节主要介绍多核编程和多节点编程，异构编程将会在下一节详细讲解。

10.2.1 多核编程

多核编程是发展最成熟并且使用最广泛的并行编程模式，其中最具代表性的是 Pthread 和 OpenMP。它们展示了在不同粒度上对线程的操控，Pthread 可以非常精确地控制线程，从而实现复杂的逻辑；而 OpenMP 则极大地简化了编程，程序员可以非常轻松地完成一个并行化程序。学习和体会这两种编程语言对于理解计算机体系结构和并行编程是非常有帮助的。

1. Pthread

Pthread 是 POSIX 线程的简称，它通过一套线程的 API 来控制线程的创建、同步、通信以及销毁。因此，Pthread 是一种细粒度的线程控制 API，用户可以精准地控制每个线程的行为；它的缺点则是用户需要考虑很多调度实现细节，稍有不慎，程序就会出现死锁、数据竞争等问题，而且在实际使用中，多线程程序的调试也很困难。

在正式开始介绍 Pthread 之前，我们先来回顾一些线程的基本属性。线程具有独立的线程编号、寄存器、栈指针，同时它有自己的局部变量以及返回地址。线程的这些独立特性使它们可以相互区分并且完成独立的任务。同时，不同的线程在进程中又共享了部分资源，如进程中的全局变量、文件描述符、信号等，它们之间可以通过这些共享资源进行交互。

（1）Pthread: Hello World

接下来，我们从一个简单的"Hello World"程序开始，如代码 10.1 所示。

代码 10.1　使用 Pthread 的 "Hello World" 程序

```
1  #include <pthread.h>
2  #include <stdio.h>
3
4  #define THREADS 4
5
6  void *f(void *id) {
7      int tid = *(int *)id;
8      printf("Thread %d, %ld checking in !\n", tid, pthread_self());
9      return NULL;
10 }
11
12 int main() {
13     pthread_t threads[THREADS];
14     int tid[THREADS];
15
16     for (int i = 0; i < THREADS; i++) {
17         tid[i] = i;
18         pthread_create (&threads[i], NULL, f, &tid[i]);
19     }
20
21     for (int i = 0; i < THREADS; i++)
22         pthread_join(threads[i], NULL);
23
24     printf("All threads finished !\n");
25     return 0;
26 }
```

第 1 行是引用 Pthread 的头文件，第 4 行定义了一个宏来确定要使用多少个线程。

在第 18 行，使用了第一个 Pthread 的 API，`pthread_create` 用来创建一个线程，其格式如下：

```
int pthread_create(pthread_t *restrict thread,
                   const pthread_attr_t *restrict attr,
                   void *(*start_routine)(void*),
                   void *restrict arg);
```

其中，`thread` 用于保存线程返回的线程编号；`attr` 是线程创建时的属性设置，当用户不做设置时，通过 `NULL` 作为默认配置；`start_routine` 提供了线程要执行的函数，这里的函数只能是 `void` 类型；最后的 `arg` 是 `start_routine` 传入的参数，它也必须是 `void*` 类型。虽然这里的函数和参数类型都是 `void`，但用户传入的真实数据可以是不同类型，所以在线程调用之前和线程内部，用户需要自行完成类型转换处理。

在第 14 行创建了一个数组用于保存每个线程返回的编号，线程属性传入 `NULL`。从第 6 行到 10 行定义了一个 `void*` 函数，并且将 `tid` 数组作为参数传入。

因为每次调用 `pthread_create` 只能创建一个线程，而在这个程序里我们希望创建 4 个线程，所以需要一个循环来创建线程，即第 17 行代码。在循环里，我们给每个 `tid` 赋不同的 i 值，然后利用这个数值作为自定义的线程编号。当 `pthread_create` 被系统调用之后，对应的线程将会被创建，并且执行 f 函数。虽然我们调用线程创建过程是有序的，但是线程真正被创建以及执行的顺序是不确定的，所以在编写程序时不能假定线程的执行是有序的。

在第 21 和 22 行，使用一个循环来调用 `pthread_join` 去等待每个线程执行结束，它的第一个参数就是在创建时系统返回的线程编号，注意，这不是作为参数传入的编号。

最终编译并执行这个程序，从输出结果可以看到，每个线程会打印出传递的线程编号（从 0 到 3），以及系统赋予它的线程编号。

```
1  Thread 0, 140644355581504 checking in!
2  Thread 1, 140644347188800 checking in!
3  Thread 2, 140644338796096 checking in!
4  Thread 3, 140644330403392 checking in!
5  All threads finished!
```

（2）Pthread：向量加

通过"hello world"程序，我们已经初步了解了 Pthread 的使用方法。让我们再看一个向量加的案例，如代码 10.2 所示。向量加通常会作为并行程序设计的第一个例子来讲解，因为它具有完全的并行度，并且没有任何数据和逻辑上的依赖。

代码 10.2 使用 Pthread 的向量加程序

```
1  #include <pthread.h>
2  #include <stdio.h>
3
4  #define THREADS 4
5  #define N 100
6
7  // 全局数据，所有线程可见
8  int A[N];
9  int B[N];
10 int C[N];
11
12 void *vecAdd(void *id) {
13     int tid = *(int *)id;
14     int tnum = N / THREADS;
15     printf("Thread %d, %ld checking in !\n", tid, pthread_self());
16     for (int i = tid * tnum; i < (tid + 1) * tnum; i++) {
17         C[i] = A[i] + B[i];
18     }
19     return NULL;
20 }
21
22 int main() {
23     pthread_t threads[THREADS];
24     int index[THREADS];
25
26     int workload_per_thread = N / THREADS;
```

```
27    for (int i = 0; i < N; i++) {
28        A[i] = 1; B[i] = 2; C[i] = 0;
29    }
30
31    for (int i = 0; i < THREADS; i++) {
32        index[i] = i;
33        pthread_create (&threads[i], NULL, vecAdd, &index[i]);
34    }
35
36    for (int i = 0; i < THREADS; i++) {
37        pthread_join(threads[i], NULL);
38    }
39
40    for (int i = 0; i < N; i++) {
41        if (C[i] != 3)
42            printf("\nError in %d, %d", i, C[i]);
43    }
44
45    printf("All threads finished !\n");
46    return 0;
47 }
```

在代码 10.2 中，我们仍然假设使用 4 个线程来进行并行计算，计算量是 $N=100$，所以每个线程需要计算的元素数为 $N/4$，即 25 个元素。在第 8～10 行，定义了全局的数组变量：A，B，C。这是一种简单的数据定义方法，可以保证每个线程都能直接访问到这三个数组。在主程序里，我们使用同样的方法来创建和等待线程。

每个线程函数里的计算方法和单线程基本相同，主要区别在于每个线程需要根据自己的线程编号来计算在全局空间中需要处理的数据编号。如第 16 行，此处坐标的计算是通过线程 `tid` 来确定的。

2. OpenMP

OpenMP 是一种更常用的并行化方法，比 Pthread 更简洁和易用。确切地说，OpenMP 并不是一种编程语言或者应用程序接口，它是一组编译指导语句（compiler directives or pragmas）。用户只需要在程序的对应部分添加编译指导语句就可以完成程序的并行化。在图 10.6 的示例中，`#pragma` 是编译指导语句的关键词，后面的 `parallel` 语句表明下面的部分将会被并行化。因此，在 `#pragma omp parallel` 下面的第一个左大括号 `{` 之后的内容都会被并行执行，而和它对应的右大括号 `}` 则是整个并行执行结束的位置。这也意味着，线程的创建和销毁都是由编译器自动决定的。

对于向量加的程序来说，它的表达同样非常简洁清晰。如代码 10.3 所示，我们在原有的串行程序上仅仅增加了一条语句：`#pragma omp parallel for`，就实现了一个程序的并行化。

```
int main() {
  omp_set_num_threads(4);
  // Parallel Section
  #pragma omp parallel
  {
    foo(args);
  }
  return 0;
}
```

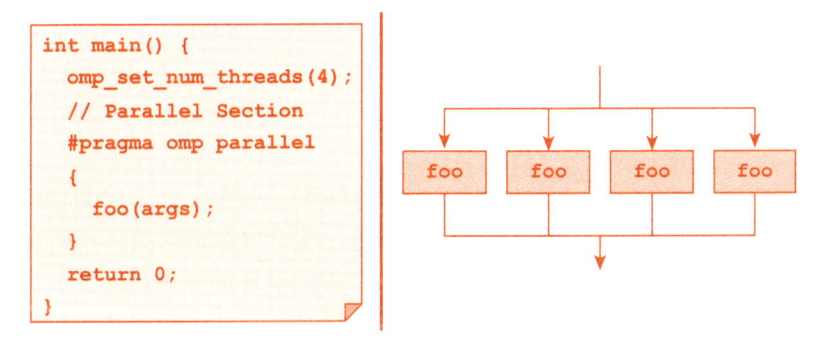

图 10.6　OpenMP 并行程序示例

代码 10.3　使用 OpenMP 的向量加程序

```
1  #include <omp.h>
2  #include <stdio.h>
3
4  #define N 100
5
6  int main() {
7      // 全局数据，所有线程可见
8      int A[N];
9      int B[N];
10     int C[N];
11
12     for (int i = 0; i < N; i++) {
13         A[i] = 1; B[i] = 2; C[i] = 0;
14     }
15
16     #pragma omp parallel for
17     for (int i = 0; i < N; i++) {
18         C[i] = A[i] + B[i];
19     }
20
21     for (int i = 0; i < N; i++) {
22         if (C[i] != 3)
23             printf("\nError in %d, %d", i, C[i]);
24     }
25
26     printf("All threads finished !\n");
27     return 0;
28 }
```

OpenMP 的并行化方法可以在源代码修改最少的情况下实现并行化，因此它的开发效率非常高。在 OpenMP 中，最主要的语法结构是在 `parallel` 指令后添加更多的控制选项，如下所示：

```
#pragma omp parallel [clause [clause] ..]
```

开发人员还可以通过 `private` 和 `shared` 指定变量的局部性和共享性。关于 OpenMP 其他的用法，读者可以查阅和参考开发手册。

10.2.2 多节点编程

MPI 是 消息传递接口（message passing interface）的缩写。之前讲到的 Pthread 和 OpenMP 都是单机多线程的编程模式，线程之间通过共享内存进行通信；而这一节讲到的 MPI 则是一种分布式编程模式。在分布式编程中，我们创建的不再是线程了，而是真正独立的进程。这些进程可以是本地主机启动的，也可以是分布式主机启动的。这些进程之间需要通过消息传递的方式来进行通信和协作。所以，MPI 是一种显式的通信编程模式，开发者需要明确地指定通信方法、数据传输模式，并且进行同步等操作。如图 10.7 所示，可以看到两个独立的进程 0 和 1，当进程 0 需要发送数据给进程 1 时，它需要显式调用 send 语句；接收方也需要显式地调用 receive 语句才可以完成数据传送。

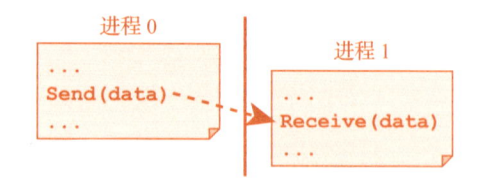

图 10.7　MPI 进程通信模式

由于 MPI 启动了多个进程，因此首先需要理解如何启动多个进程。在普通的单进程环境中，通常会做下面代码所示的编译和运行（这里我们使用常规的 GCC/G++ 编译器将源代码编译成可执行的二进制文件，接下来直接执行这个文件即可）。如果是多线程程序，更多的线程将会在 test 程序内部创建。

```
$ gcc test.c -o test
$ ./test
```

对于多进程程序，需要执行多次 test 程序才能够启动多个进程。MPI 提供了两个相应的外壳程序来隐藏这个烦琐的过程。首先，将编译器换为 `mpicc` 或者 `mpixx` 进行编译，在执行阶段利用 `mpiexec` 来指定 进程的数量（Number of Processes，NP）就可以自动运行多个进程了，并且 `mpiexec` 会根据预设的主机名或 IP 地址来启动进程。如下所示：

```
$ mpicc test.c -o test
$ mpiexec -np 4 ./test
```

下面我们仍然以 "Hello World" 程序为例来介绍 MPI 代码。如代码 10.4 所示，首先引入 mpi.h 头文件。因为 MPI 的进程在不同的主机上运行，所以需要初始化（`MPI_Init`）和结束（`MPI_Finalize`）函数来确保与其他进程建立联系并能安全释放。然后，通过 `MPI_Comm_rank` 和 `MPI_Comm_size` 得到 通信域（communication）内的当前进程编号 rank 和整体进程数目 size。与多线程编程一样，当前进程编号用于区分当前进程和其他进程，而整体进程数目用于全局计算。在此之后，便可以实现各种功能函数了。在此示例中，通过 `printf` 打印了当前进程编号以及全局进程数目。

代码 10.4　使用 MPI 的示例程序

```
1  #include <mpi.h>
2  #include <stdio.h>
3
4  int main(int argc, int **argv) {
5      int rank, size;
6
7      MPI_Init(&argc , &argv);
8
9      MPI_Comm_rank(MPI_COMM_WORLD, &rank);
10     MPI_Comm_size(MPI_COMM_WORLD, &size);
11     printf("This is the %d of %d", rank, size);
12
13     MPI_Finalize();
14     return 0;
15 }
```

通过这个程序可以看到，在 MPI 中，源代码中的任何语句都是被并行执行的。这是因为 MPI 程序本质上是在多个进程中运行的。MPI 的核心作用是让多个进程协同工作，而不再涉及并行区域的创建与销毁等管理任务。因此，可以认为 MPI 是一种多指令多数据的体系结构。

由于 MPI 是完全的进程之间并行，因此任何数据、信息（包括协同）都要用消息传递的方式来进行。MPI 中的一组基本消息传递方法是 `MPI_Send` 和 `MPI_Recv`，并且一定要成对使用。也就是说，有一个发送方的语句调用，就一定要有一个接收方的语句调用。MPI 程序经常会因为没有在程序中正确地成对使用而导致程序进入无限等待的死锁状态。

这组消息传递 API 的调用语句如下：

```
int MPI_Send(const void *buf, int count, MPI_Datatype datatype, int dest,
             int tag, MPI_Comm comm)
int MPI_Recv(void *buf, int count, MPI_Datatype datatype, int source, int tag,
             MPI_Comm comm, MPI_Status *status)
```

其中，`MPI_Send` 和 `MPI_Recv` 都是通过指定的缓存空间来存储数据，即 API 里的 `buf`；然后，指明这个存储空间里存储的数据个数和数据类型。最后的 `comm` 是需要发送和接收的两个进程所在的公共区域，在接收方，使用额外的一个 `status` 参数表示数据是否接收成功。

我们可以用这两个基本语句来实现两个进程之间的通信。在代码 10.5 所示的程序中，进程 0 把 `data` 里的前 100 个数据发给了进程 1。

代码 10.5　使用 MPI 进行两个进程的通信

```
1  #include <mpi.h>
2  #include <studio.h>
3
4  int main(int argc, int **argv) {
```

```
5      int rank, data[100];
6
7      MPI_Init(&argc, &argv);
8
9      MPI_Comm_rank(MPI_COMM_WORLD, &rank);
10     MPI_Comm_size(MPI_COMM_WORLD, &size);
11
12     if (rank == 0)
13         MPI_Send(data, 100, MPI_INT, 1, 0, MPI_COMM_WORLD);
14     else if (rank == 1)
15         MPI_Recv(data, 100, MPI_INT, 0, 0, MPI_COMM_WORLD, MPI_STATUS_
               IGNORE);
16
17     MPI_Finalize();
18     return 0;
19  }
```

建立了 MPI 的基本概念之后，再来看看 MPI 的向量加程序是如何实现的。首先，要考虑如何设计数据和计算的分配方法。常用的模式包括主从模式和对等模式。在主从模式中，主进程负责所有数据的管理，从进程则从主进程接收数据和任务，计算完成之后再将数据发回主进程。对等模式则是每个进程都具有相同的地位，它们分别管理和维护自己的数据与计算，并进行协同操作，但是不存在一个占主导地位的进程。

如代码 10.6 所示，使用主从模式实现了一个向量加程序。首先需要主进程来申请整个数据空间，并且初始化数据。而从进程所需要的空间仅仅是自己计算的部分，即 n_per_proc。所以在第 38～41 行，ap、bp、cp 申请的大小都是 n_per_proc，而不再是 n 了。

代码 10.6　使用 MPI 的向量加程序

```
1  #include <mpi.h>
2  #include <stdio.h>
3
4  #define MASTER 0
5  #define ARRAY_SIZE 1024
6
7  int main(int argc, char *argv[]) {
8      int *a = NULL, *b = NULL, *c = NULL;     // 向量加的数组
9
10     int total_proc;        // 总进程数目
11     int rank;              // 每个进程编号
12     int n_per_proc;        // 每个进程需要计算的元素个数
13     int n = ARRAY_SIZE;    // 总计算大小
14     int i;
15
16     MPI_Status status;
17
18     MPI_Init(&argc, &argv);                      // MPI 环境初始化
```

```
19      MPI_Comm_size(MPI_COMM_WORLD, &total_proc);       // 通信域中的进程总数
20      MPI_Comm_rank(MPI_COMM_WORLD, &rank);             // 当前进程在通信域中的编号
21
22      int *ap = NULL, *bp = NULL, *cp = NULL;           // 每个进程需要计算的部分
23
24      if (rank == MASTER) {                             // 主进程初始化所有数据,
                                                          // MASTER 是编号为 0 的进程
25          a = (int *)malloc(sizeof(int) * n);
26          b = (int *)malloc(sizeof(int) * n);
27          c = (int *)malloc(sizeof(int) * n);
28
29          for (i = 0; i < n; i++)
30              a[i] = i;
31          for (i = 0; i < n; i++)
32              b[i] = i;
33      }
34
35      // 所有进程都会参与下面的部分
36      n_per_proc = n / total_proc;                      // 计算每个进程的任务量
37
38      // 进程根据需要的计算量来创建空间
39      ap = (int *)malloc(sizeof(int) * n_per_proc);
40      bp = (int *)malloc(sizeof(int) * n_per_proc);
41      cp = (int *)malloc(sizeof(int) * n_per_proc);
42
43      // MPI_Send 的特殊实现方式
44      MPI_Scatter(a, n_per_proc, MPI_INT, ap, n_per_proc, MPI_INT, MASTER, MPI_
            COMM_WORLD);
45      MPI_Scatter(b, n_per_proc, MPI_INT, bp, n_per_proc, MPI_INT, MASTER, MPI_
            COMM_WORLD);
46
47      // 每个进程独立计算
48      for (i = 0; i < n_per_proc; i++)
49          cp[i] = ap[i] + bp[i];
50
51      // 主进程回收计算结果, 利用 MPI_Receive 的特殊实现方式
52      MPI_Gather(cp, n_per_proc, MPI_INT, c, n_per_proc, MPI_INT, MASTER, MPI_
            COMM_WORLD);
53
54      // 资源释放
55      if (rank == MASTER) {
56          free(a); free(b); free(c);
57      }
58      free(ap);
59      free(bp);
60      free(cp);
```

```
61
62      MPI_Finalize();
63      return 0;
64  }
```

下面的一步便是主进程把每一部分分发给所有的从进程。在 MPI 中，`MPI_Scatter` 是这个模式的一个简化版本，它是 Send 语句的一个组合形式，相当于分别向每个子进程发送 Send，子进程再调用 Recv 语句接收。`MPI_Scatter` 语句简化了这个烦琐的过程，但其本质并没有改变。读者如果有兴趣，可以尝试将 `MPI_Scatter` 换回 Send/Recv 语句。在第 44 和 45 行，通过调用两个 Scatter API 就可以把数组 a 和 b 对应的部分分发给所有的从进程。

第 48 和 49 行的计算与串行程序完全相同，此时每个进程使用的都是绝对地址。可以注意到，这里索引的范围是从 0 到 `n_pre_proc`，而不再需要通过 `rank` 来计算全局地址。读者可以想想这是为什么？

在完成所有计算后，每个进程都需要将自己的计算结果（即部分 c）发送给主进程。类似于 `MPI_Scatter`，`MPI_Gather` 采用一种简洁的方式来完成任务。最终，只有主进程会拥有所有的计算结果。

在实际应用中，往往会有部分从进程由于机器、网络等方面的故障，无法完成计算或者计算错误，那么主进程可以将相应的部分重新分配给其他进程进行再次计算。

10.3　异构编程：SYCL

这一节将主要介绍异构编程框架。当前，业界比较流行的异构编程框架有 CUDA、OpenCL 和 SYCL。在这三种编程框架中，OpenCL 的使用比较有限，业界对它的支持也在逐步减少。CUDA 使用最广泛，发展也最成熟，但由于它只支持 NVIDIA 的硬件平台，扩展性受到了很大的限制。系统层级计算语言（SYstem-wide Compute Language，SYCL）则是近年发展出的一个新兴平台，具有良好的兼容性，以及对多平台多硬件的支持。SYCL 可以运行在 NVIDIA、Intel 和 AMD 三家厂商的 GPU 硬件上，这极大地降低了开发者在不同平台重复开发的成本。接下来，我们采用 SYCL 作为本节的教学编程语言。

10.3.1　硬件设备抽象：设备和队列

当我们操作不同硬件设备时，要先能访问它。SYCL 为不同的硬件提供了访问抽象，称为设备。设备类包括预定义的设备选择和查询的方法。预定义的设备类中包含常见的硬件设备，如 CPU、GPU、FPGA 等。`device_selector` 类支持运行时选择特定设备，CPU 对应 `cpu_selector`，GPU 则对应 `gpu_selector`。在下面的例子中，我们通过 `gpu_selector{}` 即可返回一个使用系统默认 GPU 设备的对象。同时，需要创建一个独立的队列用于提交任务。所以在下面的程序里，我们利用 `gpu_selector{}` 作为参数来创建一个队列，通过这个队列就可以访问设备相应的信息了。此外，在下面的例子里，我们通过 `get_device()` 得到设备信息，然后查询对应的设备名称。

```cpp
1  #include <CL/sycl.hpp>
2  #include <iostream>
3  using namespace sycl;
4  int main () {
5      queue my_gpu_queue( gpu_selector{} );
6      std::cout << "Selected GPU device: " << my_gpu_queue.get_device().get_info<info::device::name>() << "\n" ;
7      return 0;
8  }
```

对于 SYCL 的程序，可以使用 `icpx` 编译。在下面的例子中，当前系统默认的 GPU 为 Intel Xe 系列的显示卡。

```
$ icpx -fsycl gpu_selector.cpp
$ ./a.out
Selected GPU device: Intel(R) Iris(R) Xe MAX Graphics [0x4905]
```

10.3.2 数据访问方法

在异构系统中，各种设备往往在物理上就是分开的，如图 8.11 所示，不同的设备具有自己独立的存储系统。在异构系统中编程，第一步就是将数据从 CPU 端传递到异构设备，然后在设备端进行相应的计算，最后把计算结果从异构设备传递回 CPU。

在 SYCL 中要实现上述流程，既可以采用隐式的方法，又可以使用显式的方法。隐式的方法只需要指定在不同设备之间共享哪些数据，那么在数据被使用的时候，系统会触发数据移动操作，从而将数据移动到需要的地方。隐式数据移动方法的实现比较简单，适用于数据结构复杂、有分支判断的程序。因为在这类程序里，我们无法事先知道哪些数据是真正需要的，而提前将过多的数据移动到异构设备端会造成很大的资源浪费。显式的数据移动方法需要用户手动调用 API 来指定将哪些数据从什么地方移动到什么地方。这种方式看起来比较麻烦，但优点是用户可以提前进行数据传递，当计算程序开始运行时，数据已经准备就绪，而不需要再等待数据传递了。

下面的 API 展示了不同的内存申请和释放方法。其中，`malloc_device` 方法是在设备端申请内存，而 `malloc_host` 方法则是在主机端申请内存。另外，`malloc_shared` 方法是我们所说的隐式方法，用户不需要关心数据起始的位置，而只需要指定大小。

```cpp
void* malloc_host(size_t size, const sycl::queue& q);
void* malloc_device(size_t size, const sycl::queue& q);
void* malloc_shared(size_t size, const sycl::queue& q);
void free(void* ptr, sycl::queue& q);
```

如果使用显式的内存移动方法，就需要利用 `memcpy` 来进行数据移动，它的用法和 C 语言里的 `memcpy` 大体是一致的，具体的 API 如下：

```
void* queue.memcpy(void* destination, const void* source, size_t num);
```

10.3.3 并行性表达

在完成数据传递之后，下一个目标就是实现程序并行化了。对于程序员来说，首先需要思考哪里可以并行化。显然，需要并行化的是那些耗时大并且会被反复执行的代码。循环就符合这个特征，它的执行是以固定模式重复进行的。

如图 10.8 所示，在下面的一个简单循环中，将 1024 个数据分别相加，循环就是 1024 次。假设有 1024 个独立执行的线程，每一个线程做一个计算，整个计算就可以在一步之内完成了。

```
for(int i = 0; i < 1024; i++) {
    a[i] = b[i] + c[i];
}
```
（a）串行表达

```
launch N kernel instances
{
    int id = get_instance_id();
    c[id] = a[id] + b[id];
}
```
（b）并行表达

图 10.8　SYCL 的并行性表达

这就是一个最简单的并行程序。虽然并行编程比较复杂，但是在实际应用场景中，大约 80%～90% 的并行程序都非常简单的。

在 SYCL 中，对于 for 循环的并行化可以直接用 `parallel_for` 来实现，示例代码如下：

```
1  my_gpu_queue.submit([&](handler& h) {
2      // 并行计算
3      h.parallel_for(range{N}, [=](id<1> item) {
4          device_mem[item] *= 2;
5      });
6  }); // 将任务提交到 GPU 设备的队列
7
8  // 等待计算任务完成
9  my_gpu_queue.wait ();
10
11 // 将 GPU 设备内存的数据传递回主机内存
12 my_gpu_queue.memcpy(host_mem, device_mem, N * sizeof(int)).wait();
```

`parallel_for` 的第一个参数 `range` 指定并行化区域的大小，这里通常就是我们要处理的任务空间。第二个参数是每个线程的索引，在上例中就是 `item`。`item` 是一个对象，它包括了不同的功能函数，比如 `get_id()` 用于返回当前线程的编号，`get_range()` 得到当前创建的线程组的大小。也可以直接使用 `item` 本身作为编号，从而完成一个最简单的数组值翻倍的运算。

在 SYCL 中，最小的执行单元是工作线程（workitem），一定数量的工作线程会组成一个工作组（workgroup）。在上例中，我们只指定了工作线程的任务，运行时（runtime）会根据硬件的配置信息和算法自动确定工作组的大小，并创建工作组。

10.3.4 软硬件结合

通过前面几节的学习，我们已经可以编写比较简单的 GPU 内核程序，并且能够顺利运行了。当我们想要进一步提高内核性能时，了解硬件相关的知识以及 SYCL 内核的运行机制就必不可少了。

本章使用 Intel Xe Max 系列 GPU 作为案例，如图 10.9 所示[一]，它包括 6 个子计算模块（subslice），工作组（workgroup）会被映射到 GPU 的子计算模块上。

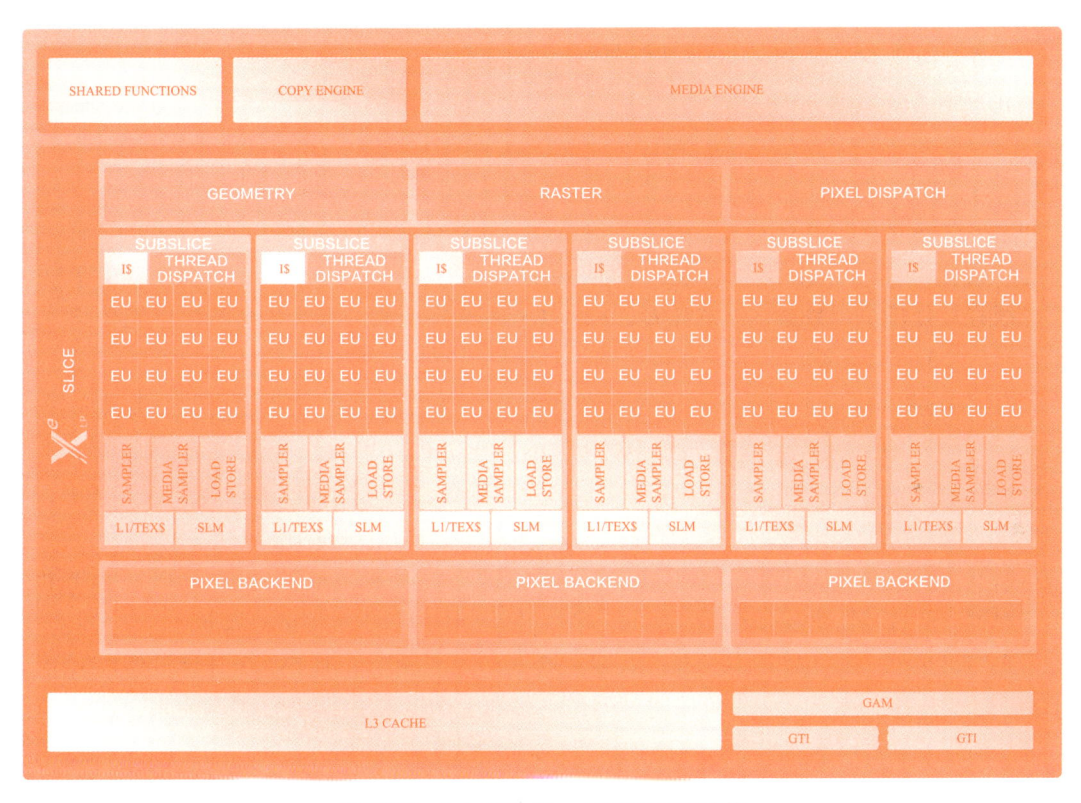

图 10.9 Intel Xe Max 系列 GPU 结构

假设在现有的硬件架构下，如果将任务分配到 4 个工作组中会出现什么情况？因为每个工作组只会被分配到一个硬件的子计算模块上，那么 6 个子计算模块里只有 4 个分配到了任务，其他 2 个模块则处于空闲状态，也就是说，整个系统只有 2/3 的计算资源处于运行

[一] 图片来源：https://images.anandtech.com/doci/16210/Xe_Header.jpg。

状态，而 1/3 是空闲的。这样的分配方法显然不是最优的。

进一步深入到子计算模块，每个子计算模块中包括 16 个执行单元（Execution Unit，EU）、一块共享的一级缓存、一块共享内存（Shared Local Memory，SLM）以及内存的 Load/Store 单元。执行单元是 GPU 中实际进行运算的部分。为了提升计算效率，执行单元不会一次只处理一个数据，而是采用 SIMD 执行方式。如图 10.10 所示，一个执行单元内包含两个算术逻辑单元，它们各自处理 4 个数据，因此同时有 8 个数据在一个执行单元内运行。由于执行单元内只有一套指令控制逻辑，例如分支和发送单元，因此这些数据会被赋予相同的操作，这正是 SIMD 体系结构的本质。

现在让我们进一步考虑如何充分利用 GPU 资源。如果在每个子计算模块上只运行一个工作组，那么这个工作组需要多少个工作线程（假设一个工作线程只处理一个数据）才能充分利用所有执行单元的计算资

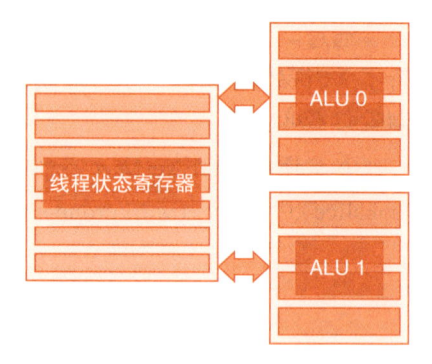

图 10.10　GPU 执行单元的结构

源呢？可以通过反向计算来解决这个问题。一个执行单元可以同时处理 8 个数据，而一个子计算模块有 16 个执行单元，因此可以同时处理的数据量是 8×16=128 个数据。由于一个工作线程只处理一个数据，这意味着，一个工作组至少需要 128 个工作线程才能填满一个子计算模块的计算资源。

在考量过执行单元的计算资源之后，我们进一步考虑性能。第一，工作组其实需要更多的工作线程来处理数据。如图 10.10 所示，一个执行单元里有多个线程状态寄存器（thread state register file），它用于保存线程的当前状态，因此线程可以做到零成本切换。在 Xe Max GPU 里有 7 组线程状态寄存器，所以可以同时保存 7 组工作线程的状态。当一组工作线程在等待数据的时候，其他工作线程可以被轮换上来继续执行。这是一种面向吞吐的计算模型，这时，是通过在一个工作组里执行更多的工作线程来隐藏延迟的。

第二，虽然一个工作组只能被分配到一个子计算模块上，但是一个子计算模块上可以运行多个工作组。那么，我们可以通过创建更多的工作组来提高 GPU 的利用率，这样在单个工作组任务量不够的情况下，多个工作组可以同时运行。

在了解了如何将计算任务有效地分配到 GPU 之后，我们很容易发现，之前的内核代码没有办法自己指定工作组的大小，这也在很大程度上限制了用户的灵活度。

显示指定计算组：ND_Range

基本并行内核是实现 for 循环的简便方法，而开发者无法精确地控制工作组和任务划分。ND_Range 内核是一种增强的并行表达方法，它能够实现更精确的任务划分控制，并且将任务的执行和硬件的计算单元对应起来。ND_Range 的定义如下：

```
template <int Dimensions = 1>
class nd_range {
public:
    nd_range(range<Dimensions> global, range<Dimensions> local);
    range<Dimensions> get_global_range() const;
    range<Dimensions> get_local_range() const;
    range<Dimensions> get_group_range() const;
}
```

`sycl::nd_range` 同时定义了工作组和全局空间的索引。它会作为参数被传递给 `parallel_for`。现在我们试试将之前的 `range` 内核改写为 `nd_range` 内核。

在下面的程序片段中，`nd_range` 的第一个参数依然是 N，它表明要处理的整个任务的大小，而第二个参数则是工作组的大小。

```
1 h.parallel_for(nd_range<1>(N, 64), [=](nd_item<1> item){
2     auto idx = item ...;
3     device_mem[idx] *= 2;
4 });
```

假设 N 是 1024，工作组大小是 64，即 64 个工作线程处于一个工作组，所以一共有 1024/64=16 个工作组。对于这个程序来说，如果将它运行在一个有 32 个子计算模块的 GPU 上，那么只有一半的子计算模块能够分配到计算任务。

在这种情况下，可以先考虑减小工作组的大小。比如，可以将工作组的大小从 64 减少到 32，这样就会有 1024/32=32 个工作组了，从而确保至少每个子计算模块上都有一个工作组在运行。

10.3.5 案例分析：矩阵乘法

在本章的最后，我们回顾一下矩阵相乘的问题，考虑如何使用 GPU 来实现。

如图 10.11 所示，矩阵 $A_{m \times k}$ 和矩阵 $B_{k \times n}$ 是输入矩阵，矩阵 $C_{m \times n}$ 是输出矩阵，对于其中的每一个点 (i, j)，通过矩阵 A 第 i 行和矩阵 B 的第 j 列元素逐个相乘加得到对应的值。

将上述过程写成代码。输出矩阵就是外层的 i 和 j 循环，而对于每一个点的计算就是最内层的 k 循环，整个代码片段就是一个三层循环。这里，读者可以考虑下，当需要并行化这个程序的时候，应如何选择 for 循环来并行化？

```
1 for (i = 0; i < M; ++i)
2     for (j = 0; j < N; ++j)
3         for (k = 0; k < K; ++k)
4             c[i][j] += a[i][k] * b[k][j];
```

在上面的代码中有三层循环。最内侧的循环是将结果统一加到最终的输出中，如果并行化这一层，那么不同的线程就会往同一个地址更新计算结果，从而产生写冲突。可见，这一层并不是并行化区域。而外面两次循环控制的是输出的位置，每一个输出计算都是独立的，所以并行化外面的两层循环是一个自然的选择。

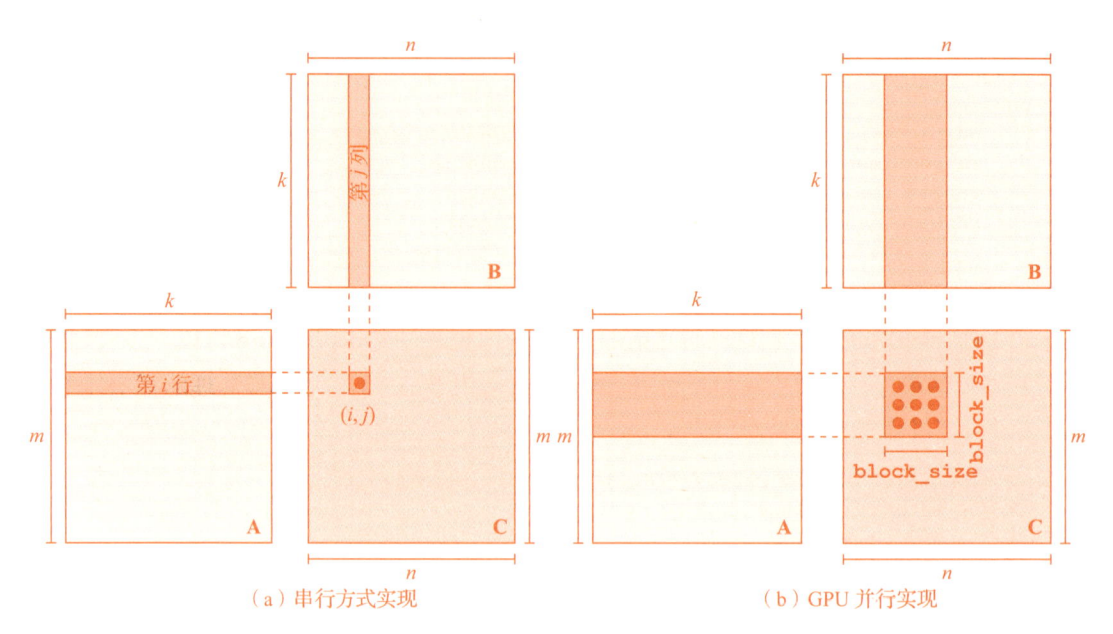

(a)串行方式实现 　　　　(b)GPU 并行实现

图 10.11　使用 SYCL 实现矩阵乘法

如图 10.11 所示，我们的设计是以输出 **C** 为目标，让每一个计算组计算一个固定大小的方块，计算组里的每一个计算线程计算一个输出点。假设计算组大小是 `block_size`×`block_size`，那么整个任务会被分成（M/block_size）×（N/block_size）个工作组。

由此，我们得到完整的 SYCL 代码如下。对于最内层循环 k，代码几乎和串行代码一致。而外层的 i 和 j 则被 `parallel_for` 代替。`grid_row` 和 `grid_col` 用于计算出整个内核需要的工作组的数量，而每个工作组的大小则通过 `local_ndrange` 来定义。

```
1  double gpu_kernel(float *A, float *B, float *C,
2                   int M, int N, int K,
3                   int block_size, sycl::queue &q) {
4      // 定义工作组的大小与映射关系
5      auto grid_rows = (M + block_size - 1) / block_size * block_size;
6      auto grid_cols = (N + block_size - 1) / block_size * block_size;
7      auto local_ndrange  = range<2>(block_size, block_size);
8      auto global_ndrange = range<2>(grid_rows, grid_cols);
9
10     double duration = 0.0f;
11     auto e = q.submit([&](sycl::handler &h) {
12         h.parallel_for<class k_name_t>(
13             sycl::nd_range<2>(global_ndrange, local_ndrange), [=](sycl::nd_
                 item<2> index) {
14             int row = index.get_global_id(0);
15             int col = index.get_global_id(1);
```

```
16
17                  float sum = 0.0f;
18
19                  for (int i = 0; i < K; i++) {
20                      sum += A[row * K + i] * B[i * N  + col];
21                  }
22                  C[row * N + col] = sum;
23              });
24          });
25          e.wait();
26
27          duration += (e.get_profiling_info<info::event_profiling::command_end>()
                  - e.get_profiling_info<info::event_profiling::command_start>())
                  /1000.0f/1000.0f;
28
29          return (duration);
30      }
```

10.4 本章小结

本章概述了异构计算的体系结构分类和关键特性，并详细介绍了并行编程框架。首先介绍了多核编程框架 Pthread 和 OpenMP，之后介绍了多节点编程框架 MPI。最后，以 SYCL 编程语言为例，详细介绍了异构编程的基本概念和用法。

10.5 思考题

1. 同构计算和异构计算有什么区别？请举出一些同构计算和异构计算的例子并分析其运作模式。
2. CPU 和 GPU 是如何协同工作的？`parallel_for` 是如何将计算任务分配和映射到 GPU 上的？
3. 请用 OpenMP、Pthread、MPI 以及 SYCL 分别实现二维卷积（convolution）算法，并测量不同版本的性能，检查计算结果的正确性。假设输入图像的大小为 256×256，卷积核窗口是 3×3，滑动步幅为 1，不考虑边界填充。
4. 对第 3 题中的二维卷积算法，如何在 GPU 上提升其性能？如何考量计算任务的分配？提示：考虑在算法中，计算组是怎样映射到子计算模块的，卷积的具体计算又是如何映射到计算单元的，以及算法是否最大化利用了硬件资源。

第四部分

编译优化

应用负载的行为是各种编程语言编写的程序在特定输入的情况下运行在具体的硬件平台上所表现出来的动态运行特征。编译器作为重要的系统软件之一，负责把高级语言编写的源程序变换成在目标指令集结构上能够运行的程序，对程序的性能起着至关重要的作用。理解和运用编译优化是实现软件系统优化的一个重要手段。

这一部分介绍编译优化的方法，包含六章。第 11 章介绍源程序级别的常见优化方法，以便读者掌握如何通过对源代码的改动来获得潜在的优化收益；第 12 章对编译器进行了一个概要的描述和介绍，让读者大致了解编译器的概念、功能、分类、架构以及运行机理；为了让读者进一步理解编译器的输出以及执行程序如何在目标机器上运行，第 13 章概要介绍了指令集架构，并以 Intel 的 x86-64 架构作为例子简单介绍了 x86-64 的汇编语言；第 14 章介绍了编译器如何把一个 C 程序转换成中间表示（Intermediate Representation，IR），并进一步转换成汇编代码的；第 15 章讨论了编译器可以完成的常见优化，明确指出有些优化是超出现有编译器的优化能力的，进而阐述了编译优化的挑战；为了更进一步地理解程序的动态行为，第 16 章介绍了程序插桩的概念、工具及方法，并以一个编译优化机会识别的例子阐述了如何通过分析执行代码插桩信息来识别代码优化机会，进一步提升编译器的优化能力。

第 11 章　源程序级别的常见优化方法
第 12 章　编译器概述
第 13 章　目标指令集架构与汇编语言
第 14 章　C 程序的汇编代码生成
第 15 章　编译器的优化能力
第 16 章　程序插桩与优化机会识别

CHAPTER 11

第 11 章

源程序级别的常见优化方法

软件系统的优化需要全栈思维,即从应用负载到基础软件,再到硬件系统进行通盘考虑,因为性能的瓶颈可能存在于整个软件栈和硬件栈的各个角落。从优化的角度来说,如果能在应用负载的设计和开发阶段就拥抱优化思维,则应用负载的性能会有质的飞跃。在阐述编译器可以对程序进行什么样的优化之前,我们先尝试理解作为程序的并发者可以对源程序做什么样的优化以提升程序的性能。

11.1 程序的工作量

一个程序的工作量是指在给定的输入情况下,此程序运行时所执行的所有操作的总和。按照常规的理解,如果一个程序的工作量减少了,则此程序的执行时间会相应缩短。的确,在大多数情况下,上述这个关系是成立的。然而,计算机系统是一个复杂的系统,一个程序在计算机系统上运行时的动态行为非常复杂。由于计算机系统上有诸多硬件支持程序的并行执行,不存在数据相关的任务或指令在计算机系统上可以并行执行。从优化的角度来说,减少一个程序中并行执行指令的工作量,程序的实际执行时间并不一定会缩短。尽管如此,减少程序的工作量还是可以作为此程序总执行时间减少的一个重要参考,因此优化的一个重要方向就是减少程序的工作量。这也是很多算法优化工作的重点,即通过算法优化来减少程序的工作量。以排序算法为例,快速排序算法的平均时间复杂度为 $O(n\log_2 n)$,而插入排序算法的平均时间复杂度为 $O(n^2)$,一般认为快速排序算法比插入排序算法更加优化。

Jon Bentley 是世界著名的计算机科学家,被誉为实践探索先锋、影响算法发展的十位大师之一。他在卡内基梅隆大学任教的 6 年时间里,培养的学生包括 TCL(Tool Command Language,TCL/TK)语言设计者 John Ousterhout、Java 语言设计者 James Gosling 以及《算法导论》的作者之一 Charles Leiserson。宾利法则(Bentley Rule)就是 Jon Bentley 提出的,原始的宾利法则包括以下两部分:

- 关于程序工作量优化的法则。
- 关于如何在各种计算机架构上进行程序优化的法则。

前一部分是宾利法则的主要内容，我们把这一部分法则独立出来，称为新宾利法则（参见图11.1）。

新宾利法则的内容主要是通过对数据结构、程序逻辑、循环以及函数进行优化来减少工作量，理解新宾利法则有助于写出高效的代码，也有助于编译器的开发者进一步思考哪些优化可以在编译器中实现、哪些优化很难在编译器中实现。新宾利法则的主要内容参见图11.2，我们将在下面各个小节对这些优化方法中的主要内容进行简单介绍。

图 11.1 宾利法则

数据结构优化
- 打包和编码
- 数据增添
- 预先计算
- 编译时做初始化
- 缓存
- 延迟计算
- 稀疏性

程序逻辑优化
- 常数折叠与传播
- 公共子表达式消除
- 代数恒等替换
- 创建快速通道
- 逻辑短路
- 判断排序
- 组合判断

循环优化
- 循环不变量外提
- 设置"哨兵"
- 循环展开
- 循环合并
- 消除无用迭代

函数优化
- 函数内联
- 尾递归消除
- 粗化递归

图 11.2 新宾利法则

11.2 数据结构优化示例

用什么样的数据结构来表示数据以及掌握高效使用选定数据结构的方法将对程序的工作量产生重大的影响，我们将在这一节中介绍几种常见的数据结构优化方法。

11.2.1 打包和编码

在这里，数据编码（encoding）是指把数据表示成计算机程序可以理解和操作的方式。在数据结构的优化中，打包（packing）是指在原来存储一个数值的存储空间里面存储两个或者两个以上的数值，也就是说，相应数值对应的编码用更少的位数就可以表示。

以日期的编码为例，2022年10月12日可以用16字节的字符串来表示，即表示成"October 12, 2022"的形式。这种表示方法的优点是打印出来比较直观，也比较容易求取一个日期中年、月、日的值，然而日期之间的运算会比较复杂。比如，已知两个日期的值，要求取两个日期之间相隔的天数，如果是基于日期的字符串表示来计算，程序将会非常复杂。

假如我们只考虑从公元前4096年到公元4096年之间的日期，大约有 $365.25 \times 8192 \approx 3\,000\,000$ 天，因此可以用22位（$\lceil \log_2(3000000) \rceil$）的编码来表示，这样用4字节（32位）就足以表示公元前4096年到公元4096年之间的任意一天。之所以不用3字节（24位）来表示，是因为考虑到内存对齐的问题。这种编码方式节省了数据的存储空间，也容易计算两个日期之间的天数。然而，给定一个用这种编码方式表示的任意日期值，确定此日期所在的月份需要比较复杂的运算。与此相反，在用字符串表示日期的方式下确定此日期所在的月份会比较简单。

从上面两种编码方式的比较可以看出：程序开发中选用何种编码方式来表示数据比较高效，这个问题没有明确的答案，在很大程度上取决于对数据将会进行怎样频繁的操作。也就是说，需要根据数据结构的使用方法来合理设计数据结构。

日期的编码还可以进一步采用打包的方式（参见图 11.3）。在这种编码表示中，年、月、日用位域来表示，分别占用 13 位、4 位及 5 位。虽然加起来也是 22 位，但在这种表示下，年、月、日的值可以被单独访问，因此对年、月、日的操作更加方便。从这里可以看出：打包和解包、编码和解码，这些操作的工作量和频度都是我们设计数据结构时需要仔细考虑的问题。

```
typedef struct {
    int year:  13;
    int month:  4;
    int day:    5;
} date_t;
```

图 11.3 采用位域的方式来表示年月日

11.2.2 数据增添

数据增添（augmentation）是指在一个数据结构中通过添加一些额外信息来减少基于此数据结构进行常见操作的工作量。

以单向链表为例（每个单向链表有一个头指针指向单向链表的第一个节点），单向链表的一个常见操作是与另外一个单向链表串联，即把一个单向链表附加在另外一个单向链表后面（如图 11.4 所示）。这样一个串联操作需要先从第一个单向链表的表头开始遍历，一直遍历到第一个链表的最后一个节点，然后调整第一个链表中最后一个节点指向下一个节点的指针，使其指向第二个链表的第一个节点。

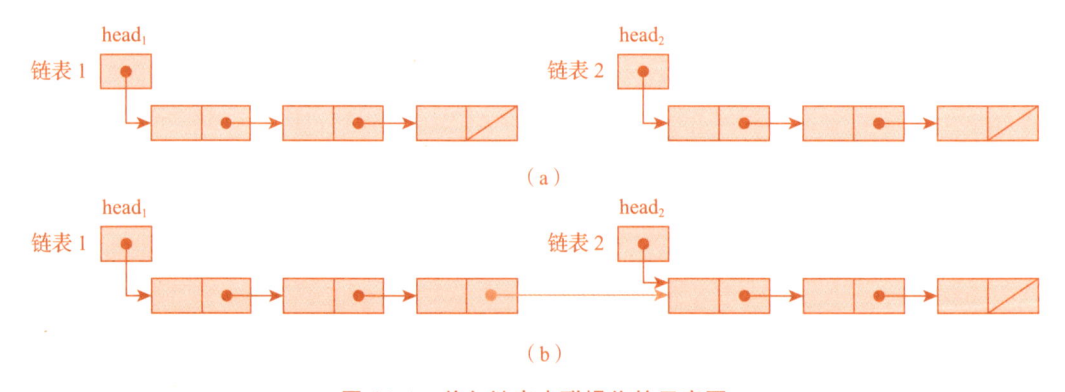

图 11.4 单向链表串联操作的示意图

由于上述单向链表串联操作需要遍历第一个链表，工作量和第一个链表的长度成正比。为了减少单向链表串联操作的工作量，我们可以考虑给单向链表的数据结构增加一个尾指针，以指向单向链表的最后一个节点（尾节点）（参见图 11.5a）。这样，两个单向链表的串联操作可以简化如下：通过第一个单向链表的尾指针找到此单向链表的尾节点，并让此尾节点内指向下一个节点的指针指向第二个单向链表的首节点，最后再调整第一个链表的尾指针，使其指向第二个链表的尾节点（参见图 11.5b）。通过增加尾指针，可以在链表串联时省掉对第一个链表的遍历操作，这也是一种以增加空间来换取时间减少的做法。

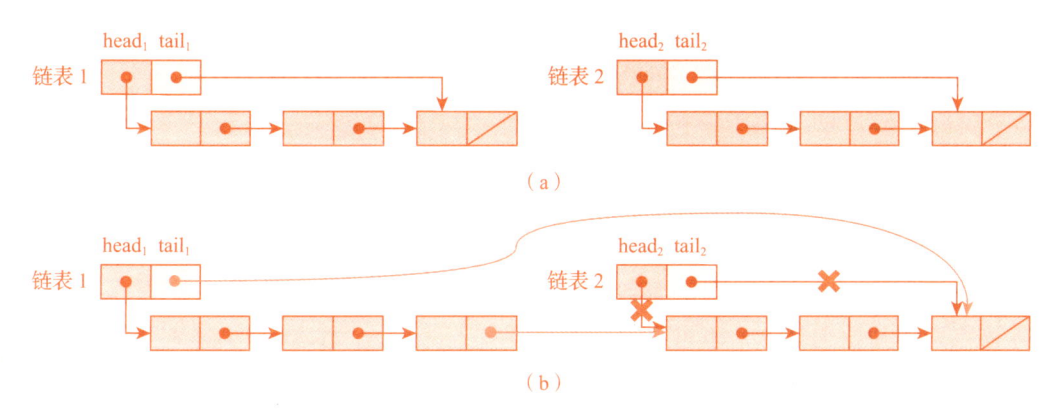

图 11.5 增加尾指针后单向链表的串联操作示意图

11.2.3 预先计算

预先计算（precomputation）的思想是提前进行计算以避免在程序运行的时候占用程序运行时间来执行计算。以二项式系数的计算公式 $C(n,k) = \dfrac{n!}{k!(n-k)!}$ 为例，假如把计算阶乘的方法编写成一个函数 `factorial(int n)`，通常情况下 $C(n, k)$ 的结果可以通过三次函数调用并按如下表达式计算求得：

```
factorial(n) / (factorial(k) * factorial(n - k))
```

然而，上述的二项式系数求取方法不但在计算阶乘时要执行多次整数乘法而导致开销很大，还有可能在整数乘法的执行过程中导致溢出。如果每次引用一个二项式系数都需要计算一次这个二项式系数的值，那么开销是非常大的。减少程序运行过程中计算量的一种方法是预先计算好常用的二项式系数值，并把这些计算好的二项式系数值存放在一个数组中，然后在需要用到某个二项式系数时通过引用数组元素就可以取得相应的二项式系数的值。当然，计算二项式系数可以采用计算量更小的方法。

根据递推公式 $C(n, k) = C(n-1, k-1) + C(n-1, k)$，假设计算 $C(n, k)$ 的 C 函数名为 `choose`，则代码 11.1 是 `choose` 的递归实现。很明显，这里只用到了加法而没有使用乘法，从而大大减少了工作量。

代码 11.1 求解二项式系数的递归函数

```
1    int choose(int n, int k) {
2        if(n < k) return 0;
```

```
3        if(n == 0) return 1;
4        if(k == 0) return 1;
5        return choose(n - 1, k - 1) + choose(n - 1, k)
6    }
```

通过 n 和 k 不同值的遍历调用代码 11.1 中的递归函数，可以计算出一个二项式系数表，图 11.6 是 $0 \leq n \leq 8$ 时的二项式系数表，比如，C(8, 3) 对应的是图中第 8 行第 3 列的值（行和列的值从 0 开始而不是从 1 开始）。

由于代码 11.1 中的递归实现涉及频繁的函数递归调用，而函数递调用的开销会极大影响程序的性能。即使是对如图 11.6 所示的二项式系数表的初始化计算，也可以采用更加简单的非递归算法以加快初始化程序的执行速度。假设 $n < 100$，相应的二项式系数数组的初始化程序可以用代码 11.2 所示的非递归

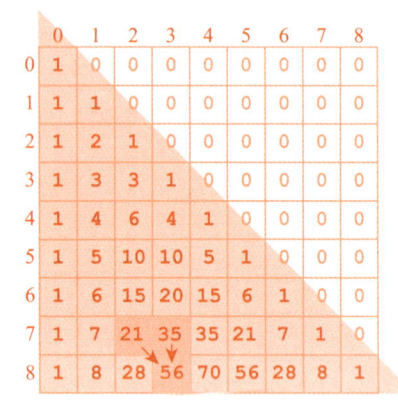

图 11.6 $0 \leq n \leq 8$ 时的二项式系数表示意图

函数来实现，而程序中后续对每个二项式系数值 C(n, k) 的引用可以通过直接引用数组元素 choose[n][k] 来实现。

代码 11.2 $n < 100$ 条件下二项式系数数组的初始化程序

```
1    #define CHOOSE_SIZE 100
2    int choose[CHOOSE_SIZE][CHOOSE_SIZE];
3
4    void init_choose () {
5        for (int n = 0; n < CHOOSE_SIZE; ++n) {
6            choose[n][0] = 1;
7            choose[n][n] = 1;
8        }
9        for (int n = 1; n < CHOOSE_SIZE; ++n) {
10           choose [0][n] = 0;
11           for (int k = 1; k < n; ++k) {
12               choose[n][k] = choose[n - 1][k - 1] + choose[n - 1][k];
13               choose[k][n] = 0;
14           }
15       }
16   }
```

11.2.4 编译时做初始化

预先计算让初始化函数提前求取所需要的数值，在引用时无须重复计算，这在一定程度上减少了程序的工作量。然而，预先计算是在程序运行的时候完成的，仍然需要占用程序的运行时间。如果能把程序运行时进行的某些计算（特别是一些常量数据的初始化）从执

行程序中独立出来，则会进一步减少程序运行时的工作量。

编译时做初始化（compile-time initialization）的思想就是在编译的时候把一些常量存放在数据结构内，以避免在程序运行时计算那些常量。

还是以二项式系数为例，假如我们编写的程序需要引用到 $n < 10$ 的二项式系数值，则可以在程序中定义如代码 11.3 所示的数组。在程序中用到 $n < 10$ 的二项式系数值时，直接引用数组 choose 的相关元素即可。

代码 11.3 $n < 10$ 条件下二项式系数数组的初始化

```
1   int choose [10][10] = {
2       { 1,   0,   0,   0,   0,   0,   0,   0,   0,   0 },
3       { 1,   1,   0,   0,   0,   0,   0,   0,   0,   0 },
4       { 1,   2,   1,   0,   0,   0,   0,   0,   0,   0 },
5       { 1,   3,   3,   1,   0,   0,   0,   0,   0,   0 },
6       { 1,   4,   6,   4,   1,   0,   0,   0,   0,   0 },
7       { 1,   5,  10,  10,   5,   1,   0,   0,   0,   0 },
8       { 1,   6,  15,  20,  15,   6,   1,   0,   0,   0 },
9       { 1,   7,  21,  35,  35,  21,   7,   1,   0,   0 },
10      { 1,   8,  28,  56,  70,  56,  28,   8,   1,   0 },
11      { 1,   9,  36,  84, 126, 126,  84,  36,   9,   1 }
12  }
```

那代码 11.3 中数组元素的值是从哪里得来的呢？其实，我们可以基于代码 11.2 的初始化代码，添加代码 11.4 的主函数 main，从而自动生成代码 11.3 中的数组定义。

代码 11.4 $n < 10$ 条件下二项式系数数组初始化代码的自动生成

```
1   int main(int argc , const char *argv[]) {
2       init_choose();
3       printf("int choose [10][10] = {\n");
4       for(int a = 0;a < 10; ++a) {
5           printf(" {");
6           for(int b = 0; b < 10; ++b) {
7               printf("%3d ,", choose[a][b]);
8           }
9           printf("},\n");
10      }
11      printf("};\n");
12  }
```

上述这种通过程序的运行来生成新的程序的方法叫作元程序设计（metaprogramming）。元程序设计在开发大型软件时是经常用到的方法，不但可以提升编程效率，还便于进行程序的灵活定制与修改，并减少由于手工输入带来的程序错误。

11.2.5 缓存

在这里，缓存（caching）是指保存已经计算过的结果，在下次做同样的计算时只需访问已经保存的结果而不需要重新计算。比如，在计算算术平方根的例子（参见图 11.7）中，图中上面那个框内的代码实现是常用的函数写法，而下面那个框内是引入了缓存优化后的代码实现。引入缓存优化后的代码实现是否真的减少了程序运行时的工作量取决于 `hypotenuse` 的连续调用是否使用了相同的实参组合（A 和 B），只有当 `hypotenuse` 的连续调用使用了相同的实参组合时，这个引入缓存优化的实现才减少了工作量。如果大多数情况下，`hypotenuse` 的连续调用传入了不同的实参组合，程序的工作量不减反增。

假如在实际调用 `hypotenuse` 的场景中，实参组合（A 和 B）的缓存命中有 2/3 的概率，则图 11.7 下面那个框内的代码实现比上面那个框内的代码实现可以快大约 30%。

```
inline double hypotenuse (double A, double B) {
    return sqrt(A * A + B * B);
}
```

引入缓存优化 →

```
double cached_A = 0.0;
double cached_B = 0.0;
double cached_h = 0.0;

inline double hypotenuse (double A, double B) {
    if (A == cached_A && B == cached_B) {
        return cached_h;
    }
    cached_A = A;
    cached_B = B;
    cached_h = sqrt(A * A  + B * B);
    return cached_h;
}
```

图 11.7　通过引入缓存来减少工作量的程序示例

11.2.6　稀疏性

最快的计算就是不做任何计算。如果有些数据结构里存储有大量的空值或者零，则称这类数据结构具有稀疏性，或者把这类数据结构称为稀疏数据结构。对于稀疏性比较高的数据结构，一种直观的优化思路是避免对零的计算和存储。

以图 11.8 中的矩阵与向量间的乘法为例，如果采用普通的矩阵表示和相应的算法，需要执行 6×6 = 36 次乘法，而这 36 次乘法中只有 14 次乘法的因子不含零，也就是说，其实 22 次乘法是不必要做的。

针对稀疏矩阵的一种优化数据结构表示是压缩稀疏行格式（Compressed Sparse Row，CSR）。以图 11.8 中的矩阵为例，采用压缩稀疏行格式可以将图 11.8 中的矩阵表示成如图 11.9 的形式。矩阵的压缩稀疏行格式主要用 3 个一维数组 `rows`、`cols` 和 `vals` 来表示一个稀疏矩阵。其中，`rows[i]` 存储的是 `cols` 和 `vals` 的下标，表示矩阵第 i 行的非零值存储在数组 `vals` 的第 `rows[i]` 个元素到 `rows[i+1]`-1 个元素之间，而非零值的列号（行号为 i）从小到大依次存储在数组 `cols` 的第 `rows[i]` 个元素到第 `rows[i+1]`-1 个元素之间。此外，在矩阵的压缩稀疏行格式表示中，一个 n 行的矩阵需要占用一个额外的元素 rows[n]，rows[n] 的值设置成 cols 和 vals 中有效元素的最大下标值再加上 1。

比如，对于图 11.8 中的稀疏矩阵，如果要访问第 1 行第 2 列（行号和列号从 0 开始）的元素，按照图 11.9 的 CSR 表示，先读取 rows[1] 的值（rows[1] = 2）。因为 rows[2]−1 = 6−1 = 5，所以从 cols[2] 到 cols[5] 之间找到列号等于 2 的那个元素。cols 的第 3 个元素 cols[3] 等于 2，再从 vals 的第 3 个元素 vals[3] 中读取相应的值，读取的便是矩阵中第 1 行第 2 列元素的值。

图 11.8 一个稀疏矩阵和向量的乘法示例

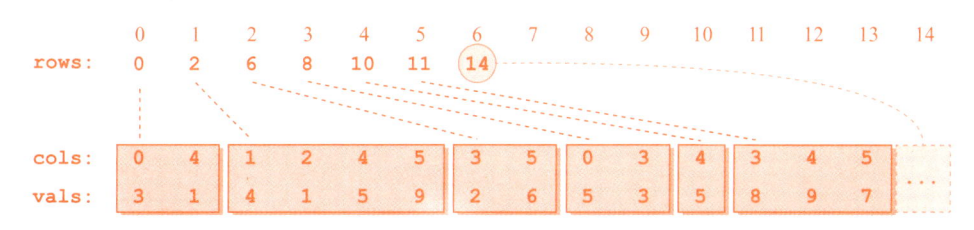

图 11.9 图 11.8 中矩阵的压缩数据行格式表示

假设一个 $n \times n$ 的稀疏矩阵中有 nnz 个元素的值不等于零，按照矩阵的普通二维数组表示，需要 n^2 个存储空间；而按照上述压缩稀疏行格式，表示这个稀疏矩阵只需要 ($n + 1 + 2 \times nnz$) 个存储空间。对于稀疏矩阵来说，采用压缩稀疏行格式通常比普通的二维数组需要的存储空间少。

采用矩阵的压缩稀疏行格式后，矩阵和向量的乘法可以用代码 11.5 来实现。在这个实现中，总共需要执行 nnz 次乘法。而对于稀疏矩阵来说，nnz 一般比 n^2 要小得多。也就是说，采用压缩稀疏行格式来表示稀疏矩阵不但可以降低对存储空间的需求，也可以有效地减少工作量。当然，存储和工作量的减少与矩阵的稀疏程度密切相关。

代码 11.5 采用 CSR 格式表示的稀疏矩阵与向量的乘法实现

```
1  typedef struct {
2      int n, nnz;
3      int *rows;       // length n
4      int *cols;       // length nnz
5      double *vals;    // length nnz
6  } sparse_matrix_t ;
7
8  void spmv(sparse_matrix_t *A, double *x, double *y) {
9      for (int i = 0; i < A->n; i++) {
10         y[i] = 0;
11         for (int k = A->rows[i]; k < A->rows[i + 1]; k++) {
12             int j = A->cols[k];
```

```
13            y[i] += A->vals[k] * x[j];
14        }
15    }
16 }
```

矩阵也是表示图（graph）数据结构的常用方式。对于 n 个节点的有向图，可以用 $n \times n$ 的矩阵 **M** 来表示这个图，如果图中的节点 i 和节点 j 之间有一条边 $i \rightarrow j$，则给 **M**$[i, j]$ 的值赋 1。如果边上有权重，则给 **M**$[i, j]$ 的值赋上边 $i \rightarrow j$ 的权重。根据前面关于稀疏矩阵的介绍，如果有向图中节点之间的边不多，这个图的相应矩阵就成为稀疏矩阵，于是就可以用压缩稀疏行格式来表示。

以图 11.10 左部的有向图为例，这个图的压缩稀疏行格式可以表示成图 11.10 右部的形式。在图 11.10 右部中，对于图 11.10 左部中的节点 i，以节点 i 为起点的有向边共有 `Offsets[`i`+1] - Offsets[`i`]` 条，这些边的终点可以从 `Edges` 中找到，分别位于 `Edges` 中下标从 `Offsets[`i`]` 到 `Offsets[`i`+1] - 1` 的位置。以节点 1 为例，`Offsets[1]` = 2，`Offsets[2]` = 5，这说明从 1 出发的边有 3 条，分别是 `Edges[2]`、`Edges[3]` 和 `Edges[4]`。

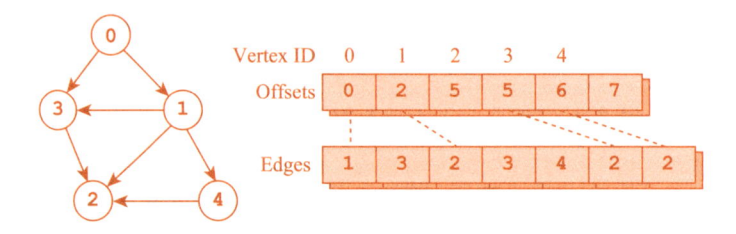

图 11.10　静态稀疏图的存储

如果稀疏有向图的边上有权重，可以在 `Offsets` 和 `Edges` 的基础上再加一个 `Weights` 数组。数组 `Weights` 的元素个数与 `Edges` 的元素个数相同，不过里面存放的值是权重。也就是说，对于节点 i，如果 `Offsets[`i`]` < `Offsets[`i` + 1]`，则 `Weights[Offsets[`i`]]` 的值就是 $i \rightarrow$ `Edges[Offsets[`i`]]` 这条边的权重。还有一种权重的表示方法是把数组 `Edges` 的元素从节点号扩展成（节点号，权重）二元组。这两种方法各有利弊，特别是对高速缓存内数据的局部性有不同的影响，具体选用哪种方法依赖于对图的常用操作方式。

对于静态稀疏图（即图的节点和边不会发生改变的图），上述的压缩稀疏行格式表示法可以让很多图算法更加有效地执行，这些图算法包括图的宽度优先算法、PageRank 算法等。

11.3　程序逻辑优化

程序逻辑存在许多可以优化的机会，我们在这一节中简单介绍几种针对程序逻辑的常见优化。

11.3.1 常数折叠与传播

常数折叠与传播（constant folding and propagation）的思想是在编译阶段对常数表达式进行计算，如果某个变量的值在编译阶段进行计算后确定为常数，则进一步对程序中关于这个变量的引用进行常数替代。

比如，对于代码 11.6 所示的程序片段，函数 `orrery` 中定义的这些常量都可以在编译的时候被计算，在后续程序中对它们的引用都可以替换成各自计算出来的常数值。

代码 11.6　常数折叠与传播程序示例

```
1  #include <math.h>
2  void orrery() {
3      const double radius = 6371000.0;
4      const double diameter = 2 * radius;
5      const double circumference = M_PI * diameter;
6      const double cross_area = M_PI * radius * radius;
7      const double surface_area = circumference * diameter;
8      const double volume = 4 * M_PI * radius * radius * radius / 3;
9      // ...
10 }
```

11.3.2 公共子表达式消除

公共子表达式消除（common-subexpression elimination）的主要思想是对于程序中出现的公共子表达式（表达式相同，而且表达式的两次出现之间表达式中的变量没有被重新赋值），为避免重复计算，在第一次对公共子表达式进行计算后，把计算出来的值存储在某个变量里，以便用这个变量来替换后续公共子表达式的出现。

在图 11.11 左边的程序片段中，只有 `a - d` 是公共子表达式，而 `b + c` 由于在两次出现之间存在对 `b` 的重新赋值，因此不是公共子表达式。对于公共子表达式 `a - d` 的第二次出现，可以用 `b` 来替代（如图 11.11 右边的程序片段所示）。

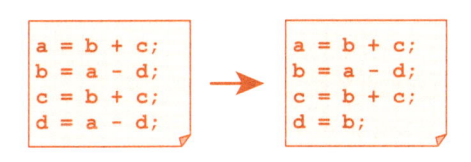

```
a = b + c;          a = b + c;
b = a - d;    →     b = a - d;
c = b + c;          c = b + c;
d = a - d;          d = b;
```

图 11.11　公共子表达式消除示例

11.3.3 代数恒等替换

在数学上，等价的代数表达式可以互相替换。在编程实践中，开销比较大的代数表达式可以用开销相对小的等价代数表达式来替换，这就是编程中的代数恒等替换（algebraic identities）思想。

在图 11.12 中，左边的代码实现了判断两个球体是否相撞的功能。在这里，判断两个球体是否相撞的依据是两个球体球心之间的距离是否小于或者等于两个球体的半径之和。因为求取两个球心之间的距离需要进行平方根运算，而在数学上，$\sqrt{u} \leq v$ 这个判断条件和 $u \leq v^2$ 这个判断条件在 u 和 v 都是非负数时是等价的，所以图 11.12 中左边代码中 `collides` 函数的实现可以用图 11.12 中右边的代码来替换，从而把平方根运算替换成了开销相对较低的平方运算，进而提升程序的性能。

```c
#include <stdbool.h>
#include<math.h>

typedef struct {
    double x;    // x-coordinate
    double y;    // y-coordinate
    double z;    // z-coordinate
    double r;    // radius of ball
} ball_t;

double square(double x){
    return x* x;
}
bool collides(ball_t *b1, ball_t *b2){
    double d = sqrt(square(b1->x - b2->x)
            + square(b1->y - b2->y)
            + square(b1->z - b2->z));
    return d <= b1->r + b2->r;
}
```

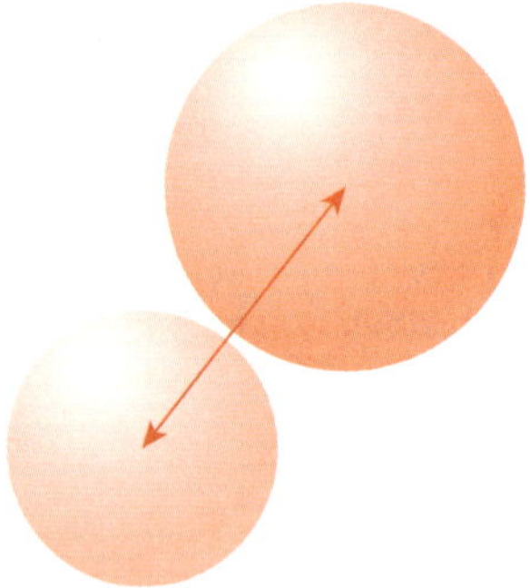

```c
bool collides(ball_t *b1, ball_t *b2){
    double dsquared = square(b1->x - b2->x)
            + square(b1->y - b2->y)
            + square(b1->z - b2->z));
    return dsquared <= square(b1->r + b2->r);
}
```

图 11.12 利用代数恒等替换进行优化的示例

11.3.4 创建快速通道

在程序的逻辑判断中，如果在大多数情况下用一些简单的逻辑就可以完成判断，而无须进入更加复杂的逻辑判断，那么在程序逻辑中就可以把那些简单的逻辑判断写在前面，从而使得程序在大多数情况下不进入复杂的逻辑判断，以减少工作量。这就是编程逻辑中创建快速通道（creating a fast path）的思想。

在图 11.12 所示的判断两个球体是否相撞的例子中，如果两个球体的球心在 x、y、z 任一方向的投影距离大于两个球体的半径之和，那么这两个球体一定不会相撞。根据这个判断原则，图 11.12 中的 `collides` 函数可以通过创建快速通道（creating a fast path）的方法进一步优化（如图 11.13 所示）。这样的优化使得 `collides` 函数在大多数情况下都可以在函数的前期判断后返回，从而避免进行函数后部的 4 个平方计算。

11.3.5 逻辑短路

逻辑短路（short-circuiting）的主要思想是在进行一系列测试判断时，一旦测试判断的答案已经知晓，则可以马上结束测试判断，以避免浪费时间和资源做无效的工作。

在 C 语言中，逻辑与（&&）和逻辑或（||）是常见的两个短路运算符，只要参与逻

辑与的布尔表达式中有一个布尔表达式的值为假，则整个逻辑与运算的结果必为假；只要参与逻辑或的布尔表达式中有一个布尔表达式的值为真，则整个逻辑或运算的结果必为真。

```
bool collides(ball_t *b1, ball_t *b2){
    double dsquared = square(b1->x - b2->y)
                    + square(b1->y - b2->y)
                    + square(b1->z - b2->z));
    return dsquared <= square(b1->r + b2->r);
}
```

```
bool collides(ball_t *b1, ball_t *b2){
    if ((abs(b1->x - b2->x) > (b1->r + b2->r)) ||
        (abs(b1->y - b2->y) > (b1->r + b2->r)) ||
        (abs(b1->z - b2->z) > (b1->r + b2->r)))
        return false;
    double dsquared = square(b1->x - b2->y)
                    + square(b1->y - b2->y)
                    + square(b1->z - b2->z));
    return dsquared <= square(b1->r + b2->r);
}
```

图 11.13　创建快速通道的逻辑优化示例

假如整型数组 A 有 n 个元素，而且 A 的所有元素之和不产生溢出，则判断 A 的所有元素之和是否大于某个阈值 limit 的逻辑可以实现成如图 11.14 左边所示的程序。但从逻辑上来说，如果一个数组的局部和大于 limit，则此数组的所有元素之和必定大于 limit。按照这个逻辑，图 11.14 左边的程序可以用图 11.14 右边的程序来替代，以逻辑短路的形式减少了工作量。

```
#include <stdbool.h>
// All elements of A are nonnegative
bool sum_exceeds(int *A, int n, int limit) {
    int sum = 0;
    for(int i = 0; i < n; i++) {
        sum += A[i];
    return sum > limit;
}
```

```
#include <stdbool.h>
// All elements of A are nonnegative
bool sum_exceeds(int *A, int n, int limit) {
    int sum = 0;
    for(int i = 0; i < n; i++) {
        sum += A[i];
        if (sum > limit) {
            return true;
        }
    }
    return false;
}
```

图 11.14　逻辑短路的程序示例

当然，针对图 11.14 中的例子，严格来说逻辑短路后的代码不一定比逻辑短路前的代码更加优化，这在很大程度上依赖于数组 A 中元素及 limit 的取值分布情况。因为经逻辑短路优化后的代码在循环中引入了条件判断，这个条件判断也是有开销的。在这个例子的循环迭代中，"逻辑短路"发生得越早，优化收益就越大。正是因为程序性能的"敏感性"，所以对于一个特定的优化，我们需要理解这个优化在什么情况下有效果、在什么情况下可能没有效果，这样才能针对具体的应用场景采取合理有效的优化方式。

11.3.6 判断顺序

与前面介绍的逻辑短路相关，在进行一系列逻辑判断时，我们可以通过重新调整每个子判断的顺序（ordering test）尽早得出整体判断的结果，以减少计算量。

以图 11.15 中左边的程序为例，函数 `is_whitespace` 实现了判断一个字符 c 是否为空白字符的功能。在这个函数里，如果一个字符是回车符、tab 缩进符、空格或者换行符，则判断条件成立。由于通常情况下空格和换行符的出现概率较高，因此在 `if` 语句的条件判断中，通过把判断字符 c 是否为空格或者换行符的判断放在前面（如图 11.15 中右边的程序所示），可以减少每次调用 `is_whitespace` 函数时 4 个子判断的平均执行次数。

```
#include <stdbool.h>
bool is_whitespace(char c) {
    if(c == '\r' || c == '\t'
    || c == ' ' || c == '\n') {
        return true;
    }
    return false;
}
```

```
#include <stdbool.h>
bool is_whitespace(char c) {
    if(c == ' ' || c == '\n'
    || c == '\t' || c == '\r') {
        return true;
    }
    return false;
}
```

图 11.15　逻辑判断的顺序调整示例

同样，如果在一个复杂的逻辑判断中，各个子判断之间是逻辑与的关系，则可以把不成立概率比较高的子判断放到整个逻辑判断系列的前面。

在实践中，如果各个子判断的开销有比较大的差别，一般把开销比较小的子判断放在前面，而把开销比较大的子判断放在后面。

11.3.7 组合判断

组合判断（combining test）的思想是把一系列子判断组合替换成一个判断或者一个 `switch` 语句。以三个 1 位整数的加法为例，假如 a、b 和 c 都是 1 位的整数，则 a + b + c 的结果可以用图 11.16a 中的真值表来表示。其中，`sum` 表示 a + b + c 的和，`carry` 表示加法是否产生进位，对应的常规程序实现如图 11.16b 中的程序片段所示。

如果我们把图 11.16a 中真值表的 a、b、c 看成一个整体，即看成一个长度为 3 的二进制数：

```
((a == 1) << 2) | ((b == 1) << 1) | (c == 1)
```

则 a、b、c 三个 1 位整数加法的代码实现可以参见图 11.16c 中的程序，从而减少了很多条件判断。

a	b	c	carry	sum
0	0	0	0	0
0	0	1	0	1
0	1	0	0	1
0	1	1	1	0
1	0	0	0	1
1	0	1	1	0
1	1	0	1	0
1	1	1	1	1

（a）

```
void full_add(int a, int b,
              int c, int *sum,
              int *carry) {
  if (a == 0) {
    if (b == 0) {
      if (c == 0) {
        *sum = 0; *carry = 0;
      } else {
        *sum = 1; *carry = 0;
      }
    } else {
      if (c == 0) {
        *sum = 1; *carry = 0;
      } else {
        *sum = 0; *carry = 1;
      }
    }
  } else {
    if (b == 0) {
      if (c == 0) {
        *sum = 1; *carry = 0;
      } else {
        *sum = 0; *carry = 1;
      }
    } else {
      if (c == 0) {
        *sum = 0; *carry = 1;
      } else {
        *sum = 1; *carry = 1;
      }
    }
  }
}
```

（b）

```
void full_add(int a, int b,
              int c, int *sum,
              int *carry) {
  int test = ((a == 1) << 2)
           | ((b == 1) << 1)
           | (c == 1);
  switch(test) {
    case 0:
      *sum = 0; *carry = 0;
    case 1:
      *sum = 1; *carry = 0;
    case 2:
      *sum = 1; *carry = 0;
    case 3:
      *sum = 0; *carry = 1;
    case 4:
      *sum = 1; *carry = 0;
    case 5:
      *sum = 0; *carry = 1;
    case 6:
      *sum = 0; *carry = 1;
    case 7:
      *sum = 1; *carry = 1;
  }
}
```

（c）

图 11.16　三个 1 位整数加法的实现

当然，这个例子也可以采用预先计算的方法来实现（参见代码 11.7），从而避免了条件判断的使用，进一步减少了工作量。

代码 11.7　三个 1 位整数加法的预先计算实现方法

```
void full_add(int a, int b, int c, int *sum , int *carry) {
    static int SUM[8] = { 0, 1, 1, 0, 1, 0, 0, 1 };
    static int CARRY[8] = { 0, 0, 0, 1, 0, 1, 1, 1 };
    int index = ((a == 1) << 2 | ((b == 1) << 1) | (c == 1));
    *sum = SUM[index];
    *carry = CARRY[index];
}
```

11.4　循环优化

循环通常是程序中工作量最大的代码部分，针对循环的优化有助于减少工作量和程序运行时间。我们在这一节中简单介绍几种常见的循环优化方法。

11.4.1 循环不变量外提

如果循环体内一个表达式的计算结果不会随循环迭代次数的变化而变化，则这个表达式对于这个循环来说可以看成常量，它的计算可以被提到循环体之外，从而避免每次循环迭代都对此表达式进行重复计算，例如图 11.17 中的 `exp(sqrt(M_PI / 2))`。这种优化方法叫作循环不变量外提（hoisting）。

```
#include <stdbool.h>
void scale(double *X, double *Y, int N) {
    for(int i = 0; i < N; i++) {
        Y[i] = X[i] * exp(sqrt(M_PI / 2));
    }
}
```

```
#include <stdbool.h>
void scale(double *X, double *Y, int N) {
    double factor = exp(sqrt(M_PI / 2));
    for(int i = 0; i < N; i++) {
        Y[i] = X[i] * factor;
    }
}
```

图 11.17　循环不变量外提示例

11.4.2 设置"哨兵"

为了简化边界条件的判断逻辑，特别是循环出口的测试，有时需要在数据结构内设置一些特殊的"假值"（dummy value），这些特殊的"假值"被称为"哨兵"（sentinel）。

以图 11.18 中判断一个非负数数组 `A` 的元素之和是否溢出的程序为例，左边的实现采用了逻辑短路的方法，只要有局部和溢出（非负数数组元素的和变成了负数）就直接返回 `true`。然而，由于每执行一次循环体都要进行一次"溢出判断"，因此这个函数的执行效率有待优化。图 11.18 中右边的程序通过增加 `A[n]` 和 `A[n+1]` 两个数组元素（值分别设为 `INT64_MAX` 和 1，其中 `A[n+1]` 可以设成是任意的正整数），把 `for` 循环变成了对任何非负数数组 `A` 都可以满足循环退出条件的 `while` 循环，从而简化了循环体的实现。在这个例子中，`A[n]` 和 `A[n+1]` 都是"哨兵"。

```
#include <stdint.h>
#include <stdbool.h>
bool overflow(int64_t *A, size_t n) {
// All elements of A are nonnegative
    int64_t sum = 0;
    for(size_t i = 0; i < n; ++i) {
        sum += A[i];
        if(sum < A[i]) return true;
    }
    return false;
}
```

```
#include <stdint.h>
#include <stdbool.h>
// Assume that A[n] and and A[n+1] exist and
// can be clobbered
bool overflow(int64_t *A, size_t n) {
// All elements of A are nonnegative
    A[n] = INT64_MAX;
    A[n+1] = 1;     //or any positive number
    size_t i = 0;
    int64_t sum = A[0];
    while(sum >= A[i]) {
        sum += A[++i];
    }
    if(i < n) return true;
    return false;
}
```

图 11.18　设置"哨兵"示例

11.4.3 循环展开

循环展开（loop unrolling）试图把连续的若干个循环迭代变成一个更大的循环迭代，从而减少循环迭代的总次数，并相应地减少循环控制指令的执行次数。循环展开通常分成以下两类：

- **完全循环展开**：所有的循环迭代都被展开，整个循环变成顺序执行的语句序列（参见图 11.19a）。
- **部分循环展开**：只有若干个（不是全部）循环迭代被展开，部分循环展开后循环体变大，循环迭代次数减少。图 11.19b 是一个循环展开 4 次的例子，展开后代码中的第二个循环是为了处理 n 不能被循环展开次数（这里为 4）整除的情况。

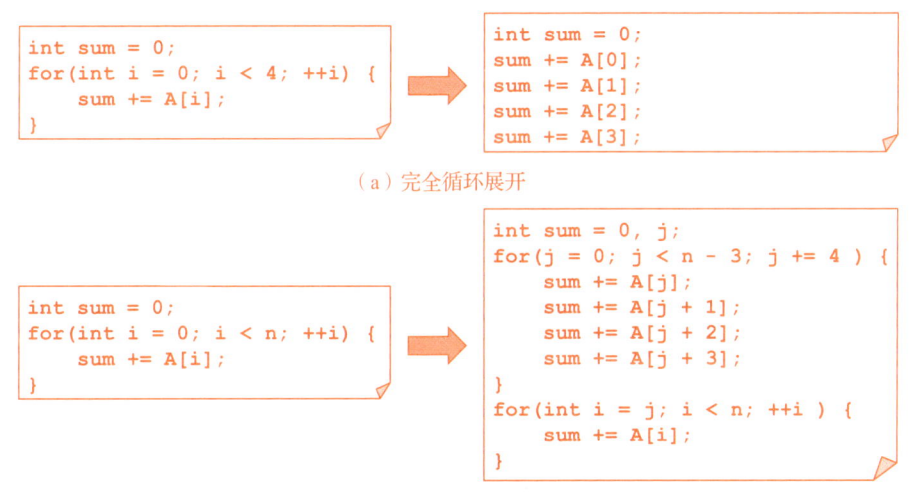

```
int sum = 0;
for(int i = 0; i < 4; ++i) {
    sum += A[i];
}
```
➡
```
int sum = 0;
sum += A[0];
sum += A[1];
sum += A[2];
sum += A[3];
```

（a）完全循环展开

```
int sum = 0;
for(int i = 0; i < n; ++i) {
    sum += A[i];
}
```
➡
```
int sum = 0, j;
for(j = 0; j < n - 3; j += 4 ) {
    sum += A[j];
    sum += A[j + 1];
    sum += A[j + 2];
    sum += A[j + 3];
}
for(int i = j; i < n; ++i ) {
    sum += A[i];
}
```

（b）部分循环展开

图 11.19 循环展开示例

循环展开除了能减少循环控制指令的执行次数外，展开后增大的循环体也将为编译优化带来更多的机会。但是，必须控制好循环展开的次数，以免代码量的增大影响指令高速缓存的行为。

11.4.4 循环合并

循环合并（loop fusion）的思想是把两个或者多个具有相同循环迭代次数的循环合并成一个循环，以减小循环控制的开销。当然，循环合并的原则是必须保证合并前后程序的语义等价。也就是说，并不是具有相同循环迭代次数的两个循环都可以简单合并。

图 11.20 是一个循环合并的简单示例。通常来说，循环合并除了可以减少循环控制指令的执行次数，还会导致循环体变大，从而带来更多的优化机会，但同时也会对高速缓存的行为带来影响。

```
for(int i = 0; i < n; ++i) {
    C[i] = (A[i] <= B[i]) ? A[i] : B[i];
}
for(int i = 0; i < n; ++i) {
    D[i] = (A[i] <= B[i]) ? B[i] : A[i];
}
```

```
for(int i = 0; i < n; ++i) {
    C[i] = (A[i] <= B[i]) ? A[i] : B[i];
    D[i] = (A[i] <= B[i]) ? B[i] : A[i];
}
```

图 11.20 循环合并示例

11.4.5 消除无用迭代

消除无用迭代（eliminating wasted iteration）的思想是修改循环的边界条件以避免执行那些实际上循环体为空的循环迭代。以图 11.21 中的矩阵转置程序为例，通过修改内层循环的上界，整个循环迭代空间可以缩小一半。

```
for(int i = 0; i < n; ++i) {
    for(int j = 0; j < n; ++j) {
        if(i > j) {
            int temp = A[i][j];
            A[i][j] = A[j][i];
            A[j][i] = temp;
        }
    }
}
```

```
for(int i = 0; i < n; ++i) {
    for(int j = 0; j < i; ++j) {
        int temp = A[i][j];
        A[i][j] = A[j][i];
        A[j][i] = temp;
    }
}
```

图 11.21 消除无用迭代的例子

11.5 函数优化

在模块化编程的实践中，函数是频繁使用的功能封装。对于任何一门编程语言，在某一指令集架构上运行此编程语言编写的程序都需要遵循函数调用规范，因此会带来一定的函数调用开销（传参、系统状态保存/恢复、返回值传递等）。在这一节中我们将简单介绍减少函数调用开销的常见优化方法。

11.5.1 函数内联

函数内联（function inlining）的思想是通过把函数调用替代成被调用的函数体来避免函数调用的开销（参见图 11.22）。当然，函数内联的一个副作用是会增大内联后程序的代码量，特别是当一个被内联的函数在程序的不同地方被多次调用的情况下。

函数内联其实不需要程序员手动来做，可以通过在函数定义中加一个 `inline` 关键字让编译器在编译的时候进行函数内联，如图 11.22 所示。这不但保持了程序的模块化，也达到了去除函数调用开销的优化目的。函数内联与宏定义乍看起来有一定的相似性，但它们之间是有区别的。对于一个简单的功能实现，采用函数内联的方法可以达到与宏定义一样的有效性，但在编译时，编译器会对内联函数进行严格的数据类型检查和语法检查；而宏定义的展开发生在编译的预处理阶段，预处理程序只对宏进行简单的文本替换而不会进行语法和语义检查。

```
double square(double x) {
    return x * x;
}
double sum_of_squares(double *A, int n) {
    double sum = 0.0;
    for(int i = 0; i < n; ++i) {
        sum += square(A[i]);
    }
    return sum;
}
```

```
double sum_of_squares(double *A, int n){
    double sum = 0.0;
    for(int i = 0; i < n; ++i) {
        double temp = A[i];
        sum += temp * temp;
    }
    return sum;
}
```
手动函数内联

```
static inline double square(double x) {
    return x * x;
}
```
使用关键字进行函数内联

图 11.22　函数内联示例

11.5.2　尾递归消除

在编程实践中，递归函数常用来实现具有递归定义的算法逻辑，它的特点是逻辑清晰而且代码精简。然而，递归函数的执行通常会导致比较大的运行开销，特别是在递归调用的深度比较深的情况下，除频繁的函数调用之外还会导致运行栈空间的大量使用，从而影响程序的执行性能。

尾递归（tail-recursion）是一类比较特殊的递归函数调用，它出现在函数尾部，是当前递归函数执行时的最后一条语句。例如，图 11.23 左边方框内快速排序 quicksort 函数中的 quicksort(A + r + 1, n - r - 1)。

在语义上，尾递归函数的调用可以转换成语义等价的循环语句，图 11.23 右边方框内的代码就是对左边的程序消除尾递归调用后所得。由于尾递归消除会大幅度减少递归函数调用的开销，因此很多现代编译器都实现了对被编译程序进行尾递归消除的优化。

```
void quicksort(int *A, int n) {
    if(n > 1) {
        int r = partition(A, n);
        quicksort(A, r);
        quicksort(A + r + 1, n - r - 1);
    }
}
```

```
void quicksort(int *A, int n) {
    while(n > 1) {
        int r = partition(A, n);
        quicksort(A, r);
        A += r + 1;
        n -= r + 1;
    }
}
```

图 11.23　尾递归消除示例

11.5.3 粗化递归

正是由于递归函数运行的时候会带来比较大的函数调用开销，因此针对递归函数进行优化的一个主要目标是尽量减小递归函数调用的开销。除了尾递归消除之外，还有一个常用的优化方法叫做粗化递归（coarsening recursion）。

有时候，一个功能既可以用递归算法来实现也可以用非递归算法来实现，并且非递归算法在某些情况下的效率比递归算法高，粗化递归的思想是结合两种实现各自的优点，在递归处理的效率比较高的时候用递归算法，在递归处理的效率没有非递归算法效率高的时候用非递归算法。

对于图 11.23 所示的针对数组的快速排序算法，当数组元素的个数比较小时，常用的插入排序的效率也不差，所以可以进一步对尾递归消除后的快速排序程序进行粗化递归优化，即在数组元素的个数小于或者等于阈值（`THRESHOLD`）时直接使用插入排序（参见代码 11.8）。

代码 11.8　粗化递归的程序示例

```
1  #define THRESHOLD 10
2  void quicksort(int *A, int n) {
3      while(n > THRESHOLD) {
4          int r = partition(A, n);
5          quicksort(A, r);
6          A += r + 1;
7          n -= r + 1;
8      }
9      // insertion sort for small arrays
10     for (int j = 1; j < n; ++j) {
11         int key = A[j];
12         int i = j - 1;
13         while (i >= 0 && A[i] > key) {
14             A[i + 1] = A[i];
15             --i;
16         }
17         A[i + 1] = key;
18     }
19 }
```

11.6　本章小结

本章介绍了新宾利法则，即从数据结构、逻辑、循环和函数四个方面介绍了在源程序级别对程序进行优化的常见方法。新宾利法则中的优化是从减少程序的工作量的角度来考虑的。

在软件开发的过程中，我们一般主张在确保程序正确性的前提下对程序进行优化。如果程序的正确性无法保证，基于一份错误的代码进行优化是没有意义的。虽然减少程序的工作量并不一定意味着程序运行时间减少，但在大多数情况下，程序工作量的减少还是对优化具有重要的参考意义。有些程序优化需要程序员介入，但我们还是希望更多的优化可以由编译器来自动实现。判断一个优化方法是否有效需要通过精确测量来比较优化前后的代码在具体计算机系统上的运行性能，而理解编译器到底做了哪些优化很多时候需要对编译器以及编译器生成的代码（中间表示以及汇编代码）进行深入的分析和理解。

11.7 思考题

1. 除了本章介绍的这些源程序级别的常见优化方法外，请列举出至少三种其他源程序级别的优化方法。
2. 能否举出一个程序工作量减少但减少工作量后程序的运行时间没有减少的例子？
3. 请用伪码描述一下图 11.10 所描述的静态稀疏图存储方法中图节点的入度和出度的计算方法。
4. 在循环展开优化中，循环迭代的展开次数通常是怎么确定的？
5. 请列举几种不适合做函数内联优化的情况。

CHAPTER 12

第 12 章

编译器概述

上一章我们介绍了在源程序级别对程序进行优化的常见方法，其中有不少优化可以通过编译器（compiler）来自动实现。作为重要的基础软件之一，编译器对程序性能的优化起着至关重要的作用，在本章我们将对编译器的构造、程序的中间表示、编译器的运行机制等做一个简单的介绍。

12.1 编译器的定义、分类及典型架构

一般来说，一个软件接受某种输入，软件运行后产生某种输出。软件的输入可以是程序内部定义的数据、键盘/鼠标输入、其他硬件信号、文件、数据库、消息、中断、其他应用的请求、来自网络上的远程服务请求等；软件的输出可以是屏幕显示、语音报警、消息发送、特殊的网络包传递、驱动外部设备等。编译器也是一种软件，那么编译器的定义、分类及典型架构又是怎样的呢？

12.1.1 编译器的定义与分类

作为一类特殊的系统软件，编译器也有它的输入和输出。按照传统定义，编译器是把使用高级语言编写的源程序转换成目标平台上的可执行代码的软件。在这个定义下，编译器接受的输入是源程序，输出是目标程序。如果输入程序有语法错误或者潜在的语义错误，那么编译器可能会输出错误及警告信息（参见图 12.1）。

随着编译优化技术的发展，从广义来说，编译器可以认为是进行语义等价程序变换的软件系统。这里的程序变换包括如下几种类型：

- 把用高级语言编写的程序转换成目标代码、汇编程序、中间语言或用另外一种高级语言编写的程序。转换成目标代码或者汇

图 12.1 编译器的传统定义

致的，常见的开源编译器 GCC 及基于 LLVM 的 Clang 就是这样的编译器。Java 编译器（javac）是把 Java 程序转换成 Java 字节码（byte code）的编译器，C# 编译器是把 C# 程序编译成微软定义的中间语言（MicroSoft Intermediate Language，MSIL）的编译器，而 Java 字节码及 MSIL 都是一种中间语言，它们的运行需要依赖于虚拟机。比如，Java 虚拟机（Java Virtual Machine，JVM）可以运行 Java 字节码，微软的公共语言运行时（Common Language Runtime，CLR）可以运行 MSIL。把一种高级语言编写的程序转换成另外一种高级语言编写的程序的编译器也叫作源到源的编译器（或者程序转换器），比如，把 Pascal 程序转换成 C 程序的编译器、把 Python 程序转换成 JavaScript 程序的编译器等。

- 把中间语言转换成目标平台上能执行的代码。Java 的 AOT（Ahead-Of-Time）编译器以及 Java 虚拟机本质上都属于这类编译器，都是把 Java 字节码转换成目标平台上能执行的代码。只不过 AOT 编译器是在字节码运行之前进行编译（提前编译），而 Java 虚拟机是在字节码运行的过程中进行动态编译，即字节码的编译和优化与字节码编译成机器指令后的运行是交织在一起的。

- 把一种汇编程序转换成另外一种汇编程序。这时，编译器本质上是一个汇编文件转换器（assembly file rewriter），比如说把一个 ARM 汇编文件转换成一个 RISC-V 汇编文件的程序转换器。

- 把一种二进制执行码转换成另外一种二进制执行码。这种编译器也叫作二进制代码翻译器（Binary Translator），常见的有静态二进制代码翻译器（Static Binary Translator，SBT）和动态二进制代码翻译器（Dynamic Binary Translator，DBT）。静态二进制代码翻译器的本质是文件转换器（Binary Rewriter 或者 Binary Convertor），即把一个可执行文件转换成另一个可执行文件。而动态二进制代码翻译器类似于一个虚拟机，只不过这个虚拟机以二进制可执行文件作为输入，通过动态翻译与优化的方式在目标平台上完成源可执行文件的执行（具体的执行方式参见后面的介绍）。二进制代码翻译器可以实现同一指令集架构（Instruction Set Architecture，ISA）二进制执行码之间的转换（以动态优化为主要目的），也可以实现不同指令集架构二进制执行码之间的转换。

从输入程序的编译过程和编译后程序的运行过程是否同时发生这个角度，上述这些编译器可以分成两大类：静态编译器和动态编译器。对于静态编译器，编译器生成代码，但所生成代码的运行在编译之后；对于动态编译器，编译器的运行和编译所生成代码的运行"同时"发生。在图 12.2 中，静态编译器 1 把用高级语言编写的程序编译成平台无关的中间代码（比如 MSIL 或者 Java 字节码），而平台无关的中间代码被虚拟机执行。这里虚拟机相当于一个动态编译器，如果静态编译器 1 是 Java 编译器，则虚拟机可以是 Java 虚拟机；如果静态编译器 1 是 C# 编译器，则虚拟机可以是微软的公共语言运行时。静态编译器 2 把用高级语言编写的程序编译成目标文件或者汇编文件（汇编文件可以用汇编器汇编成目标文件)，一个或者多个目标文件加上程序所依赖的库文件被链接器链接成可执行文件。

图 12.2 静态编译器和动态编译器示例图

如前面所述，静态二进制代码翻译器是一种静态编译器，动态二进制代码翻译器是一种动态编译器。图 12.3 描绘了跨指令集架构的静态和动态二进制代码翻译器的示例图。一般来说，动态二进制代码翻译器从输入程序的入口开始，以基本块（即 Basic Block，由一串指令序列组成。一个基本块被执行时，控制流只能从基本块的第一条指令进入基本块，并从基本块的最后一条指令离开基本块）作为翻译单位，用一个代码缓存区（code cache）来保留翻译后的基本块。每碰到一个基本块，动态二进制代码翻译器用基本块的入口地址在代码缓存区中查找此基本块是否已经被翻译过。如果已经被翻译，则直接执行翻译过的代码；如果没有被翻译过，动态二进制代码翻译器则动态翻译这个基本块，把翻译好的基本块存入代码缓存区，然后执行翻译后的基本块。如此循环下去，直到输入程序执行完毕。代码缓存区的引入是为了减少对同一基本块重复进行动态翻译的开销，提升动态二进制翻译后代码的执行效率，现代的动态二进制代码翻译器还会通过程序插桩来对基本块的执行次数进行统计，并对控制流上有关系且频繁执行的基本块进行链接，以形成更大的代码块并进行更大范围的动态优化。

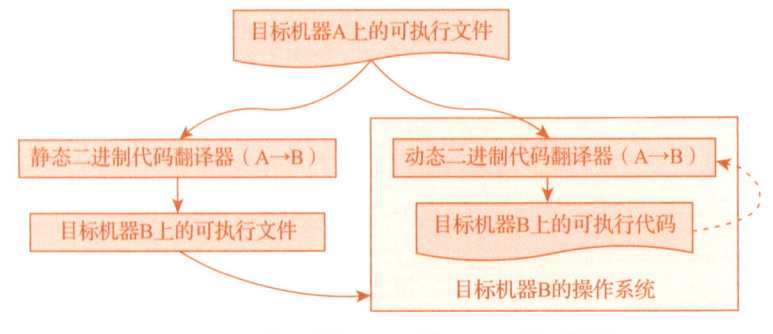

图 12.3 静/动态二进制代码翻译器示例图

常常和编译器一起提到的另外一个软件是解释器（interpreter），比如 Basic 程序的解释器、Python 程序的解释器等。解释器接受源程序和程序运行所需的输入，对源程序中的语句（或者指令）按照执行顺序逐条进行解释执行。虽然解释器的执行和源程序的执行也是交织在一起的（这一点同动态编译器类似），但解释器的一个重要特点是逐条执行语句（或者指令），所以性能一般都比较差。

尽管编译器有静态编译器和动态编译器之分，但很多编译优化的方法在静态编译器和动态编译器中可以通用。在本书的后面章节，除非特别说明，我们说的编译器是指传统定义上的编译器，即把用高级语言编写的源程序转换成目标平台上可执行代码的静态编译器。

12.1.2 编译器的典型架构

一个简单编译器的高层结构如图 12.4 所示，整个编译过程至少包括词法分析、语法分析、语义分析和代码生成四部分。

- 词法分析：从输入文件的字符流中识别出一个个符号（token）。
- 语法分析：接受词法分析输出的符号流，按照语法规则生成程序的中间表示。
- 语义分析：对程序的中间表示进行语义分析及语义等价转换。
- 代码生成：基于程序的中间表示生成可以重定位的目标模块或者可运行的机器码。

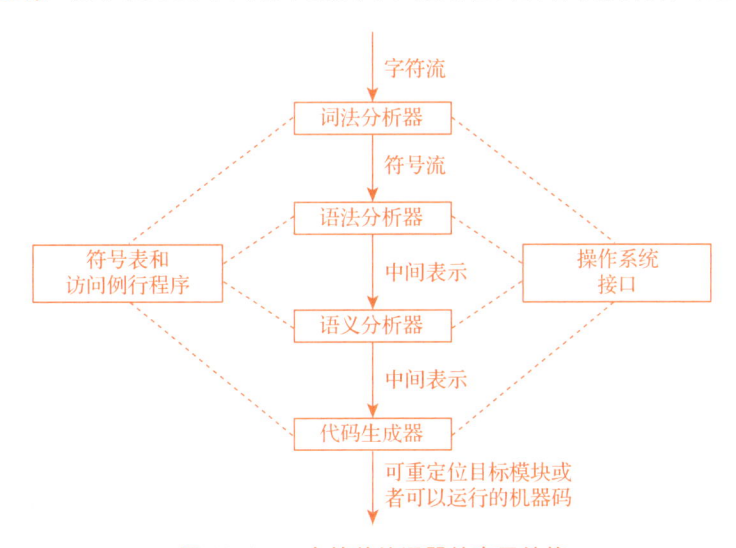

图 12.4　一个简单编译器的高层结构

如图 12.4 所示，符号表（symbol table）是编译器在整个运行过程中需要频繁与之打交道的数据机构，符号表访问的便捷性和效率对编译器的效率具有重要的作用。此外，编译器在运行过程中由于需要频繁地进行字符串、文件读写及内存申请/管理等操作，它还需要用到操作系统提供的诸多接口。

经过几十年的发展，现代编译器虽然变得越来越复杂，但一般可以分成三个大的模块：

编译器前端（front-end）、编译器中端（middle-end）以及编译器后端（back-end）。编译器前端负责程序的预处理并通过词法分析、语法分析及语义分析把高级语言编写的源程序转换成程序的某种中间表示（Intermediate Representation，IR）；编译器中端基于程序的中间表示进行程序分析及目标平台无关的程序优化，它本质上是对程序的中间表示进行语义等价的变换；编译器后端基于程序的中间表示进行目标平台相关的优化及代码生成。通常来说，编译器前端需要理解输入源程序的语言特性，一般来说针对一门具体的程序设计语言需要一个特定的编译器前端；而编译器的后端需要深入理解目标平台的指令集架构及体系结构，以确保生成的执行代码能够充分利用目标平台的特性，所以针对一个具体的目标平台需要一个特定的编译器后端。对于一个精心设计的编译器基础设施（compiler infrastructure，如 GCC、LLVM 等），编译器中端的设计一般会确保输入程序语言和目标平台的无关性，从而达到最大程度的复用性。如果一个编译器基础设施支持多个编译器前端，则称此编译器基础设施具有多语言支持（multiple languages support）的特性；如果一个编译器基础设施支持多个编译器后端，则称此编译器基础设施具有可重定向（retargetable）的特性。LLVM 是一个广泛使用的开源编译器基础设施，它支持多个前端及多个后端（如图 12.5 所示）。

程序的中间表示既是编译器进行程序分析与优化的对象，也是编译器进行程序变换与优化的结果呈现，它是编译器基础设施的一个重要组成部分。我们在后面会对程序中间表示的必要性及设计思考进行简要的介绍，并介绍一下 LLVM IR。

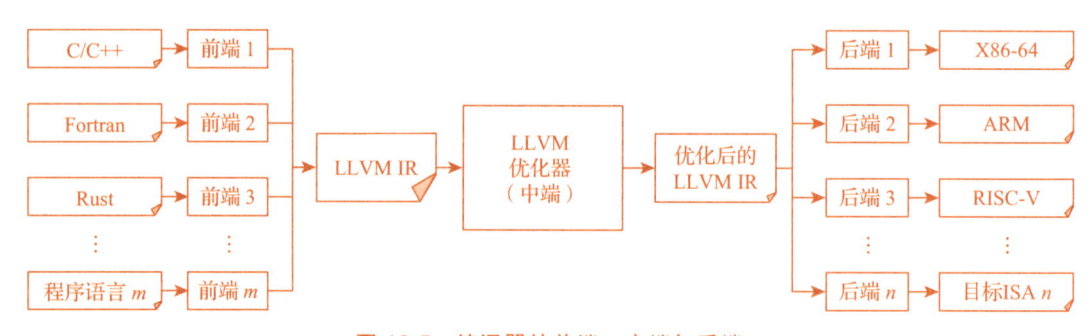

图 12.5　编译器的前端、中端与后端

12.1.3　程序中间表示的必要性

采用高级语言编写的程序通常用文本文件的格式来表示，而文本文件不方便做程序分析及程序变换。为提升编译器的编译优化效率，采用一种便于在内存中对程序进行操作的程序中间表示就显得非常重要。

理论上，程序中间表示（IR）的形式可以有多种选择，常见的有三元组（triple）、抽象语法树（Abstract Syntax Tree，AST）、有向无环路图（Directed Acyclic Graph，DAG）、波兰前缀表示法（Polish-prefix notation）、静态单赋值（Static Single Assignment，SSA）等形式。由于不同的程序中间表示有不同的优缺点，比如，有些程序中间表示比较接近于源程序、有些比较接近于机器指令，因此在编译器及编译器基础设施的设计与实现中要根据实际需求选择合适的程序中间表示。有些编译器在设计与实现时，也可能在编译的不同阶段采用不同的程序中间表示。当然，编译器的内部实现需要提供不同程序中间表示之间实现语义等价转换的函数接口或相应工具。

程序中间表示之所以叫中间表示，就是希望通过一定的抽象使 IR 不带有源程序所用语言的细节以及目标体系架构的细节，从而做到中立，即语言无关和平台无关。这个特性非常重要，是使同一种 IR 能够支持多种高级语言前端以及多个不同指令集架构后端的重要基础。正是基于 IR 的语言无关及平台无关特性，基于同一个 IR 的语言 / 平台无关优化可以最大限度地在不同语言 / 目标平台的编译器之间加以复用。

12.1.4 程序中间表示的设计思考

程序中间表示（IR）的设计一般需要考虑如下几个因素：

- **语言**：由于编译器前端负责把高级语言编写的源程序转换成程序的中间表示，不同的高级语言特性对 IR 的表达能力及设计会有不同的需求。如果需要支持多种高级语言，那么 IR 的设计需要综合考虑所有被支持语言的语法及语义，从而让相应的编译器前端方便地把输入源程序转换成 IR。
- **目标平台**：编译的最后一个阶段是生成目标平台上能够高效运行的代码，也就是说编译器后端需要把 IR 最终转换成目标平台上的指令序列。为方便编译器后端的优化及代码生成，IR 的设计也需要考虑目标平台指令集架构的需求。
- **优化**：IR 的设计选择与编译器需要实现的优化紧密相关，有些优化需要基于特殊形式的 IR。即使对于同样的优化，基于不同 IR 去实现，优化的结果以及优化所需的程序分析的复杂度也可能不一样。
- **平台相关性**：如果一个编译器的 IR 只是针对特定的目标平台来设计，那么 IR 可以设计成与平台的指令集架构紧密相关，从而有助于平台相关优化的设计与实现。如果 IR 需要支持多个编译器后端，那么 IR 的平台相关性就会低一些，毕竟需要考虑到多个目标平台指令集架构的差异。
- **IR 结构及可表达性**：从 IR 本身来说，IR 的数据结构定义需要体现对程序内各种语言实体的完整清晰描述以及对 IR 本身的便捷高效操作。
- **IR 种类**：IR 设计的另一个重要考虑是在整个编译器里只用一种 IR 还是用多种 IR。让一种 IR 贯穿于编译器的前端、中端和后端看似简单，但对 IR 的设计有较高的要求，既要考虑到所支持的高级语言的需求及 IR 上所做优化的需求，也需要考虑所支持的目标平台的需求。为了简化 IR 的设计，有些编译器在编译的不同阶段采用不同形式的 IR，并提供不同 IR 之间的语义等价转换接口或工具。有些编译器虽然形式上只有一种 IR，但在编译的不同阶段对 IR 的特性（property）有不同的需求，某些程序分析、程序变换及优化只有在满足一定特性的 IR 上才能进行。

- **调试功能**：理解 IR 以及编译过程中 IR 的变化是编译器调试的一个重要途径。在设计 IR 时，需要考虑到 IR 的正确性验证方法以及相应工具，也需要提供在调试时能够方便输出可视化 IR 的能力。对于编译优化执行前后的 IR，提供 IR 比较的工具也能极大地方便编译优化功能的调试。
- **导出/重新加载功能**：在编译器执行的任何阶段，都需要提供 IR 的导出能力。导出的 IR 可以用第三方工具进行正确性验证，甚至可以作为第三方工具的输入。编译器的基础设施也需要支持导出后 IR 的重新加载功能。其中一个重要的应用场景是对导出的 IR 进行手工编辑，再导入编译器，从而快速验证某些程序变换或者程序优化的可行性。

根据语言相关性及平台相关性，通常可以把 IR 分成三类：高层 IR（High-level IR，HIR）、中层 IR（Middle-level IR，MIR）以及低层 IR（Low-level IR，LIR）。

- **HIR**：HIR 通常可以比较直观地表达高级语言的语法与语义，所以在整个编译过程的早期阶段或者程序预处理阶段用得比较多，基于 HIR 比较容易进行相关性分析及高层优化。抽象语法树是一种常见的 HIR。
- **MIR**：MIR 一般具有语言无关及平台无关的特性，很多编译优化都可以基于 MIR 进行。
- **LIR**：LIR 一般与具体的目标平台相关，基于 LIR 比较容易进行目标指令集架构相关的底层优化。

根据 HIR、MIR 和 LIR 的特点，大多数编译器都在前端用 HIR，在中端用 MIR，在后端用 LIR。即使在整个编译器内用同一种 IR，在不同的编译阶段也会要求相应的 IR 拥有不同的特性（property），以方便在不同的编译阶段中完成程序分析及编译优化的高效设计与实现。

12.1.5 LLVM IR：LLVM 的程序中间表示

LLVM 是一个已被广泛使用的开源编译器基础设施，LLVM 中使用的程序中间表示 LLVM IR 在学术界和工业界也得到了广泛应用。除了在基于 LLVM 的编译器中使用外，LLVM IR 也被很多程序分析工具、仿真器、二进制代码转换器等作为程序的内部表示。

LLVM IR 本身可以看成一种程序语言，它比较接近于低层中间表示，与 C 相似。简单来说，LLVM IR 包括模块、函数、基本块、指令等语法单位，并支持整数、浮点数、指针、标号、数组、结构、向量等多种数据类型（data type）。

- **整数数据类型**：整数数据类型用 i<位数> 的形式表示。比如，i64 表示 64 位整数类型，i1 表示 1 位整数类型，常见的布尔类型可以用 i1 表示。
- **浮点数据类型**：float 表示 32 位浮点数类型，double 表示 64 位浮点数类型。
- **指针数据类型**：指针数据类型用 <类型>* 表示，表示指向 <> 里面那个类型的指针。比如，i8* 表示指向一个 8 位整数的指针。

- **标号数据类型**：在 LLVM IR 中标记一个基本块的入口。
- **数组数据类型**：LLVM IR 中以 [< 数目 > x < 类型 >] 的方式表示数组类型。比如，[5 x i32] 表示的数组含有 5 个数组元素，并且每个数组元素的类型是 32 位整数。
- **结构数据类型**：LLVM IR 中以 { 类型列表 } 的形式表示普通的结构类型。其中，类型列表是一系列数据类型，每个数据类型与结构内相应域的数据类型对应。比如，{i32, float} 表示的结构类型有两个域，第一个域是 32 位整数，第二个域是 32 位浮点数。
- **向量数据类型**：LLVM IR 中以 < < 数目 > x < 类型 > > 的方式表示向量类型。比如，<10 x i8> 表示的向量类型含有 10 个元素，并且每个向量元素的类型是 8 位整数。

LLVM IR 中的寄存器类似于 C 中的变量。寄存器数目不限，每个寄存器用名字来标识，在 LLVM IR 中表示为 %< 名字 >。其中，名字可以是数字，也可以是标识符。寄存器的名字是每个 LLVM IR 函数中的局部名，也就是说同一个名字可以出现在不同的 LLVM IR 函数中，但代表的是不同的寄存器。需要注意的是，在 LLVM IR 中，标号的引用和寄存器的表示相同（例如，"%8 = phi i64 [%13, %7], [0, %4]" 中的 %7 和 %4 分别代表基本块 7 的标号以及基本块 4 的标号），可以根据指令的格式来加以区别，所以也不容易混淆。

LLVM IR 的代码组织成指令序列，它的指令格式与汇编指令相似。对于产生赋值效果的 LLVM IR 指令来说，指令格式如图 12.6 ①所示，其中目标操作数其实就是一个 LLVM IR 中的寄存器。对于其他 LLVM IR 指令，指令格式如图 12.6 ②所示。在 LLVM IR 的指令中，操作数可以是寄存器、常量或者基本块标号。

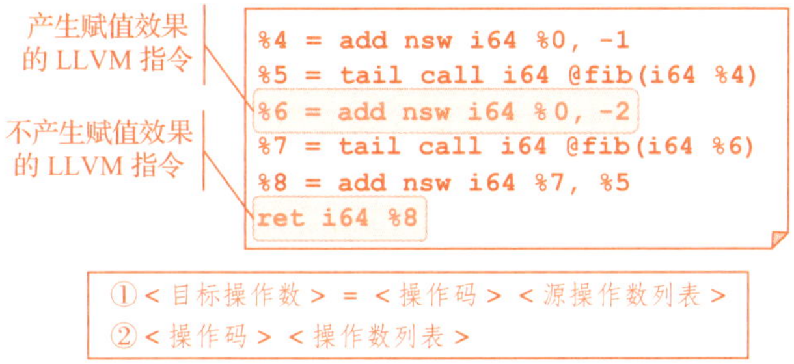

```
产生赋值效果      %4 = add nsw i64 %0, -1
的 LLVM 指令      %5 = tail call i64 @fib(i64 %4)
                 %6 = add nsw i64 %0, -2
不产生赋值效果    %7 = tail call i64 @fib(i64 %6)
的 LLVM 指令      %8 = add nsw i64 %7, %5
                 ret i64 %8
```

① < 目标操作数 > = < 操作码 > < 源操作数列表 >
② < 操作码 > < 操作数列表 >

图 12.6 LLVM IR 指令格式

与汇编程序相比，LLVM IR 显得更加简单。首先，LLVM IR 的指令集、类型系统和函数定义比较简单，阅读起来与 C 相似。在 LLVM IR 中，寄存器是无限的，这和 C 中的变量类似。LLVM IR 中没有隐式的标志位寄存器或者条件码，也没有显式的栈指针寄存器（Stack Pointer，SP）及帧指针寄存器（Frame Pointer，FP）的概念。

LLVM IR 的一个重要特性是它必须满足静态单赋值（Static Single Assignment，SSA）的形式要求，也就是说，LLVM IR 内的每个变量都只有唯一的可达定义（reaching definition）点。如图 12.7 所示，基本块表达式 w = x - y 中的 y 有两个可达定义点；而图 12.7 右侧是语义等价的满足静态单赋值形式要求的基本块，此时所有变量都只有一个可达定义点（当对同一个变量的两个或多个定义汇聚时，需要引入一个 Φ 函数（Φ-function）来产生一个新的定义点。静态单赋值形式大大缩短了变量的引用定义链（ud-chain），让很多程序分析和优化的算法更加高效。

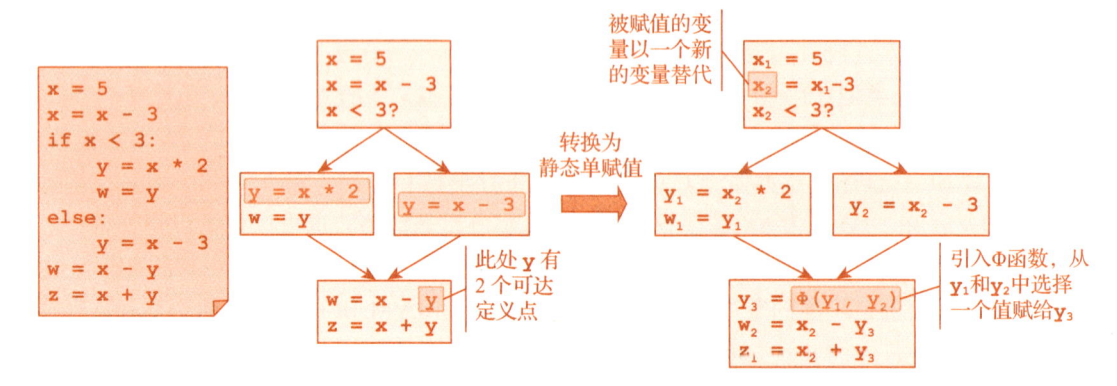

图 12.7　多个可达定义点转换为静态单赋值

代码 12.1 展示了一个简单的计算斐波那契函数的 C 语言程序，代码 12.2 是它对应的 LLVM IR 表示。完整的 LLVM IR 介绍，可以查阅 LLVM 语言参考手册。

代码 12.1　计算斐波那契数函数的 C 语言程序

```
1   #include <stdint.h>
2
3   int64_t fib(int64_t n) {
4       if (n < 2)
5           return n;
6       return (fib(n-1) + fib(n-2));
7   }
```

代码 12.2　代码 12.1 对应的 LLVM IR 表示

```
1   define dso_local i64 @fib(i64 %0) local_unnamed_addr #0 !dbg !6 {
2       %2 = icmp slt i64 %0, 2, !dbg !8
3       br i1 %2, label %11, label %3, !dbg !9
4
5     3:                                              ; preds = %1, %3
6       %4 = phi i64 [ %8, %3 ], [ %0, %1 ]
7       %5 = phi i64 [ %9, %3 ], [ 0, %1 ]
8       %6 = add nsw i64 %4, -1, !dbg !10
9       %7 = tail call i64 @fib(i64 %6), !dbg !11
10      %8 = add nsw i64 %4, -2, !dbg !12
11      %9 = add nsw i64 %7, %5, !dbg !13
12      %10 = icmp slt i64 %4, 4, !dbg !8
13      br i1 %10, label %11, label %3, !dbg !9
```

```
14
15   11:                                              ; preds = %3, %1
16     %12 = phi i64 [ 0, %1 ], [ %9, %3 ]
17     %13 = phi i64 [ %0, %1 ], [ %8, %3 ]
18     %14 = add nsw i64 %13, %12, !dbg !13
19     ret i64 %14, !dbg !14
20 }
```

12.2 符号表

如图 12.4 所示，每一个编译器内部都包含一个叫作符号表的特殊数据结构。编译器把源程序转换成内存里的中间表示时，源程序中的变量符号和函数符号都会存储在符号表内。符号表内的每一个符号都有它的作用范围，有些符号只在某一段程序内可见，有些符号则全局可见。在程序的执行过程中，一个符号/变量从首次可见到最后一次可见之间的间隔叫作这个符号/变量的生命周期。

在源程序中，不同的程序范围内可以声明相同名字的变量，而这些同名变量的可见范围并不重叠，它们在符号表中对应于不同的符号。如代码 12.3 所示，内层循环中声明的 `sum` 变量和外层循环中声明的 `sum` 变量是两个不同的变量，它们对应于符号表中的不同符号，在内层循环中外层循环定义的 `sum` 变量是不可见的。编译器在编译的过程中会正确处理变量的可见范围，在符号表和抽象语法树之间建立正确的关联。

代码 12.3　同名变量的可见范围

```c
1  #include <stdio.h>
2  int main() {
3      int value = 0;
4      for (int i = 0; i < 10; i++) {
5          int sum = 0;
6          for (int j = 0; j < 10; j++) {
7              int sum = j;
8              sum += j;
9              value += sum;
10         }
11         value += sum;
12     }
13     printf("value = %d \n", value);
14     return 0;
15 }
```

不管是在编译器的前端还是基于程序中间表示的程序分析与优化，编译器都需要频繁访问符号表并进行符号的增加、查询、修改、删除等操作，因此符号表访问的便捷性和效率对编译器的效率具有至关重要的作用。在编译器的设计与实现中，一般都会构建哈希表来加速符号的查找。

在编译器进行代码生成时，符号表中的符号变量最终会与某个存储空间绑定（通过地址进行访问)。特别地，编译器把全局变量分配到全局数据区内，而把局部变量分配到此变量所属函数的运行栈（stack）内。在编译器进行后端优化时，会尽可能地为符号变量分配寄存器，以减少对内存的访问，进而提升程序的运行性能。

12.3 程序运行时的内存组织

编译器在生成特定目标平台的代码时，不但需要考虑目标平台的指令集架构，还需要考虑目标平台的函数调用规范（calling convention）以及程序运行过程中的内存组织方式。

函数调用规范规定了函数调用时的传参（参数传递）方式以及返回值传递方式。如果是通过栈来传参，函数调用规范也规定了参数压栈的顺序；如果是通过寄存器来传参，函数调用规范规定了第几个参数值需要放在目标平台的哪个寄存器内。对于调用函数（caller），函数调用规范还规定了函数调用点处的哪些寄存器需要在调用函数中被保存（在函数调用返回后这些寄存器的值需要被恢复）。对于被调用函数（callee），函数调用规范规定了哪些寄存器需要在进入被调用函数时被保存（退出被调用函数时被恢复），如果被调用函数有返回值，函数调用规范也规定了返回值的传递方式。

程序在运行过程中，会用一个栈（stack）来跟踪函数调用的动态执行情况。发生函数调用时，栈从高地址往低地址动态增长。如图 12.8 所示，执行当前函数时，此函数的栈帧（stack frame）从帧指针（FP）所指向的地址开始一直到栈指针（SP）所指向的地址结束，内容可能包括保存的寄存器值、此函数内的局部变量、编译过程中生成的临时变量、此函数调用其他函数时的参数等。编译器所生成代码的执行效果需要保证程序运行过程中栈帧动态变化的正确性。

图 12.8 程序运行过程中的栈帧示意图

12.4 程序分析和优化

编译器在执行过程中,由编译选项来控制是否做优化以及做哪些优化。虽然优化的目标可以是性能、代码大小、能耗等,但我们大多数时候说的编译优化指的是程序执行性能的提升。

例如,代码 12.4 使用函数实现了一个两个数相加的程序,代码 12.5、代码 12.6 和代码 12.7 分别是 Clang 编译器对该源程序用 -O0、-O1 和 -O2 三个不同的编译选项生成的 LLVM IR。从代码 12.5、代码 12.6 和代码 12.7 的比较中可以看出,编译优化的程度越高(-O0 表示编译器不做优化),生成的代码越精简高效。从代码 12.6 和代码 12.7 中还可以看出:优化既可以在函数/过程这个层级进行,也可以跨函数/过程进行。代码 12.6 展示了函数/过程内的常数传播优化效果,而代码 12.7 展示了跨函数/过程的常数传播优化效果。

代码 12.4　使用函数实现的两个数相加的程序

```
1 int f(int a, int b) {
2     return a + b;
3 }
4
5 int main() {
6     int c = 1, d = 2;
7     return f(c, d);
8 }
```

代码 12.5　代码 12.4 clang -O0 产生的 LLVM IR

```
1  ; Function Attrs: noinline nounwind optnone uwtable
2  define dso_local i32 @f(i32 %0, i32 %1) #0 {
3      %3 = alloca i32, align 4
4      %4 = alloca i32, align 4
5      store i32 %0, i32* %3, align 4
6      store i32 %1, i32* %4, align 4
7      %5 = load i32, i32* %3, align 4
8      %6 = load i32, i32* %4, align 4
9      %7 = add nsw i32 %5, %6
10     ret i32 %7
11 }
12
13 ; Function Attrs: noinline nounwind optnone uwtable
14 define dso_local i32 @main () #0 {
15     %1 = alloca i32, align 4
16     %2 = alloca i32, align 4
17     %3 = alloca i32, align 4
18     store i32 0, i32* %1, align 4
19     store i32 1, i32* %2, align 4
20     store i32 2, i32* %3, align 4
21     %4 = load i32, i32* %2, align 4
```

```
22    %5 = load i32, i32* %3, align 4
23    %6 = call i32 @f(i32 %4, i32 %5)
24    ret i32 %6
25 }
```

代码 12.6   代码 12.4 clang -O1 产生的 LLVM IR

```
1 ; Function Attrs: norecurse nounwind readnone uwtable
2 define dso_local i32 @f(i32 %0, i32 %1) local_unnamed_addr #0 {
3    %3 = add nsw i32 %1, %0
4    ret i32 %3
5 }
6
7 ; Function Attrs: norecurse nounwind readnone uwtable
8 define dso_local i32 @main() local_unnamed_addr #0 {
9    %1 = call i32 @f(i32 1, i32 2)
10   ret i32 %1
11 }
```

代码 12.7   代码 12.4 clang -O2 产生的 LLVM IR

```
1 ; Function Attrs: norecurse nounwind readnone uwtable
2 define dso_local i32 @f(i32 %0, i32 %1) local_unnamed_addr #0 {
3    %3 = add nsw i32 %1, %0
4    ret i32 %3
5 }
6
7 ; Function Attrs: norecurse nounwind readnone uwtable
8 define dso_local i32 @main() local_unnamed_addr #0 {
9    ret i32 3
10 }
```

编译器对被编译程序进行优化的基础是程序分析。从理论上来说，程序分析进行得越彻底，得到的信息越准确，被分析程序可以被优化的潜在机会就越多。程序分析技术可以分为控制流分析和数据流分析（参见图 12.9）。控制流分析通过构建控制流图来确定被分析程序的控制结构，数据流分析基于控制流图来分析变量或者表达式的值如何沿着各控制路径进行传播。

图 12.9   程序分析技术

在控制流图中，一个基本的概念是基本块（basic block）。如前面所述，基本块由一系列指令构成，控制流只能从基本块的头部进入，并从基本块的尾部离开，所以在基本块中只有块内最后一条指令是实现控制流跳转的指令。在基本块内进行的程序分析一般叫作局部分析（local analysis），在函数/过程内进行的程序分析一般叫作过程内分析（intraprocedural analysis），而跨越函数/过程的分析（一般指跨越函数调用）一般叫作过程间分析（interprocedural analysis）。程序分析为程序优化提供数据和决策支撑，程序优化根据优化的程序范围可以分为局部优化、过程内优化以及过程间优化。

程序优化的本质是在保证程序语义正确性前提下进行程序变换，根据优化目标的不同，优化后的代码可能会带来性能提升，也可能会带来内存占用减少或者能耗降低。在编译器前端、中端和后端，根据程序中间表示的不同方式可以进行不同的优化。需要注意的是，多个程序优化方法如果按照不同的顺序来进行，优化效果可能会有差异。通过探索众多优化选项的不同组合顺序来找到对某个特定应用负载行之有效的优化选项组合，有时也是自动调优的探索目标之一。

12.5 交叉编译

在进行软件开发时，用于开发的平台和开发出来的代码所运行的平台既可以相同，也可以不同。当开发平台的指令集架构和开发时用编译器生成出来的代码所运行平台的指令集架构不一样时，执行的编译过程叫作交叉编译（cross compiling）。

我们通常把开发平台（软件开发所用的开发工具运行的平台）叫作宿主平台（host platform），把能够运行所开发出来的程序的平台叫作目标平台（target platform）。用交叉编译进行程序开发时，主要特点是宿主平台与目标平台不一致。与交叉编译相对的是本地编译，即程序开发时的宿主平台与目标平台相同。

如下几个场景对使用交叉编译开发程序有强烈需求，这使得交叉编译在科研和工作过程中使用得非常普遍。

- ❑ 宿主平台比目标平台的算力高（比如，开发平台是算力强劲的台式机，而目标平台是某款低端的嵌入式设备），在高算力的宿主平台开发有助于提升开发效率。
- ❑ 有些目标平台的算力及内存不足以运行一个完整的编译器，甚至没有操作系统。
- ❑ 如果需要为多个目标平台开发程序，在一个固定的宿主平台上开发无疑是最高效的。
- ❑ 目标平台的初始编译器必须在别的开发平台上进行构建。

用交叉编译方法开发程序以及开发出来的程序在目标平台上运行的过程可以用图12.10来表示。宿主平台上需要安装完整的交叉开发工具链，包括交叉编译器、交叉链接器、目标平台的静态库和共享库等。在目标平台上运行交叉编译所生成的程序时，如果程序的运行依赖于某些共享库，这些共享库也必须在目标平台的库搜索路径上能够找到。

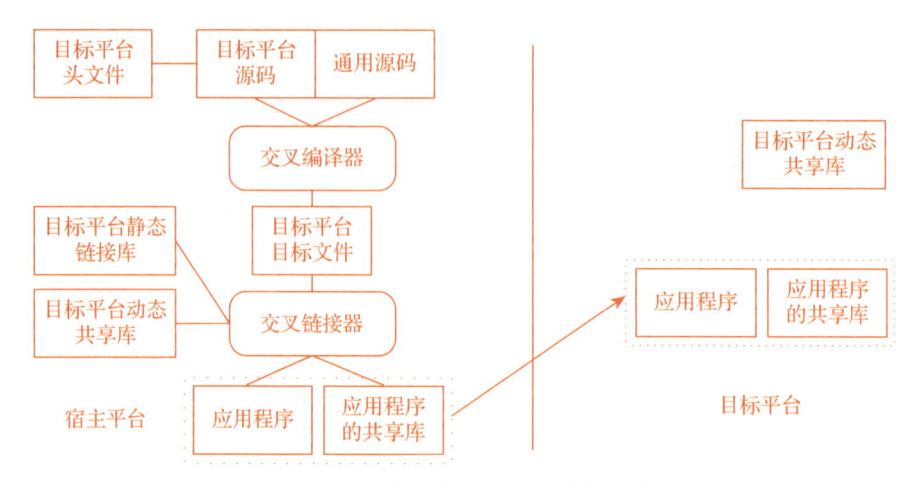

图 12.10 用交叉编译开发程序的示意图

12.6 用编译器优化程序的迭代循环

程序的优化是一个循环迭代的过程，通过编译优化来达成程序优化目标时也是如此。整个编译优化的迭代循环如图 12.11 所示，优化的起点是测量，一方面可以通过测量得出的评估指标建立优化的基线（baseline），另一方面可以通过测量为瓶颈分析提供客观准确的数据。通过对测量数据的分析（可以借助一些工具，也可能需要人工介入），找到被优化程序中存在的瓶颈，确定编译优化机会，然后通过调整编译选项或者在编译器中实现特定的优化。优化方案实现后，需要再进行一次测量，检查各项评估指标是否满足优化目标的要求，如果不满足，则需要再进行一轮分析和优化的过程。

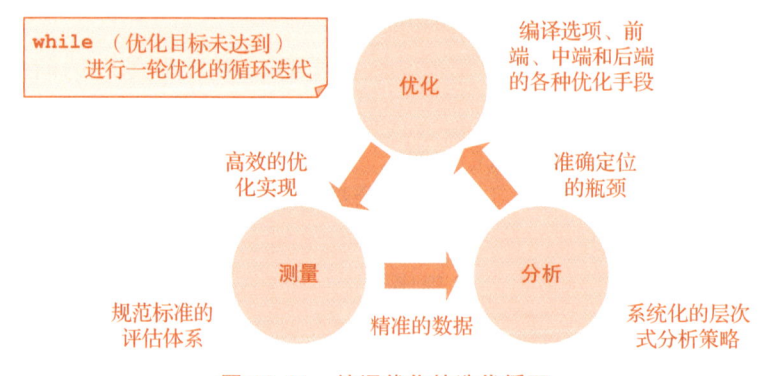

图 12.11 编译优化的迭代循环

常见的 C/C++ 开源编译器有 GCC/G++ 以及 Clang/Clang++（基于 LLVM 的 C/C++ 编译器）。这两个编译器各有优劣，在优化效果上也各有千秋，可以根据实际应用场景的需求选择合适的编译器对程序进行优化。

12.7 本章小结

本章简要介绍了编译器的功能、架构、分类以及编译器中的几个重要概念：程序的中间表示、符号表、程序运行时的内存组织等。本章的后半部分对程序分析和优化、交叉编译以及用编译器进行程序优化的循环迭代进行了简要的介绍。希望读者通过对本章知识的学习，能够更加熟悉编译器这个工具，并能够通过实践掌握用编译器对程序进行优化的方法。

为了更深入地理解编译器是如何对程序进行优化的，第 13 章会简单介绍指令集架构和汇编语言，因为指令集架构和汇编语言决定了编译器所生成的目标代码，第 14 章会通过一些例子来更加详细地介绍编译器是如何把用 C 编写的高级语言源程序经过编译优化生成汇编代码的。

12.8 思考题

1. 按照本章对编译器的广义定义，从公开渠道找到几个代表性的广义编译器开源项目，理解这些广义编译器的功能及运行机理。
2. 从运行机制、代码执行粒度、代码优化强度、内存占用情况等方面比较一下动态编译器和解释器的异同点。
3. GCC 开源编译器采用什么样的中间表示？请学习 GCC 开源社区的相关文档并与 LLVM IR 做一个简单对比。
4. 在编译器的内部结构中，如何处理输入程序中不同作用域范围内的同名变量？
5. 在 x86-64 指令集架构的宿主机（host）上安装 RISC-V 的交叉编译环境，并且安装能够运行 RISC-V 可执行文件的 Qemu 虚拟机，用 RISC-V 的交叉编译工具链成功编译一个简单的 C 程序并通过 Qemu 虚拟机来执行及调试编译出来的 RISC-V 可执行文件。

CHAPTER 13

第 13 章

目标指令集架构与汇编语言

指令集架构（Instruction Set Architecture, ISA）是计算机抽象模型的重要组成部分。作为硬件和软件之间的接口，指令集架构定义了 CPU 如何被软件控制，并对 CPU 的能力以及这些能力的实现方式进行了限定。具体来说，指令集架构定义了 CPU 支持的数据类型、寄存器、硬件管理内存的方式、虚拟内存等重要特性、CPU 能够执行的指令、输入/输出模型等。

在上一章中讲过，编译器是把用高级语言编写的源程序转换成目标平台上的可执行代码的软件，而目标平台上的可执行代码与汇编代码基本上保持一一对应⊖，所以编译器也可以通过编译选项的控制直接输出汇编代码。编译器产生的汇编代码展示了编译器做了什么样的代码优化及程序变换，如果编译器有 bug，深入理解汇编代码也是调试编译器 bug 的必要技能，甚至可以通过尝试手工改写编译器生成的有问题的汇编程序（通过汇编器汇编后再去运行验证）来探索编译器应该生成什么样的正确代码，从而找到修复编译器 bug 的方向。在只能访问二进制执行代码时，专业人员只能基于扎实的汇编语言基础通过逆向工程来正确理解程序的行为。

从另一个角度来说，理解目标平台的汇编指令集并进一步理解编译器如何针对目标指令集生成优化代码能够帮助程序开发人员写出更加高效的代码，同时能帮助程序开发人员更好地理解编译器的输出，从而有助于程序调试。接下来，我们将在本章介绍 x86-64 指令集架构及 x86-64 汇编语言。

13.1 编译与汇编语言

为了更加深入地理解编译和汇编代码生成之间的关系，我们先具体描述一下通常说的"编译"过程。在日常学习和工作中，人们常说的"编译"过程包含 4 个阶段：预处理、编译、汇编和链接，而严格来说，预处理、汇编和链接不属于编译的范畴。通常，这 4 个阶段的协作由 编译器的驱动程序（compiler driver）来协调完成。

⊖ 汇编语言提供了一种方便易读的对机器码的符号表示。

第 13 章 目标指令集架构与汇编语言

如图 13.1 所示，对于一个用 C 语言编写的程序（bitarray.c / main.c），编译器的真正输入是经过 C 语言预处理器处理后的程序（bitarray.i / main.i）。这里的预处理主要包括头文件嵌入（inclusion of header file）、宏扩展（Macro expansion）、条件预编译处理（processing conditional compilation）、行号信息处理（line control）等。编译器以预编译后的文件作为输入，输出汇编文件（bitarray.s / main.s）；汇编器以汇编文件作为输入，输出目标文件（bitarray.o / main.o）；最后，链接器把所有的目标文件以及所需的库文件链接起来，生成二进制可执行文件。在图 13.1 右部，以 Clang 编译器为例，显示了如何用编译选项来生成相应文件的例子。在用 Clang 编译 C 源程序文件时，用 "`-E`" "`-S`" 和 "`-c`" 选项分别可以直接生成预处理后的文件、汇编文件以及目标文件。

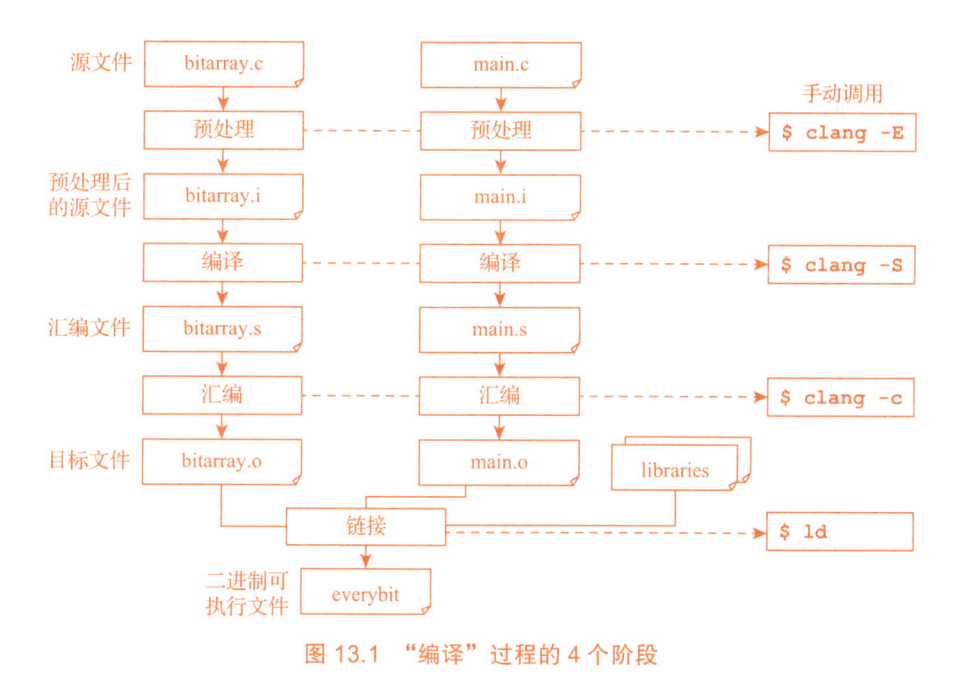

图 13.1 "编译"过程的 4 个阶段

对于二进制可执行文件，可以用反汇编工具（比如 Linux 操作系统上的 objdump）来进行反汇编以生成汇编文件。在图 13.2 中，计算斐波那契数列的 C 文件 fib.c 通过 Clang 编译器用带有调试信息的编译选项（`-g`）编译生成 fib。对 fib 用命令 `objdump -S` 进行反汇编后可以生成图 13.2 右边的汇编程序输出。

需要强调的是，在图 13.2 的反汇编输出中，跳转指令和函数调用指令的目标地址确定用的都是 PC 相对寻址，即跳转 / 调用目标的地址可以通过指令内操作数的值加上 PC[⊖]的值来得到。比如位于 `fib+0x11(0x401121)` 处的指令 `jge 401134<fib+0x24>`，它的

⊖ PC，即 Program Counter，在 x86-64 指令集架构中，PC 的值等于程序执行当前指令的过程中下一条指令的起始地址。

下一条指令是十六进制的 `0x401127`，`jge` 的操作数 `0x0d` 加上十六进制的 `0x401127`，结果是十六进制的 `0x401134`，也就是指令 "`mov -0x10(%rbp),%rax`" 的首地址；同样，十六进制表示的地址 `0x401158` 处的指令 `callq 401110<fib>` 的下一条指令的十六进制地址是 `0x40115d`，与指令 `callq 401110<fib>` 中的操作数 `0xffffffb3` 相加，结果为 `0x401110`，即 `fib` 的起始地址。

```
int64_t fib(int64_t n) {
    if (n < 2)
        return n;
    return (fib(n - 1) + fib(n - 2));
}
```

clang -g fib.c -o fib

fib

$objdump -S fib

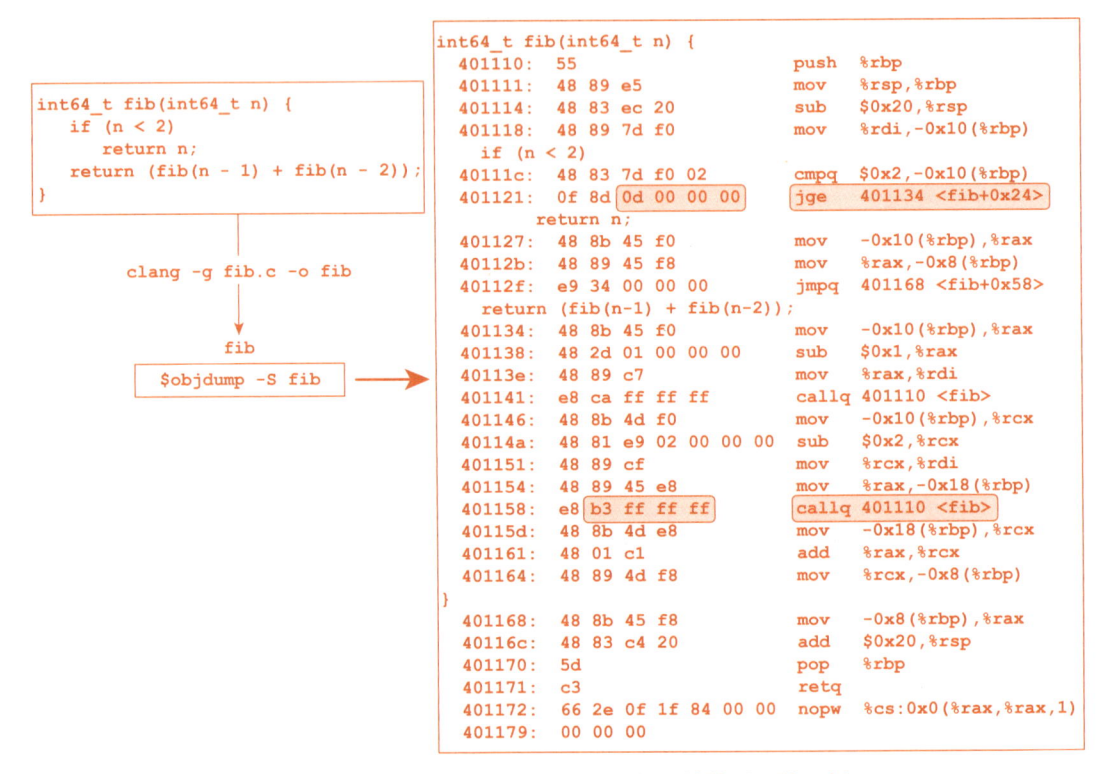

```
int64_t fib(int64_t n) {
  401110:    55                      push   %rbp
  401111:    48 89 e5                mov    %rsp,%rbp
  401114:    48 83 ec 20             sub    $0x20,%rsp
  401118:    48 89 7d f0             mov    %rdi,-0x10(%rbp)
    if (n < 2)
  40111c:    48 83 7d f0 02          cmpq   $0x2,-0x10(%rbp)
  401121:    0f 8d 0d 00 00 00       jge    401134 <fib+0x24>
        return n;
  401127:    48 8b 45 f0             mov    -0x10(%rbp),%rax
  40112b:    48 89 45 f8             mov    %rax,-0x8(%rbp)
  40112f:    e9 34 00 00 00          jmpq   401168 <fib+0x58>
    return (fib(n-1) + fib(n-2));
  401134:    48 8b 45 f0             mov    -0x10(%rbp),%rax
  401138:    48 2d 01 00 00 00       sub    $0x1,%rax
  40113e:    48 89 c7                mov    %rax,%rdi
  401141:    e8 ca ff ff ff          callq  401110 <fib>
  401146:    48 8b 4d f0             mov    -0x10(%rbp),%rcx
  40114a:    48 81 e9 02 00 00 00    sub    $0x2,%rcx
  401151:    48 89 cf                mov    %rcx,%rdi
  401154:    48 89 45 e8             mov    %rax,-0x18(%rbp)
  401158:    e8 b3 ff ff ff          callq  401110 <fib>
  40115d:    48 8b 4d e8             mov    -0x18(%rbp),%rcx
  401161:    48 01 c1                add    %rax,%rcx
  401164:    48 89 4d f8             mov    %rcx,-0x8(%rbp)
}
  401168:    48 8b 45 f8             mov    -0x8(%rbp),%rax
  40116c:    48 83 c4 20             add    $0x20,%rsp
  401170:    5d                      pop    %rbp
  401171:    c3                      retq
  401172:    66 2e 0f 1f 84 00 00    nopw   %cs:0x0(%rax,%rax,1)
  401179:    00 00 00
```

图 13.2　带调试信息的二进制可执行文件的反汇编示例

汇编语言涉及指令集架构的很多知识，比较烦琐、复杂。从编译优化的角度上来说，读者至少需要掌握以下几点：

- ❏ 理解编译器如何把 C 的语言结构转换成语义等价的 x86-64 的汇编指令。
- ❏ 在指令集架构手册的帮助下，掌握熟练读懂 x86-64 汇编程序的能力。
- ❏ 理解常见汇编指令模式对程序性能可能产生的影响。
- ❏ 掌握对编译器生成的汇编程序进行简单修改的能力。
- ❏ 理解与汇编指令对应的编译器内部函数（intrinsic function），并能够在 C 程序中通过调用编译器内部函数来利用指令集架构中的一些汇编指令，从而达到实现特殊功能或者提升程序性能的目的。
- ❏ 在一些特殊情况下，知道如何从头开始编写汇编代码。

13.2 x86-64 指令集架构

指令集架构规定了汇编语言的语法和语义，常见的指令集架构有 Intel 指令集架构（x86、x86-64 等）、ARM 指令集架构（ARMv7、AArch64 等）、RISC-V 指令集架构、MIPS 指令集架构等。

x86-64 指令集架构是目前广泛使用的一种 64 位指令集架构，Intel 和 AMD 是设计基于 x86-64 指令集架构 CPU 的代表厂家。当说某个指令集架构是 M 位的时，一般有如下几层含义：

- CPU 可以处理的数据的最大位数是 M 位[⊖]。
- 主要的通用寄存器和 PC（Program Counter）寄存器的宽度都是 M 位宽。
- 地址（指针）的宽度也是 M 位，寻址的地址空间为 $[0, 2^M - 1]$。

任何一门汇编语言都必须明确定义能够支持的数据类型、寄存器、指令以及内存寻址方式（如图 13.3 所示）。下面我们以 x86-64 指令集架构为例来阐述汇编语言的这四个重要方面，为进一步理解如何把 C 语言编写的程序编译成相应的汇编代码奠定基础。

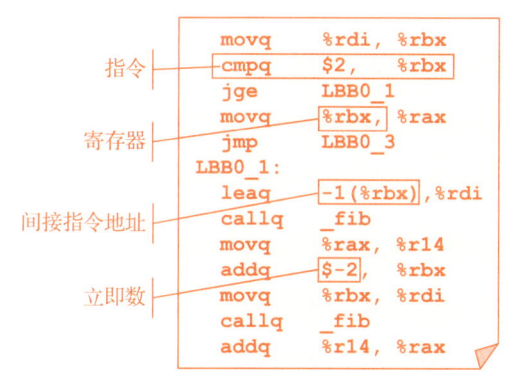

图 13.3 x86-64 汇编代码片段

13.2.1 数据类型

x86-64 汇编语言支持的整数数据类型有字节（byte）、字（word，长度为 2 字节）、双字（double word，长度为 4 字节）和四倍长字（quad word，长度为 8 字节），浮点数据类型有单精度浮点数（single precision，长度为 4 字节）、双精度浮点数（double precision，长度为 8 字节）、扩展精度浮点数（extended precision，长度为 10 字节或者 16 字节）。C 语言中的简单数据类型与汇编语言中相应数据类型之间的对应关系参见表 13.1。

⊖ 这里不考虑向量化指令中对多个数据并行处理的情况。

表 13.1　C 语言中的简单数据类型与汇编语言中数据类型的对应关系表

C 语言数据类型	C 语言常量	x86-64 数据大小（字节）	汇编语言后缀	x86-64 数据类型
char	'c'	1	b	Byte
short	172	2	w	Word
int	172	4	l 或 d	Double word
unsigned int	172U	4	l 或 d	Double word
long	172L	8	q	Quad word
unsigned long	172UL	8	q	Quad word
char*	"6.172"	8	q	Quad word
float	6.172F	4	s	Single precision
double	6.172	8	d	Double precision
long double	6.172L	16(10)	t	Extended precision

13.2.2　寄存器

x86-64 指令集架构的寄存器一般分为通用寄存器（general-purpose register）、浮点和 SIMD 寄存器、状态寄存器（status register）、控制寄存器（control register）、指令指针寄存器（instruction pointer register, %rip）等。详细的介绍可以参考英特尔官网上的软件开发者手册，限于篇幅，在这里我们只简单介绍一下编译器在生成汇编代码中经常涉及的通用寄存器和标志位寄存器。

1）通用寄存器：在 x86-64 指令集架构中，共有 16 个 64 位的通用寄存器，如表 13.2 中第 1 列所示。由于这些通用寄存器可以用不同的方式访问（32 位访问、16 位访问或者 8 位访问）同一通用寄存器的不同部分，因此每个通用寄存器又拥有不同的别名（即表 13.2 的第 2、3、4 列）。

表 13.2　x86-64 通用寄存器列表

64 位	32 位	16 位	8 位	64 位	32 位	16 位	8 位
%rax	%eax	%ax	%ah, %al	%r8	%r8d	%r8w	%r8b
%rbx	%ebx	%bx	%bh, %bl	%r9	%r9d	%r9w	%r9b
%rcx	%ecx	%cx	%ch, %cl	%r10	%r10d	%r10w	%r10b
%rdx	%edx	%dx	%dh, %dl	%r11	%r11d	%r11w	%r11b
%rsi	%esi	%si	%sil	%r12	%r12d	%r12w	%r12b
%rdi	%edi	%di	%dil	%r13	%r13d	%r13w	%r13b
%rbp	%ebp	%bp	%bpl	%r14	%r14d	%r14w	%r14b
%rsp	%esp	%sp	%spl	%r15	%r15d	%r15w	%r15b

对于某个 64 位通用寄存器，这个通用寄存器和它的别名寄存器之间其实是有重叠的。如图 13.4 所示，%al 等价于 %rax 的最低位字节（Byte 0），%ah 等价于 %rax 的次低位字节（Byte 1），%ax 等价于 %rax 的最低两位字节（Byte 0 和 Byte 1），%eax 等价于 %rax 的最低四位字节（Byte 0～3）。在 16 个 64 位通用寄存器中，只有 %rax、%rbx、%rcx

和 %rdx 拥有能够单独访问各寄存器之次低位字节（Byte 1）的别名寄存器 %ah、%bh、%ch 和 %dh（即表 13.2 的第 4 列）。

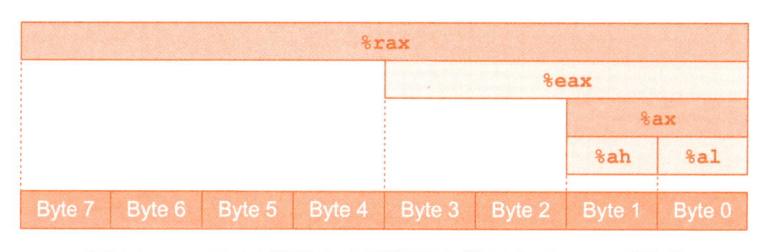

```
|<--------------------- %rax --------------------->|
                          |<------ %eax ---------->|
                                      |<-- %ax --->|
                                            |%ah|%al|
| Byte 7| Byte 6| Byte 5| Byte 4| Byte 3| Byte 2| Byte 1| Byte 0|
```

图 13.4　x86-64 通用寄存器的别名图示（以 %rax 为例）

由于寄存器的访问速度比内存访问快很多，因此编译器在代码生成的时候会通过有效的寄存器分配算法尽量充分高效地使用好通用寄存器。

2）RFLAGS 标志寄存器：在 x86-64 指令集架构中，RFLAGS 标志寄存器是一个特殊的寄存器。这个寄存器有 64 位，其中 12～63 位属于系统保留，0～11 这 12 位除了有 3 位是系统保留位外，其余 9 位是开发者可见的，算术逻辑运算指令执行过程中对标志位的修改都体现在这个寄存器相应的标志位中。常用的标志位有进/借位标志位（CF）、零标志位（ZF）、符号位标志位（SF）、溢出标志位（OF）等，这些标志位的值通常会影响条件跳转（conditional jump）、条件数据传送（cmov）等指令的执行。比如，jne 指令在零标志位 ZF 没有设置时进行跳转（如图 13.5 所示）。

```
对 %rbx 寄存器内的值进行减1操作，如          decq  %rbx
果结果为0的话则设置零标志位 ZF              jne   .LBB7_1
如果零标志位 ZF 没有被设置，则跳转到
标号为 .LBB7_1 的指令处去继续执行
```

图 13.5　条件跳转示例（ZF）

正确理解 RFLAGS 标志寄存器以及各指令对 RFLAGS 标志寄存器内各个标志位的影响是编译器生成有效、准确的控制逻辑的基础。表 13.3 中对 x86-64 中的 RFLAGS 标志寄存器进行了说明。

表 13.3　x86-64 中的 RFLAGS 标志寄存器

比特	缩写	描述	比特	缩写	描述
0	CF	进位/借位标志位	7	SF	符号位标志位
1		保留	8	TF	单步标志位
2	PF	奇偶标志位	9	IF	中断使能标志位
3		保留	10	DF	方向标志位
4	AF	辅助进位标志位	11	OF	溢出标志位
5		保留	12～63		系统标志或保留
6	ZF	零标志位			

13.2.3 指令

用高级语言编写的程序中的语句经过编译器的转换，最终将变成一系列计算机指令。汇编指令从本质上来说是机器指令的符号化呈现，与二进制表示的机器指令相比，可读性显著提升。

x86-64 指令集是典型的复杂指令集，包含了 3 千多条指令。在这一节中，我们只简单介绍 x86-64 汇编指令的格式以及分类，详细的指令介绍可以参考英特尔官网上的软件开发者手册[6]。

x86-64 的汇编指令是变长的，其格式是"<操作码><操作数列表>"。其中，操作码是一个短助记符，表明指令类型；操作数列表可以包含最多 3 个操作数，各操作数值间以逗号分隔，也可以为空（即不包含操作数）。通常情况下，操作数列表中所有的操作数都是源操作数，其中一个源操作数也有可能同时是目的操作数。图 13.6 展示了一条汇编指令的例子，这条指令表示把寄存器 %ecx 的值和寄存器 %edi 的值相加，最后把结果保存在 %ecx 寄存器内。

图 13.6 汇编指令示例

如图 13.6 所示，在本书中，汇编指令语法格式使用的是 AT&T 格式。在 AT&T 格式中，寄存器前被冠以"%"，立即数前被冠以"$"，十六进制数前被冠以"0x"。此外，在 AT&T 格式中，源操作数在前，目的操作数在后，这与 Intel 的汇编指令语法正好相反[8]。Intel 的相关文档基本上都采用 Intel 的汇编指令语法格式，而很多开源工具（比如 Clang、objdump、perf 等）基本上都沿用 AT&T 格式。表 13.4 用几条简单的汇编指令进一步展示了这两种汇编指令语法格式的区别。

表 13.4 AT&T 汇编指令语法格式与 Intel 汇编指令格式的区别

AT&T 格式 $B \leftarrow B <op> A$	Intel 格式 $A \leftarrow A <op> B$
movl $1, %eax	MOV EAX, 1
addl (%ebx, %eax, 0x2), %eax	ADD EAX, [EBX + ECX *2H]
subq 0x20(%rbx), %rax	SUB RAX, [RBX + 20H]

常见的 x86-64 汇编指令大致可以分为 3 类：数据移动指令、算术和逻辑运算指令以及控制转移指令。表 13.5 给出了一些汇编指令操作码的示例。

在 13.2.2 节中介绍标志位寄存器 RFLAGS 时，我们提到 RFLAGS 中的各个有效标志位是条件操作指令（比如跳转指令和条件数据传送指令）执行时的重要参考依据。以条件跳转指令为例，通常用一到两个字符作为指令后缀来表明跳转的条件码（condition code）。如图 13.7 所示，指令"jne .LBB1_1"的条件码是 ne，这条指令表明当且仅当寄存器 %r14 的值不等于 4096 时才会跳转到标号为 .LBB1_1 的代码去继续执行。在 x86-64 汇编指令中，条件码、条件码的含义以及通过 RFLAGS 中相应标志位的值来判断条件码是否成立的方法都列在表 13.6 中。条件码 e 或者 ne 需要检查 ZF（Zero Flag）标志位的原因是处理器硬件一般都用减法来比较两个整数操作数。

表 13.5　x86-64 汇编指令分类以及常见的 x86-64 汇编指令操作码

操作类型		汇编指令示例
数据移动指令	无条件移动	mov
	条件移动	cmov
	符号扩展或零扩展	movs, movz
	栈操作	push, pop
算数与逻辑运算指令	整数运算	add, sub, mul, imul, div, idiv, lea, sal, sar, shl, shr, rol, ror, inc, dec, neg
	逻辑运算	and, or, xor, not
	比较与测试	test, cmp
控制转移指令	无条件跳转	jmp
	条件跳转	j<condition>
	子程序调用	call, ret

只有当 cmpq 指令比较的两个数不相等时，才会跳转到标号为 .LBB1_1 的指令处去继续执行

```
cmpq  $4096, %r14
jne   .LBB1_1
```

图 13.7　条件跳转指令示例

表 13.6　条件码和 RFLAGS

条件码	条件码的含义	如何检查 RFLAGS 中的标志位
a	if above	CF = 0 and ZF = 0
ae	if above or equal	CF = 0
c	on carry	CF = 1
e	if equal	ZF = 1
ge	if greater or equal	SF = OF
ne	if not equal	ZF = 0
o	on overflow	OF = 1
z	if zero	ZF = 1

操作码后缀除了可以表示条件码之外，还可以表示指令操作的数据类型。对于数据移

动指令、算术运算指令和逻辑运算指令，这些指令操作码后的单个字符后缀表明的就是数据类型。如果这些指令操作码后面没有跟后缀，通常可以从操作数寄存器来推断操作的数据类型。以指令"`movq -16(%rbp), %rax`"为例，mov 后面的后缀 q 就表明这条数据移动指令会将一个 64 位的整数进行移动。

对于符号扩展（sign-extension）指令或者零扩展（zero-extension）指令，它们的操作码需要用到两个数据类型后缀，分别表示源操作数的数据类型以及扩展结果的数据类型。

以图 13.8 中右边的 `movslq` 指令为例，字母 s 代表符号扩展（与此相对的是，字母 z 代表零扩展）。此外，l 代表 32 位整数，q 代表 64 位整数，所以指令"`movslq %eax, %rdx`"表示把寄存器 `%eax` 中的 32 位整数通过符号扩展成 64 位整数，并把结果保存在寄存器 `%rdx` 中。如果寄存器 `%eax` 的内容是负数（最高位是 1），则 `%rdx` 从 32 位到 63 位都会被填充 1。

在 x86-64 的指令集架构中，32 位操作的结果会用缺省零扩展成 64 位，这和 8 位操作及 16 位操作的缺省符号扩展是不一样的。编译器的开发者必须牢固掌握这些指令细节，以确保开发出来的编译器能生成语义正确的代码。

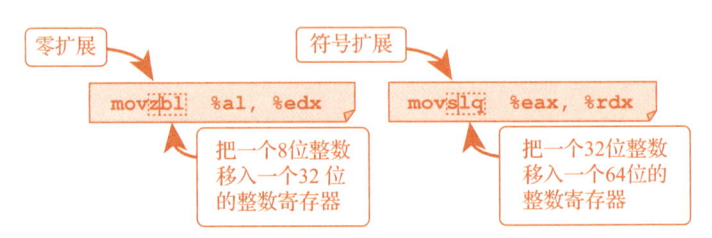

图 13.8 零扩展指令以及符号扩展指令的指令码后缀示例

13.2.4 寻址方式

操作数的寻址方式确定了一条汇编指令该如何读取指令最终操作的值。在 x86-64 指令集架构中，一条汇编指令最多只允许一个操作数通过内存地址来访存取值，常见的寻址方式有两类：直接寻址（direct addressing mode）和间接寻址（indirect addressing mode）。其中，直接寻址包括立即数（immediate）、寄存器（register）和直接内存访问（direct memory access），间接寻址包括寄存器间接寻址（register indirect）、寄存器索引寻址（register indexed）、指令指针相对寻址（instruction-pointer relative）和基索引表位移寻址（base indexed scale displacement）。

- **立即数**：汇编指令直接用指令中的立即数作为操作数的值。比如，指令"`movq $172, %rdi`"就是把立即数 172 赋值给寄存器 `%edi`。
- **寄存器**：汇编指令直接用寄存器的值作为操作数的值。比如，指令"`movq %rcx, %rdi`"表示把寄存器 `%rcx` 的值赋给寄存器 `%rdi`。
- **直接内存访问**：根据汇编指令中指定的内存地址，通过访问内存获取最终的值进行操作。比如，指令"movq 0x172, %rdi"就是把内存地址 0x172 存储的 64 位整数赋值给寄存器 %rdi。

- **寄存器间接寻址**：把寄存器的值作为内存地址，然后将通过这个地址访存获取的内容作为最终的操作对象。比如，指令"movq (%rax), %rdi"，执行时会把寄存器 %rax 的值作为内存地址，把通过这个地址访存取得的 64 位整数赋给寄存器 %rdi。
- **寄存器索引寻址**：把寄存器的值作为基地址（base address），加上一个常数偏移量（offset）形成内存地址，然后访问这个内存地址取得相应的值作为操作对象。比如，在指令"movq 172(%rax), %rdi"中，访存地址是寄存器 %rax 的值加上 172，然后把这个地址里面存储的 64 位整数赋值给寄存器 %rdi。
- **指令指针相对寻址**：可以把这种寻址方式当作一种特殊的寄存器索引寻址，即用指令指针寄存器的值作为基地址，加上一个常数偏移量形成内存地址，然后访问这个内存地址取得相应的值作为操作对象。比如，在指令"movq 172(%rip), %rdi"中，访存地址是指令指针寄存器 %rip 的值加上 172，然后把这个地址里面存储的 64 位整数赋值给寄存器 %rdi。
- **基索引表位移寻址**：这种寻址方式是 x86-64 指令集架构间接寻址的通用方式，这种寻址方式的常见表达是：Displacement(%Base_GPR, %Index_GPR, Scale)，其中，Displacement 和 Scale 都是常量，Scale 的值可以是 1、2、4 或 8。假设通用寄存器 %Base_GPR 的值为 Base，通用寄存器 %Index_GPR 的值为 Index，则上面这个寻址方式所表示的地址是 Base + Index * Scale + Displacement。如果 Displacement 缺失，相当于 Displacement 等于 0；如果 %Index_GPR 缺失，相当于 Index 等于 0；如果 Scale 缺失，相当于 Sale 等于 1。

以指令"movq 172(%rdi, %rdx, 8), %rax"为例，源操作数是地址"(%rdi) + (%rdx) * 8 + 172"上存储的 64 位整数。通过这个例子可以看出，基索引表位移寻址为复杂数组的数组元素访问或者复杂结构体的域访问提供了便捷的地址计算方式。

操作数多样化的寻址方式为汇编指令提供了访问实际操作对象的不同方法，也为编译器生成正确的数据访问提供了多种灵活性。

在 x86-64 汇编中，跳转指令（包括无条件跳转和条件跳转）的目标地址也有不同的寻址方式。对于直接跳转指令，跳转目标作为指令的一部分编码给出，表示跳转目标的方式可以用绝对地址（立即数地址），也可以用相对地址（相对于当前指令指针的偏移量）。对于间接跳转指令，可以用寄存器中的值作为跳转目标（比如"jmp *%rax"指令），也可以用寄存器指向的内存中的值为跳转目标（比如"jz *(%rax)"指令）。这些跳转目标的寻址多样性也为编译器生成高效的控制流跳转指令提供了便利。

13.3 常用的汇编指令模式

在 x86-64 汇编程序中，同样的操作结果可以用不同的汇编指令来实现，不同汇编指令的组合也可以实现相同的语义。不论是手写汇编代码，还是通过编译器生成汇编代码，都可以尽量用高效的汇编指令（或汇编指令组合）来替代语义等价但相对低效的汇编指令（或汇编指令组合）。下面举例说明三种常用的汇编指令模式，这三种模式在编译器的代码生成中使用得比较频繁。

- **寄存器初始化为 0**：在汇编程序中，经常需要进行寄存器的初始化，而且很多时候寄存器的初始化值为 0。比如，为实现对寄存器 %rax 进行赋零初始化，比较直观的汇编指令是"`movq $0, %rax`"，然而，指令"`xor %rax, %rax`"不但能实现同样的对寄存器 `%rax` 清零的效果，还具有编码更短、功耗更低等优点，因此是编译器推荐的代码生成方法。

- **判断寄存器的值是否为 0**：判断一个寄存器的值是否为 0 的常用汇编指令是 `cmp`。比如，要判断寄存器 `%rcx` 的值是否为零，可以用汇编指令"`cmp $0, %rcx`"，然后根据这条指令执行后 `RFLAGS` 中的零标志位（`ZF`）来判断 `%rcx` 的值是否为 0（`ZF` = 1 当且仅当寄存器 `%rcx` 的值为 0）。然而，另外一条汇编指令"`test %rcx, %rcx`"通过对 `%rcx` 内的值进行逻辑与操作，也会设置 `RFLAGS` 中的零标志位（`ZF`），而且编码更短。很多编译器会选择生成 `test` 指令而不是 `cmp` 指令来判断寄存器的值是否为 0。

- **空指令**：在 x86-64 汇编语言中，有一个特殊的指令叫作空指令（汇编操作码为 `nop`，no operation 的缩写），也叫无操作指令。这条指令的主要作用是通过在汇编程序中填充 `nop` 指令来达到指令对齐的目的，同时清除由上一个算术逻辑指令执行后在 `RFLAGS` 中设置的标志位。为了达到内存对齐的目的，编译器有时会生成一些"神奇"的"空指令代码串"，比如代码 13.1 中的"`data16 data16 data16 data16 data16 nopw %cs:0x0(%rax, %rax, 1)`"，这条指令的插入使得后面的"`lea 0x1(%rbp), %esi`"指令的起始地址满足了 16 字节对齐的要求（`0x100000b00`）。

代码 13.1 编译器为优化指令内存而插入的空指令串

```
1  100000ae5:  31 ed                    xor     %ebp, %ebp
2  100000ae7:  31 d2                    xor     %edx, %edx
3  100000ae9:  49 89 c4                 mov     %rax, %r12
4  100000aec:  b8 00 ca 9a 3b           mov     $0x3b9aca00, %eax
5  100000af1:  66 66 66 66 66 2e        data16 data16 data16 data16 data16 nopw
       %cs:0x0(%rax, %rax, 1)
6  100000af8:  0f 1f 84 00 00 00 00
7  100000aff:  00
8  100000b00:  8d 75 01                 lea     0x1(%rbp), %esi
```

编译器在生成代码时为了优化会有很多代码生成的考虑，上面给出的只是几个简单的例子，其他常见的汇编指令模式也可以通过分析编译器的编译输出结果去掌握。

13.4 浮点和向量化指令

在 x86-64 指令集架构中，指令执行的运算操作与操作数的数据类型相关。常见的是对整数进行操作的指令，除此之外还有对浮点数进行操作的指令以及同时对多个数据进行操作的向量化指令。对于高级语言中的浮点运算，编译器会生成相应的对浮点数据进行操作的汇编指令。

13.4.1 浮点运算指令

浮点运算是程序中常用的运算，特别是在高性能计算中极为常见，x86-64 指令集架构中包含了多种对浮点运算的支持。

针对标量浮点运算，x86-64 中的 x87 指令支持单精度（与 C 语言中的 `float` 类型对应）、双精度（与 C 语言中的 `double` 类型对应）和扩展精度（与 C 语言中的 `long double` 类型对应）的标量浮点运算。此外，SSE（Streaming SIMD[⊖] Extension）指令和 AVX（Advanced Vector Extensions）指令除了支持单精度和双精度的标量浮点运算外，也包含诸多向量化指令。

x87 标量浮点运算指令的执行由 x87 浮点运算单元（Floating-Point Unit，FPU）[⊖]负责，SSE 标量浮点运算指令在 SIMD 运算单元中执行。由于 SSE 指令的编译生成和优化比较简单，当代编译器一般都倾向于生成 SSE 标量浮点指令而不倾向去生成 X87 标量浮点运算指令。

在 SSE 标量浮点运算指令中，指令的操作码与 x86-64 的操作码相似，操作数寄存器使用的是 XMM 寄存器。SSE 指令的操作码用两个字母组成的后缀来对操作数的数据类型进行编码，其中第一个字母用于区分是单个标量（`s`）还是组装起来的向量（`p`），第二个字母用于区分是单精度浮点数（`s`）还是双精度浮点数（`d`）。表 13.7 列出了 SSE 指令后缀的四种组合以及所表示的操作数的数据类型。

表 13.7　SSE 指令的编码后缀与操作数的数据类型

汇编语言后缀	数据类型
ss	一个单精度浮点数（`float`）
sd	一个双精度浮点数（`double`）
ps	单精度浮点数向量
pd	双精度浮点数向量

代码 13.2 列出了四条 SSE 标量双精度浮点的指令。比如，代码 13.2 中的

[⊖] SIMD 是 Single Instruction Multiple Data 的缩写，表示单指令流多数据流，也就是一条指令可以同时对多个数据进行操作。

[⊖] x87 用一个寄存器栈来表示浮点寄存器，运算一般只针对栈顶（以及次栈顶）上存储的浮点数，比较难进行指令调度优化。

第三条指令"`addsd (%rax, %rsi, 8), %xmm1`"是一条标量双精度浮点的加法指令（`add`后面的`s`表示单个标量运算，`s`后面的`d`表示双精度浮点数据类型），指令的具体操作是从地址"`(%rax) + (%rsi) * 8`"中读取一个双精度浮点数，它和寄存器`%xmm1`中的双精度浮点数相加后，把结果保存在`%xmm1`内。

代码 13.2 　SSE 标量双精度浮点指令示例

```
1  movsd  (%rcx, %rsi, 8), %xmm1
2  mulsd  %xmm0, %xmm1
3  addsd  (%rax, %rsi, 8), %xmm1
4  movsd  %xmm1, (%rax, %rsi, 8)
```

13.4.2　向量化指令

在 x86-64 指令集架构中，向量化指令提供了同时对多个操作数进行操作的能力。如图 13.9 所示，图中的向量化器件可以对向量化寄存器中的 4 个元素同时进行操作。

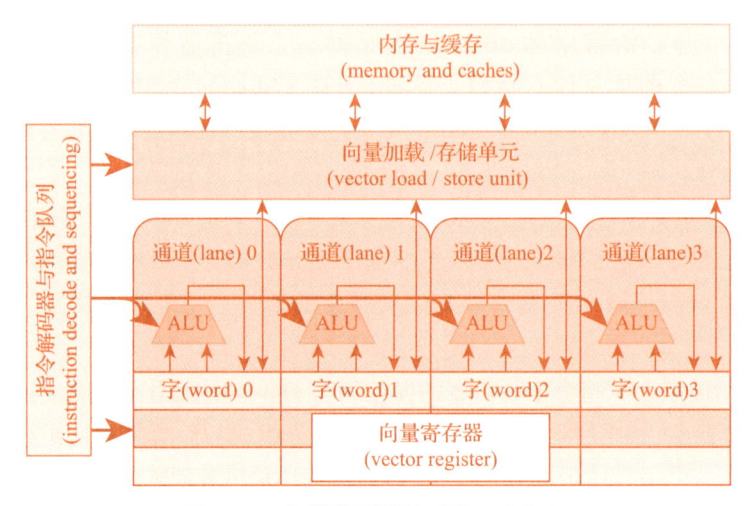

图 13.9 　向量化器件的功能示意框图

常见的向量化指令有 SSE、AVX、AVX2 以及 AVX512。在 SSE 指令中，指令的操作对象是 128 位的 XMM 向量化寄存器（共 32 个，`%xmm0` ~ `%xmm31`），每条 SSE 指令最多有 2 个操作数。AVX 指令把浮点 SIMD 运算指令从 128 位扩展到 256 位，操作的是 YMM 向量化寄存器（共 32 个，`%ymm0` ~ `%ymm31`）。每个 YMM 向量化寄存器有 256 位，并且每条 AVX 向量化指令可以有 3 个操作数（2 个源操作数和一个目的操作数）。以 AVX 指令"`vaddpd %ymm0, %ymm1, %ymm2`"为例，它表示对`%ymm0`和`%ymm1`中的 4 个 `double` 元素同时求和，并把结果保存在`%ymm2`的相应元素内。

AVX2 指令则在 AVX 指令的基础上，把整数 SIMD 指令的宽度扩展至 256 位，同时增加了 2 个新 FMA（Fused-Multiply-Add）单元和一些新的指令。AVX512（也叫 AVX3）则把向量化指令宽度扩展到 512 位，每条指令可以同时操作的数据成倍增加，向量化寄存器 ZMM 的宽度也扩展到 512 位（共 32 个，`%zmm0` ~ `%zmm31`）。AVX512 中增加了一些新的向量操作，具体的指令介绍可以参考 Intel 的汇编指令大全。

在 x86-64 的各类向量化寄存器中，XMM、YMM 和 ZMM 之间的关系如图 13.10 所示。这个关系与图 13.4 中通用寄存器间的别名关系类似，可以简单地认为向量化寄存器 ZMMi 的低 256 位是向量化寄存器 YMMi，向量化寄存器 YMMi 的低 128 位是向量化寄存器 XMMi。

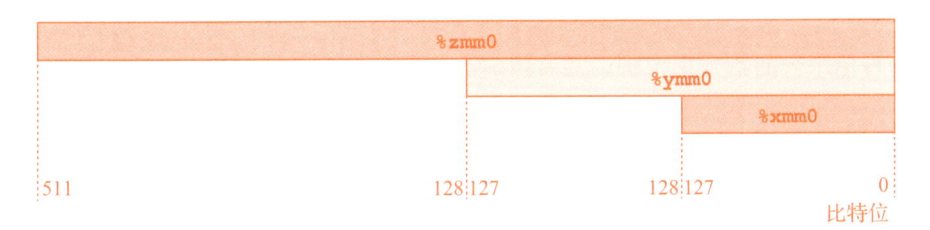

图 13.10　x86-64 中向量化寄存器之间的关系（以 `xmm0`、`ymm0` 和 `zmm0` 为例）

如果一条向量化指令的两个操作数都是向量化寄存器，则通常的向量化操作方式是一个寄存器的第 i 个元素和另外一个向量化寄存器的第 i 个元素进行操作，运算的结果存储在目的向量化寄存器的第 i 个元素上，也就是说，所有向量元素都被执行同样的操作（参见图 13.11a）。需要注意的是，在向量化指令中，内存操作的地址需要保持一定方式的对齐，具体对齐的方式与架构相关，通常的对齐方式是地址需要等于向量寄存器长度（按字节计算）的倍数。当然，有些架构支持更复杂的向量操作（插入、抽取、置换、分散、聚集等），图 13.11b 给出了一个复杂向量操作的示例。这些具体的操作可以参考具体架构的指令集参考手册。

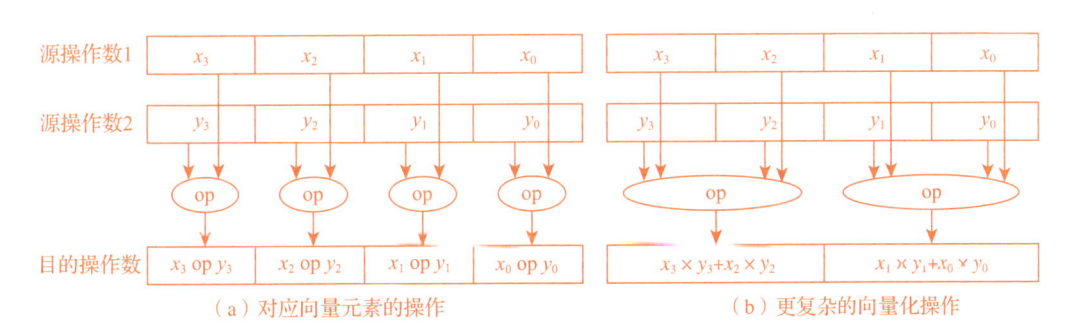

（a）对应向量元素的操作　　　　（b）更复杂的向量化操作

图 13.11　x86-64 中向量化操作的方式

此外，SSE 和 AVX 指令的操作码和传统的 x86-64 指令操作码相似。如表 13.8 所示，一般来说，SSE 指令前面的字母 **v** 前缀表明这条指令是 AVX/AVX2/AVX512 指令，标量指令（比如 `addq`）前面的 **p** 前缀表明这条指令是整数向量化指令。

充分利用向量化指令是编译器优化的一个重要方向。编译器通常通过循环向量化以及组合多个没有访问相关性的相同数据类型标量操作来达到向量优化的目的。

表 13.8 SSE 和 AVX 的操作码示例

类型	SSE	AVX/AVX2
浮点运算	addpd	vaddpd
整数运算	paddq	vpaddq

13.5 本章小结

理解目标平台的指令集架构以及具体的汇编指令细节是实现编译优化的基础。本章以 x86-64 指令集架构为例，简单介绍了 x86-64 指令集架构中的数据类型、指令格式、寄存器、寻址方式等，并进一步介绍了常用的汇编指令模式以及 x86-64 中的浮点和向量化指令。本章给出的只是非常简单的概括性介绍，更多的细节需要参考 x86-64 的指令集架构以及指令参考手册。无论如何，理解指令集架构以及汇编指令是进行程序优化的基础，通过编译器进行程序优化更需要了解这些细节，以便生成目标平台上的高效汇编指令序列。

13.6 思考题

1. 在图 13.2 中，为什么地址 `0x40112f` 处的指令 "`e9 34 00 00 00`" 可以实现跳转到 `<fib+0x58>` 的功能？
2. 请思考一下寄存器别名对编译器的代码生成有哪些制约和影响。
3. 请问是不是向量化指令的指令宽度越大，编译器生成的代码执行效率就越高？
4. 从理论上说，同一语义可以用不同的指令（或指令序列）来完成。请猜想一下，编译器在代码生成时会如何在实现同一语义的多个指令（或者指令序列）之间做出选择。

CHAPTER 14

第14章

C 程序的汇编代码生成

在把高级语言编写的源程序转换成目标代码的过程中，编译器对目标代码的生成质量起着至关重要的作用。在本章中，我们以 C 程序的汇编代码生成作为例子，介绍编译器把 C 语言编写的源程序转换成汇编代码的主要过程以及关键步骤。

14.1 C 程序是如何被转换成汇编代码的

图 13.1 描述了 C 程序"编译"过程的 4 个阶段。其中，真正的编译阶段接收预处理后的文件作为输入，经过程序分析与程序变换后生成汇编代码。以 C 程序到 x86-64 汇编代码的编译过程为例，图 14.1 描绘了 C 程序 `fib.c` 中的各语法成分与编译器生成的汇编代码[⊖]之间的对应关系。

编译器在把 C 程序编译成汇编代码的过程中需要做大量的工作，常见的有：
- 选择合适的寄存器和内存位置来存储程序中的数据。
- 在满足数据依赖和正确性的前提下，在寄存器和内存之间进行数据移动。
- 选择合适的汇编指令来实现 C 程序中的语句和运算。
- 用相应的跳转指令来实现 C 程序中的条件分支语句及各类循环控制。
- 正确处理调用函数和被调用函数之间的协同。
- 尝试各种代码优化方案，让生成的汇编代码运行得更快。

从上面的各项编译工作的内容可以看出：编译器的首要工作是确保高级语言编写的源程序能够被编译成语义等价的汇编代码（**确保正确性**），其次是需要通过优化让生成的汇编代码更加高效（**确保高性能**）。也就是说，程序变换/优化的正确性和高性能是编译器在编译过程中需要重点考虑的两个问题。

本章以 Clang/LLVM 编译器为例来介绍编译器是如何把 C 程序编译成汇编代码的。通常来说，这个过程包含两个阶段：1）把 C 程序转换成程序的中间表示（如 LLVM IR）；2）把程序的中间表示（如 LLVM IR）转换成汇编代码。

⊖ 请注意，使用不同版本的编译器以及同一编译器的不同选项会生成不同的汇编代码。

210　第四部分　编译优化

```
C语言代码 fib.c
int64_t fib(int64_t n) {
    if (n < 2)
        return n;
    return (
        fib(n-1)
        +
        fib(n-2));
}
```

clang -O1 -S fib.c

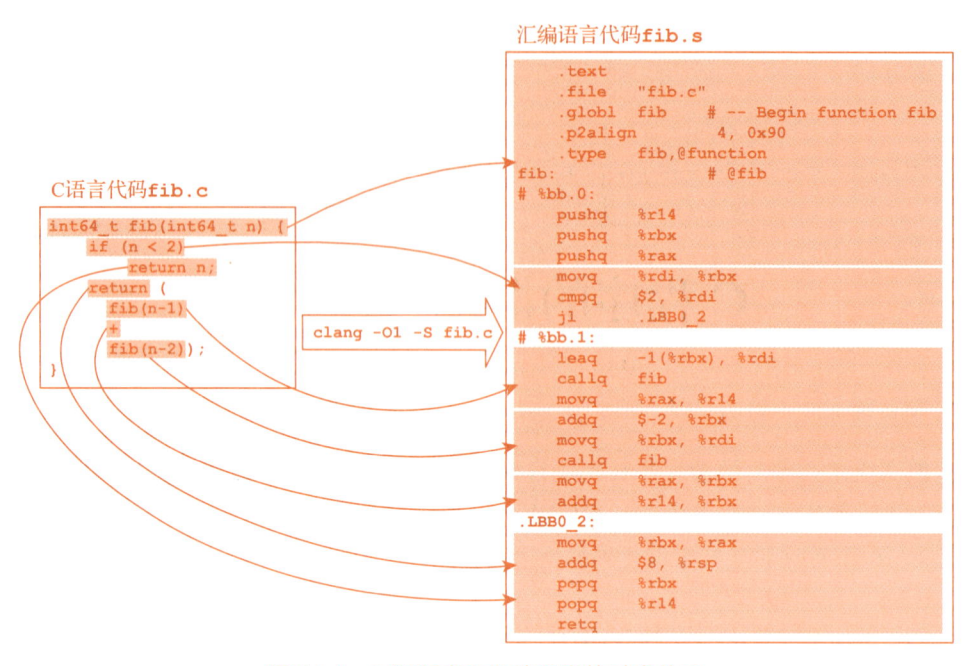

```
汇编语言代码 fib.s
        .text
        .file   "fib.c"
        .globl  fib        # -- Begin function fib
        .p2align        4, 0x90
        .type   fib,@function
fib:                       # @fib
# %bb.0:
        pushq   %r14
        pushq   %rbx
        pushq   %rax
        movq    %rdi, %rbx
        cmpq    $2, %rdi
        jl      .LBB0_2
# %bb.1:
        leaq    -1(%rbx), %rdi
        callq   fib
        movq    %rax, %r14
        addq    $-2, %rbx
        movq    %rbx, %rdi
        callq   fib
        movq    %rax, %rbx
        addq    %r14, %rbx
.LBB0_2:
        movq    %rbx, %rax
        addq    $8, %rsp
        popq    %rbx
        popq    %r14
        retq
```

图 14.1　C 源程序和汇编程序的对应关系

14.2　C 程序转换成 LLVM IR

在 12.1.5 节中，我们简单介绍了 LLVM IR。虽然 LLVM IR 与汇编语言有一定的相似性，但 LLVM IR 还是比汇编语言简单，在某些方面和 C 语言很相似。由于 C 程序的语句序列会先被转换成 LLVM IR 指令，为便于理解 C 程序语句/表达式与 LLVM IR 的对应关系，表 14.1 列出了常见的 LLVM IR 指令。更完整的 LLVM IR 指令介绍可以查阅 LLVM 语言参考手册。

在本节下面的各小节中，我们会依次介绍 C 程序中的直线代码（straight-line C Code）、C 函数、条件分支语句和循环语句转换成 LLVM IR 后的形式。

表 14.1　常见的 LLVM IR 指令

操作类型		LLVM IR 指令举例
数据移动	栈分配	`alloca`
	内存读	`load`
	内存写	`store`
	类型转换	`bitcast, ptrtoint`
算术与逻辑运算	整数算术运算	`add, sub, mul, div, shl, shr`
	浮点数算术运算	`fadd, fmul`
	逻辑运算	`and, or, xor, not`
	比较	`icmp`
	地址计算	`getelementptr`

(续)

操作类型		LLVM IR 指令举例
控制流	无条件跳转	br <location>
	条件跳转	br <condition>, <true>, <false>
	子程序	call, ret
	维持 SSA 形式	phi

14.2.1 直线代码到 LLVM IR 的转换

C 程序中的直线代码指不含条件分支语句和循环语句的一串代码。一般来说，直线代码将被编译器直观地转换成语义等价的一系列 LLVM IR 指令。以图 14.2 中左边框中的 C 函数 f 为例，函数体除了 `return` 语句外都是直线代码，对应的 LLVM IR 指令[⊖]如图 14.2 右边框中所示。

C语言代码
```
int f(int a, int b, int c) {
    int result;
    result = a + b;
    result = result * c + a;
    result = c * b + result;
    return result;
}
```

LLVM IR
```
define dso_local i32 @f(i32 %0, i32 %1, i32 %2) local_unnamed_addr #0 {
    %4 = shl i32 %1, 1
    %5 = add i32 %4, %0
    %6 = mul i32 %5, %2
    %7 = add i32 %6, %0
    ret i32 %7
}
```

图 14.2 直线代码的 LLVM IR 转换

如果 C 程序中的某个变量是聚合数据类型（比如数组和结构），编译器通常把这个变量存储在内存中。对于变量元素或者变量中域的访问，编译器会生成计算地址的指令，然后根据计算出来的地址进行相应的内存读/写。

在 LLVM IR 中，`getelementptr` 是专门用于计算内存地址的指令，简称 GEP 指令。这条指令的最基本语法如下：

`<result> = getelementptr <ty>, <ty>* <ptrval>, {<ty> <index>}*`

其中，第一个 `<ty>` 表示第一个索引指向的类型，第二个 `<ty>` 表示后面的指针基址 `<ptrval>` 的类型，`<ty> <index>` 表示一组索引的类型和值。要注意，索引的类型和索引指向的基本类型是不一样的，索引的类型一般为 `i32` 或 `i64`，而索引指向的基本类型确定的是增加索引值时指针的偏移量。

图 14.3 给出了两个 `getelementptr` 的例子。其中，图 14.3a 中的例子是关于数组元素 A[x] 的访问的，图 14.3b 中的例子访问的是结构 S 中域 B 的数组元素。在图 14.3a 右边的 LLVM IR 中，`getelementptr` 指令的第一个 index 为 0，表示的是 A[0] 的首地址，第一个 index 为 %2（形参 x 对应的寄存器），表示的是数组中的第 x 个元素，所以计算出来

⊖ 本章中的 LLVM IR 用 "clang -O1 -S -emit-llvm <示例程序>" 命令行生成。

的地址是"&A[0] + 4x"。在图 14.3b 右边的 LLVM IR 中,`getelementptr` 指令的第一个 index 为 0,表示以 `A`(对应于 `%0` 寄存器)的起始地址加上 0(&A[0])作为基地址;第二个 index 是 1,表示取的是 `A[0]` 这个结构的第 1 个域(即 `B[4][10]`);第三个 index 为 `%3`(即形参 `x`,虽然在图中 LLVM IR 的表示中是把 `x` 对应的寄存器 `%1` 符号扩展成 64 位,但值是相同的),表示的是 `B[4][10]` 中第一维的下标;第四个 index 为 3,表示的是 `B[4][10]` 中第二维的下标。综合下来,这条 `getelementptr` 指令的地址计算结果是 "&A[0] + 4 + (10x + 3) * 4"。

C语言代码
```
int A[7];
int f(int x){
    return A[x];
}
```

LLVM IR
```
define dso_local i32 @f(i32 %0) local_unnamed_addr #0 {
  %2 = sext i32 %0 to i64
  %3 = getelementptr inbounds [7 x i32], [7 x i32]* @A, i64 0, i64 %2
  %4 = load i32, i32* %3, align 4, !tbaa !2
  ret i32 %4
}
```
(a)

C语言代码
```
struct S {
    char c;
    int B[4][10];
};
int f(struct S *A, int x){
    return A->B[x][3];
}
```

LLVM IR
```
%struct.S = type { i8, [4 x [10 x i32]] }
define dso_local i32 @f(%struct.S* nocapture readonly %0, i32 %1) local_unnamed_addr #0 {
  %3 = sext i32 %1 to i64
  %4 = getelementptr inbounds %struct.S, %struct.S* %0, i64 0, i32 1, i64 %3, i64 3
  %5 = load i32, i32* %4, align 4, !tbaa !2
  ret i32 %5
}
```
(b)

图 14.3 `getelementptr` 示例

14.2.2 C 函数到 LLVM IR 的转换

LLVM IR 中的函数与 C 程序中的函数相似。如图 14.3b 中的 LLVM IR 所示,LLVM IR 中的函数声明和定义非常类似于 C 程序中的函数声明与定义。在函数定义中,LLVM IR 的 `ret` 指令也和 C 程序中的 `return` 语句相似,具有终止当前函数运行的效果。

LLVM IR 函数的参数也可以直接映射到 C 程序中的函数参数(如图 14.4 所示),其中,函数参数依次命名为 `%0`、`%1`、`%2` 等。

C语言代码
```
void mm_base(
    double *restrict C,
    int n_C,
    double *restrict A,
    int n_A,
    double *restrict B,
    int n_B,
    int n) { ... }
```

LLVM IR
```
define dso_local void @mm_base(
    double* noalias nocapture %0,
    i32 %1,
    double* noalias nocapture %2,
    i32 %3,
    double* noalias nocapture %4,
    i32 %5,
    i32 %6) local_unnamed_addr #0 { ... }
```

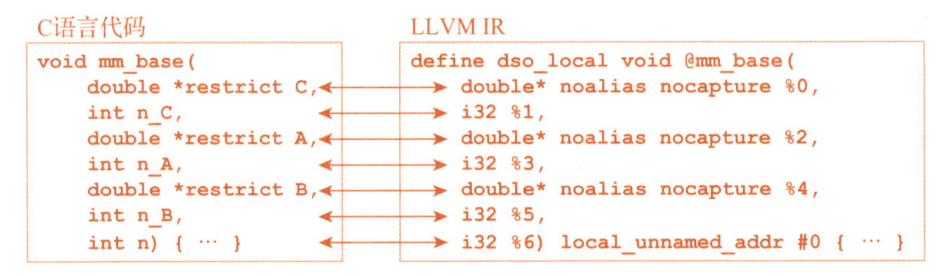

图 14.4 C 程序中的函数参数与 LLVM IR 中的函数参数之间的对应关系

与 C 函数体对应的 LLVM IR 函数体中,整个函数体被划分成多个基本块(basic block),每个基本块由一系列 LLVM IR 指令构成,控制流只能从一个基本块的第一条指令进来，并从一个基本块的最后一条指令离开，而且一个基本块的最后一条指令一般是跳转到另外一个基本块（除非最后一条指令是 ret 指令，而 ret 指令的执行将返回到函数调用点的后面一条指令）。

在图 14.5 中，左边的 C 程序对应的 LLVM IR 呈现在右边的方框内，这个 LLVM IR 包含 3 个基本块（基本块 1、3 和 9[⊖]）。由于编译器进行了优化，C 程序中的两条 return 语句在生成的 LLVM IR 中进行了合并，整个函数的退出统一在基本块 9 中进行。基本块 9 中的第一条 phi 指令[⊖]根据进入此基本块的前序基本块是 1 还是 3 选取不同的值，赋给寄存器 %10 作为函数的返回值。

正如图 14.5 所示，函数体内的不同基本块之间可能被每个基本块的最后一条跳转指令连接。如果以基本块作为图的节点，基本块之间的连接作为图的边，就形成了控制流图（Control-Flow Graph, CFG），与图 14.5 右边 LLVM IR 函数体对应的控制流图如图 14.6 所示。

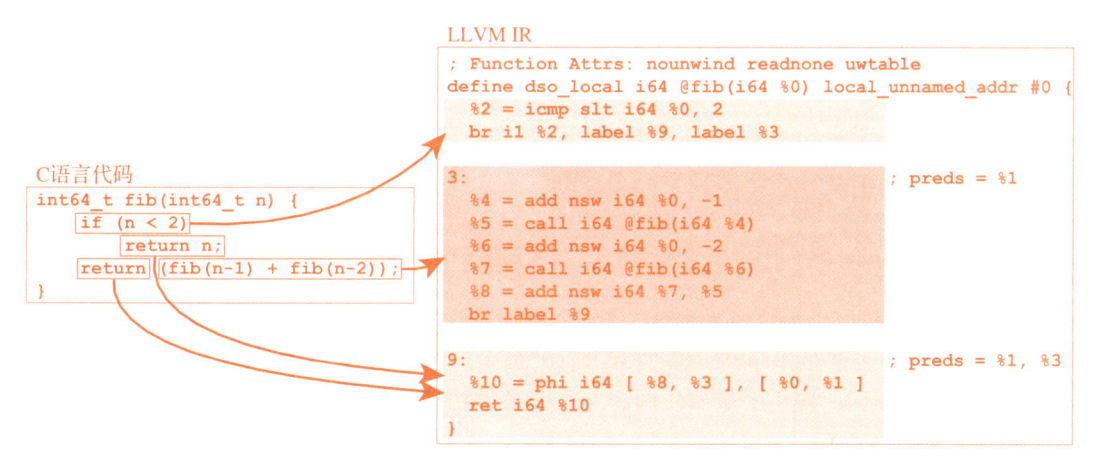

图 14.5　C 函数体与 LLVM IR 中函数体内基本块之间的对应关系示例

14.2.3　条件分支语句到 LLVM IR 的转换

条件分支语句是 C 程序中频繁出现的语句类型，我们在这一小节介绍条件分支语句将被转换成什么样的 LLVM IR。

在图 14.5 中，左侧 C 程序中的 "if(n < 2)" 被转换成两条 LLVM IR 指令，其中 "%2 = icmp slt i64 %0, 2" 相当于求出 "n < 2" 是否为真并把结果保存在寄存器 %2 中；随后的 "br i1 %2, label %9, label %3" 根据寄存器 %2 中的值进行跳转，如果 %2 中的值为真，就跳转到标号为 9 的基本块；如果 %2 中的值为假，就跳转到标号为 3 的基本块。在 "br i1 %2, label %9, label %3" 中，寄存器 %2 也叫作谓

[⊖] 图 14.5 只有三个基本块：1、3、9，在图中是通过基本块前的标号以及基本块中第一条指令后面的 ";preds = ..." 来呈现的。

[⊖] LLVM IR 中的 phi 指令会在本章的后续小节中详细介绍。

词（Predicate）寄存器，它只有 1 位，值为 1 表示真，值为 0 表示假。

正如图 14.6 所示的控制流图，条件跳转（"BB 1"中的"`br i1 %2, label %9,label %3`"）终止了当前的基本块"BB 1"，并且创建了两条离开当前基本块的边，分别连接"BB 9"和"BB 3"。

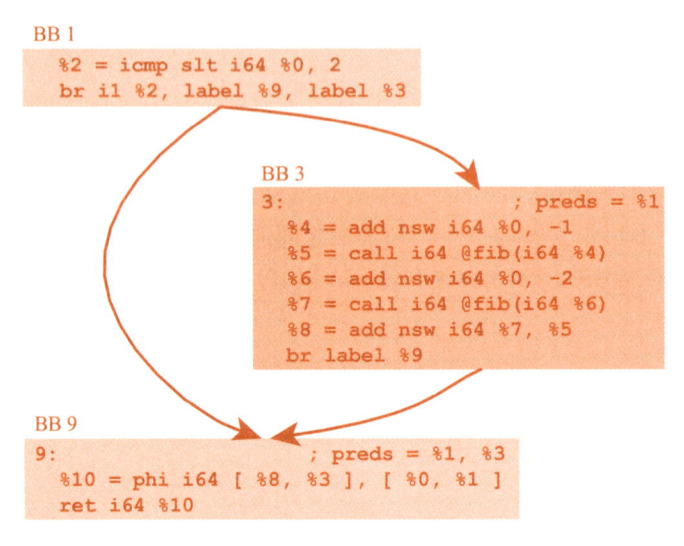

```
BB 1
  %2 = icmp slt i64 %0, 2
  br i1 %2, label %9, label %3

BB 3
3:                                      ; preds = %1
  %4 = add nsw i64 %0, -1
  %5 = call i64 @fib(i64 %4)
  %6 = add nsw i64 %0, -2
  %7 = call i64 @fib(i64 %6)
  %8 = add nsw i64 %7, %5
  br label %9

BB 9
9:                                      ; preds = %1, %3
  %10 = phi i64 [ %8, %3 ], [ %0, %1 ]
  ret i64 %10
```

图 14.6　控制流图示例

与条件分支对应的是无条件跳转，比如 C 程序中的 `goto` 语句或者 `break` 语句，在 LLVM IR 中对应的就是不带谓词寄存器的 `br` 指令（如图 14.6 中的基本块"BB 3"里的"`br label %9`"）。在一个基本块内，一条无条件跳转指令终止了当前基本块，并且在控制流图中产生一条离开当前基本块的边。

C 程序中的条件分支语句通常会在对应的控制流图中产生"菱形图案"（如图 14.7 所示），这是一种常见的分支跳转控制模式。

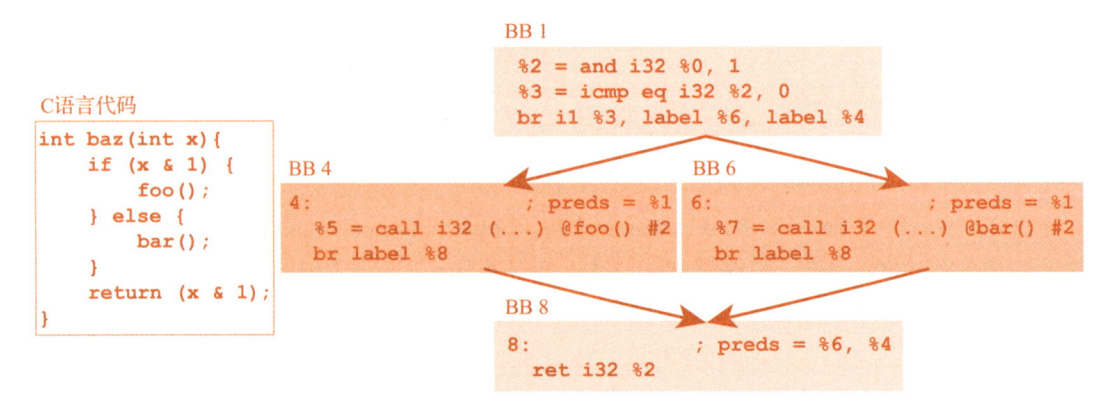

```
C语言代码
int baz(int x){
    if (x & 1) {
        foo();
    } else {
        bar();
    }
    return (x & 1);
}
```

```
BB 1
  %2 = and i32 %0, 1
  %3 = icmp eq i32 %2, 0
  br i1 %3, label %6, label %4

BB 4
4:                              ; preds = %1
  %5 = call i32 (...) @foo() #2
  br label %8

BB 6
6:                              ; preds = %1
  %7 = call i32 (...) @bar() #2
  br label %8

BB 8
8:                              ; preds = %6, %4
  ret i32 %2
```

图 14.7　条件分支在数据流图中产生的"菱形图案"

14.2.4 循环语句到 LLVM IR 的转换

C 程序中的循环一般包括循环体以及循环控制，图 14.8 描绘了一个 C 程序中的循环体以及循环控制与 LLVM IR 的对应关系。

C 语言代码

```
void dax(
    double *restrict y, double a,
    const double *restrict x,
    int64_t n) {
    for (int64_t i = 0; i < n; ++i)
        y[i] = a * x[i];
}
```

LLVM IR

```
define dso_local void @dax(double* noalias nocapture %0, double %1,
double* noalias nocapture readonly %2, i64 %3) local_unnamed_addr
#0 {
  %5 = icmp sgt i64 %3, 0
  br i1 %5, label %7, label %6

6:                                                ; preds = %7, %4
  ret void

7:                                                ; preds = %4, %7
  %8 = phi i64 [ %13, %7 ], [ 0, %4 ]
  %9 = getelementptr inbounds double, double* %2, i64 %8
  %10 = load double, double* %9, align 8, !tbaa !2
  %11 = fmul double %10, %1
  %12 = getelementptr inbounds double, double* %0, i64 %8
  store double %11, double* %12, align 8, !tbaa !2
  %13 = add nuw nsw i64 %8, 1
  %14 = icmp eq i64 %13, %3
  br i1 %14, label %6, label %7, !llvm.loop !6
}
```

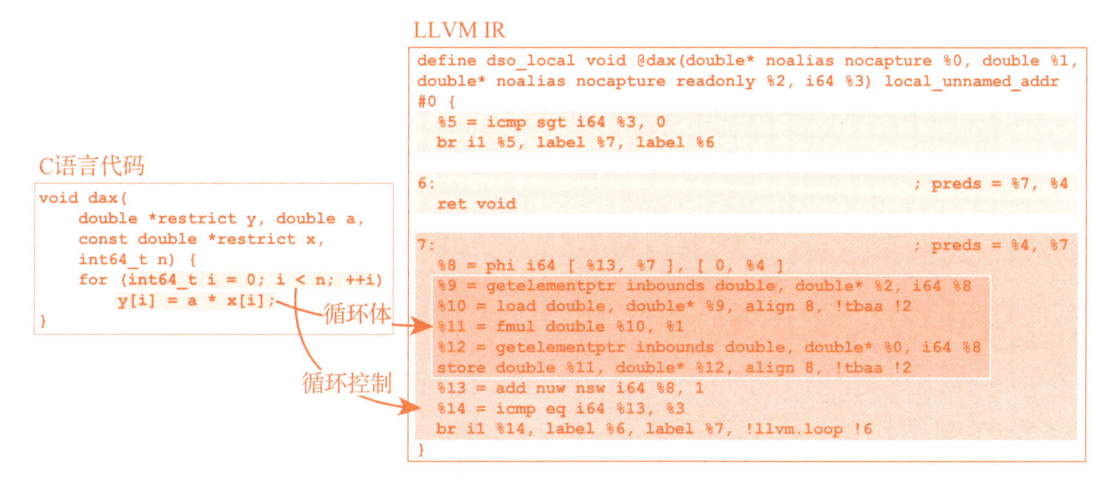

（循环体、循环控制）

图 14.8　循环语句到 LLVM IR 的转换示例

图 14.9 展示了与图 14.8 右侧 LLVM IR 对应的控制流图。从图 14.8 可以看出，LLVM IR 中的循环控制流图有如下几个明显的特征：

- **循环体一般有两个入口**：例如，对于图 14.9 中的循环体 "BB 7"，它的两个入口基本块分别是 "BB 4" 和 "BB 7"。其中，"BB 4" 在控制流进入循环体前对循环边界进行测试，只有在满足进入循环体的条件（"%5 = icmp sgt i64 %3, 0"，相当于检查 n 是否大于 0）时才进入循环体；另外一个入口实际上是 "BB 7" 自己，这个入口决定了循环体的迭代执行。
- **存在一个循环出口**：这个出口是循环迭代终止后被执行的第一个基本块，例如图 14.9 中的 "BB 6"。
- **存在回边**（back edge）：在控制流图中，如果存在一条边 (u, v)，其中 v 在控制流图的深度优先搜索树中是 u 的祖先，但 (u, v) 不是控制流图深度优先搜索树中的边，则 u, v 就是一条回边。正是由于回边的存在才构成了循环，因此在编译器的设计与实现中，可以通过检测回边存在与否来判断控制流图中是否存在循环。在图 14.9 中，从 "BB 7" 到 "BB 7" 的那条边就是回边。

我们再以图 14.8 中的循环来仔细分析一下 C 程序中的循环控制与 LLVM IR 中相关指令的对应关系。为便于阐述，我们在图 14.10 中把循环控制变量相关的部分抽取出来进行讲解。

图 14.10 把 C 程序中 for 循环的循环控制变量（i）初始化、循环变量递增以及循环终止条件的判断与 LLVM IR 中的指令进行了对应。从这个对应关系中，我们可以发现一个很

有意思的现象：与 C 程序中只有一个循环控制变量（i）不同，在 LLVM IR 中似乎找不到与 i 对应的唯一的循环控制变量，这个现象的出现与 12.1.5 节中讲的 LLVM IR 中的静态单赋值（SSA）属性相关。也就是说，任何一个 LLVM IR 中的寄存器最多只能在一条指令中被定义。由于循环控制变量在循环体的某个前置基本块（"BB 4"）中被赋初值，在循环体内（"BB 7"）又有递增操作，因此循环体中的第一条语句"`%8 = phi i64 [ %13, %7 ], [ 0, %4 ]`"其实就是从两个赋值点（"BB 7"和"BB 4"）中根据进入循环体的前置基本块来选取相应的值作为循环控制变量（`%8`）。又由于 SSA 属性规定任何寄存器只能赋值一次，因此在循环体中用一个新的寄存器（`%13`）来实现循环控制变量的值递增（"`%13 = add nuw nsw i64 %8, 1`"）。从上面的分析可以看出，其实在图 14.10 的循环体中，寄存器 `%8` 和 `%13` 都对应于循环控制变量。

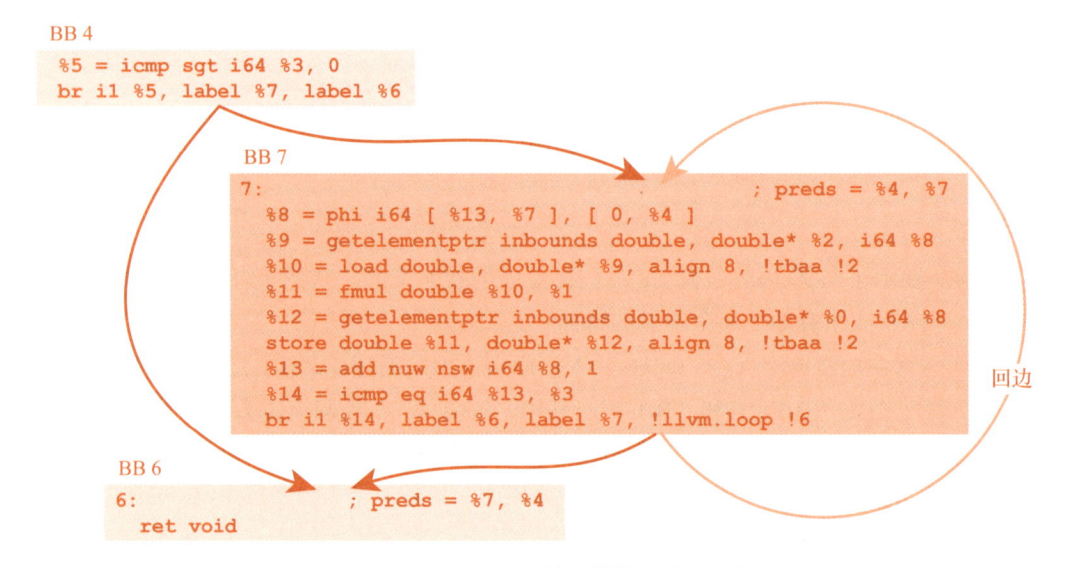

图 14.9　LLVM IR 中循环的控制流图示例

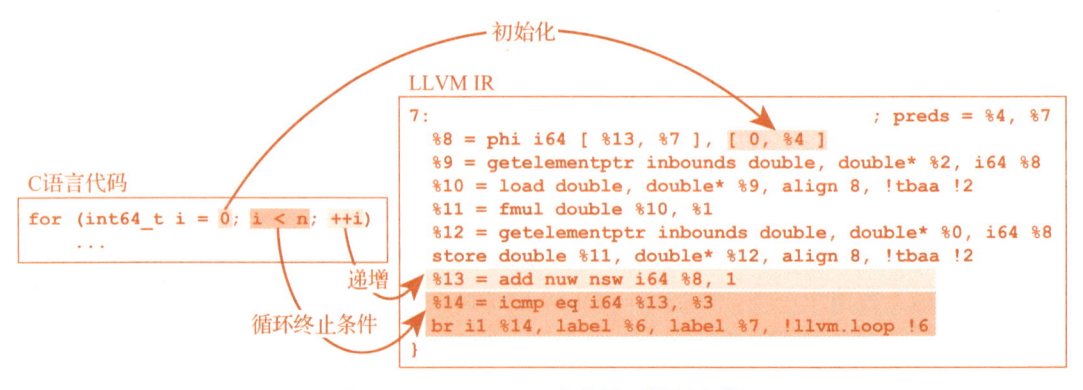

图 14.10　LLVM IR 中的循环控制变量

下面我们再详细介绍一下 `phi` 指令。`phi` 指令其实是一个实现值选取的指令，即对于一个特定的基本块 B 以及 B 内的一个 LLVM IR 寄存器 `%r`，根据进入 B 的前序基本块的不同而对 `%r` 选取不同的值。也就是说，只有当一个基本块具有多个前序基本块时才需要 `phi` 指令。同时，需要注意的是，`phi` 指令不是一条真实存在的指令，在最后代码生成时，编译器需要根据具体的目标指令集架构在合适的位置把 `phi` 指令转换成一条或多条目标指令集架构上的真实指令。

以图 14.9 为例，"BB 7" 中的 `phi` 指令 "`%8 = phi i64 [ %13, %7 ], [ 0, %4 ]`" 根据进入 "BB 7" 的前序基本块是 "BB 7"（`%7`）还是 "BB 4"（`%4`）而分别选取寄存器 `%13` 的值或者常数 0，并把选取出来的值赋给寄存器 `%8`。需要注意的是：在 `phi` 指令 "`%8 = phi i64 [ %13, %7 ], [ 0, %4 ]`" 中，`%7` 和 `%4` 不是 LLVM IR 中的寄存器，而是对基本块标号的引用。

14.2.5　LLVM IR 中的属性

LLVM IR 中的各语言结构（比如指令、操作数、函数、函数参数等）可能带有修饰这些语言结构的属性。以图 14.8 中的 C 程序以及其对应的 LLVM IR 为例：

```
void dax(double *restrict y, double a, const double *restrict x, int64_t n) {...}
```

被编译成

```
define dso_local void @dax(double* noalias nocapture %0, double %1,
    double* noalias nocapture readonly %2, i64 %3) local_unnamed_addr #0 {...}
```

其中，`dso_local` 是函数符号 `dax` 的属性，表明该函数符号会在同一个链接单元内解析。`noalias` 和 `nocapture` 是此函数声明中指针参数的属性，`noalias` 表明函数各指针参数之间没有别名（即各指针参数所指向的内存区域没有重叠）。`nocapture` 表明此函数不会创建指针参数的任何副本。`readonly` 属性表示此指针参数所指向的内存区域在函数体内是只读的。`local_unnamed_addr` 表示这个函数的地址在此模块中是不重要的。在这些属性中，`dso_local`、`nocapture` 和 `local_unnamed_addr` 是编译器通过分析生成的属性，而 `noalias` 属性是从 C 源程序中的 `restrict` 属性导出的，`readonly` 是从 C 源程序中的 `const` 限定字中导出的。

再看一下指令属性的例子。比如，在图 14.8 中的指令 "`%10 = load double, double* %9, align 8, !tbaa !2`" 中，属性 "`align 8`" 表示这条 `load` 指令在从内存中读取一个双精度浮点数时，要求地址是 8 字节对齐的，这个对齐属性也是编译器通过分析生成的。

当然，LLVM IR 还有很多别的属性，详细的介绍可以查阅 LLVM 语言参考手册。总的来说，LLVM IR 中的属性有些是从被编译的源程序中导出的，有些是通过编译器的分析生成的，理解这些属性有助于理解程序的 LLVM IR 表示以及后续的汇编代码生成。

14.2.6 小结

把被编译的程序转换成 LLVM IR 是 LLVM 编译器生成汇编代码的第一步。LLVM IR 与汇编程序相似，但相对简单。在 LLVM IR 中，所有计算的值都被存储到 LLVM IR 的寄存器中，并且每个寄存器在 LLVM IR 中只能被赋值一次。LLVM IR 中的每一个函数都可以用控制流图来建模。在控制流图中，图的节点是基本块，连接基本块的边代表程序执行过程中控制流的可能走向。与 C 程序相比，LLVM IR 中所有的操作都是显式的。比如，C 程序中的隐式类型转换在 LLVM IR 中都变成了显式操作，所有数据类型的位宽都明确表示。

14.3 LLVM IR 转换成汇编程序

LLVM 编译器在把源程序转换成 LLVM IR 之后，通常会在 LLVM IR 的基础上进行程序分析及优化，然后通过编译器的后端把优化后的 LLVM IR 转换成目标指令集架构上的汇编程序。下面我们忽略 LLVM IR 的优化部分，来看看 LLVM IR 与 x86-64 汇编程序的对应关系以及在把 LLVM IR 转换成汇编代码时需要注意的一些问题。

在结构上，LLVM IR 和汇编程序非常相似，LLVM IR 指令与汇编指令之间的对应也比较清楚（参见图 14.11）。通常来说，编译器需要完成下面三项任务以成功地把 LLVM IR 转换成 x86-64 汇编代码。

- ❑ **指令选择**：选择合适的 x86-64 汇编指令去实现 LLVM IR 中的指令。
- ❑ **寄存器分配**：确保 x86-64 中的寄存器能够被充分利用，减少指令对内存的访问。
- ❑ **协调函数调用**：按照 x86-64 的函数调用规范，确保函数调用者和被调用函数之间的正确协作。

LLVM IR

```
define dso_local i64 @fib(i64 %0)
local_unnamed_addr #0 {
  %2 = icmp slt i64 %0, 2
  br i1 %2, label %9, label %3

3:                    ; preds = %1
  %4 = add nsw i64 %0, -1
  %5 = call i64 @fib(i64 %4)
  %6 = add nsw i64 %0, -2
  %7 = call i64 @fib(i64 %6)
  %8 = add nsw i64 %7, %5
  br label %9

9:                    ; preds = %1, %3
  %10 = phi i64 [ %8, %3 ], [ %0, %1 ]
  ret i64 %10
}
```

x86-64 汇编语言代码

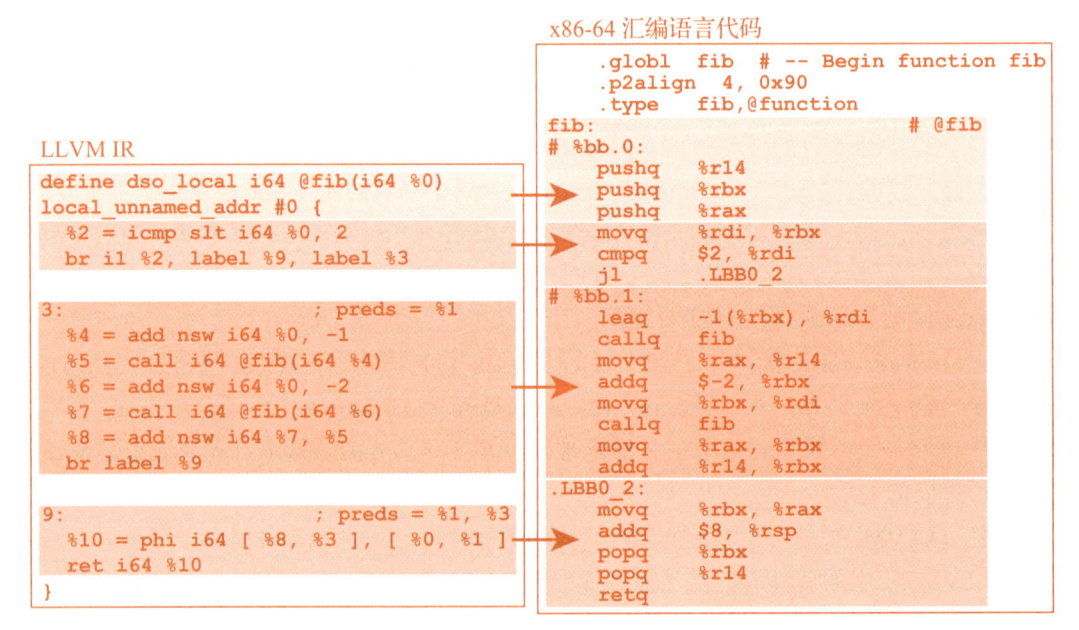

```
        .globl  fib         # -- Begin function fib
        .p2align   4, 0x90
        .type   fib,@function
fib:                                # @fib
# %bb.0:
        pushq   %r14
        pushq   %rbx
        pushq   %rax
        movq    %rdi, %rbx
        cmpq    $2, %rdi
        jl      .LBB0_2
# %bb.1:
        leaq    -1(%rbx), %rdi
        callq   fib
        movq    %rax, %r14
        addq    $-2, %rbx
        movq    %rbx, %rdi
        callq   fib
        movq    %rax, %rbx
        addq    %r14, %rbx
.LBB0_2:
        movq    %rbx, %rax
        addq    $8, %rsp
        popq    %rbx
        popq    %r14
        retq
```

图 14.11　LLVM IR 与相应汇编程序之间的映射关系

指令选择、指令调度以及寄存器分配是编译原理相关书籍中的经典内容，本书不再赘述。由于大多数稍微复杂的程序都含有函数调用，因此，理解函数调用时调用函数和被调用函数之间的正确协调是理解程序执行逻辑的关键。正是基于这个原因，我们在本节中将围绕"协调函数调用"来理解 LLVM IR 转换成汇编代码时是如何利用寄存器和栈实现正确的函数调用的。

14.3.1 汇编制导指令与程序的内存布局

汇编程序中通常包含一些制导指令（directive），用于告诉汇编器或链接器该如何操作汇编程序中相应的部分。这些汇编制导指令以"."开头，但它不是汇编指令的一部分。以下是常见的汇编制导指令，更加详细的汇编制导指令介绍请参考。

- 段制导指令（segment directive）：段制导指令把汇编文件中的内容组织成不同的段。
  - ".text"代表代码段，用于存放程序代码的区域。编译时可以确定每个目标文件的代码段，具有只读属性。链接时会将所有目标文件中的 .text 段合并在一起，并处理各个 .tex 段之间的函数引用问题。
  - ".data"代表数据段，用于存放在编译阶段就能确定的数据，具有读和写属性，就是常说的静态存储区。赋了初值的全局变量、常量和静态变量都存放在这个段。
  - ".bss"代表 bss 段。bss 段表示未手动初始化的数据，编译器并不给该段的数据分配空间，只是记录数据所需空间的大小。bss 段的大小从可执行文件中得到，动态链接器从可执行文件的相关信息描述中获得 bss 的大小后，在内存空间中会申请相应大小的内存地址空间，并且对这个内存地址空间进行清零，此时包含 data 和 bss 段的整个区段通常称为数据区。
- 存储制导指令（storage directive）：存储制导指令与当前段中的数据存储相关。下面给出几个例子：
  - x: .space 20：表示在 x 这个地址空间分配 20 字节。
  - y: .long 172：表示把常量 172L 存储在位置 y 中。
  - z: .asciz "6.172"：表示在位置 z 中存储字符串常量"6.172\0"。
  - .align 8：表示内存中的下一内容需要按 8 字节对齐。
- 范围和链接制导指令（scope and linkage directive）：这类制导指令的作用主要是控制链接器的行为。比如，图 14.11 中的".global fib"表示 fib 函数对别的目标文件是可见的。

当一个程序运行时，其虚拟内存被组织成不同的段，从上到下依次是栈（Stack）、堆（Heap）、bss 段、data 段和 text 段（如图 14.12 所示），其中 bss 段、data 段和 text 段与上面介绍的 .bss、.data、.text 的段制导指令相关联。

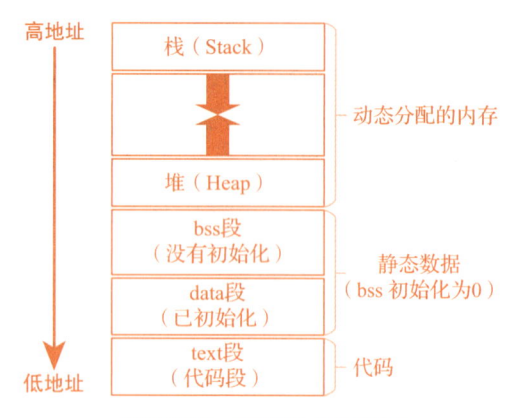

图 14.12 程序的内存布局

在图 14.12 顶部的栈里面，存储着程序运行时函数执行过程中的函数内部数据以及函数调用/返回时跨函数的数据传递。更具体地说，栈中可能保存着如下各种数据：

- **返回地址**：在栈中保留函数调用时的返回地址，以便被调用函数执行完毕后能够返回到函数调用点下一条指令的起始位置。
- **寄存器状态**：根据调用函数和被调用函数使用寄存器的情况，在栈中保留寄存器的状态，以便不同函数之间能够复用相同的寄存器而不影响程序的语义。
- **函数参数**：有些函数实参如果不能通过寄存器来传给被调用函数，就需要通过栈来传递。
- **局部变量**：函数的局部变量或者编译器生成的临时变量如果不能存放在合适的寄存器内，就必须存放在栈内。

正如图 14.12 所示，与堆的延伸方向相反，栈是从高地址往低地址延伸的。编译器在代码生成时需要准确计算出栈中变量的地址（相对于栈指针 SP 或者帧指针 FP 的偏移量），以实现对栈中数据的正确访问。

14.3.2 函数调用规范

如果调用函数与被调用函数位于同一个目标文件内，理论上编译器可以通过有效的分析来协同调用函数与被调用函数之间的信息传递，合理地利用栈以及准确地对寄存器状态进行保存/恢复。如果被调用函数与调用函数不在同一个目标文件内，那么只有在每个目标文件中的函数都遵循函数调用规范的前提下，链接在一起的最终执行文件才能正常运行。

在 x86-64 上 Linux 操作系统的函数调用规范中，栈被组织成一个个栈帧的形式，每个函数的运行实例都有一个自己的唯一栈帧。对于每一个正在执行的当前函数，`%rbp` 寄存器指向当前栈帧的顶部，`%rsp` 寄存器指向当前栈帧的底部。函数调用指令（`call`）和函数返回指令（`ret`）利用栈和指令指针 `%rip` 来管理每一个函数调用的返回地址。当执行 `call` 指令时，`%rip` 的值（指向 `call` 指令的下一条地址，也就是 `call` 指令执行完毕后的返回地址）被保存到栈帧底部（注意，栈帧是从高地址往地址值延伸，`%rsp` 指向栈帧的最底部），然后控制流跳转到 `call` 指令的操作数所指向的地址（也就是被调用函数的地址）去继续执行；当执行 `ret` 指令时，将栈底的内容（就是 `call` 指令执行时存储在栈上的返回地址）从栈上取出，赋给 `%rip`，这样执行控制流就回到了调用函数。

为了确保程序的正确执行，在执行函数调用时，需要确保被调用函数返回到调用点的寄存器状态能够与执行函数调用前一致。在 x86-64 上 Linux 操作系统的函数调用规范中，跨函数调用寄存器状态的一致性保证是通过调用函数和被调用函数的协同来共同完成的。也就是说，函数调用规范对寄存器进行了划分，规定了哪些寄存器需要由调用函数来保存/恢复，哪些寄存器需要由被调用函数来保存/恢复。具体来说，`%rbx`、`%rbp`、`%r12` – `%r15` 寄存器由被调用函数负责保存/恢复，所有其他寄存器由调用函数负责保存/恢复。

函数调用时，调用函数和被调用函数之间一个重要的协同是参数传递。关于参数传递，x86-64 上 Linux 操作系统的函数调用规范如表 14.2 所示。如果通过寄存器传递的整数参数超过 6 个，则前 6 个整数参数使用寄存器传递，剩余的整数参数通过栈来传递，而且是从右往左依次压栈。对于可以用 SSE 寄存器来存储的浮点参数，可以通过 `%xmm0` – `%xmm7` 寄存器来传递。

表 14.2　x86-64 中有关参数传递的寄存器使用规范

寄存器	描述	寄存器	描述
`%rdi`	传递第一个整数参数	`%rcx`	传递第四个整数参数
`%rsi`	传递第二个整数参数	`%r8`	传递第五个整数参数
`%rdx`	传递第三个整数参数	`%r9`	传递第六个整数参数

在 x86-64 上 Linux 操作系统的函数调用规范中，函数返回值通过 `%rax` 寄存器来传递。上面这些只是关于 x86-64 上 Linux 操作系统内函数调用规范的简单介绍，详细介绍可以参考相关文献。下面我们再用一个例子来加深对函数调用时栈帧变化的认识。

在图 14.13 中，刻画了函数 A 调用函数 B，函数 B 又调用其他函数时的栈帧示意图。对于 A 调用 B 时通过栈传递过来的参数，在函数 B 的执行过程中可以通过"`%rbp + Offset`"（Offset 是正数）的方式来访问。同理，对于函数 B 中的局部变量，可以通过"`%rbp-Offset`"（Offset 是正数）的方式来访问。

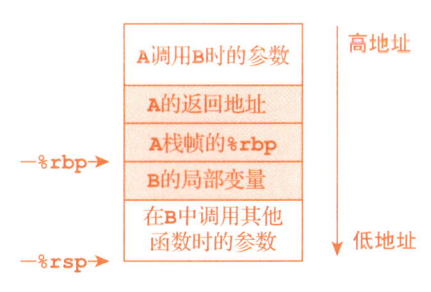

图 14.13　函数调用时的栈帧示意图

假设函数 B 在执行的过程中即将调用 C。图 14.14 左侧表示了在 B 中把不能通过寄存器传递的参数压栈后的情况，压栈时，B 对这些实参的访问可以通过 "`%rbp-Offset`"（`Offset` 是正数）的方式来访问。图 14.14 中间表示了在函数 B 中执行了对函数 C 的调用指令（`call`）但控制流又没有执行到函数 C 时的情况，这时 B 的返回地址（函数 B 中对 C 的调用指令的下一条指令地址）已经被压入栈内。图 14.14 右侧表示的是执行函数 C 时栈的状态，从中可以看到：B 栈帧的 `%rbp` 已经被保存在栈上，寄存器 `%rbp` 已经调整成 C 栈帧的栈顶，函数 C 中的局部变量以及 C 调用其他函数时传递参数所需的栈空间都已经分配完毕。

图 14.14　执行函数调用时的栈帧变化示意图

对于每一个函数 f 来说，如果 f 只在调用其他函数时需要有栈空间分配的操作，除此之外没有任何栈空间分配操作，那么函数 f 栈帧上 "`%rsp-%rbp`" 的值在编译阶段就可以确定。如果上述条件成立的话，则所有对栈内变量的访问都可以变成 "`%rsp + Offset`"（`Offset` 是非负数）的形式，从而空出寄存器 `%rbp`，使得 `%rbp` 可以作为普通的寄存器来使用（按照函数调用规范，需要被调用函数对 `%rbp` 进行保存/恢复）。在寄存器比较紧张的时候，这是编译器常用的一种优化手段。

14.4　本章小结

本章简单介绍了在 LLVM 编译器中从 C 程序到汇编代码的转换过程。整个转换分为两步：第一步，把用 C 语言编写的源程序转换成 LLVM IR；第二步，把 LLVM IR 转换成汇编代码。在 LLVM IR 中，函数被组织成控制流图的形式。控制流图中的每一个节点对应 LLVM IR 中的一个基本块，基本块内的指令序列相当于一个直线型程序，而基本块的最后一条指令是控制流跳转指令，这些指令形成的边把相关的基本块连接在一起。编译器后端通过指令选择、指令调度与寄存器分配，并按照目标指令集架构和目标操作系统上的函数调用规范，利用目标指令集架构中的寄存器和栈来协调函数调用，最终实现从 LLVM IR 到汇编代码的转换。

14.5 思考题

1. `phi` 指令是 LLVM IR 中的一条重要指令。请思考一下，编译器在后端的代码生成阶段是如何消除 `phi` 指令的。
2. 请思考一下 LLVM IR 中的谓词（predicate）寄存器和上一章介绍的 x86-64 指令集架构中标志位寄存器（`RFLAGS`）之间的区别与联系。
3. 请参考 AArch64 指令集架构的参考手册，分析一下 AArch64 指令集架构的函数调用规范与 x86-64 指令集架构的函数调用规范之间的异同点。
4. 图 14.15 右边的 LLVM IR 是对左边的函数使用 `clang -O1 -S -emit-llvm` 选项编译生成的，请回答为什么 LLVM IR 中第一行的 `switch.table.f` 这张表的长度是 7，表内元素的值又是如何"生成"的？

C 语言代码
```
int f(int a){
  switch (a) {
    case 2:
      a = a + 1;
      break;
    case 4:
      a = a + 2;
      break;
    case 8:
      a = a + 3;
      break;
    default:
      a = a + 10;
  }
  return a;
}
```

LLVM IR
```
@switch.table.f = private unnamed_addr constant [7 x i32] [i32 1, i32 10, i32 2,
i32 10, i32 10, i32 10, i32 3], align 4

; Function Attrs: norecurse nounwind readnone uwtable
define dso_local i32 @f(i32 %0) local_unnamed_addr #0 {
  %2 = add i32 %0, -2
  %3 = icmp ult i32 %2, 7
  br i1 %3, label %4, label %8

4:                                                ; preds = %1
  %5 = sext i32 %2 to i64
  %6 = getelementptr inbounds [7 x i32], [7 x i32]* @switch.table.f, i64 0, i64 %5
  %7 = load i32, i32* %6, align 4
  br label %8

8:                                                ; preds = %1, %4
  %9 = phi i32 [ %7, %4 ], [ 10, %1 ]
  %10 = add nsw i32 %9, %0
  ret i32 %10
}
```

图 14.15　第 4 题的 C 语言代码与相应的 LLVM IR

5. 代码 14.1 是根据上题中的 LLVM IR 最终生成的 x86-64 汇编代码，请仔细阅读这段汇编代码，说出各条汇编指令与源程序中各语句的对应关系。

代码 14.1　第 5 题的 x86-64 汇编代码

```
1       .text
2       .file   "switch.c"
3       .globl  f                       #--Begin function f
4       .p2align        4, 0x90
5       .type   f,@function
6   f:                                  # @f
7       .cfi_startproc
```

```
 8  # %bb.0:
 9                                  # kill: def $edi killed $edi def $rdi
10      leal    -2(%rdi), %ecx
11      movl    $10, %eax
12      cmpl    $6, %ecx
13      ja      .LBB0_2
14  # %bb.1:
15      movslq  %ecx, %rax
16      movl    .Lswitch.table.f(,%rax ,4), %eax
17  .LBB0_2:
18      addl    %edi, %eax
19      retq
20  .Lfunc_end0:
21      .size   f, .Lfunc_end0-f
22      .cfi_endproc
23                                  # --End function
24      .type   .Lswitch.table.f,@object    # @switch.table.f
25      .section    .rodata,"a",@progbits
26      .p2align    2
27  .Lswitch.table.f:
28      .long   1                   # 0x1
29      .long   10                  # 0xa
30      .long   2                   # 0x2
31      .long   10                  # 0xa
32      .long   10                  # 0xa
33      .long   10                  # 0xa
34      .long   3                   # 0x3
35      .size   .Lswitch.table.f, 28
36
37      .ident  "Ubuntu clang version 11.0.0-2~ubuntu20.04.1"
38      .section    ".note.GNU-stack","",@progbits
39      .addrsig
```

CHAPTER 15

第 15 章

编译器的优化能力

正如我们在第 12 章中强调的：编译优化的本质是程序变换，即基于程序分析结果的语义等价的程序变换。语义等价是确保优化正确性的前提。此外，编译优化还需要遵循保守原则，也就是说，如果某个优化有风险㊀，那就宁可不做这个优化。虽然编译器可以做很多非常高级的优化，优化的范围可以是局部㊁、过程内㊂或者过程间㊃，但也有不少优化对编译器来说太过挑战，需要程序员通过某些方法㊄告诉编译器一些额外信息，以便编译器可以执行某些特定的优化。我们在第 11 章介绍的源程序级别的优化方法里，有些可以通过编译器来自动实现，有些只能通过程序员自己修改代码来实现。总体来说，编译器可以自动做很多程序优化，但对有些优化也是望尘莫及。

尽管编译器不能做我们熟知的所有优化，但它还是对软件的性能具有非常重要的影响。利用编译器进行程序优化可以极大地提升程序性能调优的效率，而且由于这些优化是编译器自动完成的，因此可以很好地保证程序代码的简洁性、可读性和可维护性。我们也可以通过研究编译器编译过程的报告、源代码和编译器生成的中间代码（或者汇编代码）的差异来更加深入地理解编译器的优化效果，从而更加有效地利用编译器来实现程序优化。

在本章中，我们将通过一个具体的程序实例来介绍 LLVM 编译器对程序进行的各种优化，以便读者对编译器的优化能力有更加清晰的理解。本章也将对编译优化的常见挑战进行概述。

15.1 编译分析 / 优化报告

编译优化的过程其实就是对被编译程序的中间表示进行反复迭代的程序变换过程。每一个优化都是基于程序中间表示的程序分析及程序变换。程序分析为程序变换提供信

㊀ 无法保证优化所基于的某个假设条件一定成立。
㊁ 基本块内。
㊂ 英文为 Intraprocedural Optimization。
㊃ 即跨过程的优化 (Interprocedural Optimization)。
㊄ 通过编译选项、语言的属性关键字或者程序的一些制导指令。

息，以便编译器能够根据分析结果来决定可以对哪些代码实施优化，并且针对可以优化的代码进行语义等价的程序变换（变换的结果是优化后的程序中间表示），以期程序变换后的代码能拥有更高的性能[○]。如果我们把一次程序变换称为一个"变换遍"（transformation pass，或者叫作"优化遍"，简称 pass），编译优化其实就是由多个"优化遍"构成的（参见图 15.1）。也就是说，编译优化的过程就是执行一系列"优化遍"的过程，其中有些"优化遍"可能在编译优化的过程中被多次执行。更有意思的是，"优化遍"之间的执行顺序会影响最终的优化（程序变换）效果，这也是有些编译器基础设施提供基于"优化遍"顺序的自动调优功能的原因。

图 15.1 LLVM 编译器的"优化遍"执行示意图

LLVM 编译器对于内部实现的很多"优化遍"都能产生详细的优化报告，而且这些优化报告的生成可以通过编译器选项来控制。下面是几个与优化报告相关的 LLVM 编译器选项：

- `Rpass=<string>`：报告与 `<string>` 限定的字符串合法匹配并且成功执行的"优化遍"。
- `Rpass-missed=<string>`：报告与 `<string>` 限定的字符串合法匹配但没有成功执行的"优化遍"。
- `Rpass-analysis=<string>`：报告与 `<string>` 限定的字符串合法匹配的"优化遍"所执行过的程序分析。

在上面的命令行参数中，`<string>` 是一个正则表达式。比如，用 ".*" 可以匹配所有的"优化遍"。图 15.2 展示的是针对求取斐波那契数的函数（参见图 14.5 左边的源程序）运行命令行"`clang -O3 fib.c -S -emit-llvm -Rpass-analysis=.* -Rpass-missed=.*`"生成报告信息的部分截图。

编译器生成的分析/优化报告能够告知我们编译器在编译时所做的分析/优化的详细信息。通过这些信息，我们可以了解编译器进行程序分析的结论，也可以了解哪些代码被成功进行了变换（优化），这对于我们深入地理解编译优化的过程非常有帮助。然而，一个普遍的问题是，大多数编译器用户难以理解这些报告呈现出来的信息，一是因为信息比较多；二是因为报告内包含很多编译术语的缩写（如图 15.2 中的 SROA，很少有用户知道 SROA 代表的是 Scalar Replacement Of Aggregates）；三是因为报告中呈现的信息可能不完整。更

○ 本章假设优化的目标是提升性能，这也是常见的优化目标。

加糟糕的是，不是所有的 LLVM "优化遍" 都会产生详细的优化报告[⊖]。这些都要求我们通过理解 LLVM IR 和 / 或编译产生的汇编代码去理解编译器的程序变换效果。

```
$ clang -O3 fib.c -S -emit-llvm -Rpass-analysis=.* -Rpass-missed=.*
fib.c:3:9: remark: Simplify the CFG: IR instruction count changed from 20 to 19; Delta: -1 [-Rpass-
analysis=size-info]
int64_t fib(int64_t n) {
        ^
fib.c:3:9: remark: Simplify the CFG: Function: fib: IR instruction count changed from 20 to 19;
Delta: -1 [-Rpass-analysis=size-info]
fib.c:3:9: remark: SROA: IR instruction count changed from 19 to 11; Delta: -8 [-Rpass-analysis=size-
info]
fib.c:3:9: remark: SROA: Function: fib: IR instruction count changed from 19 to 11; Delta: -8 [-
Rpass-analysis=size-info]
fib.c:3:9: remark: Simplify the CFG: IR instruction count changed from 11 to 10; Delta: -1 [-Rpass-
analysis=size-info]
fib.c:3:9: remark: Simplify the CFG: Function: fib: IR instruction count changed from 11 to 10;
Delta: -1 [-Rpass-analysis=size-info]
fib.c:6:24: remark: fib not inlined into fib because it should never be inlined (cost=never):
recursive [-Rpass-missed=inline]
    return (fib(n-1) + fib(n-2));
                       ^
fib.c:6:13: remark: fib not inlined into fib because it should never be inlined (cost=never):
recursive [-Rpass-missed=inline]
    return (fib(n-1) + fib(n-2));
            ^
fib.c:3:9: remark: Tail Call Elimination: IR instruction count changed from 10 to 12; Delta: 2 [-
Rpass-analysis=size-info]
int64_t fib(int64_t n) {
        ^
```

图 15.2　LLVM 编译器的优化报告示例

15.2　编译器常见的优化能力

在第 11 章中，我们介绍了关于程序工作量优化的新宾利法则，图 11.2 中也列出了从数据结构、逻辑、循环和函数四个方面进行优化的具体举措。一个很自然的问题便是：这些优化是否都能通过编译器自动完成呢？

数据结构的设计在程序编写时就需要考虑清楚，新宾利法则中关于数据结构的优化很难由编译器实现。此外，循环优化中的"哨兵"设置、逻辑优化中的"创建快速通道"和函数优化汇总中的"粗化递归"都很难由编译器来自动完成。而有些优化，比如"循环合并""消除无用迭代""判断顺序""组合判断"等，编译器在满足一定的限制条件下可以自动完成。对于新宾利法则中提到的其他优化，编译器都可以自动完成。

那么编译器能做的优化是否非常有限呢？其实不然！从数据结构、逻辑、循环和函数四个方面，编译器其实可以做很多优化，图 15.3 列出了常见的编译优化示例。

大多数编译优化都在程序中间表示的基础上进行，最后结合目标平台具体指令集架构的特点生成高效的汇编指令。如图 15.4 所示，C 代码经 Clang 转换成 LLVM IR，然后又经过编译优化生成汇编代码。第一条语句在 LLVM IR 中就已经用移位操作替代了乘法运算

⊖　这和开发相应"优化遍"的开发者相关。

（乘以 8 的运算被替换成了左移 3 位的操作），在生成汇编指令时又利用 x86-64 灵活的寻址方式等价实现了乘以 8 的效果。第 2 条语句在生成汇编时相当于把乘以 15 的操作变成了先乘以 5 再乘以 3，并且 n * 5 的操作变成了以 (n * 4 + n) 的计算方式求得中间结果，中间结果乘以 3 的操作也变成了 (中间结果 * 2 + 中间结果)。最后一个除以 71 的计算看起来比较诡异，相当于通过对 $n \times \lceil \frac{2^{38}}{71} \rceil$ 的结果右移 38 位来得到 n / 71 的整数商，而其中的常量 3871519817 就是 $\lceil \frac{2^{38}}{71} \rceil$ 的结果值。之所以用 38 是因为 "$2^6 < 71 < 2^7$；32 + 6 = 38" 的缘故。

数据结构
- 寄存器分配
- 内存变量寄存器化
- 复杂数据结构的标量替代
- 内存对齐

函数
- 函数体内判断外移
- 参数消除

程序逻辑
- 冗余指令消除
- 强度削弱
- 死码删除
- 等价指令替换
- 分支重排序
- 全局值编号

循环
- 向量化优化
- 循环体内判断外移
- 等价替换
- 循环分裂
- 循环歪斜
- 循环分块
- 循环交换

图 15.3　常见的编译优化示例

```
uint32_t  x = n * 8;     →  %2 = shl nsw i32 %0, 3      →  leal    (,%rdi, 8), %eax

uint32_t  y = n * 15;    →  %3 = mul nsw i32 %0, 15     →  leal    (%rdi,%rdi, 4), %eax
                                                           leal    (%rax,%rax, 2), %eax

uint32_t  z = n / 71;    →  %4 = udiv i32 %0, 71        →  movl    %edi, %eax
                                                           movl    $3871519817, %ecx
                                                           imulq   %rax, %rcx
                                                           shrq    $38, %rcx
```

C代码　　　　　　　　　　　LLVM IR　　　　　　　　　　　　　汇编代码

图 15.4　三个针对计算进行编译优化的例子

15.3　编译优化示例

下面我们通过一个稍微复杂的程序示例来进一步阐述编译器的优化过程，在这个示例中，我们还可以看到多个编译优化组合在一起的优化效果。

假设在二维空间中有 n 个天体，这 n 个天体在引力作用下的行为可以用程序来仿真。根据万有引力定律：$\vec{F}_{21} = \frac{Gm_1 m_2}{|\vec{r}_{12}|^2} \hat{r}_{21}$（其中，$\hat{r}_{21}$ 是向量 $\vec{r}_{21}$ 的单位向量），我们可以计算任意两个天体之间的引力。仿真程序的主要数据结构如图 15.5a 所示，其中，结构体 **vec_t** 用于

描述二维向量[1]。

```c
typedef struct vec_t {
  double x, y;
} vec_t;
typedef struct body_t {
  // Position vector
  vec_t position;
  // Velocity vector
  vec_t velocity;
  // Force vector
  vec_t force;
  // Mass
  double mass;
} body_t;
```
(a)

```c
static vec_t vec_add(vec_t a, vec_t b) {
  vec_t sum = { a.x + b.x, a.y + b.y };
  return sum;
}

static vec_t vec_scale(vec_t v, double a) {
  vec_t scaled = { v.x * a, v.y * a };
  return scaled;
}

static double vec_length2(vec_t v) {
  return v.x * v.x + v.y * v.y;
}
```
(b)

```c
void update_positions(int nbodies,
                      body_t *bodies,
                      double time_quantum) {
  for (int i = 0; i < nbodies; ++i) {
    // Compute the new velocity of bodies[i]
    vec_t new_velocity = vec_scale(bodies[i].force,
                    time_quantum / bodies[i].mass);

    // Update the position of bodies[i] based on
    // the average of its old and new velocity.
    bodies[i].position = vec_add(bodies[i].position,
           vec_scale(vec_add(bodies[i].velocity,
                             new_velocity),
                     time_quantum / 2.0));

    // Set the new velocity of bodies[i].
    bodies[i].velocity = new_velocity;
  }
}
```
(c)

```c
void simulate(body_t *bodies, int nbodies,
              int nsteps, int time_quantum) {
  for (int i = 0; i < nsteps; ++i) {
    calculate_forces(nbodies, bodies);
    update_positions(nbodies, bodies, time_quantum);
  }
}
```
(d)

图 15.5 天体在引力影响下的行为仿真程序

假如我们用命令行"`clang -O0 -S -emit-llvm`"[2]编译这个仿真程序，与函数 `vec_scale` 对应的 LLVM IR 如代码 15.1 所示。显然，此 LLVM IR 过于烦琐。如果我们把 `-O0` 选项改成 `-O1` 选项，则编译生成的 LLVM IR 明显简化了许多（如代码 15.2 所示）。

代码 15.1 对 `vec_scale` 用编译器的 `-O0` 选项进行编译生成的 LLVM IR

```
1  define internal  { double, double }  @vec_scale(double %0, double %1, double
       %2) #0 {
2    %4 = alloca %struct.vec_t, align 8
3    %5 = alloca %struct.vec_t, align 8
4    %6 = alloca double, align 8
5    %7 = bitcast %struct.vec_t* %5 to { double, double }*
6    %8 = getelementptr inbounds { double, double }, { double, double }* %7,
         i32 0, i32 0
7    store double  %0, double* %8, align 8
8    %9 = getelementptr inbounds { double, double }, { double, double }* %7,
         i32 0, i32 1
9    store double %1, double* %9, align 8
10   store double %2, double* %6, align 8
11   %10 = getelementptr inbounds %struct.vec_t, %struct.vec_t* %4, i32 0,
         i32 0
12   %11 = getelementptr inbounds %struct.vec_t, %struct.vec_t* %5, i32 0,
         i32 0
13   %12 = load double, double* %11, align 8
14   %13 = load double, double* %6, align 8
15   %14 = fmul double %12, %13
16   store double %14, double* %10, align 8
17   %15 = getelementptr inbounds %struct.vec_t, %struct.vec_t* %4, i32 0,
         i32 1
```

---

[1] 位置、速度和力都用二维向量表示。

[2] 本章示例中使用的 Clang 编译器版本是 11.0.0-2。

```
18      %16 = getelementptr inbounds %struct.vec_t, %struct.vec_t* %5, i32 0,
            i32 1
19      %17 = load double, double* %16, align 8
20      %18 = load double, double* %6, align 8
21      %19 = fmul double %17, %18
22      store double %19, double* %15, align 8
23      %20 = bitcast %struct.vec_t* %4 to { double, double }*
24      %21 = load { double, double }, { double, double }* %20, align 8
25      ret { double, double } %21
26  }
```

代码 15.2　对 `vec_scale` 用编译器的 `-O1` 选项进行编译生成的 LLVM IR

```
1   define internal fastcc { double, double } @vec_scale(double %0, double %1,
        double %2) unnamed_addr #1 {
2       %4 = fmul double %0, %2
3       %5 = fmul double %1, %2
4       %6 = insertvalue { double, double } undef , double %4, 0
5       %7 = insertvalue { double, double } %6, double %5, 1
6       ret { double, double } %7
7   }
```

上面这个例子只是简单比较了编译器对 `vec_scale` 进行优化与不优化两种情况下的 LLVM IR。接下来，我们将逐步讲解 Clang 编译器是如何一步一步实现这个优化的，同时会阐述 Clang 编译器针对图 15.5 中的仿真程序所进行的其他优化，便于读者对编译器的优化能力建立更加具象化的认识。

15.3.1　标量优化

我们先看一下编译器在 `-O0` 选项下对 `vec_scale` 函数生成的 LLVM IR 是如何处理参数 a 的（图 15.6 是对代码 15.1 的一个简化）。如图 15.6 所示，参数 a 在 LLVM IR 中虽然对应的是寄存器 `%2`，但在 `vec_scale` 函数体的 LLVM IR 中，栈上分配了一个存储空间（地址保存在寄存器 `%6` 中）与参数 a 对应，a 的值先保存在这个存储空间中，然后在每次用到 a 的时候从栈上读取 a 的值。很明显，这种中间代码是非常低效的。由于参数 a 的值在整个函数体中没有改变，因此在栈上额外引入存储空间完全没有必要，只要在用到参数 a 的地方直接使用引用寄存器 `%2` 就可以。图 15.7 展示了编译器所做的相关优化，代码 15.3 是代码 15.1 经过这个优化后的 LLVM IR 形式。

代码 15.3　经过标量参数的拷贝传播优化后的 LLVM IR

```
1   define internal { double , double } @vec_scale(double %0, double %1, double
        %2) #0 {
2       %4 = alloca %struct.vec_t, align 8
3       %5 = alloca %struct.vec_t, align 8
4       %7 = bitcast %struct.vec_t* %5 to { double, double }*
5       %8 = getelementptr inbounds { double, double }, { double, double }* %7,
            i32 0, i32 0
```

```
6    store double %0, double* %8, align 8
7    %9 = getelementptr inbounds { double, double }, { double, double }* %7,
     i32 0, i32 1
8    store double %1, double* %9, align 8
9    %10 = getelementptr inbounds %struct.vec_t , %struct.vec_t* %4, i32 0,
     i32 0
10   %11 = getelementptr inbounds %struct.vec_t , %struct.vec_t* %5, i32 0,
     i32 0
11   %12 = load double , double* %11, align 8
12   %14 = fmul double %12, %2
13   store double %14, double* %10, align 8
14   %15 = getelementptr inbounds %struct.vec_t, %struct.vec_t* %4, i32 0, i32
     1
15   %16 = getelementptr inbounds %struct.vec_t, %struct.vec_t* %5, i32 0, i32
     1
16   %17 = load double, double* %16, align 8
17   %19 = fmul double %17, %2
18   store double %19, double* %15, align 8
19   %20 = bitcast %struct.vec_t* %4 to { double, double }*
20   %21 = load { double, double }, { double, double }* %20, align 8
21   ret { double, double } %21
22   }
```

LLVM IR
```
define internal { double, double } @vec_scale(double %0, double %1, double %2 ) #0 {
  ...
  %6 = alloca double, align 8          ← 在栈上分配一个存储空间
  ...
  store double %2, double* %6, align 8 ← 把a存在栈上
  ...
  %13 = load double, double* %6, align 8
  %14 = fmul double %12, %13           ← 把a从栈上取出
  ...
  %18 = load double, double* %6, align 8
  %19 = fmul double %17, %18
  ...
}
```

C语言代码
```
static vec_t vec_scale(vec_t v, double a) {
    vec_t scaled = { v.x * a, v.y * a };
    return scaled;
}
```

图 15.6 vec_scale（-O0 编译选项）的 LLVM IR 中对参数 a 的处理

```
define internal { double, double } @vec_scale(double %0, double %1, double %2 ) #0 {
  ...
  %6 = alloca double, align 8              第一步：用原始寄
  ...                                       存器替代从栈上的取值
  store double %2, double* %6, align 8
  ...
  %13 = load double, double* %6, align 8
  %14 = fmul double %12, %2
  ...                                       第二步：删除死码
  %18 = load double, double* %6, align 8
  %19 = fmul double %17, %2
  ...
}
```

图 15.7 标量参数的拷贝传播优化

15.3.2 结构体优化

我们再看一下代码 15.3 中对结构体参数的处理。从图中可以发现，含有两个域的结构体参数的传递变成了两个标量的传递，在函数 `vec_scale` 内对结构的操作也是按域分别进行的（如图 15.8 所示）。由于每一个结构体内的域相当于一个标量，那么这些域的操作是否可以像标量一样来进行优化呢？

```
define internal { double, double } @vec_scale(double %0, double %1, double %2) #0 {
  ...
  %5 = alloca %struct.vec_t, align 8
  %7 = bitcast %struct.vec_t* %5 to { double, double }*
  %8 = getelementptr inbounds { double, double }, { double, double }* %7, i32 0, i32 0
  store double %0, double* %8, align 8
  %9 = getelementptr inbounds { double, double }, { double, double }* %7, i32 0, i32 1
  store double %1, double* %9, align 8
  ...
  %11 = getelementptr inbounds %struct.vec_t, %struct.vec_t* %5, i32 0, i32 0
  %12 = load double, double* %11, align 8
  %14 = fmul double %12, %2
  ...
  %16 = getelementptr inbounds %struct.vec_t, %struct.vec_t* %5, i32 0, i32 1
  %17 = load double, double* %16, align 8
  %19 = fmul double %17, %2
  ...
}
```

注释：
- 在栈上为结构体分配存储空间
- 存储结构体的第一个域
- 存储结构体的第二个域
- 读取结构体的第一个域
- 读取结构体的第二个域

图 15.8　vec_scale(-O0 编译选项)LLVM IR 中对结构体 v 的处理示例

让我们从图 15.8 中结构体的第一个域开始考虑。从图中可以看出，寄存器 `%8` 和寄存器 `%11` 存储的地址其实都指向结构体的第一个域，而寄存器 `%12` 中存储的是从寄存器 `%11` 所存储的地址中 `load` 出来的双精度浮点数，这个数其实就是先前在寄存器 `%8` 所指向的内存地址中存储的寄存器 `%0` 的值。既然是这样，那么后面对寄存器 `%12` 的引用完全可以用寄存器 `%0` 来替代，而且替代以后，前面的一些代码也变成了死码，因而可以被删除（参见图 15.9a）。同样的道理，结构体的第二个域也可以用同样的方法进行优化（参见图 15.9b），优化后的 LLVM IR 如图 15.9c 所示。其实，在图 15.9 中，对于返回值的结构体也可以进行如上所述但稍微复杂一点的优化，优化后的最终结果便如代码 15.2 所示。

从这一小节关于结构体的优化中可以看出：在编译器进行优化的过程中，会对数据结构进行变换，尽可能地把更多的数据结构放在寄存器上而不是放在内存中，这是提升程序性能的重要优化。当然，在 LLVM IR 层次，这里的寄存器是虚拟寄存器，编译器后端会负责把 LLVM IR 中的虚拟寄存器通过合适的寄存器分配方法分配到物理寄存器上。在物理寄存器不够的时候，编译器还是会在栈上分配一定的内存空间用于减轻物理寄存器的使用压力。

```
define internal { double, double } @vec_scale(double %0, double %1, double %2) #0 {
 ...
 %5 = alloca %struct.vec_t, align 8
 %7 = bitcast %struct.vec_t* %5 to { double, double }*
 %8 = getelementptr inbounds { double, double }, { double, double }* %7, i32 0, i32 0
 store double %0, double* %8, align 8
 %9 = getelementptr inbounds { double, double }, { double, double }* %7, i32 0, i32 1
 store double %1, double* %9, align 8
 ...
 %11 = getelementptr inbounds %struct.vec_t, %struct.vec_t* %5, i32 0, i32 0
 %12 = load double, double* %11, align 8
 %14 = fmul double %0, %2
 ...
 %16 = getelementptr inbounds %struct.vec_t, %struct.vec_t* %5, i32 0, i32 1
 %17 = load double, double* %16, align 8
 %19 = fmul double %17, %2
 ...
}
```

（a）对结构体的第一个域进行复制传播优化后的LLVM IR

```
define internal { double, double } @vec_scale(double %0, double %1, double %2) #0 {
 ...
 %5 = alloca %struct.vec_t, align 8
 %7 = bitcast %struct.vec_t* %5 to { double, double }*
 %8 = getelementptr inbounds { double, double }, { double, double }* %7, i32 0, i32 0
 store double %0, double* %8, align 8
 %9 = getelementptr inbounds { double, double }, { double, double }* %7, i32 0, i32 1
 store double %1, double* %9, align 8
 ...
 %11 = getelementptr inbounds %struct.vec_t, %struct.vec_t* %5, i32 0, i32 0
 %12 = load double, double* %11, align 8
 %14 = fmul double %0, %2
 ...
 %16 = getelementptr inbounds %struct.vec_t, %struct.vec_t* %5, i32 0, i32 1
 %17 = load double, double* %16, align 8
 %19 = fmul double %1, %2
 ...
}
```

（b）对结构体的两个域都进行复制传播优化后的LLVM IR

```
define internal { double, double } @vec_scale(double %0, double %1, double %2) #0 {
 %4 = alloca %struct.vec_t, align 8
 %10 = getelementptr inbounds %struct.vec_t, %struct.vec_t* %4, i32 0, i32 0
 %14 = fmul double %0, %2
 store double %14, double* %10, align 8
 %15 = getelementptr inbounds %struct.vec_t, %struct.vec_t* %4, i32 0, i32 1
 %19 = fmul double %1, %2
 store double %19, double* %15, align 8
 %20 = bitcast %struct.vec_t* %4 to { double, double }*
 %21 = load { double, double }, { double, double }* %20, align 8
 ret { double, double } %21
}
```

（c）经过参数相关的优化后**vec_scale**的LLVM IR

图 15.9 对 vec_scale 结构体 v 进行优化的过程

15.3.3　函数调用优化

让我们再看一下图 15.5c 里 `update_positions` 函数中包含函数调用（`vec_scale`）的代码（参见图 15.10 左边的代码），`vec_scale` 函数调用部分对应的 LLVM IR 如图 15.10 的右边所示，我们将通过这个例子来看一下编译器如何对函数调用进行优化。

```
C语言代码
          ... = vec_add(bodies[i].position,
    vec_scale(vec_add(bodies[i].velocity,
                      new_velocity),
              time_quantum / 2.0));
```

```
LLVM IR
%6 = fmul double %2, 5.000000e-01
...
%26 = extractvalue { double, double } %25, 0
%27 = extractvalue { double, double } %25, 1
%28 = call fastcc { double, double }
@vec_scale(double %26, double %27, double %6)
```

图 15.10　`update_positions` 中的一行 C 代码

前面我们介绍过，`vec_scale` 可以被优化成图 15.2 所示的 LLVM IR，由于 `vec_scale` 函数体内的代码比较小（参见图 15.5b），因此我们试着把函数体的代码拷贝并粘贴到 `vec_scale` 的调用点，并删去函数调用与函数返回相关的 LLVM IR，可以得到图 15.11 所示的 LLVM IR。

```
%6 = fmul double %2, 5.000000e-01
...
%26 = extractvalue { double, double } %25, 0
%27 = extractvalue { double, double } %25, 1
%28 = call fastcc { double, double } @vec_scale(double %26, double %27, double %6)

%4.in = fmul double %26, %6
%5.in = fmul double %27, %6
%28 = insertvalue { double, double } undef, double %4.in, 0
%28 = insertvalue { double, double } %28, double %5.in, 1
ret { double, double } %7
```

图 15.11　手工函数内联后的 LLVM IR

如果把图 15.10 左边的 C 代码对应的 LLVM IR 更加完整地呈现出来，就可以发现函数内联（inline）后带来了进一步的优化机会。如图 15.12 所示，倒数第 4 条和倒数第 3 条 LLVM IR 指令把 `%4.in` 与 `%5.in` 两个寄存器的值打包进一个含有两个双精度浮点域的结构体，倒数第 2 条和倒数第 1 条 LLVM IR 指令又立即把刚被打包进入结构体的两个域值取出来。其实，这 4 条 LLVM IR 指令都可以被删除，后续 LLVM IR 中对 `%29` 与 `%30` 两个寄存器的引用可以分别被 `%4.in` 及 `%5.in` 两个寄存器替换。

如果我们进一步把图 15.10 左边的 C 代码中的另外两个对 `vec_add` 的函数调用也考虑进去（参见图 15.13）。由于 `vec_add` 的函数体比较简单（参见图 15.5b），这两个 `vec_add` 函数调用同样可以被内联，函数内联后，其他额外、无用的指令也可以被删除。图 15.13 中的两个 `vec_add` 函数调用被内联后的 LLVM 代码如图 15.14a 所示，这个优化后的 LLVM IR 与图 15.14b 中的 C 代码语义等价。

```
%6 = fmul double %2, 5.000000e-01
...
%26 = extractvalue { double, double } %25, 0
%27 = extractvalue { double, double } %25, 1
%4.in = fmul double %26, %6
%5.in = fmul double %27, %6
%28 = insertvalue { double, double } undef, double %4.in, 0
%28 = insertvalue { double, double } %28, double %5.in, 1
%29 = extractvalue { double, double } %28, 0
%30 = extractvalue { double, double } %28, 1
```

图 15.12 函数内联后带来更多的优化机会

从本小节的这个例子可以看出：函数内联以及函数内联后的其他优化能够大大消除函数调用的开销。在语言中引入函数是为了让开发者更好地遵循模块化抽象，而编译器自动进行函数内联优化是为了尽可能提升程序的执行性能，这两者并不矛盾。

一个很自然的问题是：为什么编译器不内联所有的函数调用呢？主要原因如下：

- 有些函数是不能被内联的，比如递归函数调用，只有尾递归调用（recursive tail call）才能被内联。
- 编译器无法内联一个不在本编译单元定义的函数[一]，除非进行跨编译单元的全程序优化（whole program optimization）。
- 函数内联会增加代码大小，因而可能影响性能。

C语言代码

```
vec_add(bodies[i].position, vec_scale(vec_add(bodies[i].velocity, new_velocity), time_quantum / 2.0));
```

LLVM IR

```
%6 = fmul double %2, 5.000000e-01
...
%25 = call fastcc { double, double } @vec_add(double %22, double %24, double %19, double %20)
%26 = extractvalue { double, double } %25, 0
%27 = extractvalue { double, double } %25, 1
%4.in = fmul double %26, %6
%5.in = fmul double %27, %6
...
%35 = call fastcc { double, double } @vec_add(double %32, double %34, double %4.in, double %5.in)
```

图 15.13 进一步考虑两个 vec_add 函数调用

C语言代码

```
vec_add(bodies[i].position, vec_scale(vec_add(bodies[i].velocity, new_velocity), time_quantum / 2.0));
```

LLVM IR

```
%6 = fmul double %2, 5.000000e-01
...
%26 = fadd double %22, %19
%27 = fadd double %24, %20
%4.in= fmul double %26, %6
%5.in= fmul double %27, %6
...
%36 = fadd double %32, %4.in
%37 = fadd double %34, %5.in
```

语义等价的C语言代码

```
double scale = time_quantum / 2.0;
double xv = bodies[i].velocity.x + new_velocity.x;
double yv = bodies[i].velocity.y + new_velocity.y;
double sxv = xv * scale;
double syv = yv * scale;
double new_x = bodies[i].position.x + sxv;
double new_y = bodies[i].position.y + syv;
```

(a)   (b)

图 15.14 两个 vec_add 函数调用被内联后的 LLVM IR 结果

[一] 文件是编译器的编译单元，如果一个函数没有在本编译单元内被定义，则编译器无法找到函数体。

那么编译器是如何判定内联一个函数是否会影响性能的呢？实际上，这对编译器也是一个挑战！通常，编译器只能根据一些启发式规则（比如函数体的大小）来进行猜测。由于决定是否内联一个函数对编译器来说并非易事，因此，程序员可以通过一些程序属性来告知编译器是否做函数内联优化：

- 对于确定需要内联的函数，用 `__attribute__((always_inline))` 属性去修饰。
- 对于确定不能内联的函数，用 `__attribute__((no_inline))` 属性去修饰。
- 如果需要做全程序优化，可以用 LTO（Link-Time Optimization）编译选项在程序链接时进行相关的全局优化。这时可以看到不同编译模块定义的所有函数，从而使得内联不在本编译单元定义的函数成为可能。

还有一种称为函数特化（function specialization）的方法可以对函数调用进行优化，这种方法对同一个函数（假设为 f）不同调用点 $(C_1, C_2, \cdots, C_m)$ 的实参进行分析并按某些实参值的组合进行分类，从而使原来的一个函数定义（f）变成了 n 个函数定义（$f_1, f_2, \cdots, f_n$）。分类以后对函数 f 的每个调用点 $C_j(1 \leq j \leq m)$ 进行替换，用对某个 $f_i(1 \leq i \leq n)$ 的调用取代对原函数 f 的调用。一般来说，函数特化后的某些实参可能变成了常数，或者某些实参之间的关系变成了一种恒定关系。这样，函数体的控制流或者数据流会变得简单，从而达到优化效果。

15.3.4 循环优化

循环在程序设计语言中是广泛使用的一个控制结构。由于循环体不断地被反复迭代执行，一个程序的性能通常被这个程序中的主要循环所决定，因此循环是编译器的主要优化对象之一。图 11.2 和图 15.3 中列出了诸多循环优化的方法，在本小节，我们结合图 15.5 中的仿真程序进一步详细地介绍一种常见的循环优化方法：循环不变量外提。

代码 15.4 呈现的是图 15.5 中缺失的函数 `calculate_forces` 的 C 代码实现，图 15.15 是对代码 15.4 用"`clang -O1 -S -emit-llvm`"命令行生成的 LLVM IR 组成的控制流图。

代码 15.4 计算天体在引力影响下的受力变化的 C 语言代码

```
1 void calculate_forces(int nbodies, body_t *bodies) {
2     for (int i = 0; i < nbodies; ++i) {
3         for (int j = 0; j < nbodies; ++j) {
4             if (i == j) continue ;
5             add_force (&bodies[i], calculate_force(&bodies[i], &bodies[j]));
6         }
7     }
8 }
```

```
%3 = icmp sgt i32 %0, 0
br i1 %3, label %4, label %10
```

```
4:                                          ; preds = %2
%5 = zext i32 %0 to i64
br label %6
```

```
6:                                          ; preds = %11, %4
%7 = phi i64 [ 0, %4 ], [ %12, %11 ]
%8 = getelementptr inbounds %struct.body_t, %struct.body_t* %1, i64 %7
%9 = zext i32 %0 to i64
br label %14
```

```
14:                                         ; preds = %22, %6
%15 = phi i64 [ 0, %6 ], [ %23, %22 ]
%16 = icmp eq i64 %7, %15
br i1 %16, label %22, label %17
```

```
17:                                         ; preds = %14
%18 = getelementptr inbounds %struct.body_t, %struct.body_t* %1, i64 %15
%19 = call { double, double } @calculate_force(%struct.body_t* %8,
                                                %struct.body_t* %18) #4
%20 = extractvalue { double, double } %19, 0
%21 = extractvalue { double, double } %19, 1
call void @add_force(%struct.body_t* %8, double %20, double %21) #4
br label %22
```

```
22:                                         ; preds = %14, %17
%23 = add nuw nsw i64 %15, 1
%24 = icmp eq i64 %23, %9
br i1 %24, label %11, label %14, !llvm.loop !13
```

```
11:                                         ; preds = %22
%12 = add nuw nsw i64 %7, 1
%13 = icmp eq i64 %12, %5
br i1 %13, label %10, label %6, !llvm.loop !12
```

```
10:         ; preds = %11, %2
ret void
```

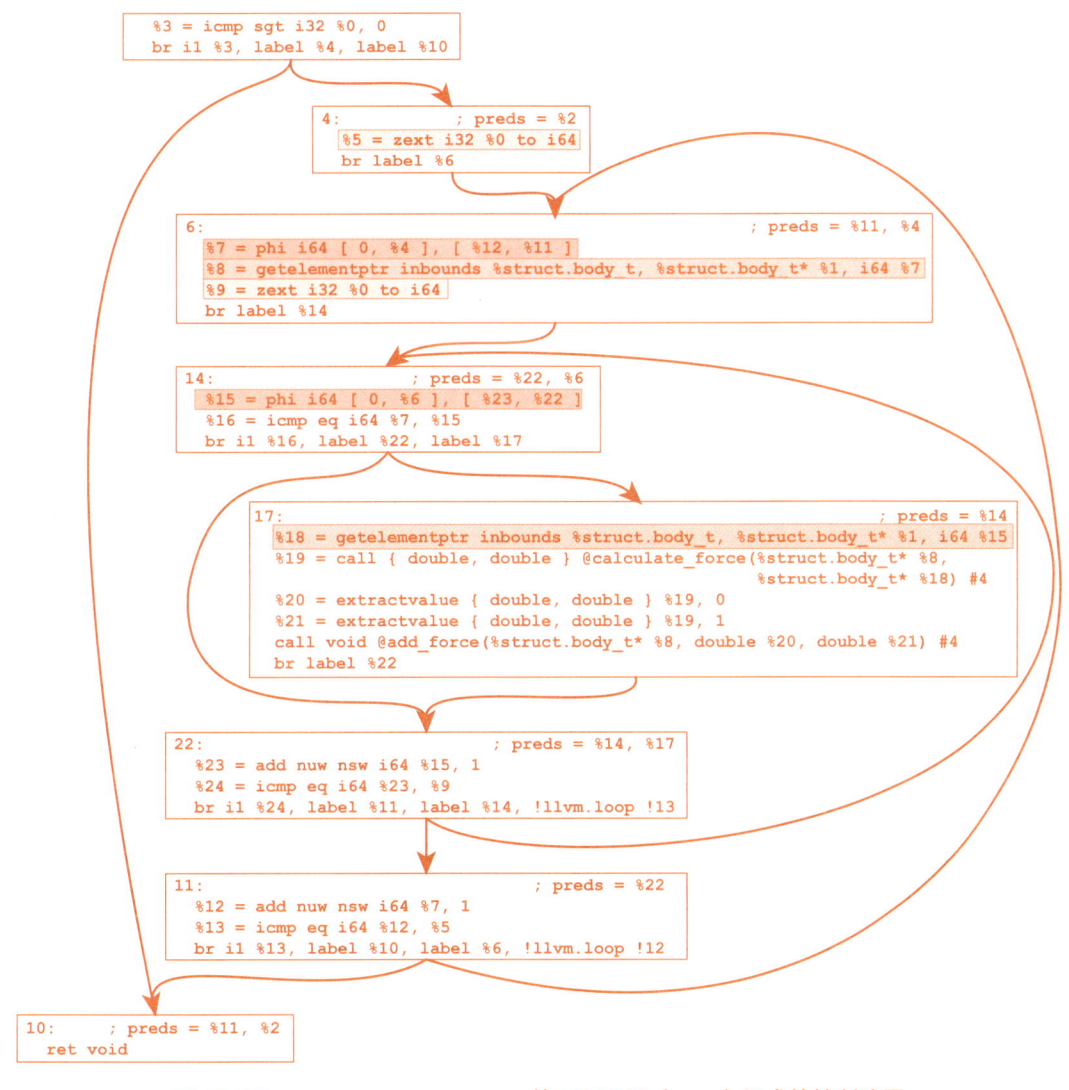

图 15.15 calculate_forces 的 LLVM IR（-O1）组成的控制流图

在图 15.15 中，寄存器 `%0`、`%5` 和 `%9` 对应的都是代码 15.4 中的参数 nbodies，寄存器 `%7` 和 `%15` 分别对应于代码 15.4 中的循环控制变量 i 和 j。在代码 15.4 中，我们可以看到，i 的值对于内层循环是循环不变量，对"&bodies[i]"的估值是在内层循环里面发生的。对照图 15.15 可以发现，"`%8 = getelementptr inbounds %struct.body_t, %struct.body_t* %1, i64 %7`"就是与"&bodies[i]"的求值对应的 LLVM IR，然而它出现在外层循环里。编译器所做的这样一个优化使得"`%8 = getelementptr inbounds %struct.body_t, %struct.body_t* %1, i64 %7`"只需要被执行 nbodies 次。而如果把"`%8 = getelementptr inbounds`

"`%struct.body_t, %struct.body_t* %1, i64 %7`"放在内层循环里,则需要被执行 nbodies×(nbodies − 1) 次。可见,通过这个循环不变量的外提,减少了程序的计算量,这个优化后的 LLVM IR 与图 15.15 中的 C 代码语义等价,见代码 15.5。

代码 15.5　与图 15.15 中的 LLVM IR 语义等价的 C 代码

```
1 void calculate_forces(int nbodies , body_t *bodies) {
2     for (int i = 0; i < nbodies; ++i) {
3         body_t *bi = &bodies[i];
4         for (int j = 0; j < nbodies; ++j) {
5             if (i == j) continue ;
6             add_force(bi , calculate_force (bi, &bodies[j]));
7         }
8     }
9 }
```

通常情况下,只要编译器在编译一个程序的过程中可以证明某些计算是循环不变量,编译器就会尝试把这些计算移到循环体之外,以提升被编译程序的性能。

在这个例子中,从物理学的角度上可以知道 $\vec{F}_{12} = -\vec{F}_{21}$,而这样一种利用对称性来减少重复计算的优化对编译器来说是一个挑战,毕竟依赖编译器来自动发掘出这个对称性是一件非常困难的事情。

15.4　编译优化的挑战

从本章前面的介绍中不难看出:在编译器中实现自动优化不是一件简单的事情。编译器的研发是一个庞大的软件工程项目,抛开工程实现的挑战,编译优化自身面临的挑战大致可以概括为如下几个方面:静态信息的不准确性、编译单元的局限性、优化顺序的不唯一性。

15.4.1　静态信息的不准确性

正如在第 12 章中介绍的,编译器是把用高级语言编写的源程序转换成目标平台上的可执行代码的软件。编译器前端把用高级语言编写的程序转换成程序的中间表示,然后通过对程序中间表示的分析与语义等价变换来完成优化的工作。

由于编译器对程序中间表示所做的分析是静态分析,缺乏程序的运行态信息,这促使编译器必须采取保守的分析方法对被编译程序的控制流及变量值进行估计,即需要考虑所有可能的控制流变换以及可能的变量赋值,从而使得编译器无法对被编译程序做相关优化。

以代码 15.6 为例,假如用编译器去编译这段代码,在编译阶段,编译器无法判断指针 p 到底是指向变量 a 还是指向变量 b,因而无法对"`*p`"的值进行准确估计。进而,导致无法估计逻辑表达式"`*p > 5`"的值,也就无法对 if 语句到底是执行 then 分支的概率高还是执行 else 分支的概率高进行预估。基于静态分析获得的这样一个不准确信息,编译器做代码布局优化时就只能采取保守策略[⊖]，也不能对 if 语句进行控制流简化的优化。

代码 15.6 静态信息不准确性带来的优化挑战示例

```
1  void HardToSimplify(int n) {
2      int a = 10, b =-8, *p;
3      p = (n > 0) ? &a : &b;
4      if (*p > 5) {
5          /* code sequence when *p > 5 */
6      }
7      else {
8          /* code sequence when *p <= 5 */
9      }
10 }
```

在代码 15.6 的示例中，是否能够做控制流简化的优化依赖于对指针 p 的别名分析结果。假如通过分析能够确定指针 p 一定指向变量 a 或者一定指向变量 b，那么结合常量传播及常量折叠优化（a 的值以及 b 的值在程序中是常量），就可以对 if 语句进行控制流简化优化。

实际上，编译器进行静态分析的结果会决定很多优化是否可以被执行。比如，两个循环是否可以进行循环合并优化依赖于对循环控制语句中循环迭代步长及循环上下界的值分析结果；死码删除优化是否可以进行依赖于准确的定义 – 引用链信息。总的来说，编译器通过静态分析所获得信息的不准确性在很大程度上阻碍了很多编译优化的执行，这也是众多编译器研究人员企图通过获取程序动态执行的信息，并把这些动态执行的信息反馈回编译器以制导编译器进行更加高效的程序优化的原因。

15.4.2 编译单元的局限性

编译单元（Compilation Unit）指的是编译器在编译过程中一次能够编译的单位。以 C/C++ 语言为例，C/C++ 编译器的编译单元通常就是经过预处理后的一个源 C/C++ 文件。也就是说，编译器在编译过程中只能看到当前编译单元内的数据和代码。

我们仍然以代码 15.6 为例，假如这段代码是一个 C 语言文件（假设为 a.c）中定义的一个函数。其实，只要能够确定函数 HardToSimplify 只在 a.c 内被调用，编译器就可以通过在同一编译单元（a.c）内的过程间分析，找到 HardToSimplify 的所有调用点，并通过调用点上的实参（对应于 HardToSimplify 的形参 n）分析来判断是否可以对 HardToSimplify 进行进一步优化。具体来说，如果在 HardToSimplify 的所有调用点上，形参 n 对应的实参都大于 0，那么编译器便可以确定 HardToSimplify 内的指针 p 一定指向变量 a，进而判断出逻辑表达式 "*p > 5" 的值恒为真，从而再做控制流简化优化，把 then 分支删除。

⊖ 比如，假设 if 语句大概率会跳转。

通过同一编译单元内的过程间分析，编译器可以获得更加准确的被分析函数实参对应的形参信息，也可以对全局变量在不同函数内的定义点及引用点有更加准确的理解。然而，对一个编译单元内定义的全局变量的访问（或者对一个编译单元内定义的函数的调用）通常会发生在另外一个编译单元内，这将导致编译器由于无法知晓其他编译单元的分析信息而无法执行某些优化。为突破这个编译单元的局限性带来的优化限制，编译器研究人员也在全局程序优化及链接时间优化上进行突破，试图让编译器获得更加全面的程序相关信息，进而执行更加高效准确的优化。

15.4.3 优化顺序的不唯一性

编译器可以做非常多的优化，一个现实的问题是如何确定不同编译优化之间的执行顺序。

还是以代码 15.6 为例，在这个例子中，为了有效地优化函数 **HardToSimplify**，合理的编译优化顺序是先做过程间的参数值域分析，再做指针别名分析以及常数传播和常数折叠，然后做控制流简化优化。然而，一个编译单元中可能包含许多个函数，每个函数的代码特征可能差别很大，对优化顺序的要求也可能不一样，这样便决定了编译器在实际执行中很难确定一个最优的优化执行顺序，用于编译一个编译单元。

因为编译优化的本质就是程序中间表示（IR）的等价变换，每一个编译优化的输入 IR 不一样，其输出 IR 也可能不同。所以，即使是针对某一给定函数的确定代码实现，采用不同的编译优化顺序也很可能最终产生不一样的优化效果。让整个编译优化过程变得更加复杂的是：一种编译优化的结果可能会导致另一种编译优化机会的产生（比如，代码 15.6 中常数传播的结果会带来控制流简化的机会），这样编译器的具体工程实现可能会要求在整个编译优化的过程中，在不同的优化阶段反复执行同样的分析和优化。

一些模块化设计做得比较好的开源编译器基础设施会根据常见的应用负载优化效果提供一个缺省的编译优化遍（Pass）配置，同时允许编译器使用者根据需要去修改这个优化遍的配置文件[⊖]。这样的灵活性为编译器优化选项的自动调优提供了一个很好的基础。

15.5 链接时间优化

在编译器的执行过程中，编译器的编译对象是一个个包含用高级语言编写的程序的源文件，每一个源文件就是上一节提到的编译单元。编译器在编译一个文件时，只能对当前被编译文件内的代码进行变换和优化（参见图 15.16）。

为了让跨文件的优化成为可能，很多现代编译器支持链接时间优化（Link-Time Optimization，LTO）。以 LLVM 编译器的链接时间优化为例，每个程序的源文件先被编译成 LLVM IR 的 BitCode 而不是目标文件，在链接的时候，所有文件的 LLVM IR BitCode 都

⊖ 删除/添加某些优化或者调整优化的顺序。

可以被看见，从而允许进行更大范围的基于全局所有文件的优化。在 LLVM 编译器中进行 LTO 的大致流程如图 15.17 所示。

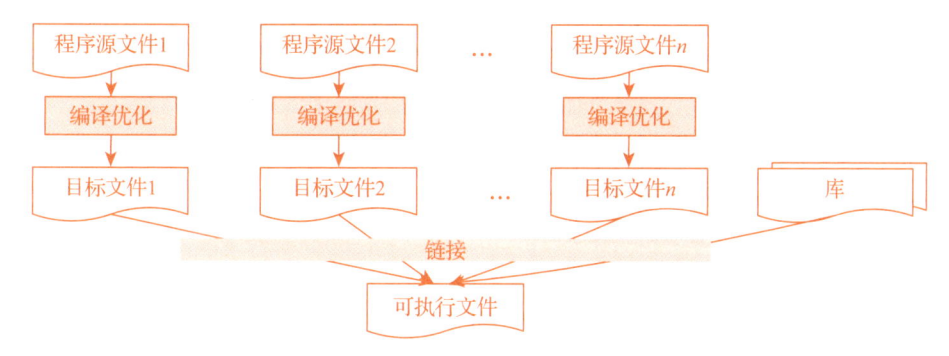

图 15.16　常见的以源文件为单位的编译过程

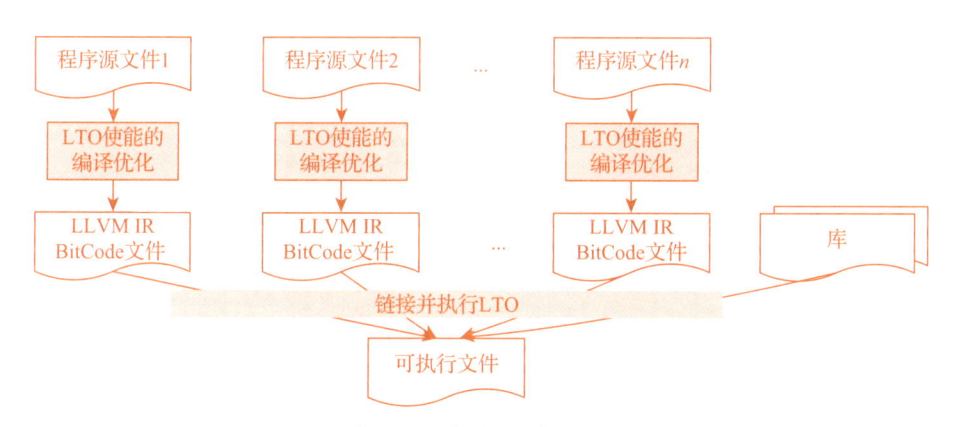

图 15.17　在 LLVM 中进行链接时间优化的图示

在 Clang/LLVM 中，链接时间优化的编译选项是 `--flto`，每个程序的源文件都可以用 `--flto` 编译器选项编译成 LLVM BitCode。在链接阶段，需要用到 gold 链接器（而不是通常使用的链接器 ld）把各个 BitCode 文件链接在一起[○]。

15.6　本章小结

编译优化的设计与实现是一件挑战的工作，编译器通过一系列语义等价的程序变换来实现代码优化。如同运用新宾利法则对代码进行优化一样，很多编译优化可以减少程序的工作量，而且进行一个程序变换后可能会带来其他的程序变换机会，这也是编译优化的效果与不同优化的执行顺序相关的原因。

本章通过一个应用示例简单介绍了 LLVM 编译器中几种常见的优化，这些优化只是 LLVM 编译器中已经实现优化中的一个非常小的子集。总的来说，编译器是执行代码优化

○　强制使用 gold 链接器的编译选项是 `--flto --fuse-ld=gold`。

的一个强大工具。尽管如此，编译器所做的优化必须保证语义等价，所以在一个优化所需信息难以确认时，编译器只能选择遵守保守原则不去做这个优化。通过分析编译器运行过程中产生的程序分析/优化报告，我们可以更加清楚地理解编译器在编译一个程序时做了哪些分析/优化以及哪些优化没有被成功实施。如果通过阅读编译器在编译过程中产生的报告还不足以获得所需要的理解，深入分析编译生成的 LLVM IR 或者汇编代码也是一种途径。如果编译单元内的优化不足以达成优化目标，我们也可以尝试链接时间优化等跨文件的优化方法。

15.7 思考题

1. "正确原则"和"保守原则"是编译优化的两大原则，请谈谈你的理解，并举例说明。
2. 编译器是一个软件，本身也可能有 bug。当发现编译器有 bug 时，该如何对编译器进行调试呢？请结合本章内容并查找相关文献，梳理出对编译器进行调试的一些常用方法。
3. 有一种优化叫作"循环体内的判断外移"（如图 15.18 所示，其中 A、B、C 是代码块），请阐述这样的优化可以带来哪些好处。

```
for (...) {
  A;
  if (lic) {
    B;
  }
  C;
}
```

⇒

```
if (lic)
  for (...) {
    A; B; C;
  }
else
  for (...) {
    A;   C;
  }
```

图 15.18　第 3 题的"循环体内的判断外移"示例

4. 在 15.3.3 节中，我们简单介绍了函数特化（function specialization），请举出一个用函数特化进行优化的例子，并解释在你的例子中，采取函数特化可以带来哪些优化效果。
5. 程序动态剖析信息（dynamic profile）可用于指导编译器对程序进行进一步的优化。请查阅相关文献，理解 PGO（Profile-Guided Optimization）的工作原理以及对程序性能提升有较大影响的若干 PGO 优化手段。

CHAPTER 16

第 16 章

程序插桩与优化机会识别

发现应用负载运行时的性能瓶颈并针对性能瓶颈的消除或者缓解来进行程序优化是有效提升应用负载性能的一个重要手段。从这个角度来说,理解应用负载的动态行为及运行特征是程序优化的前提和基础。由于程序插桩(instrumentation)是理解应用负载动态行为特征的一种常见手段,因此本章将介绍程序插桩的基本概念、应用示例以及常见手段。比较有意思的是,程序插桩工具的实现也需要用到程序分析及编译技术,我们会以动态二进制翻译为例,介绍动态二进制翻译如何助力程序插桩的实现。在本章的最后,我们将介绍如何利用插桩信息去识别编译优化的机会。

16.1 什么是程序插桩

在应用负载运行的过程中,对应用负载进行监控(monitoring)是在应用负载发生问题[ⓒ]时快速获得相应通知的一种手段。然而,知道发生了问题只是开始,分析问题和解决问题需要进一步收集信息。

从根本上说,插桩是从一个应用负载中获得一些特别关注的测量结果的过程。基于获得的测量结果,我们可以进行监控、问题定位、调试、剖析以及理解应用负载的运行机理。在实践中,插桩可以是非常简单的测量操作,比如记录每个函数的执行时间以定位性能瓶颈的发生点。其实,程序开发者在开发程序时也经常会加入一些执行插桩功能的代码,比如把一些值写入日志中或者打印出某段代码的执行时间以理解这段代码的性能影响。然而,这些插桩手段可能是临时的,插桩信息的结构化也不强,并且只在程序开发的时候使用而不会出现在最后的发布版本中。

严格来说,程序插桩是指在被插桩程序中插入一条或者多条语句以获取程序运行时的某些信息或者特征。插入的代码可以完成诸如典型输入情况下程序运行时的行为特征收集、代码执行时间测量、日志记录等工作,从而实现对被插桩程序的性能测量、错误诊断、执行路径获取等目标。

ⓒ 宕机、性能下降、响应缓慢、服务质量受影响等。

16.1.1　程序插桩应用示例

程序插桩会在程序中插入一条或者多条语句，插入的语句不能影响被插桩程序的行为，还要尽量减少对被插桩程序的性能影响。根据被插桩程序的文件格式，程序插桩包括源代码级别的程序插桩和二进制代码级别的程序插桩。随着程序插桩技术的发展，有很多工具可以用来完成自动插桩或者半自动插桩，从而提升插桩信息收集的效率。

图 16.1 描绘的是一个求取程序中语句执行覆盖的插桩示例。图中每一个节点代表一个基本块，nc 是一个数组，记录了每一个基本块的执行次数。根据基本块的定义，控制流只从一个基本块的第一条语句进入，并从此基本块的最后一条语句离开，基本块内每一条语句的执行次数是相同的，这也是没有必要记录每一条语句的执行次数的原因。每一个基本块的执行次数就是此基本块内语句的执行次数。程序插桩工具[一]需要插入对 nc 数组进行初始化的语句以及每个基本块内对相应 nc 元素值的更新，那么插桩后程序的执行就会对每个基本块的执行次数进行统计。如果运行完一系列测试后，某个基本块（假设为 node）的执行次数为零（即 nc[node] 的值为零），则可以得出此基本块没有被覆盖的结论。如果某些基本块的执行次数很多，说明这些基本块是潜在的优化热点。

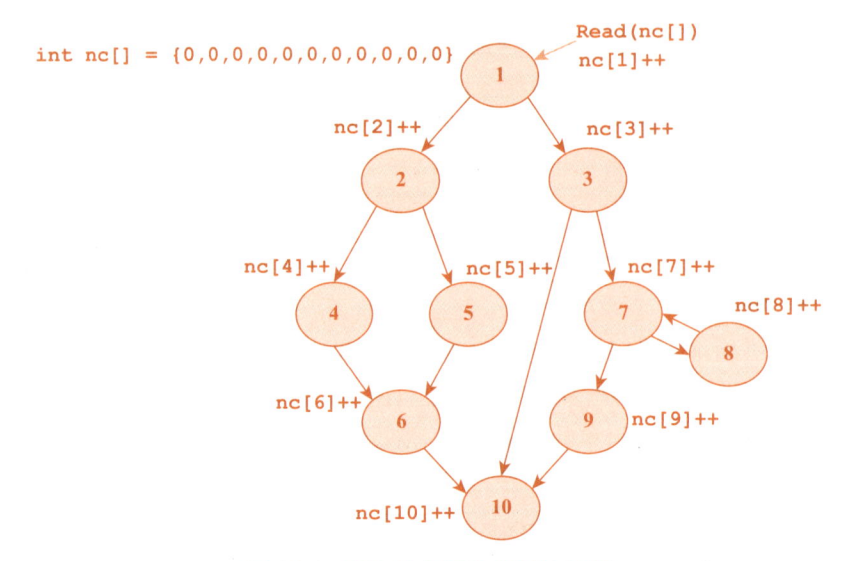

图 16.1　语句执行覆盖的插桩示例

图 16.2 描绘的是一个求取程序执行时边覆盖的插桩示例。图中每个节点代表一个基本块，数组 ec 中的每一个元素记录控制流图中各条边的执行次数。对于每条边，插桩工具自动插入边执行次数递增的相关代码（即 ec[i]++），这样被插桩的程序运行完成后，便可以得到关于每条边被执行次数的统计。如果某条边 e 对应的执行次数为零（即 ec[e] 的值为零），则说明 e 没有被覆盖。如果某些边的执行次数很多，说明这些边对应的控制流频繁发

㊀　或者在源代码上进行手工插桩（不建议）。

生跳转，这些信息对形成程序执行时的热点路径（hot trace）非常重要。在图 16.2 的插桩示例中，如果 ec 变成一个布尔数组，则 ec 中每个数组元素记录的便是对应的边是否被执行过的信息。

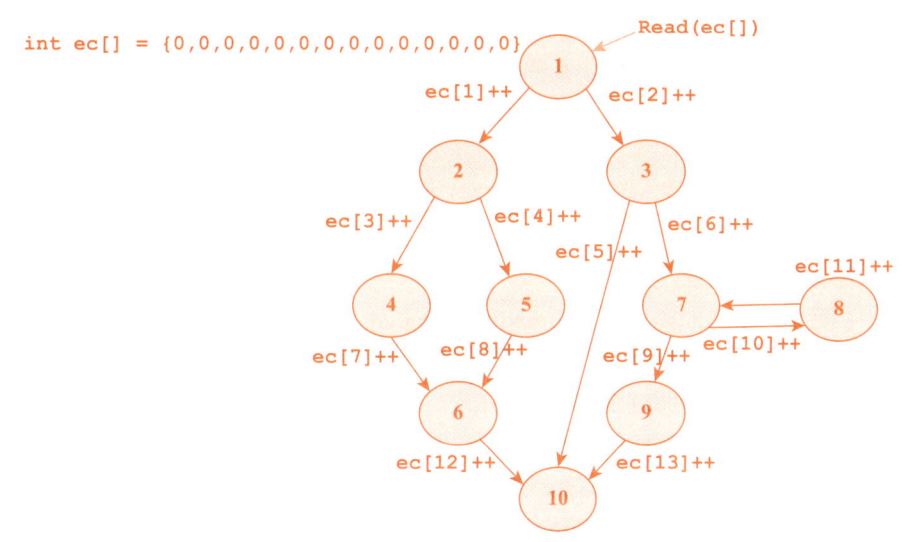

图 16.2　边覆盖的插桩示例

执行路径跟踪（tracing）是一种特殊的插桩，在传统意义上，执行路径跟踪主要是通过记录程序的执行路径来方便程序调试。像 DTrace 这样的执行路径跟踪工具已经存在了很多年，它聚焦于对单个进程进行跟踪并且记录被跟踪程序与操作系统的底层交互。此外，文件系统和网络也是被跟踪的对象。随着微服务的兴起和推广，分布式跟踪（distributed tracing）变得越来越流行。如图 16.3 所示，分布式跟踪会追踪一个服务请求所涉及的所有其他服务以及整个执行路径。分布式跟踪如果与可视化工具组合在一起，可以完成对整个微服务架构的监控、剖析与调试。

图 16.3　分布式跟踪示意图

16.1.2 程序插桩的手段

根据插桩发生的时间（即插桩相关代码插入被插桩程序的时间）与被插桩程序的运行时间是否有重叠，常见的插桩手段可以分成两类：静态插桩（static instrumentation）与动态插桩（dynamic instrumentation）。

- **静态插桩**：整个被插桩程序在插桩完成之后运行，即插桩过程和被插桩程序的运行过程是时间分隔的两个过程。静态插桩又可以分为以下几类：
  - 人工插桩（manual）：由程序开发人员手工加入插桩代码，比如手工插入计算程序运行时间的代码、统计事件发生次数的代码、统计 API 调用次数的代码等。
  - 源代码级别的自动插桩（automatic source level）：插桩代码由插桩工具按照插桩策略自动插入源代码中。
  - 中间语言级别的插桩（intermediate language）：在汇编代码或者反编译出来的中间代码中插入插桩代码，这样既可以实现对多种高级语言的支持，又可以避免在二进制层级进行插桩带来的挑战。
  - 编译器助力插桩（compiler assisted）：有些编译器提供插桩选项，使用编译器的相关插桩选项对源代码进行编译可以在编译时自动插入插桩代码。
  - 静态二进制重写（static binary rewriting）：通过二进制重写在二进制可执行代码中插入插桩代码。
- **动态插桩**：在动态插桩中，插桩的过程和插桩后程序代码的运行交织在一起，在同一时间段内进行。
  - 运行时插桩（runtime instrumentation）：在即将执行前对代码进行插桩，程序的执行被运行时插桩工具完全监控。
  - 运行时注入（runtime injection）：运行时注入比运行时插桩要轻量级一些，代码在运行时被修改，通过插入一些跳转指令来跳到一些带有插桩功能的帮助函数（helper functions）处。

静态插桩和动态插桩各有利弊，表 16.1 对这两种方法进行了简单比较，我们可以根据实际的需求选择合适的插桩方法。在选用静态插桩时，我们应该避免人工手动插桩而尽量采用自动化的工具。

表 16.1 静态插桩和动态插桩的比较

静态插桩	动态插桩
离线插桩，无须过多考虑被插桩程序的解析时间及插桩代码插入的时间	在程序运行的特定时间内进行插桩，时间和开销敏感
可能产生更加有效的插桩后代码	在程序运行过程中插入/移除插桩代码
无法对运行时的事件进行立即响应	对运行时的事件可以在第一时间及时响应

16.2 二进制翻译助力程序插桩

不管是静态二进制重写还是运行时插桩，它们的好处都是不需要访问被插桩应用程序的源代码，所以应用范围比较广泛。因为二进制翻译技术在这两类插桩工具的开发中都可以起到重要作用，所以我们在这一节简单介绍一下二进制翻译。

广义来说，二进制翻译的功能是把一种二进制代码翻译成另一种二进制代码，这可以是跨指令集架构的翻译㊀，也可以是同指令集架构之间的翻译㊁。同指令集架构之间的二进制翻译是插桩工具开发时常用的技术。以静态二进制重写为例，输入的二进制文件在被静态二进制重写器重写的过程中可以插入插桩代码，从而产生带有插桩代码的文件，而带有插桩代码的文件在执行的过程中可以收集相关的插桩信息。这样一个静态二进制重写可以看成一种特殊的静态二进制翻译过程。

动态二进制翻译技术在典型的运行时插桩工具中已经被广泛使用。以 DynamoRIO 和 Pin 为例，它们都用到了动态二进制翻译技术。被插桩程序在运行时插桩工具的控制下，先是以基本块为单位进行翻译和执行，遇到还没有被翻译的基本块，便会触发基本块的翻译过程，翻译后的基本块会被保留在 基本块缓存（basic block cache）内。翻译后的基本块内还会插入统计此基本块执行次数的代码，当基本块的执行次数达到一定的阈值时会触发 "热点执行路径"（hot trace，有时为了简化也把 hot trace 简称为 trace）的形成。"热点执行路径"会被保存在热点执行路径高速缓存内，以便在此后执行到相应代码时去执行对应的 "热点执行路径"，从而提升翻译后程序的执行性能。在这个二进制翻译的过程中，可以在指令级别、基本块级别、"热点执行路径"和函数级别插入更多的收集程序动态行为的插桩代码。动态二进制翻译的好处是可以访问整个程序以及程序运行期间的状态，并根据程序的动态行为做相应的代码优化。由于动态翻译和动态优化的时间也包括在程序的运行时间之内，因此整个过程对动态翻译和动态优化的时间开销比较敏感。

在常用的运行时插桩工具中，Pin 是比较高效的，但问题是 Pin 只能在 Intel 指令集架构的平台上使用，而且不开源。图 16.4 描述的是 Pin 的系统架构，整个 Pin 系统以被插桩的应用程序和 Pintool㊂作为输入，通过 VM㊃（主要包括 JIT 编译器和仿真单元）和代码高速缓存（code cache）的协同完成动态插桩。其中，JIT 编译器主要完成动态编译优化和插桩的功能，动态编译优化后的应用程序代码和插桩代码被 JIT 编译器混在一起放在代码高速缓存㊄内。之后，代码高速缓存内的代码运行便替代了原被插桩应用程序的运行㊅，而仿真单元

㊀ 被翻译的程序与翻译后输出的程序隶属于不同的指令集架构，比如从 x86-64 翻译到 AArch64。
㊁ 被翻译的程序与翻译后的程序隶属于同一种指令集架构。
㊂ Pintool 是根据 Pin 提供的插桩 API 编写的对被插桩应用完成具体插桩功能的程序。
㊃ Virtual Machine，这里 Pin 的 VM 相当于一个具有插桩功能的动态优化虚拟机，源输入应用负载的运行通过 VM 转换成了插桩后负载的运行，而且程序的插桩/优化和插桩/优化后程序的运行是以基本块或者热点执行路径为单位进行的，这样插桩/优化和插桩后程序的运行便交织在一起。
㊄ 代码高速缓存存储动态编译后的代码，最后执行的都是放在代码高速缓存内的动态编译后的代码。
㊅ 代码高速缓存内的代码运行到某条控制流跳转指令，但跳转目标对应的代码不在代码高速缓存内时，会触发 VM 执行动态编译优化及插桩的过程，并把动态优化及插桩后的代码放入代码高速缓存内，使被动态优化及插桩后的程序能够继续运行。

则负责对无法直接运行的指令⊖进行仿真。

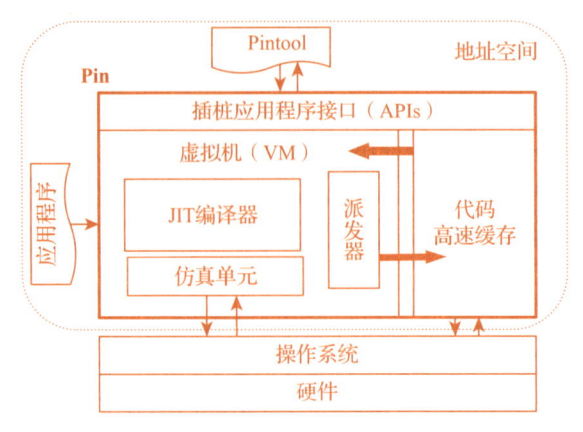

图 16.4 Pin 的系统架构图

与 Pin 相反，DynamoRIO 是一个开源的运行时动态插桩工具，可以在多个指令集架构下构建和使用⊜。图 16.5 描述的是 DynamoRIO 的系统架构。DynamoRIO 的运行机制和 Pin 很相似，图 16.5 中的 client 部分对应的就是插桩部分的代码，这和 Pin 中的 Pintool 部分类似。图 16.5 中的"上下文切换"把代码高速缓存（这里包括基本块高速缓存和执行轨迹高速缓存）内代码⊜的运行和 DynamoRIO 自身代码⑳的运行分开，具体细节可以参考 DynamoRIO 网站上的文档及相关信息。

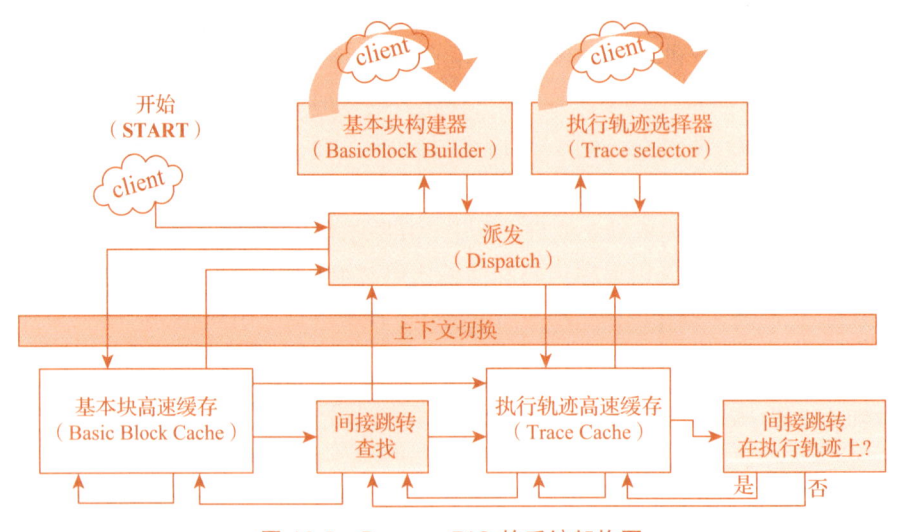

图 16.5 DynamoRIO 的系统架构图

⊖ 比如系统调用（syscall）。
⊜ DynamoRIO 在 x86-64 和 AArch64 平台上已经非常成熟，2023 年在 RISC-V 平台上也完成了初始移植。
⊜ 被插桩的应用负载在插桩及优化完成后的代码。
⑳ DynamoRIO 系统本身的代码负责完成代码发现、动态优化、插桩代码注入、代码高速缓存管理等功能。

16.3 利用插桩信息识别编译优化机会

获取应用负载的插桩信息一方面可以让我们更加深入地理解应用负载并进而对应用负载进行特征刻画，另一方面有助于我们更容易找到应用负载的优化机会并进一步在编译器中实现这些优化。在这一节中，先介绍最原始的编译优化机会识别方法和常用的编译优化机会识别方法，然后介绍一种基于程序热点对不同编译器产生的程序热点代码进行插桩信息对比，进而识别编译器优化机会的半自动框架。

16.3.1 最原始的编译器优化机会识别方法

对于一般的程序开发者来说，写出能够正确运行的代码是一个基本要求，而在保证程序正确性的基础上写出高性能代码是对程序开发者的更高要求。对于大多数程序开发者来说，用编译器对程序进行自动优化是一个非常普遍的选择。

站在编译器开发者的角度，需要先找到常见的程序优化机会，然后在编译器中实现这些优化。最原始的编译器优化机会识别就是通过研究常见的程序模式，探索可能的优化方案，在编译器中实现方案并验证方案可行性的一个过程。

以图 16.6a 为例，在串行执行的指令集架构中，每一个循环迭代都需要做一个乘法和一个加法。如果转换成图 16.6b 的形式，则每一个循环迭代只做两个加法。由于乘法比加法慢，很明显，在串行执行的指令集架构中图 16.6b 比图 16.6a 要优化，从图 16.6a 到图 16.6b 的这个代码优化方案做在编译器便是强度削弱（strength reduction）优化。再看一下图 16.6c 和图 16.6d，图 16.6c 中的每一个循环迭代中都有条件判断，而且这个判断条件是循环不变量，因此可以像图 16.6d 中那样把循环体内的条件判断移到循环体外，从而简化循环体的控制逻辑。把从图 16.6c 到图 16.6d 的这个程序变换做在编译器内就是编译器的 unswitching 优化，即相当于把循环体内的条件判断语句和循序控制语句的顺序做了一个交换。

```
do i = 1, n
  a[i] = a[i] + c * i
end do
```
(a)

```
T = c
do i = 1, n
  a[i] = a[i] + T
  T = T + c
end do
```
(b)

```
do i = 2, n
  a[i] = a[i] + c
  if (x < 7) then
    b[i] = a[i] * c[i]
  else
    b[i] = a[i-1] * b[i-1]
  end if
end do
```
(c)

```
if (x < 7) then
  do all i = 2, n
    a[i] = a[i] + c
    b[i] = a[i] * c[i]
  end do
else
  do i = 2, n
    a[i] = a[i] + c
    b[i] = a[i-1] * c[i-1]
  end do
end if
```
(d)

图 16.6 两种程序优化示例

在原始的编译优化机会识别中，就是这样通过对应用负载中一些典型的程序模式的源代码进行人工分析，然后找出优化机会并在编译器中实现的。由于通常循环会占用程序的大部分运行时间，因此早期的优化机会识别通常针对循环来展开。

16.3.2 常用的编译优化机会识别方法

随着应用负载复杂性不断增强以及编程语言越来越多样,基于源代码分析去寻找编译优化机会变得越来越有挑战性。在编译器的开发过程中,越来越多的编译器开发人员遵循图 16.7 所示的流程去识别编译优化机会。

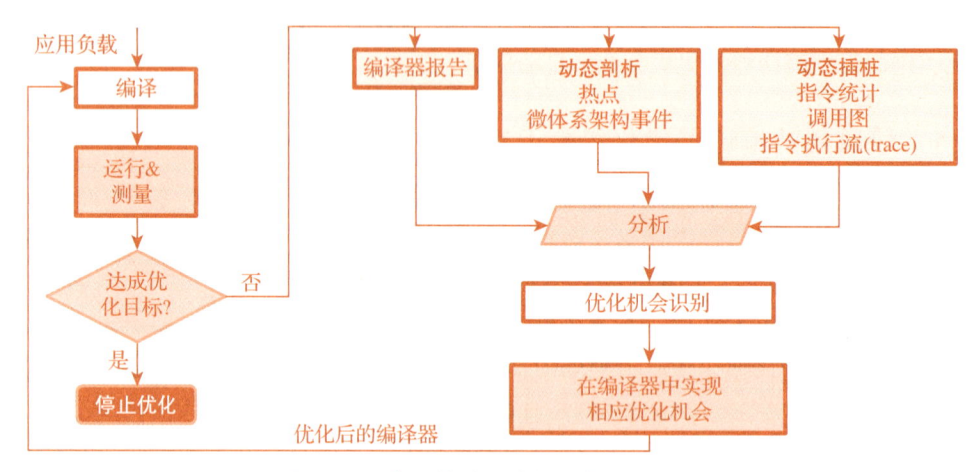

图 16.7 常用的编译优化机会识别流程

图 16.7 所示的流程基本上是按照"测量 - 评估 - 分析 - 优化"的步骤来进行的。首先对应用负载的源程序进行编译。然后,运行应用负载并收集应用负载的性能数据,如果性能达标可以停止优化,否则继续收集编译器编译过程产生的报告以及程序运行过程中通过各类工具收集的程序运行态信息(包括程序热点、微体系架构事件、指令统计、函数调用图、指令 trace 等)。接下来,需要对所收集的信息进行分析,并通过分析[⊖]找到性能瓶颈点。最后,根据性能瓶颈的消除或者缓解方法找到相应的编译优化手段,在编译器中实现这些优化后再开始新一轮的"测量 - 评估 - 分析 - 优化"流程,直至优化目标达成。

在常用的编译优化机会识别方法中,虽然有一些工具可以使用,但优化的进度在很大程度上依赖于从事编译优化分析工作人员的经验及专业程度,这也是编译优化一直被认为是一项非常有挑战性的工作的原因。

16.3.3 热点驱动的半自动编译优化机会识别框架

正是由于通过人工分析发现编译优化机会比较有挑战性,因此自动或者半自动编译优化机会识别成为一个比较重要的探索课题。

随着芯片行业的蓬勃发展以及编译优化技术的日益成熟,越来越多的公司和个人参与到编译器的研发中。很多知名的半导体公司(比如 Intel、AMD、NVIDIA、华为等)在编译

⊖ 有时需要辅以相应的实验验证及数据再收集。

器的研发上投入了大量的人力物力，他们开发出来的商业化编译器在各自的平台上可以生成非常优化的代码。同时，以 GCC 和 LLVM 为代表的开源编译器也被越来越多的公司所接受，不少公司基于开源编译器来定制适合自家产品的编译器。由于同一个指令集架构的平台上有不同的编译器可以使用，一个很自然的问题便是：我们是否可以通过比较不同编译器在编译一个确定负载时的优化能力，找到优化能力比较强的编译器中所实现的优化方法，从而在优化能力相对较弱的编译器中实现这些优化，以缩小这些编译器针对此特定应用负载的优化能力差距呢？

为了回答上述的问题，相关人员提出了一个热点驱动的半自动化编译器竞争分析框架，并用这个框架在不同的指令集架构平台上比较了不同编译器针对某些特定负载的编译优化效果，从而发现了一些关键的优化机会。

图 16.8 是这个框架的系统架构图。从图中可知，编译优化机会的识别可以分成 8 步，下面分别介绍每一步的具体动作。

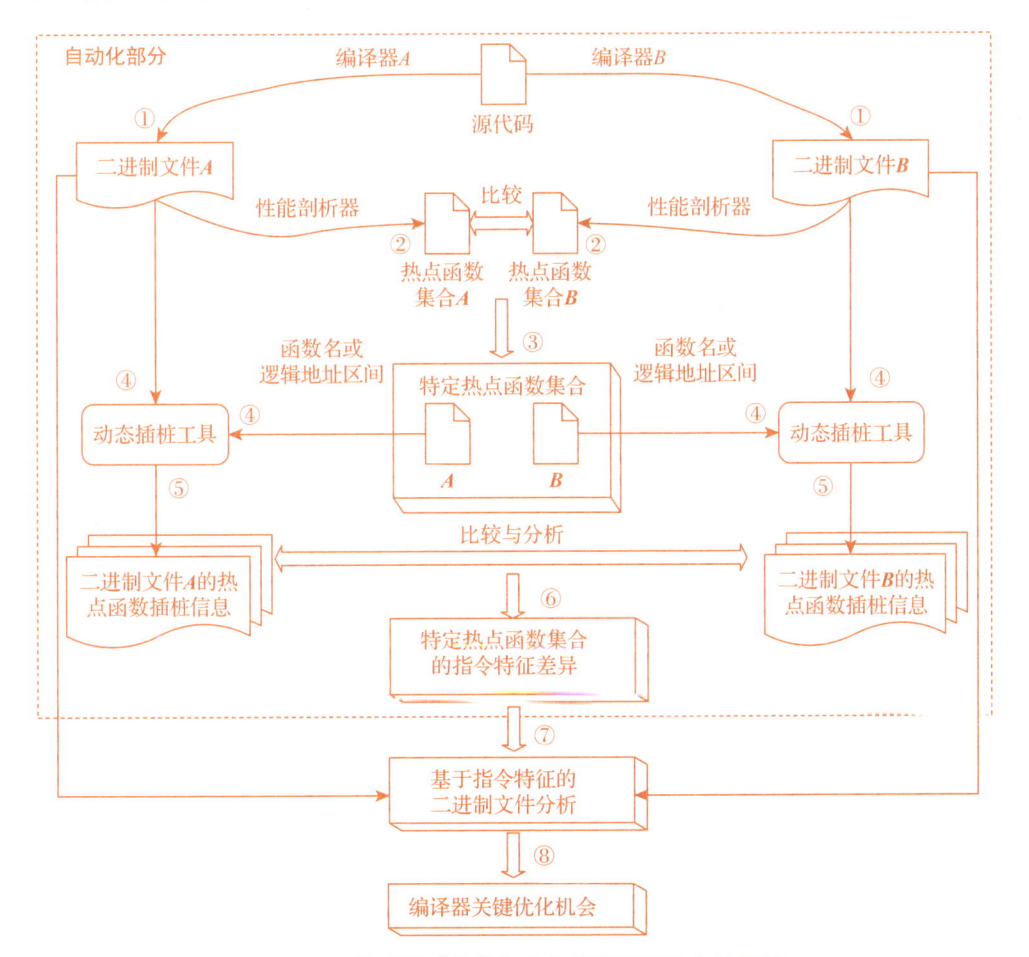

图 16.8 热点驱动的半自动化编译器竞争分析框架

①同一个应用负载的源代码分别用两个不同的编译器（编译器 A 和编译器 B）去编译，生成同一应用负载的两个不同版本（二进制文件 A 和二进制文件 B）。

②分别运行第①步生成的两个应用负载，并用性能剖析工具（例如 Linux Perf）分别获得各自的前 10 个热点函数以及各个热点函数的运行时间，从而得到两个热点函数表。

③对第②步获得的两个热点函数表进行比较，对于每个负载版本内的热点函数，找出和另一个版本中对应函数性能差异比较大的那些函数，我们暂且称它们为"嫌疑热点函数"。

④⑤再次运行步骤①生成的两个应用负载，并用插桩工具对步骤③中找出的每个应用负载中的"嫌疑热点函数"进行插桩[○]，获得这些"嫌疑热点函数"的详细插桩信息。

⑥对"嫌疑热点函数"的详细插桩信息进行比较和分析，找出两个不同版本应用负载的指令特征差异；

⑦⑧根据步骤⑥得出的指令特征差异，对"嫌疑热点函数"进行人工详细分析，找到关键的编译优化机会。

在上面的各个步骤中，步骤①~步骤⑥是可以自动完成的，步骤⑦和步骤⑧是必须人工介入的，这就是整个框架叫作半自动化编译器竞争分析框架的原因。虽然这是一个半自动化的框架，但步骤①~步骤⑥的自动化还是大大节省了数据收集及分析的时间，也大大缩小了后期人工分析的程序分析范围。

通过插桩工具在步骤④和步骤⑤中获得"嫌疑热点函数"的详细插桩信息是这个框架中的重要步骤，又由于这个半自动化编译器竞争分析框架具有跨平台属性，因此插桩信息中的指令分类需要考虑到 x86-64 和 AArch64 平台中的所有指令，表 16.2 是对这两个平台中的指令分类。

表 16.2　不同指令集架构平台上的指令分类

指令分类			x86-64 平台	AArch64 平台
分支	间接分支	跳转	jmp<mem>, <reg>)	br
		函数调用	call(<mem>, <reg>)	blr
		返回	ret	ret
	条件跳转		jle / jne / je / ja /jna ...	b.<cond> / cbz / cbnz ...
	无条件直接跳转		jmp / call <imm>	b / bl
运算	算术		cmp / sub / mul ...	cmp / sub / mul / add ...
	逻辑		and / or / xor / test ...	and / or ...
	移位		shr / sha / sar / sal	asrv / rorv / lslv / bfm ...
数据传送			mov / movzx ...	movi / movz / fmov ...
栈操作			push / pop	—
内存读写			—	str / stp / ldr / ldp
向量化指令			SSE / AVX / AVX2 / AVX512	Neon / SVE
其他			lea / setb / nop ...	adrp / adr / nop / csel ...

○　因为图 16-8 中的框架是一个跨平台的框架，这里的插桩工具用的是 DynamoRIO。

下面我们通过一个案例来进一步阐述半自动化编译器竞争分析框架如何助力编译优化机会识别。在讲述案例分析的细节之前，我们先看一下这个案例用到的实验配置（参见表 16.3），实验所用的负载是 SPEC CPU 2017，编译 SPEC CPU 2017 所用的配置是从 SPEC CPU 2017 的官方网站上找到的与表 16.3 中的实验平台最接近的配置[一]。

表 16.3 案例实验配置

项目	x64	AArch64
处理器	Intel Xeon Gold 5218R	华为鲲鹏 920-5250
CPU 数量	80（逻辑核，2 插槽，开启 Hyperthreading）	96（物理核，2 插槽）
开源编译器	GCC（版本 10.3.0）	GCC（版本 10.3.0）
专有编译器	Intel ICC 编译器（版本 2021.6.0）	华为 BiSheng 编译器（版本 2.1.0）
操作系统	Ubuntu 20.04.4 LTS Linux	Ubuntu 20.04.4 LTS Linux

648.exchange2_s 是 SPEC CPU 2017 中的一个基准测试程序，它利用了递归方法去解决数独问题。之所以选用这个基准测试程序进行案例分析，是因为在实验中，这个基准测试程序在 AArch64 平台上用不同的编译器（GCC 开源编译器和华为自研的毕昇编译器）编译出来的可执行文件性能差异非常大（如表 16.4 所示[二]）。

表 16.4 CINT2017 中不同编译器下 C++ 和 Fortran 基准测试程序的性能比较

基准测试程序	平台	开源编译器（GCC）	专有编译器（BiSheng / ICC）	相对性能差距
Fortran				
648.exchange2_s	AArch64	38.9 s	25.0 s	55.6%
C++				
620.omnetpp_s	x64	45.8 s	31.2 s	46.8%
631.deepsjeng_s	x64	83.0 s	68.0 s	22.1%
641.leela_s	x64	89.2 s	76.0 s	17.4%
623.xalancbmk_s	x64	35.2 s	35.2 s	0.0%

注：编译器那两栏中的数据是对应行的基准测试程序用对应列的编译器编译出来可执行文件的运行时间。

为便于讲述，我们把表 16.4 中用 GCC 编译器编译出来的 648.exchange2_s 版本记为 648.exchange2_s (GCC)，把用毕昇编译器编译出来的 648.exchange2_s 记为 648.exchange2_s (BiSheng)。通过应用前文提到的热点驱动的半自动化编译器竞争分析框架，648.exchange2_s (GCC) 和 648.exchange2_s (BiSheng) 的前 10 个热点以及相应的执行时间（包括绝对执行时间以及相对执行时间，即此热点的绝对执行时间在整个基准测试程序总执行时间中的占比）数据参见表 16.5。在表 16.5 中，粗体的热点函数是半自动化框架选出来的"嫌疑热点函数"。

㊀ runcpu 命令行的主要选项是 tune=base，action=validate 以及 size=train。
㊁ 文中把 SPEC CPU 2017 中的整数基准测试程序简称为 CINT2017。

表 16.5 648.exchange2_s（GCC）和 648.exchange2_s（BiSheng）的热点比较

排名	BiSheng 相对时间（%）	BiSheng 绝对时间（秒）	BiSheng 函数名	GCC 相对时间（%）	GCC 绝对时间（秒）	GCC 函数名
1	57.32	14.33	`digits_2.7`	82.38	32.05	`MOD_digits_2`
2	19.38	4.85	`digits_2.4`	7.30	2.84	`gfortran_mminloc`
3	18.30	4.58	`logic_new_solver`	4.15	1.61	`specific.4`
4	1.46	0.37	`free`	2.31	0.90	`logic_MOD_new_solver`
5	0.80	0.20	`malloc`	1.08	0.42	`hidden_triplets.0`
6	0.43	0.11	`covered`	0.78	0.30	`free`
7	0.32	0.08	`brute`	0.55	0.21	`naked_triplets.1`
8	0.17	0.04	`f90_dealloc`	0.48	0.19	`hidden_pairs.2`
9	0.15	0.04	`f90_alloc`	0.25	0.10	`MOD_brute`
10	0.14	0.04	`f90_set_intrin`	0.25	0.10	`malloc`

从半自动框架收集的插桩信息中可以发现：648.exchange2_s (GCC) 中的 `MOD_brute` 对 `MOD_digits_2` 的调用关系与 648.exchange2_s (BiSheng) 中 `brute` 对 `digits_2_4` 以及 `digits_2.4` 对 `digits_2.7` 的调用关系是等价的（参见图 16.9 右边的函数调用图，图 16.9 左边表中⊖的 `Ret` 指令统计值也标注在右边的函数调用图上，这些数值表明了相应函数的被调用次数）。通过进一步分析，我们可以得出结论：在生成 648.exchange2_s (BiSheng) 时，毕昇编译器实现了函数特化⊜和函数内联⊝两种优化。

再分析一下图 16.9 中左边表内条件跳转指令（`Cond`）的数目统计，我们可以发现：`digits_2.4` 和 `digits_2.7` 中的条件跳转指令数之和（3361685141 + 10733730071）只有 `MOD_digits_2` 中条件跳转指令数（27698651020）的一半左右，这说明 `digits_2.4` 和 `digits_2.7` 内的控制流得到了很大的简化。进一步结合汇编代码以及对应的函数源码，我们发现，经过毕昇编译器的函数特化后，对 `digits_2` 的调用参数都变成了常量，这使得控制流得到极大的简化。如图 16.10 所示，如果参数 `row` 的值为 2、5、8，则在函数特化后，`mod(row, 3)` 的值一定等于 2，于是图 16.10a 中的代码就自然可以用图 16.10b 中的代码替代，从而简化了控制流⊜。

⊖ 此表描述了 `MOD_digits_2`、`digits_2.4` 和 `digits_2.7` 三个函数的指令特征统计。

⊜ 即 function specialization，`MOD_digits_2` 特化成了 `digits_2.4` 和 `digits_2.7` 两个函数，其中，`digits_2.4` 主要处理 `row` 参数为 2、3 和 4 的情况，`digits_2.7` 主要处理 `row` 参数为 5、6、7 和 8 的情况。同时，`brute` 内处理了 `row` 参数为 1 的情况，通过这个函数特化，648.exchange2_s (GCC) 中出现的直接递归调用的情况也被消除了。

⊝ 对 `MOD_digits_2` 的调用次数 34 934 090 远远大于对 `digits_2.4` 和 `digits_2.7` 的调用次数之和（50 203 + 18 775 199），函数内联使函数的调用次数减少。

⊚ 更准确地说，函数特化后经过常数传播和死码删除，控制流得到了简化。

第 16 章　程序插桩与优化机会识别

指令分类	digit_2.4	digit_2.7	MOD_digit_2
分支	3 593 142 992	11 609 217 450	29 321 533 296
间接分支	50 203	18 775 199	34 934 090
跳转	0	0	0
函数调用	0	0	0
返回	50 203	18 775 199	34 934 090
条件跳转	3 361 685 141	10 733 730 071	27 698 651 020
无条件直接跳转	231 407 648	856 712 180	1 587 948 186
运算	15 199 221 930	41 803 072 569	116 664 503 804
算数	14 686 454 611	39 759 170 962	102 813 533 806
逻辑	498 710 685	1 733 736 947	12 559 811 188
移位	14 056 634	310 164 660	1 291 158 810
数据传送	32 692 266	214 161 627	1 636 029 315
内存读写	11 911 031 090	37 507 748 969	81 757 176 763
向量化	5 426 852 903	10 429 222 578	268 662 027
其他	534 241 804	1 514 087 575	2 581 871 188

(a) 648.exchange2_s (GCC)

```
MOD_brute
   │ 19551
34914539
   ↓
MOD_digits_2
```

(b) 648.exchange2_s (BiSheng)

```
subroutine
brute(sudoku,key)
  digits_2(1)
  call digits_2(2)

digits_2(2)
  digits_2(3)
  digits_2(4)
  call digits_2(5)

digits_2(5)
  digits_2(6)
  digits_2(7)
  digits_2(8)
```

brute → 50203 → digits_2.4 → 18775199 → digits_2.7

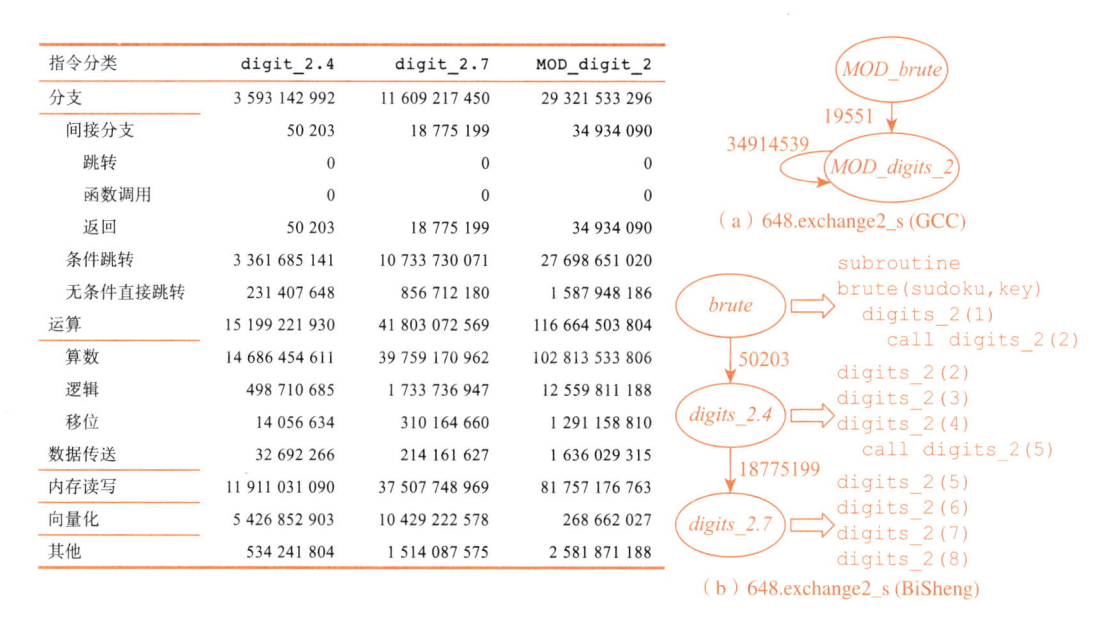

图 16.9　热点函数 `digits_2.4`、`digits_2.7` 和 `MOD_digits_2` 的指令特征比较

```
select case(mod(row, 3))
  case 1:
    block(row + 2, 4:6, i1) = block(row + 2, 4:6, i1) - 10
  case 2:
    block(row + 1, 1:3, i1) = block(row + 1, 1:3, i1) - 10
end select
```
(a) 函数特化前

```
block(row + 1 , 1:3, i1) = block(row + 1, 1:3, i1) -10
```
(b) 函数特化后

图 16.10　热点函数 `digits_2.4`、`digits_2.7` 和 `MOD_digits_2` 的指令特征比较

我们再分析一下图 16.5 中左边表内的运算指令（Operation）和向量化指令（Vectorization），可以发现，`MOD_digits_2` 中的运算指令数（116664503804）远大于 `digits_2` 和 `digits_2.7` 中的运算指令数之和（15199221930 + 41803072569），而向量化指令数（268662027）远远小于 `digits_2.4` 和 `digits_2.7` 中的向量化指令数（分别是 5426852903 和 10429222578）。结合源代码及汇编代码进一步分析发现：毕昇编译器与 GCC 编译器相比的确做了更多的向量化优化，图 16.11 是其中的一个例子，其中图 16.11a 是毕昇编译器生成的代码，图 16.11b 是 GCC 编译器生成的代码。

接着分析表 16.5 中的其他热点函数以及这些热点函数对应的汇编代码，可以发现 648.exchange2_s (BiSheng) 中没有包含 `gfortran_mminloc` 和 `specific.4`，而这两个函数在 648.exchange2_s (GCC) 中占用了不少程序运行时间。进一步分析发现，648.exchange2_s (BiSheng) 中的 `logic_new_solver` 内联了 `specific` 和 `minloc`，并且 `logic_new_` solver 的执行时间（4.58 秒）比 648.exchange2_s (GCC) 中 `logic_MOD_new_solver`、`gfortran_mminloc` 和 `specific.4` 的执行时间之和（5.35 秒）要小。

源代码
```
block(row + 1, 4:6, i4) = block(row + 1, 4:6, i4) + 10
```

AArch64汇编代码
```
add   x8, x9, #0x32c
ldr   q0, [x8]
add   v0.4s, v0.4s, v3.4s
str   q0, [x8]
```

AArch64汇编代码
```
ldr   w20, [x14]
ldr   w19, [x14, #36]
ldr   w28, [x14, #72]
add   w27, w20, #0xa
add   w1, w19, #0xa
str   w27, [x14]
add   w8, w28, #0xa
str   w1, [x14, #36]
str   w8, [x14, #72]
```

（a）648.exchange2_s (BiSheng)　　　（b）648.exchange2_s (GCC)

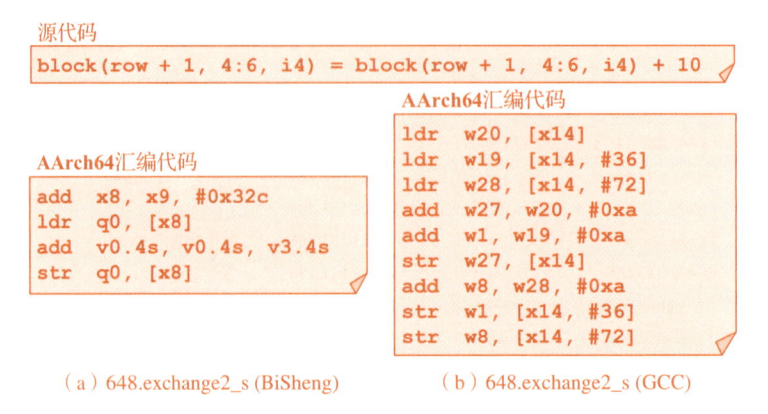

图 16.11　毕昇编译器和 GCC 编译器的向量化能力差别

接着通过相应函数的指令特征比较（参见表 16.6），除了 `specic` 和 `minloc` 在 648.exchange2_s (BiSheng) 中被内联导致 `logic_new_solver` 中的 Ret 指令数目大幅度减少之外，可以进一步发现 648.exchange2_s(BiSheng) 中 `logic_new_solver` 内的向量化指令数目也远大于 648.exchange2_s (GCC) 中 `logic_MOD_new_solver`、`gfortran_mminloc` 和 `specific.4` 三个函数中向量化指令数目的总和。通过以上的分析可以断定：AArch64 平台上毕昇编译器在函数内联及向量化优化上做得比 GCC 编译器要好！

表 16.6　new_solver 的指令特征比较

函数名	编译器	向量化指令数	Ret 指令数
logic_new_solver	BiSheng	1963447369	22764
logic_MOD_new_solver	GCC	440253151	22088
specific.4	GCC	127785213	32759
gfortran_mminloc	GCC	0	24517022

通过上面这个案例分析中以 648.exchange2_s 负载为例在 AArch64 平台上对 GCC 编译器和毕昇编译器的对比，我们可以对 GCC 在如下三个方面的优化能力进行增强，在 GCC 上实现这些优化后，548.exchange2_r 在鲲鹏平台上可以获得 72.96% 的性能提升[○]。

- ❏ 函数内联，包括对编译器内置函数（built-in functions）的内联。
- ❏ 函数特化。
- ❏ 自动向量化。

○ 配置：鲲鹏 920-7261K（2 插槽，128 核），操作系统为 CentOS Linux release 7.9.2009，SPEC2017 使用的是 reference input data。

在表 16.4 中，我们还可以看到在 x64 平台上，620.omnetpp_s 用 GCC 编译比用 ICC（英特尔的自研编译器）编译的性能差了很多，感兴趣的读者可以查阅文献去了解相关信息，从而更进一步了解本节介绍的框架以及框架收集的插桩信息如何助力优化机会识别。

16.4 本章小结

通过程序插桩获取应用负载运行过程中的动态行为是对负载进行特征分析以及性能优化的一个重要手段。本章介绍了程序插桩的基本概念和常用手段，并介绍了二进制翻译技术在程序插桩中的应用，最后通过一个热点驱动的半自动编译优化机会识别框架阐述了如何应用相关的工具缩小插桩范围、如何对插桩信息进行分析以及如何结合汇编代码（甚至源代码）去找寻程序优化的可能性。不同编译器的优化能力有所差别，有时我们可以借鉴其他编译器的优化手段来提升开源编译器的优化效果。同时，精准插桩信息的高效收集、性能瓶颈的分析和准确定位、优化机会的快速识别以及优化机会的高效实现是软件系统优化永恒的研究课题。

16.5 思考题

1. 请阐述程序插桩与基于性能监测单元（PMU）事件的程序剖析信息收集各有什么优缺点。
2. 本章简单介绍了语句执行覆盖与边覆盖的概念及相应的插桩方法。还有一种常见的覆盖叫作路径覆盖（path coverage），即通过判断程序中的每条路径是否至少被执行过一次（如果程序的控制流图中有环，则要求每个环至少被执行一次）来判断程序中的所有路径是否都被执行过。请查阅相关文献简述路径覆盖的可行性与挑战。
3. 请总结运行时插桩工具减少开销、提升插桩效率的方法有哪些？
4. 静态二进制重写既可以实现程序插桩，也可以在重写时对被重写的程序进行优化，请问静态二进制重写与动态二进制翻译相比有哪些优缺点？
5. 确定应用负载的性能瓶颈是对应用负载进行优化的重要前提，请总结一下程序性能瓶颈的可能识别方法。

第五部分

专题讨论

　　围绕从单点到全局的系统观，第二、三、四部分侧重于全栈思维，面向软硬件全栈分别介绍了性能工程基础、计算机体系结构优化和编译优化。这一部分侧重于扩展思维，面向大规模数据中心和分布式深度学习框架这两个新兴场景，展开系统优化相关技术的专题讨论。

　　第 17 章　数据中心的性能优化
　　第 18 章　深度学习框架的优化

CHAPTER 17

第 17 章

数据中心的性能优化

本章介绍大规模数据中心的性能分析与优化。首先介绍数据中心的基本情况，然后讨论几个数据中心层面有意思的技术话题，包括混部应用的性能干扰检修以及规模化集群的性能分析与评价。

17.1　数据中心简介

数据中心（data center）是安置计算机系统及相关设备的基础设施。数据中心最早出现在 20 世纪 40 年代初期，当时，计算机硬件的操作和维护非常复杂。早期的计算机系统需要许多大型组件，操作员必须使用许多电缆连接这些组件。它们还会消耗大量电力，并且需要冷却以防止过热。为了管理这些称为大型机（mainframe）的计算机，公司通常将所有硬件放置在一个称为数据中心的房间中进行管理。经过多年的发展，数据中心的设计不断优化，很多公司都建设和维护了自己的数据中心并方便地从任意地点访问数据中心里的设备。近年来，随着云计算和虚拟化技术的引入，云数据中心（cloud data center）开始出现并快速发展，第三方的云服务提供商开始管理和维护数据中心，同时将基础设施以云服务的方式租用给其他公司或组织。

数据中心是我国"新基建"和"卡脖子"工程的重要组成部分，也是电信、金融、教育、医疗等民生领域关键应用的基础设施。《"十四五"国家信息化规划》中明确提出：加快构建全国一体化大数据中心协同创新体系，建设京津冀、长三角、粤港澳大湾区、成渝等全国一体化算力网络国家枢纽节点。统筹部署医疗、教育、广电、科研等公共服务和重要领域云数据中心，加强区域优化布局、集约建设和节能增效。推进云网一体化建设发展，实现云计算资源和网络设施有机融合。《"十四五"数字经济发展规划》也提出：加快构建算力、算法、数据、应用资源协同的全国一体化大数据中心体系。加快实施"东数西算"工程，强化算力统筹和智能调度。按照绿色、低碳、集约、高效的原则，持续推进绿色数字中心建设，加快推进数据中心节能改造。推动智能计算中心有序发展，打造智能算力、通用算法和开发平台一体化的新型智能基础设施。

随着数据中心的规模越来越大，部署几十万甚至上百万台服务器的情况屡见不鲜，即使几个百分比的资源利用率提升也会带来相当可观的经济和社会收益。据报道，早在2018年，我国数据中心的总用电量就已经超过了三峡大坝年发电量。然而，目前数据中心资源利用率仍普遍较低，造成了资源和成本的巨大浪费。

数据中心的软件栈通常包含平台型、集群型、应用型和开发运维型等类型的软件。平台型软件用于抽象单台机器的硬件并提供基本的硬件抽象层接口。例如，每台服务器上安装的固件、内核、操作系统和各种系统库。集群型软件用于在集群层面管理资源和提供服务，例如，各种分布式文件系统、调度器、远程过程调用（Remote Procedure Call，RPC）框架等。应用型软件是实现特定服务的应用软件，通常包括一类延迟敏感的在线服务应用（如网页搜索、电商交易），以及另一类延迟不敏感的离线计算应用（如大数据批处理）。开发运维型软件用于辅助软件的开发和运维，包括一类支撑软件编码、调试、测试的开发工具和环境，以及另一类通过观测系统性能和识别系统瓶颈来跟踪和分析系统可用性和健康度的软件。

数据中心的硬件设备也丰富多样，主要包括服务器组件、存储组件和网络组件。目前，中型服务器是许多云服务提供商构建云数据中心的基本组件，这主要是出于成本效益的考虑。相比高端服务器和大型高性能计算机，中型服务器在大规模云数据中心里能实现性能与成本之间更好的平衡。此外，随着摩尔定律逐渐失效和深度学习的兴起，数据中心开始广泛使用各种专用硬件和加速卡，例如，GPU和FPGA等。谷歌还开发了专用于机器学习和深度学习的硬件加速器：张量处理单元（Tensor Processing Unit，TPU）。

17.2 混部应用的性能干扰检修

多应用混合部署，简称混部（colocation），是将多个软件应用混合部署在单个物理计算单元运行的模式。这里的物理计算单元可以是处理器、服务器或集群等。数据中心通过混部为多个应用分配逻辑计算资源并共享物理计算资源，从而达到提高资源利用率并降低运营成本的目的。

多应用混部是现代数据中心软硬件技术发展的自然结果，也是提高资源利用率的基本手段。从应用部署的软硬件栈来看，数据中心多应用混合部署模式主要经历了三个发展阶段：在宿主机阶段，由于摩尔定律和登纳德缩放定律逐渐失效，多核/众核处理器技术迅速发展，多个应用被混部运行在物理服务器上，以提高多核/众核计算资源的利用率；在虚拟化阶段，为了细分和方便管理物理计算资源，并且应对不同应用对操作系统等运行平台的差异化需求，各类硬件的虚拟化技术快速发展，多个应用被封装在各自的虚拟机中共享和复用物理资源；在容器化和微服务（microservice）阶段，为了进一步节省和轻量化管理资源（例如，无须在每个虚拟机中安装消耗大量资源的客户操作系统），并且方便各类应用的开发和运维，多个应用（包括微服务）及其运行所依赖的二进制文件、库文件和环境配置等被打包到各自容器中混部运行，进一步提高了资源利用率。

多应用混部不可避免地带来了性能干扰（performance interference），即一个应用的性能由于另一个应用（或一组应用）的出现而受到影响。性能干扰通常会产生无法预期的性能行为和结果，引发性能异常、降低资源利用率，甚至导致系统失效和服务中断，严重影响应用的服务质量和稳定性。混部应用的性能干扰具有普遍性、复杂性、隐蔽性和动态性，为有效处理性能干扰带来了极大的技术挑战，具体表现如下：

- 普遍性：性能干扰普遍存在于数据中心大量软件应用和硬件设备的混部组合中。例如，某大型互联网公司张北数据中心单体规模达到30万台服务器，负责电商交易的Java应用达到上万种。同时，这些软硬件特征（包括组件、服务或配置等）之间存在复杂而隐蔽的特征交互和依赖约束。事实上，在数据中心混合部署和调度应用时，系统管理员很难充分理解各个软硬件及其交互对性能的影响，因此难以避免性能干扰。

- 复杂性和隐蔽性：性能干扰主要源于数据中心复杂软硬件栈上的资源竞争和大规模分布式应用的调用依赖。从资源竞争来看，由其引发的性能干扰可能隐蔽在复杂软硬件栈的各个层面。如图17.1所示，多个应用可能在设备层争抢多级缓存或内存带宽等，在操作系统和运行时等平台层争抢互斥锁或系统调用等，在应用层争抢应用缓存或消息队列等。这类性能干扰会造成资源耗尽、系统过载等严重问题，已成为近年来数据中心系统失效和服务中断的主要成因之一。从调用依赖来看，现代互联网应用一般具有包括Web前端、中间件和后端数据库的多层架构，一个Web请求可能触发上百个不同应用及其服务组件，这些相互依赖的应用组件的交互可能引发性能干扰，这类性能干扰会造成长尾延迟（tail latency）问题，是导致目前数据中心资源利用率普遍低下的主要原因之一。

- 动态性：软硬件的升级和更新、应用的调度和迁移、运行环境和配置的变更等动态因素很可能导致原本正常工作的应用发生性能干扰。随着数据中心里出现各种新型计算模式，比如无服务器计算（serverless computing），以及新型异构硬件，比如Arm服务器、持久化内存（persistent memory）等，多应用间的特征交互更频繁、资源竞争更激烈，由单个性能干扰所引发的级联效应（cascading effect）更复杂，也更难以处理。

性能干扰属于一类比较复杂的性能异常。现有的性能异常检测技术比较成熟，主要基于统计分析和机器学习（包括深度学习）方法，通过分析大量性能相关历史数据，挖掘正常工作模式并识别异常模式，从而检测性能异常。常见的性能数据包括性能指标数据和运行日志数据，覆盖应用层（如应用的吞吐量和延迟等）、平台层（如系统调用和锁等）和设备层（如内存带宽和延迟）等。这些性能数据一般通过负载刻画（workload characterization）获取，通过监控（monitoring）、剖析（profiling）或追踪（tracing）工具采集和分析，这些工具包括Linux perf、Intel VTune Profiler、Arm Forge、华为Hyper Tuner以及作者开发的hperf等。

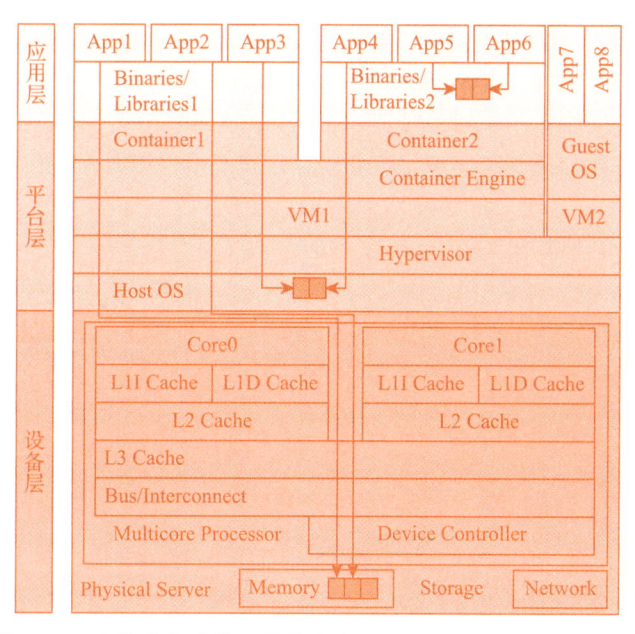

图 17.1　隐蔽在复杂软硬件栈各个层面上的混部应用性能干扰

性能干扰主要源于复杂软硬件栈上的资源竞争和大规模分布式应用的调用依赖，其诊断的关键在于根因分析和瓶颈定位。在资源竞争方面，目前的研究主要围绕处理器、内存、存储或网络资源争抢和性能瓶颈分析展开，主要方法包括微体系结构性能分析方法和 Brendan Gregg 提出的 USE（Utilization Saturation and Error）方法等。在大规模分布式应用的性能行为建模方面，主要方法有两种：一种方法是将代码植入到各级消息、调度或同步的中间件，记录各应用组件及其交互的日志，从而建立一个完整的应用行为模型，但这种方法很难适应互联网应用的动态变化和快速迭代。另一种方法是通过分析各个软硬件的运行日志数据来学习和推理性能行为及其因果关系，这也是目前分析和诊断大规模互联网应用性能问题的主要手段，代表性的工作包括 CauseInfer、PARTIES、Seer、ServiceRank、Sage 等。为了应对互联网应用多层、分布式和动态变化的挑战，这些工作大多会端到端地分析各个应用服务组件或远程过程调用的延迟，进而定位故障组件等。

修复混部应用性能干扰的主要手段是应用调度和资源隔离。在应用调度方面，一般采用特定策略来重新调度和部署应用容器或服务，进而处理性能干扰等问题。时下流行的云原生容器编排的事实标准 Kubernetes，明确定义了不同优先级作业的接口和抢占机制，用户可以用 YAML 语言定义应用间的亲和性（affinity）和反亲和性（anti-affinity）的规则描述，再通过命令式或声明式应用程序接口设定资源编排约束，实现应用、应用的容器或放置容器的 Pod 等单元的重新调度。

在资源隔离方面，虚拟化和容器化本质上也是在多个应用之间实现资源隔离，防止性能干扰。目前常见的系统资源隔离机制包括以下两类：Linux cgroups 机制通过操作系统进程调度来限制应用单位时间内可用的 CPU 时间，可以实现在线应用和离线应用的 CPU 资源分配；Intel 资源调配技术（Resource Director Technology, RDT）和 Arm 内存系统资源划分和监控（Memory system resource Partitioning And Monitoring, MPAM）技术也提供了多种监控和分配手段来控制最后一级高速缓存和内存带宽等硬件资源。

17.3 数据中心的性能分析

随着大规模数据中心和云计算的发展，性能分析和优化的视角从单机转向了大规模的数据中心。举个简单的例子，假设某数据中心有 50 万台服务器，某个应用的优化手段 X 可以使单机 CPU 利用率降低 20%，优化效果相当不错，但该应用及其优化手段 X 只适用于整个数据中心里 1% 的服务器，即 5000 台服务器。而另一个在某系统库上的优化手段 Y 只能使单机 CPU 利用率降低 3%，看上去优化效果一般，但该手段适用于整个数据中心 80% 的服务器，即 40 万台服务器。那么，从整体来看，X 对整个数据中心的优化效果为 20%×1%=0.2%，而 Y 的优化效果为 3%×80%=2.4%，显然优化手段 Y 对于数据中心的整体优化效果更明显。

根据本书强调的"系统观"里的扩展思维，为了实现数据中心层面可扩展的性能优化，需要深入理解数据中心里各种应用的行为和性能特征，包括多个应用混部所呈现的复杂特征。传统的性能分析通常依赖标准化的基准评测，但模拟大规模数据中心里数以万计的应用和各种异构硬件并最终形成基准评测程序过于复杂，也难以适应数据中心里各种软硬件的频繁变更和架构演化。一个更可行也更有代表性的方法是在数据中心线上生产环境中实时采集各个应用运行的真实性能数据进行分析。但实时采集性能数据会引入额外的开销，如果为了性能分析而影响云服务的正常运行，那么购买云服务的用户是无法忍受的。所以，从云服务提供商的角度，开发和部署这些实时采集性能数据的工具时必须尽可能地保证无侵入性、开销足够小，还要考虑采集数据的准确性与开销之间的平衡。

Google 公司在 2010 年发表了论文"Google-Wide Profiling: A Continuous Profiling Infrastructure for Data Centers"，提出了一套在数据中心层面以较低开销进行性能分析的工具框架 Google-Wide Profiling（GWP）。GWP 是一个支持持续剖析（continuous profiling）的基础框架，通过采样（sampling）以较低的开销在数据中心的不同机器和不同时间段上获取各种数据，包括：调用栈、硬件性能计数器、锁竞争、内核等相关事件和数据。根据 Google 当时的报道，GWP 每天从数千台服务器上收集几千个应用的相关数据，每天收集到的数据经过压缩也会达到几个 GB。相比传统的单机性能分析，这样大规模的性能数据采集和分析本身极具技术挑战。

图 17.2 展示了 GWP 的基本实现框架，它包括两个关键组件：收集器（collector）和符号解析器（symbolizer）。收集器从两个维度进行采样：在任意时刻，在数据中心的一小部分机器上进行数据采集，同时，在这些机器上执行基于事件的采样。这是为了能在采样的准确性和开销之间获得较好的平衡。GWP 通过一个机器数据库（machine database）保存数

据中心里所有机器的名称和基本特征。每台机器都会常驻用于性能剖析的工具。收集器定期从机器数据库中获取所有机器的列表，然后通过随机采样生成一个机器列表，再从这些选出的机器上远程启动性能剖析工具并收集各种性能画像数据（profile）。

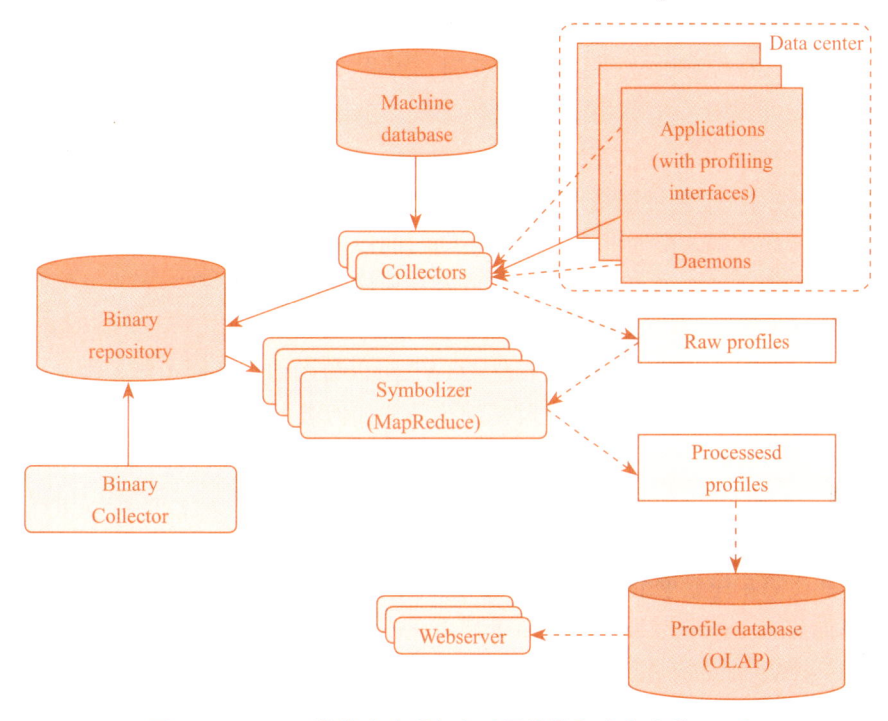

图 17.2 GWP 的基本实现框架（图片摘自参考文献 [17]）

收集到的性能画像数据包括两类：整机画像和应用进程画像。整机画像捕获机器上发生的所有活动，包括用户应用程序、内核、守护进程和其他后台程序。整机画像通常包括硬件性能计数器和性能监控单元的数据、内核事件和功耗测量等。硬件性能计数器和性能监控单元的数据通常需要有整机管理员的访问权限才能采集。应用进程画像收集应用程序的堆分配、锁竞争、运行的挂钟时间和 CPU 时间等信息，还会从集群调度系统中获取哪些应用在哪些机器上运行的拓扑信息。此外，GWP 会收集一些额外的信息帮助后续数据处理和分析。例如，获取每个运行中的二进制文件的唯一标识符，从而在后续离线符号化解析时与未剥离（unstripped）版本对应起来，并且实现二进制文件在不同机器上的关联。

为了节省网络带宽和存储空间，应用程序在数据中心里进行大规模部署时，通常使用已剥离（stripped）版本的二进制文件，即不带有任何调试或符号信息的版本。然而，使用这些丢失了符号信息的二进制文件无法与应用程序的源代码关联，也就无法进行有效的程序分析。符号解析器就是用来解决这个问题的，它还要处理 Java 语言程序动态生成代码的符号解析，以及操作系统内核和内核可加载模块的符号解析。符号解析过程在单机上较容易完成，但在大规模数据中心里面对大量不同应用及其不同版本的已剥离二进制文件时，需要仔细设计并处理许多工程技术挑战。GWP 采用的方法是持久保存包含了调试和符号信息的未剥离二进制文件，将每个应用的每个版本的未剥离二进制文件保存在一个全局的二进制存档库（binary repository）里。当需要处理和分析某个已剥离二进制文件时，可到该存档库中检索出其对应的未剥离版本进行符号解析。由于这些二进制文件数量众多、占用空间相当庞大，而且符号解析过程本身也很耗时，因此，为了提高符号解析的效率，GWP 采用了 MapReduce 模式在一个有几百台服务器的集群上进行符号解析。

GWP 获取的整机级别或应用级别的性能画像数据可以进一步聚合，形成数据中心级别的性能画像。例如，GWP 可以帮助用户看到一个具有大量容器的云上应用程序实际消耗机器资源的整体情况，以及随时间的推移在不同时间段或不同时期的演变规律。对于应用程序团队来说，这种全局画像可以帮助他们更容易地识别以前在单机上不明显但通过聚合后在数据中心级别上容易定位的热点函数，同时，GWP 可以帮助应用程序团队在线上生产环境实现负载测试。对于基础设施团队来说，GWP 可以帮助他们全面了解各种硬件设备和服务器被各个应用程序使用的情况，以及基础软件栈如何被各个应用程序聚合使用，这有助于识别影响性能的关键部件和基础组件，建立有代表性的基准评测套件等。

GWP 的一个典型用途就是找出数据中心层面最热的共享代码。许多应用程序都会用到一些共享代码或函数库。如果对每个程序单独进行热点分析，可能无法识别出共享代码，因为这些共享代码在任意单个应用程序的调用栈里都不是热点。然而，通过 GWP 的热点分析，可以识别那些在任意单个应用程序里都占比不大但总体聚合后却消耗资源最多的热点程序。例如，GWP 在 Google 当时的数据中心里，发现用于数据压缩的 zlib 函数库竟然消耗了整个数据中心约 5% 的 CPU 资源，这引发了对于 zlib 库进行优化和重新评价压缩替代方案的工作。显然，这里即使能将 zlib 库的性能提升一个百分点，都会扩展影响到整个数据中心，从而带来可观的成本节约。

GWP 采集的硬件性能计数器和性能监控单元的数据记录了底层机器资源（如 CPU 时钟周期）是如何被使用的细粒度信息，借助于微体系结构性能分析方法，可以进一步定位造成性能瓶颈的硬件部件。这些底层信息可以帮助数据中心运营商对各种新型硬件或硬件特性进行整体评估，从而决策是否需要在数据中心引入和规模化使用。根据 Google 的介绍，GWP 的集群性能分析会评价浮点计算占整个数据中心所有计算的比例，从而判断是否需要引入专门的协处理器来加速浮点计算；同时，也会整体评价在旧机器上运行的应用程序性能，从而判断是否需要淘汰旧机器并更换为新机器。

经过符号解析的性能画像数据和聚合后的数据还可以进一步用于剖析引导的优化（Profile-Guided Optimization，PGO）或反馈导向优化（Feedback-Directed Optimization，FDO）等编译优化。GWP 自动采集特定应用二进制文件的性能画像数据，并进行符号解析和聚合分析，之后以编译器能够理解的格式保存。这些性能画像数据的质量比从各种线下测试环境生成的性能画像数据的质量要高，因为它们是从线上生产环境实时采集的，更能表征真实应用的特点，从而使得 PGO 或 FDO 的效果更符合实际应用的情况。此外，用户可以用 GWP 获取的性能画像来验证基准评测所生成的性能画像是否确实能够较好地代表线上真实运行的应用程序，从而为基准评测提供质量保证。

17.4 数据中心的性能评价

在本书的第二部分，我们介绍了面向应用负载的性能工程基础，包括基准评测和性能评价的基本方法。这里，我们扩展到数据中心层面，探讨面向规模化集群的线上性能评价。

从概念模型来看，如图 17.3 所示，性能评价通常会在一个待测系统（System Under Test, SUT）上进行，包括待测的硬件设备和系统软件。这里的系统软件包括操作系统、编译器、函数库、运行时和虚拟化等支撑应用运行的基础软件和系统环境。同时，在待测系统上还会运行一些应用负载。

如图 17.4 所示，从实际应用场景来看，性能评价主要分为两种：基准评测和线上评价。基准评测通常发生在具有一台或几台服务器的小规模测试环境中，所运行的应用负载是特定的基准评测程序。相比之下，线上评价通常发生在具有一个或多个集群或者整个数据中心的大规模生产环境中，所运行的应用负载也是各种类型的真实应用。

图 17.3 待测系统的软硬件栈

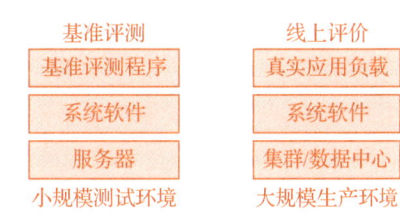

图 17.4 基准评测与线上评价的软硬件栈

既然有了基准评测，为何还需要线上评价呢？主要有两个原因。一方面，从软件来看，性能评价和基准评测的最终目的是了解真实应用负载在待测系统上的性能。虽然多年来工程师花费大量精力构建了像 SPEC CPU 2017 这样的标准化基准评测程序，但各种基准评测程序始终无法完全代表所有真实应用负载。而且，数据中心生产环境中的大量应用负载复杂多变，想要准确及时地构建一套能代表所有应用场景的基准评测程序非常困难。另一方面，从硬件来看，数据中心规模庞大，经常包含数十万台异构的服务器，为了进行性能测试和评价，建立和维护与数据中心相同规模的测试环境也不可行，成本难以承受。

相对于基准评测，在数据中心进行线上评价是一条可行之路，但极具技术挑战，主要包括：

❑ 基准评测通常运行和评价一组固定的基准评测程序。然而，线上评价需要评测每天在数据中心生产环境中运行的真实应用。这些应用可能具有不同的实现语言和应用框架，可能覆盖不同的应用领域，包括电商、数据库、即时通信、大数据处理等，而且这些应用数量众多。

❑ 在小规模测试环境中进行基准评测，通常包括几台或几十台服务器，而且控制这批服务器为同一型号比较容易。然而，在大规模生产环境中进行线上评价，通常涉及一个集群中上千台服务器或一个数据中心中几十万台服务器，而且这些服务器通常不是同一型号的，甚至是指令集架构不同的异构设备，例如 x86-64 服务器和 Arm 服务器。

- 基准评测通常有固定的运行规则和已知的最佳配置（Best-Known Configuration, BKC）。然而，在生产环境中，各个应用的开发运维规则各不相同，应用部署的位置可能发生改变，还可能由于应用混部造成难以预期的性能结果，因而很难为每个应用推荐最佳配置或设定固定配置。
- 基准评测是在小规模测试环境下进行的，涉及的性能数据采集和分析的开销是可控的。然而，与上节介绍的 GWP 一样，在生产环境进行性能数据采集和分析必须尽可能保证无侵入性、开销足够小，因此需要处理大规模分布式环境中数据采集、分发、存储和解析所带来的各种工程技术挑战。

线上评价对于大规模数据中心的关键决策至关重要。对于数据中心，首要的关键决策就是容量规划（capacity planning）。以电商行业为例，如果在业务面上计划在下一个大促活动期间将总销售额提高 27%，那么从技术面上应该为此提前准备多少台服务器呢？同时，又应该如何为每个应用程序规划容量？这些涉及容量规划的关键决策对于保障大促活动的顺利进行非常重要。如果为某应用分配的容量过低，会导致大促活动期间相关应用无法及时响应用户请求，进而造成业务量下跌；如果为某应用分配的容量过高，则虽然能满足大促活动期间的业务需求，但会导致资源浪费。

另一个关键决策是各种软硬件的升级（upgrade）。随着数据中心的规模越来越大，数据中心里每一次软件或硬件的升级改造都可能带来更高的成本和更大的风险。如上节讨论的，基于 GWP 的分析，可以考虑用一批新机器整体替换旧机器，也可以考虑用 Arm 架构服务器替代 x86-64 架构服务器，还可能启用更新版本的操作系统、内核、编译器或 Java 运行时等。在数据中心层面，合理的性能分析和评价有助于数据中心的优化升级和成本节约，而错误的分析可能误导决策甚至造成巨大的成本损耗。

Google 公司在 2018 年发表了论文"WSMeter: A Performance Evaluation Methodology for Google's Production Warehouse-Scale Computers"，提出了一套用于 Google 数据中心生产环境的线上性能评价方法。以图 17.5 为例，Google 想要决策是否应该在数据中心启用一个新的动态电压和频率调节（Dynamic Voltage and Frequency Scaling, DVFS）策略，于是在数据中心生产环境中的上千个任务上小规模灰度发布（grayscale release）或金丝雀发布（canary release）了这一策略，并测量性能影响。结果发现，该策略对某些程序的性能有益，但对其他应用的性能则有害，并且有益或有害的程度也各不相同。

事实上，这样的发现在数据中心的线上评价中非常普遍，因为数据中心包含大量不同的软件应用和异构硬件设备，任一软硬件的升级改造对它们的性能影响都可能有所不同。然而，最终还是需要一个决策。从决策者的角度，更希望只得到一个数字来评价升级改造对于数据中心的总体影响，进而判定是否启用相关策略。为了解决这个问题，Google 提出 WSMeter（Warehouse-Scale performance Meter）综合评价指标，公式如下：

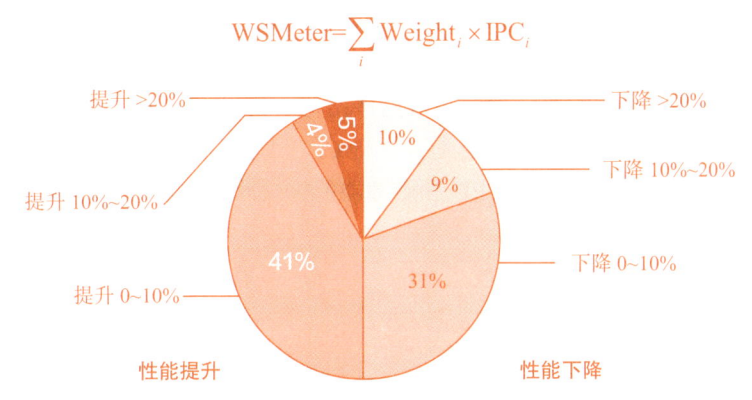

$$\text{WSMeter} = \sum_i \text{Weight}_i \times \text{IPC}_i$$

图 17.5　一个新的 DVFS 策略对生产环境中上千个任务的性能影响（图片摘自文献 [18]）

这里的 IPC_i 代表第 i 个应用的每时钟周期的平均指令数，Weight_i 代表该应用在整个数据中心所占的资源配额。WSMeter 指标的核心思想是基于各个应用的 IPC 及其资源配额加权计算整个数据中心里所有应用的综合性能。对于上述 DVFS 策略变更的例子，如果变更后的 WSMeter 相比变更前的 WSMeter 更高，则说明该策略变更能够提升数据中心整体的性能。注意，WSMeter 的计算必须采集指令数等微体系结构层面的性能数据，在具体实施时也是依赖 GWP 线上采集相关数据完成计算和分析的。

阿里巴巴公司在 2019 年提出了数据中心线上性能评价方法和综合性能指标 RUE（Resource Usage Effectiveness），并在 2021 年与 Intel 共同发布了行业白皮书。RUE 的公式如下：

$$\text{RUE} = \frac{\text{Resource usage}}{\text{Work done}}$$

这里，Resource usage 表示当前应用所使用的系统资源量，如 CPU 时间或内存用量等；Work done 表示当前应用完成的有效工作量，如一段时间内完成的事务或任务量。其核心思想是计算每个单位工作量的平均资源用量，所以 RUE 越小，性能越好。与 WSMeter 不同，RUE 并没有使用指令数等微体系结构性能数据，因为这些微体系结构性能数据的采集会引入额外的开销。RUE 的采集利用了现有监控系统通过轻量化系统工具已经采集到的性能数据，做到了几乎没有侵入性和额外采集开销。但它也有限制，由于不同应用的工作量通常不可比，因此在不同应用间做聚合分析时会更加困难，甚至不可行。而 WSMeter 在这方面更具优势，因为从计算机体系结构的角度来看，不同应用在处理器上运行都会归结到在一定的时钟周期内执行相关指令。

下面来看两个具体的例子。

【例 1】硬件升级。假设要决定是否对 Hadoop 大数据处理平台的一个集群进行 CPU 处理器升级，需要评价将 CPU 从 Intel Skylake 升级到 Intel Ice Lake 对性能的影响。

如图 17.6 所示，在基准评测环境中，可以首先建立一个包含 10 台 Skylake 服务器的测试集群，运行 TPC-H / TPC-DS 基准评测程序，然后测量每个作业（job）的完成时间以及 CPU 或内存资源的用量。这是一种典型的基准评测场景。接下来，可以将整个测试集群切换到 10 台 Ice Lake 服务器，仍然运行相同的 TPC-H / TPC-DS 基准评测并测量相同的指标，即作业完成时间和作业资源用量。通过比较这些指标，可以评估 Skylake 和 Ice Lake 服务器在 Hadoop 平台上的整体性能，并决定是否进行 CPU 升级。当然，在做出决策时，我们还可以考虑其他因素，如两种类型的 CPU 和服务器的价格以及它们的能耗等。

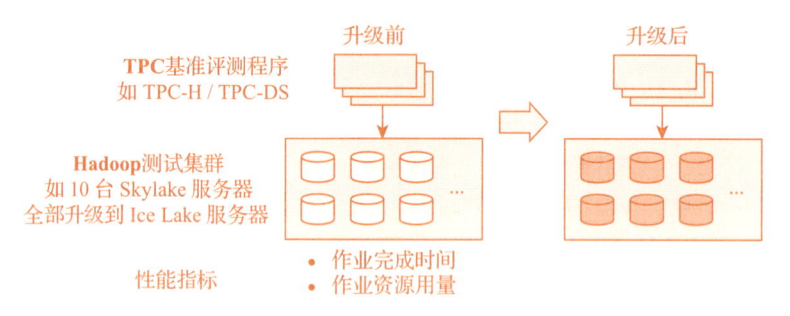

图 17.6　基准评测环境下进行 CPU 处理器升级的案例

如图 17.7 所示，而在线上生产环境中，需要评价真实应用负载，而且当前生产集群可能有 1000 台 Skylake 服务器正在运行。如前所述，替换所有 Skylake 服务器并购买 1000 台新服务器仅用于测试是不可行的，因为性能评价的目标就是要确定是否应该购买和部署大量新的 CPU 和新的服务器。因此，常见的做法是购买少量的、初期评测成本能承受的新型 Ice Lake 服务器，并将它们直接放置到生产环境中进行灰度发布，这时就生成了包含 1000 台 Skylake 服务器（图中标识为白色）和 10 台 Ice Lake 服务器（图中标识为灰色）的混合集群。

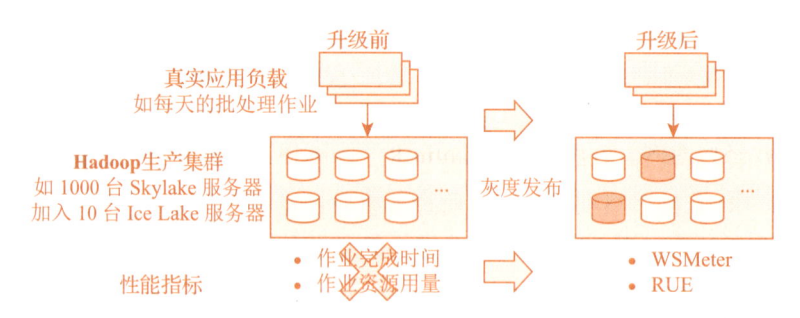

图 17.7　线上生产环境下进行 CPU 处理器灰度发布的案例

一个棘手的问题是这里的真实应用负载可能会经常变化，即使是对于相同的应用程序，也无法保证运行的作业在升级前后总是相同的。这里，由于数据量足够大，可以暂时做个简化，假设每天运行的所有作业组合大致保持不变。然而，即使升级前后的作业都是可比较的，还有一个难题是之前作业级别的各种性能指标在这里不适用了。例如，当前的作业完成时间是在包含了 Skylake 和 Ice Lake 服务器的混合集群中获取的，这时无法区分有多少时间用于 Skylake，又有多少时间用于 Ice Lake，因此无法进行两类服务器 CPU 的性能比较。这是需要新的综合性能评价指标的原因。这时，可以将一个大的作业拆分成许多较小的运行在每台服务器上的任务和实例，再计算不同类型服务器上的 WSMeter 或 RUE 指标进行比较，最终根据结果决定是否进行 CPU 升级。

【例 2】软件升级和辛普森悖论。假设要决定是否对数据中心里的某个应用进行升级，即启用一个新型软件特性 S，需要评价此次升级对应用的性能影响。

由于该应用可能在整个数据中心部署的容器众多，无法通过整体替换进行比较，也不能中断应用的正常运行。因此，如表 17.1 所示，采用与上例中相同的方法进行灰度发布，选择原来该应用所有容器中的 1% 启用特性 S，而其余 99% 的容器仍然保持不启用特性 S。这里，采用 RUE 作为性能评价指标，从表 17.1 的第一行可见，升级后比升级前 RUE 指标下降了 8%，即完成单位工作量的资源用量下降了 8%，因此，可以认为性能提升了 8%。然而，当对该应用进行分组后，重新计算发现，每个分组上的 RUE 指标在升级后都增加了，即性能都不同程度的下降了。这里的分组可以有不同的方法，比如应用在分布式调用链中具有不同的调用接口或者部署于不同的机房等。

表 17.1 性能评价领域的辛普森悖论案例

测试场景	升级前 容器数量	升级前 RUE	升级后 容器数量	升级后 RUE′	RUE / RUE′	评价结果
全体应用	99.0%	776	1.0%	716	1.08	+8%
应用分组 1	50.1%	1289	0.3%	1484	0.87	−13%
应用分组 2	31.5%	428	0.4%	434	0.99	−1%
应用分组 3	17.4%	550	0.3%	655	0.84	−16%

同样一组数据、同样的性能评价指标，通过整体聚合分析得到的结果与通过各部分单独分析得到的结果正好相反，这就是辛普森悖论（Simpson's Paradox）或辛普森反转（Simpson's Reversal）现象。辛普森悖论很早就被发现并引起了广泛的关注，在社会学和医学领域已有一些经典案例。这里，采用 Colin R. Blyth 提出的概率论方法对上述现象的成因做出简单的解释。

给定 组随机事件 A：有性能提升，B：启用新特性 S，B'：不启用新特性 S，C_1：属于分组 1 的应用，C_2：属于分组 2 的应用，C_3：属于分组 3 的应用，则表 17.1 所示的辛普森悖论现象可形式化定义如下：

$$\exists P(A|B) > P(A|B') \text{ 并且 } \exists P(A|B,C_i) \leq P(A|B',C_i), i=1,2,3$$

而根据条件概率公式可以得到：

$$\begin{cases} P(A|B) = P(C_1|B)P(A|B,C_1) + P(C_2|B)P(A|B,C_2) + P(C_3|B)P(A|B,C_3) \\ P(A|B') = P(C_1|B')P(A|B',C_1) + P(C_2|B')P(A|B',C_2) + P(C_3|B')P(A|B',C_3) \end{cases}$$

对比上述公式可见，如果 B 与 C_i (i = 1, 2, 3) 相互独立，则辛普森悖论不存在。产生辛普森悖论的根源在于 B 与 C_i (i = 1, 2, 3) 存在相互依赖或交互，造成 $P(C_i|B)$ 在 i = 1, 2, 3 时不均衡，使得最终计算的 $P(A|B)$ 和 $P(A|B')$ 可能出现反转现象。

在数据中心的性能评价中，辛普森悖论可能经常出现，会误导评价结果和决策，因此要特别小心。Judea Pearl 也基于因果推断（causal inference）理论对辛普森悖论进行了深入研究，感兴趣的同学可以查阅相关文献。

17.5　本章小结

数据中心是我国"新基建"和"卡脖子"工程的重要组成部分，也是电信、金融、教育、医疗等民生领域关键应用的基础设施。随着数据中心的规模越来越大，部署几十万甚至上百万台服务器的情况屡见不鲜，即使几个百分比的资源利用率提升也会带来相当可观的经济和社会收益。混部技术提高了数据中心的资源利用率，但也带来了复杂而隐蔽的性能干扰。这些干扰源于复杂软硬件栈上的资源竞争和大规模分布式应用的调用依赖，修复它们的主要手段目前有应用调度和资源隔离。

随着大规模数据中心和云计算的发展，性能分析和优化的视角从单机转向了大规模的数据中心。在数据中心里，可扩展的性能优化更具吸引力。为此，需要深入理解数据中心里各种应用的行为和性能特征，并且从数据中心的整体对性能数据进行聚合分析。例如，数据中心层面的全局性能画像可以帮助工程师更方便地识别以前在单机上不明显但通过聚合后在数据中心级别上容易定位的热点函数。

数据中心生产环境中的大量应用负载复杂多变，想要准确及时地构建一套能代表所有应用的基准评测程序非常困难。性能评价也需要从线下小规模测试环境中的基准评测迁移到大规模生产环境中的线上评价，这对于数据中心里的容量规划、软硬件升级等关键决策至关重要。合理的性能分析和评价有助于数据中心的优化升级和成本节约，而错误的分析可能误导决策，甚至造成巨大的成本损耗。

17.6　思考题

1. 假设数据中心里每台服务器的 CPU 利用率可以通过系统监控工具获得，如何计算该数据中心整体的平均 CPU 利用率？应该考虑哪些因素？
2. 尝试接触一个数据中心，统计其中运行了哪些类型的应用程序。观察这些应用程序是如何部署在数据中心里的，是否存在混部情况？
3. 如何检测任意两个程序在混部时可能存在的性能干扰？如何设计实验？
4. 尝试运行不同程序语言（例如，C、Java、Python）的应用程序并进行符号解析。观察是否程序的所有方法都可以被完整解析出来。
5. 检查过去做过的性能实验和数据是否存在辛普森悖论。如何快速检测辛普森悖论？

CHAPTER 18

第 18 章

深度学习框架的优化

在人工智能领域，数据科学家用于构造模型的最重要的开发工具之一就是深度学习框架（deep learning framework），例如 Meta 主导的 PyTorch、Google 主导的 TensorFlow、百度主导的飞桨（PaddlePaddle）等。此外，广义上，我们也可以把 Microsoft 主导的 DeepSpeed 当成深度学习框架。深度学习框架（以及深度学习框架依赖的其他软件栈，比如编程语言及其编译器、高性能库、运行时和驱动程序）是数据科学家和硬件之间的桥梁，对深度学习框架进行优化是提高数据科学家的生产力的关键。

18.1 深度学习框架简介

深度学习框架提供了一系列使用 Python 表达的应用程序接口（Application Programming Interface, API），例如，算子（OPerator, OP）、计算图编译、运行时（runtime）、优化器（optimizer）、通信原语（communication primitive），以及各种并行算法，包含数据并行（data parallel）、流水线并行（pipeline parallel）、专家并行（expert parallel）、张量并行（tensor parallel）和自动求导（auto differentiation）等。数据科学家调用这些应用程序接口来构造、训练和调试自己的算法和模型。图 18.1 是一个简化的深度学习框架的架构图。

深度学习框架一般提供两种执行模式：Eager 模式和图模式。在 Eager 模式中，模型中的算子立即执行；在图模式中，多个算子会被构造成图，然后编译和执行。Eager 模式的体验类似于 Python，因此灵活易用、可扩展性好，适合模型研究和调试；图模式通常可以做更多的优化，因此性能上有优势，对深度学习的部署更加友好。

人工智能应用是当前工业界最重要的工作负载之一，因此各种硬件（比如 CPU、GPU 以及加速器）都加入了针对人工智能的微体系结构优化及新特性。例如，更大更快的高速缓存、针对深度学习的数据类型（BF16、FP8、TF32 等）以及提供更多计算能力的张量或矩阵计算单元等。如何让数据科学家能够容易地得益于这些特性也是深度学习框架优化重要的目标之一。

分析人工智能在学术界和工业界的研究和应用，我们可以看到，数据科学家构造的模型越来越大，例如 ResNet-50 大约有 2500 万个可训练参数，BERT Large 大约有 3.4 亿个可训练参数，Stable Diffusion 大约有 9.8 亿个可训练参数，最近流行的大语言模型（Large Language Model, LLM）更是有几十亿到几千亿甚至更多的可训练参数。一般来说，可训练参数越多，深度学习训练和推理对内存的访问和计算就越多，对内存带宽和计算能力（通常用 OPS/FLOPS 来表达，即 Operations Per Second / Floating Point Operations Per Second）的需求就越高，这也给深度学习框架的计算优化带来了巨大的挑战。

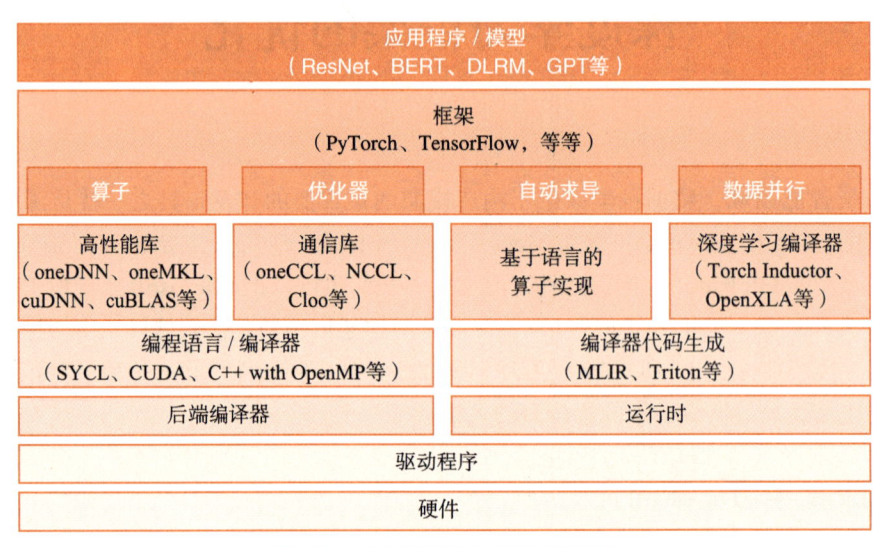

图 18.1　深度学习框架的架构图

最基本和最重要的计算优化是算子优化和计算图优化，因此本章会重点介绍算子优化和计算图优化技术。

18.2　优化基础

我们知道，深度学习的计算本质上是并行计算。从架构上看，用于并行计算负载的硬件一般都是把大量的计算单元分层组织，不同的层次之间共享不同的资源，如高速缓存、本地内存（不同的厂商可能称之为共享内存或者本地共享内存）、专属同步硬件等。不同硬件的区别主要在于采用不同的编程模型，如单指令多线程（Single Instruction Multiple Thread, SIMT）或单指令多数据（Single Instruction Multiple Data, SIMD），以及各级高速缓存和本地内存的组织方式和大小等。这样的设计既考虑了计算单元的可扩展性，又使得软件可以通过权衡来减少计算单元同步的代价。图 18.2 是 OpenCL 和 SYCL 标准对架构的简单抽象。

深度学习的优化和并行计算的优化本质上区别不大，都是尽量利用硬件的计算能力和内存带宽，优化目标都是提高计算单元占用率（occupancy）；根据不同的工作负载的特性，使硬件达到其计算能力或者内存带宽的峰值。

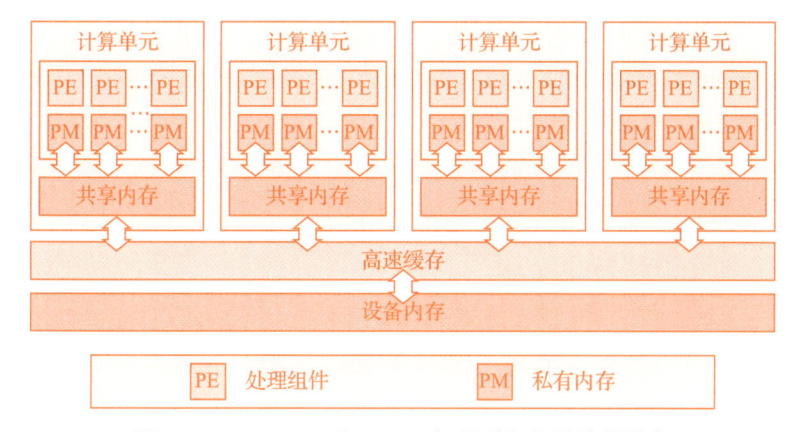

图 18.2 OpenCL 和 SYCL 标准对架构的简单抽象

18.3 算子优化

深度学习算法通常由一个个计算单元组成，我们称这些计算单元为算子。算子代表模型中某个层中的计算逻辑，例如，卷积（convolution）、线性变换（linear transformation）、线性整流函数（Rectified Linear Unit, ReLU）或带泄露的线性整流函数（Leaky ReLU, LReLU）等都是算子。从这个意义上说，深度学习模型本质上是由算子组成的计算图（computational graph），算子接受张量（tensor，也就是多维数组）作为输入，并且输出结果张量。一般来说，深度学习框架提供几百到上千个算子，数据科学家从中选择合适的算子搭建模型。图 18.3 展示了一个简单的多层感知机（Multi-Layer Perception, MLP）模型，我们将以该模型为例进行说明。

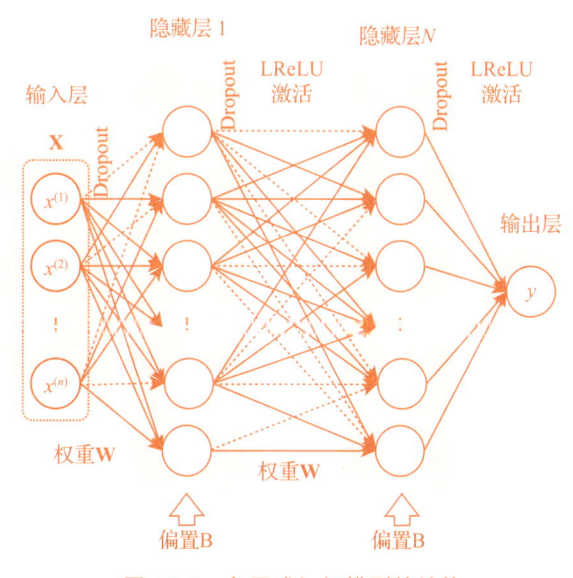

图 18.3 多层感知机模型的结构

从计算的角度来说，可以将该模型抽象为计算图，如图 18.4 所示。可以看到，多层感知机中使用了 Dropout、MatMul、Add 和 LReLU 等算子。如果要让多层感知机的训练或者推理的速度更快，第一步就是优化这些算子。

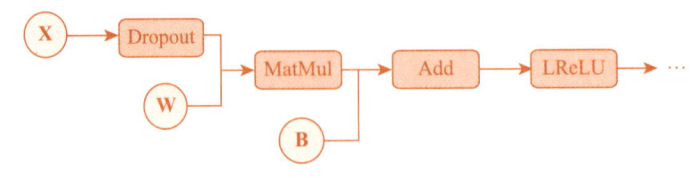

图 18.4　多层感知机的计算图

根据算子的优化特征，一般把它们分为两类：内存受限（memory bound，也称为内存约束）算子和计算受限（compute bound）算子。内存受限算子的完成时间主要由算子存取数据的总量来决定，内存受限算子的例子包含各种激活函数、各种归一化（normalization）、连接（concat）、嵌入（embedding）算子等，实际上大多数算子都是内存受限的；而计算受限算子的完成时间由算子的计算步数（主要是乘法或加法）来决定，矩阵乘法和卷积是典型的计算受限算子。一般来说，我们使用达成带宽（GB/s 或者 TB/s）或者 FLOPS 分别评估内存受限算子和计算受限算子的优化效果。需要注意的是，算子的优化特征不是一成不变的，尤其是计算受限算子，在一些情况下可能会转化为内存受限算子。例如，一般来说，矩阵乘法是计算受限算子，可是如果参与计算的矩阵的某一个维度比较小，该矩阵乘法就可能转化为内存受限算子。

18.3.1　提高占用率

如 18.2 节所述，算子优化的第一步是提高硬件的占用率。优化的基本思想是：通过数据的分割，让尽量多的执行单元参与到工作中，也就是实现并行化。简单来说，我们会使用并行编程语言（比如 OpenMP、SYCL、OpenCL 或 CUDA 等）来实现数据分割。图 18.5 以 ReLU 为例，分别给出了使用简单的 C++、CUDA 和 SYCL 的实现。

```
for(i = 1; i < n; i++) {
  if(data[i] <= 0.0)
    result[i] = 0.0;
  else
    result[i] = data[i];
}
```
(a) 简单 C++

```
__global__ void ReLU(
  float *data, float *result) {
  int i = threadIdx.x;
  if(data[i] <= 0.0)
    result[i] = 0.0;
  else
    result[i] = data[i];
}
ReLU<<<1, n>>>(data, result);
```
(b) CUDA

```
parallel_for(range{n}, [=](id<1> i)) {
  if(data[i] <= 0.0)
    result[i] = 0.0;
  else
    result[i] = data[i];
});
```
(c) SYCL

图 18.5　ReLU 激活函数的代码实现

一般情况下，简单 C++ 实现只能利用一个执行单元[1]。CUDA 和 SYCL 的实现使得编译器和运行时可以把数据安全地映射和分配到执行单元上，具体的实现则取决于硬件的微体系结构。比如，对于 NVIDIA 的显卡，数据会被各个线程处理；对于 Intel 的显卡，数据则会被 SIMD 通道（lane）处理。

需要注意的是，本节陈述的是基本原则，在具体的优化中：
- 在不同的体系结构上，占用率可能会受到其他硬件资源的限制，比如共享内存、硬件屏障（barrier）等。
- 高占用率在某些情况下可能对性能有负面影响，比如额外的微体系结构上资源的竞争，或者任务过短不能覆盖硬件和软件的额外开销（例如，启动内核或传输参数等）。

18.3.2 提高内存带宽的利用率

提高内存带宽利用率的最基本方法是在一条访存指令中存取更多的数据，或者在一个内存事务中存取更多的数据。这里，我们区分了访存指令（访存请求）和内存事务，在现代的体系结构中，它们通常不是一一对应的。

显然，我们可以使用向量化优化来完成"一条访存指令存取更多数据"的需求，一个内存事务中存取更多数据则需要稍微复杂的内存合并（memory coalescing）技术。内存合并的基本思想是合并多个来自不同计算单元的访存请求，从而减少内存子系统的事务（transaction）数目。在具体实现上，不同的编程语言和不同的微体系结构可能会略有不同，但是大致思路是一致的，都需要软件和硬件的紧密配合。

1）在同一时间点，多个硬件单元执行相同的内存指令，硬件会检测它们访存的内存位置是否连续，如果是连续的，硬件将会把多个访问合并成一个对连续位置的访问。
2）软件需要保证同时执行的指令访问相邻的内存。一般情况下，SYCL 中同一个 subgroup 里的 work-item 同时执行相同的指令，CUDA 中同一个 warp 里的线程同时执行相同的指令。所以，在 SYCL 中，软件要保证一个 subgroup 中 ID 相邻的 work-item 访问连续的内存；在 CUDA 中，软件要保证一个 warp 中 ID 相邻的线程访问连续的内存。在代码实现中，这通常可以通过使用 ID 作为数据访问的索引来达成，如图 18.5 所示的 ReLU 的例子，对 data 和 result 访问的索引 i 来自 work-item 或者线程的 ID。如果代码使用某种非优化的索引方式访问数据，那么可能会导致硬件内存合并失败。

需要注意的是，在现实的优化中，随着微体系结构的不同，内存合并可能更复杂，比如索引空间是二维或者三维、针对高速缓存的合并、对特定硬件的合并能力的考量、特定硬件对内存对齐的要求等。开发人员应该参考硬件的优化手册来得到最佳性能。

---

[1] 一些编译器的选项也许更激进一些，比如做自动向量化。

18.3.3 使用（局部）共享内存

很多现代体系结构包含硬件支持的局部可见的共享内存。这里的"局部"通常有硬件和软件两个层面的含义，有一定的关系但不见得一一对应。硬件层面上，多个执行单元组成一个单位，例如 Intel GPU 的 XeCore、NVIDIA GPU 的 SM；软件层面上，可以是 SYCL 中的 workgroup 或者 CUDA 中的 thread block。构成共享内存的硬件和高速缓存高度相似。例如，在 Intel 和 NVIDIA 的 GPU 上，L1 高速缓存和共享内存共享相同的 SRAM，开发者可以通过配置来决定这些 SRAM 中多少用来做 L1、多少用来做共享内存。

和高速缓存不同的是，共享内存是软件可分配、可寻址的，这就给了软件更多的控制和优化机会。在软件层面上，和高速缓存类似，我们可以利用共享内存来降低内存压力。典型的用法包括：

1）从内存中读取数据到共享内存中，这样，同一个 workgroup / thread block 中的 work-item / thread 可以重用共享内存中的数据，无须重新从内存中加载。

2）在同一个 workgroup / thread block 中，各个 work-item / thread 合作完成某项工作。例如，对于常见的 reduce 操作（各种 normalization、GEMM、softmax 等都包含 reduce 操作），可以分配一块共享内存用于存放部分结果，每个 work-item / thread 读取由其他 work-item / thread 写入的共享内存中的数据，完成自己的 reduce 工作，写入新的部分结果。当所有的 work-item/thread 完成任务后，再把结果写入内存。显然，使用共享内存大大减少了内存访问，可以显著地提高性能。

同样，需要注意，使用共享内存是一般优化策略，实际的优化中要多方面考虑。例如，硬件共享内存的大小是有限制的，如果程序使用了过多的共享内存，会使得其他在一个 XeCore / SM 上可运行的 workgroup / thread block 数变少，可能降低占用率。

18.3.4 小结

本节分类介绍了主要的优化思想和基本方法，需要注意的是，这些思想和方法并不是完全独立的，在某些情况下很可能互相影响。正因为会"牵一发而动全身"，因此本书在每一节的最后都给出了注意事项。在实际的优化工作中，建议读者根据具体的问题、具体的体系结构和硬件实现，大胆假设、小心求证，尝试使用各种性能分析工具进行多次迭代，才能获得理想的优化效果。

此外，除了本节提到的优化方式，针对不同的算子语义，还有其他优化方式可供选择。比如，算法优化方面，可以在矩阵乘或者卷积中使用 Winograd 算法来减少计算量，也可以在批归一化（batch normalization）中使用单次扫描（one pass）算法来减少对内存的存取，等等。

18.4 基于计算图的优化

在图 18.4 中，除了把 MLP 看成多个算子的组合外，也可以把它看成张量和算子构成的计算图：图中的节点表示算子，图的边表示数据流向。与算子优化相比，计算图优化可以"看到"更大的范围，从而使我们获得额外的优化机会。在计算图上，优化一般是通过图编译器（graph compiler）来实现的，与其他章节中提到的通用编译器类似，通过图编译技术既可以做体系结构无关的优化，也可以做体系结构相关的优化。本节将介绍图编译器、常见的图编译优化技术以及用来构造图编译器的基础架构。

18.4.1 图编译器

与通用编译器相比，深度学习图编译器具有如下特点：

- 输入是由深度学习框架应用程序接口表示的模型，输出是针对特定硬件的可运行的优化代码。
- 前端解析深度学习框架的应用程序接口，后端进行各种优化和生成机器代码。
- 使用多层次的中间代码表示（Intermediate Representation, IR），多个优化遍（pass）来进行分析优化，很多分析优化技术的思想和通用编译器也比较类似。
- 深度学习计算图中的条件判断较少，所以深度学习图编译器通常不需要针对条件跳转进行专门的优化。
- 深度学习计算图中的数据是很大的张量，算子天生具有并行语义，这会影响深度学习图编译器优化中对某些优化的取舍。

比较流行的图编译器实现包括：Google 主导的 OpenXLA 编译器（TensorFlow 和 JAX 也使用 OpenXLA 作为默认的编译器，PyTorch 也有一个可选的 OpenXLA 后端），由 Meta 和 PyTorch Foundation 主导的基于 Dynamo（计算图构造）、Inductor 和 Triton（优化和代码生成）的 PyTorch 编译器，以及 Apache 资助的 TVM 编译器，等等。

18.4.2 图编译优化

常见的图编译优化技术有以下几种：

- 算子融合（OP fusion）：把相邻的多个算子结合在一起进行优化。
- 张量内存布局变换（tensor memory layout transformation）：使用对硬件和算法更友好的内存布局，减少不必要的转置（transpose）和排列（permute）。
- 公共子表达式删除（common subexpression elimination）：和通用编译器一样，删除公共子表达式来减少重复计算。
- 常量折叠（constant folding）：模型预处理的时候把多个常量"折叠"为单个常量，以便推理时减少计算。例如，常见的卷积 + 批归一化的组合，可以把卷积核的权重（weight）常量、归一化的尺度（scale）常量和偏移（shift）常量提前"折叠"在一起。
- 静态内存规划：尽量重用内存缓冲区，减少内存占用。

18.4.3 算子融合

图编译优化中最常见也是最重要的是算子融合，它的基本思想是：把计算图中的多个算子融合在一起形成单个融合算子（fused OP），并为融合算子生成优化的代码。算子融合带来的性能提升主要体现在两个方面：

- 减少计算图中的节点，从而减少算子分发（dispatch）、算子内核启动（kernel launch，适用于 GPU 等加速器）、线程同步（适用于使用 OpenMP 的 CPU 编程）等的额外开销。
- 对融合在一起的多个算子一起生成代码，算子的中间结果无须对内存进行写入和读取，从而降低内存访问的压力。

例如，对于图 18.4 所示的的计算图，一种可能的融合是将 MatMul、Add 和 LReLU 进行融合，形成如图 18.6 所示的具有更少节点的新计算图。

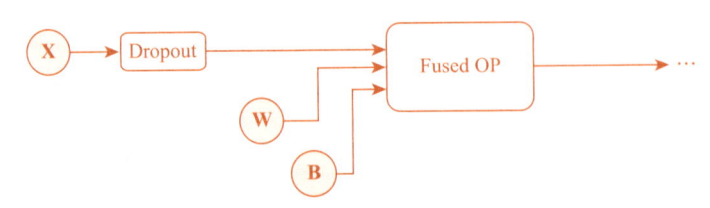

图 18.6 算子融合后的多层感知机的计算图

在图 18.4 中，MatMul 算子需要读入权重张量 **W** 和 Dropout 后的激活张量 **X**，进行矩阵乘法运算并将计算结果写入内存；Add 算子需要读入 MatMul 的输出张量和偏置张量 **B**，进行矩阵加法运算并将计算结果写入内存；LReLU 算子需要读入 Add 的输出张量进行处理，同样将结果写入内存。而在图 18.6 中，Fused OP 只需一次性读入 Dropout 后的激活张量 **X**、权重张量 **W** 和偏置张量 **B**，进行计算并将结果写入内存。可以看到，算子融合后的计算节省了中间结果的"显式"读入和写出，所以在为融合算子生成代码时，在优化的库实现或者编译器实现中（本节稍后会提到），中间结果可以保留在寄存器、共享内存或者高速缓存中，从而大大减少内存带宽压力。

一般来说，算子融合优化分为两个步骤。第一步是决定哪些算子需要融合在一起。可以使用的方法有：

- 人工决定：即开发者根据自己的经验决定把哪些算子融合在一起，并且改写模型调用融合后的算子（严格来说，这不属于图编译优化，只是使用了算子融合的思想）。例如，数据科学家发明了一种新的包含多个算术运算的激活函数，如果不进行融合，计算图中将有多个算术算子，可能导致性能不佳，人工决定构建一个新的激活函数算子则可以对性能加以改进。
- 模式匹配（pattern matching）：一般针对具有高性能库（例如 oneDNN、cuDNN 等）的场景。图编译器根据自己对高性能库的先验知识（例如"支持 GEMM 和某些激活函数"），在计算图中找到匹配该模式的多个算子并融合。
- 自动融合：图编译器根据一定的启发式规则（考虑寄存器压力、高速缓存大小、任务划分一致性、预定义代码模板、编译时间等）决定参与融合的算子。自动融合一般需要一个通用的代码生成系统。

算子融合优化的第二步是优化和代码生成，生成的代码可能用多种方式表达，例如：静态并行语言 SYCL、CUDA 或 OpenMP 等，动态并行语言 Triton 等，中间表示 MLIR 或 LLVM 等，以及对高性能库的调用。图编译器会根据生成代码的具体表达调用相应的语言编译器，或者进行 IR 下降（lowering）来生成最终的机器代码。

18.4.4　MLIR 简介

多级中间表示（Multi-Level Intermediate Representation, MLIR）是一个社区项目，目的是提供可重用、可扩展的基础设施，使构建和优化领域专用图编译器更加容易。值得一提的是，MLIR 本身并不生成和优化具体的机器代码，它依赖于 LLVM 来完成这些任务。MLIR 现在已经成为 LLVM 项目的一部分[⊖]，并在各种图编译器中得到了广泛使用。

MLIR 的主要特点是多级（multi-level），这意味着它支持不同层次的抽象，也支持不同层次的抽象的组合与混用，这些是通过 MLIR 独有的方言（dialect）机制来达成的。类似于 LLVM IR，MLIR 中的 IR 也基于静态单赋值。不同于 LLVM IR，MLIR 中没有提供处于中心地位的 IR，它提供了创建方言的基础设施，例如定义操作、属性和类型，也定义 IR 验证、变换和重写，以及 IR 解析和转储等。MLIR 也提供了一些内置（builtin）的方言，例如 affine、arith、scf、vector、math、llvm[⊖]等。MLIR 的变换分为两种：一种称为转换（conversion），用于 MLIR 不同方言之间的变换，或者同一个方言内部的变换；另一种称为翻译（translation），用于支持 MLIR 方言和非 MLIR 的 IR 的变换，例如从 llvm 方言翻译为 LLVM IR。

一般来说，MLIR 的基础设施及其方言生态倾向于去中心化，并且对于离散的编译流程比较友好。如果需要创建一个领域专用的图编译器，利用 MLIR 按需组合，使用内建方言、构建适合某个领域或场景的方言并加入新的转换／翻译，通常会比从头开始更加便捷高效。

18.4.5　小结

在真实的场景和产品中，考虑到开发效率、性能、成熟度、重用性等因素，图编译器会混用不同的方法。例如，通过算子融合，可以在 PyTorch 的 Inductor 中使用模式匹配生成对高性能库的调用，自动融合生成 Triton 或者 OpenMP 代码。另一个例子是 OpenXLA

⊖ 参见 https://mlir.llvm.org/。
⊖ LLVM 的 IR 也可以被表示为一种 MLIR 的方言，LLVM 方言用来在 MLIR 和 LLVM 之间架起桥梁，从而通过 LLVM 进行机器代码生成。

在做高层优化时混用了 MHLO IR 和 MLIR，算子融合后生成的代码既有基于 LLVM 的，也有基于 Triton 的。

18.5 本章小结

在这一章里，我们介绍了一些基础的和通用的优化深度学习框架的方法，覆盖了算子优化和图优化。这些方法不仅适用于深度学习框架的优化，而且适用于任何深度学习的计算优化。

深度学习的计算优化还在快速发展之中，除了本章介绍的优化技术，学术界和工业界还在不断地发明和实践新的优化技术，包括：结合了数据科学和计算优化的神经网络压缩技术，比如量化（quantization）和稀疏化（sparsity）；在多个加速卡之间（或者多个插槽上的 CPU 之间）的并行（数据并行、模型并行、流水线并行、张量并行、专家并行）；基于特定场景以及特定模型架构的优化技术，比如分页注意力（PagedAttention）和快速注意力（FlashAttention）等。需要牢记的是，无论何种优化，万变不离其宗，基本思想都是尽量充分利用计算单元，减少低速操作（如内存访问和网络通信等）。

18.6 思考题

1. 矩阵乘法是计算受限算子吗？
2. 阅读 FlashAttention 的论文和源代码，理解如何利用 SRAM 来提高性能。
3. 尝试使用 MLIR 搭建一个方言。

参 考 文 献

[1] JAIN R. The art of computer systems performance analysis: Techniques for experimental design, measurement, simulation, and modeling [M]. New York:John Wiley & Sons Inc., 1991.

[2] HENNESSY J, PATTERSON D. Computer architecture: a quantitative approach [M]. 6th ed. Cambridge, MA : Morgan Kaufmann Publishers Inc., 2019.

[3] YASIN A. A top-down method for performance analysis and counters architecture[C]//IEEE. Proceedings of the 2014 IEEE International Symposium on Performance Analysis of Systems and Software. Piscataway: IEEE, 2014: 35-44.

[4] The LLVM compiler infrastructure[CP/OL]. 2024. https://llvm.org/.

[5] LLVM language reference manual[EB/OL]. 2024. https://llvm.org/docs/LangRef.html.

[6] Intel 64 and IA-32 architectures software developer manuals[EB/OL]. 2024. https://www.intel.com/content/www/us/en/developer/articles/technical/intel-sdm.html#combined.

[7] THAIN D. Introduction to compilers and language design[M]. Independently published, 2016.

[8] HIRZEL M. Introduction to x64 assembly[EB/OL]. 2011. https://engineering.purdue.edu/ece264/22su/hw/ec02/resources/x64-intro.pdf.

[9] ORACLE. x86 assembly language reference manual: Assembler directives[EB/OL]. 2012. https://docs.oracle.com/cd/E26502_01/html/E28388/eoiyg.html.

[10] OSDEV. System V ABI[EB/OL]. 2024. https://wiki.osdev.org/System_V_ABI.

[11] DTrace[CP/OL]. 2024. https://dtrace.org/.

[12] BRUENING D. Efficient, transparent, and comprehensive runtime code manipulation[D]. Cambridge: Massachusetts Institute of Technology, 2004.

[13] LUK C K, COHN R, MUTH R, et al. Pin: building customized program analysis tools with dynamic instrumentation[C/OL]//ACM. Proceedings of the 2005 ACM SIGPLAN Conference on Programming Language Design and Implementation. Chicago: ACM, 2005: 190-200. DOI: 10.1145/1065010.1065034.

[14] DynamoRIO. Dynamic instrumentation tool platform[CP/OL]. 2024. https://dynamorio.org/.

[15] MU W, ZHANG Y, HUANG B, et al. A hotspot-driven semi-automated competitive analysis framework for identifying compiler key optimizations[C/OL]//ACM. Proceedings of the 32nd ACMSIGPLAN International Conference on Compiler Construction. New York: ACM, 2023: 216-227. DOI: 10.1145/3578360.3580255.

[16] SPEC CPU 2017[CP/OL]. Standard Performance Evaluation Corporation (SPEC), 2022.

[17] REN G, TUNE E, MOSELEY T, et al. Google-wide profiling: A continuous profiling infrastructure

for data centers[J/OL]. IEEE Micro, 2010, 30(4): 65-79. DOI: 10.1109/MM.2010.68.

[18] LEE J, KIM C, LIN K, et al. WSMeter: A performance evaluation methodology for Google's production warehouse-scale computers[C/OL]//ACM. Proceedings of the Twenty-Third International Conference on Architectural Support for Programming Languages and Operating Systems. New York: ACM, 2018: 549-563. DOI: 10.1145/3173162.3173196.

[19] LEISERSON C, THOMPSON N, EMER J, et al. There's plenty of room at the top: what will drive computer performance after Moore's law?[J/OL]. Science, 2020, 368(6495): eaam9744. DOI: 10.1126/science.aam9744.

[20] Cachegrind: A high-precision tracing profiler[CP/OL]. 2024. https://valgrind.org/docs/manual/cg-manual.html.

[21] OpenMP[CP/OL]. 2024. https://www.openmp.org/.

[22] Intel Intrinsics Guide[EB/OL]. 2024. https://www.intel.com/content/www/us/en/docs/intrinsics-guide/index.html.

[23] LEISERSON C, SHUN J. Performance engineering of software systems[EB/OL]. 2018. https://ocw.mit.edu/courses/6-172-performance-engineering-of-software-systems-fall-2018/.

[24] JAIN R. Computer system analysis[EB/OL]. 2017. https://www.cse.wustl.edu/~jain/cse567-17/index.html.

[25] LILJA D J. Measuring computer performance: a practitioner's guide[M]. Cambridge: Cambridge University Press, 2004.

[26] OUSTERHOUT J. Always measure one level deeper[J/OL]. Communication of the ACM, 2018, 61(7): 74-83. DOI: 10.1145/3213770.

[27] MARICQ A, DUPLYAKIN D, JIMENEZ I, et al. Taming performance variability[C]//USENIX: Proceedings of the 13th USENIX Conference on Operating Systems Design and Implementation. Berkeley: USENIX Association, 2018: 409-425.

[28] ERANIAN S, GOURIOU E, MOSELEY T, et al. Tutorial-perf wiki[EB/OL]. 2022. https://perf.wiki.kernel.org/index.php/Tutorial.

[29] GREGG B. perf examples[EB/OL]. 2020. https://www.brendangregg.com/perf.html.

[30] MYTKOWICZ T, DIWAN A, HAUSWIRTH M, et al. Producing wrong data without doing anything obviously wrong![C/OL]//ACM. Proceedings of the 14th International Conference on Architectural Support for Programming Languages and Operating Systems. New York: ACM, 2009: 265-276. DOI: 10.1145/1508244.1508275.

[31] HOEFLER T, BELLI R. Scientific benchmarking of parallel computing systems: twelve ways to tell the masses when reporting performance results[C/OL]//ACM. Proceedings of the International Conference for High Performance Computing, Networking, Storage and Analysis. New York: ACM, 2015. DOI: 10.1145/2807591.2807644.

[32] LIU T Y, GUO J, HUANG B. Efficient cross-platform multiplexing of hardware performance counters via adaptive grouping[J/OL]. ACM. Transaction on Architecture and Code Optimization, 2024, 21(1): Article 8: 1-26. DOI: 10.1145/3629525.

[33] PATEL D, WONG G. GPT-4 architecture, infrastructure, training dataset, costs, vision, MoE[EB/

OL]. 2023. https://www.semianalysis.com/p/gpt-4-architecture-infrastructure.

[34] GUO J, CZARNECKI K, APELY S, et al. Variability-aware performance prediction: a statistical learning approach[C/OL]//IEEE. Proceedings of the 28th IEEE/ACM International Conference on Automated Software Engineering. Piscataway: IEEE, 2013: 301-311. DOI: 10.1109/ASE.2013.6693089.

[35] GUO J, YANG D, SIEGMUND N, et al. Data-efficient performance learning for configurable systems[J/OL]. Empirical Software Engineering, 2018, 23(3): 1826-1867. DOI: 10.1007/s10664-017-9573-6.

[36] CALDER M, KOLBERG M, MAGILL E H, et al. Feature interaction: a critical review and considered forecast[J]. Computer Networks, 2003, 41(1): 115-141.

[37] BATORY D, HöFNER P, KIM J. Feature interactions, products, and composition[C/OL]//ACM.Proceedings of the 10th ACM International Conference on Generative Programming and Component Engineering. New York: ACM, 2011: 13-22. DOI: 10.1145/2047862.2047867.

[38] ZHANG Y, GUO J, BLAIS E, et al. A mathematical model of performance-relevant feature interactions[C/OL]//ACM. Proceedings of the 20th International Systems and Software Product Line Conference. New York: ACM, 2016: 25-34. DOI: 10.1145/2934466.2934469.

[39] ANSEL J, KAMIL S, VEERAMACHANENI K, et al. OpenTuner: an extensible framework for program autotuning[C/OL]//ACM. Proceedings of the 23rd International Conference on Parallel Architectures and Compilation. New York: ACM, 2014: 303-316. DOI: 10.114 5/2628071.2628092.

[40] KALTENECKER C, GREBHAHN A, SIEGMUND N, et al. Distance-based sampling of software configuration spaces[C/OL]//IEEE. Proceedings of the 41st International Conference on Software Engineering. Montreal, Piscataway: IEEE, 2019: 1084-1094. DOI: 10.1109/ICSE.2019.00112.

[41] ZHANG Y, GUO J, BLAIS E, et al. Performance prediction of configurable software systems by fourier learning[C/OL]//IEEE. Proceedings of the 30th IEEE/ACM International Conference on Automated Software Engineering. Piscataway: IEEE, 2015: 365-373. DOI: 10.1109/ASE.2015.15.

[42] GUO J, ZULKOSKI E, OLAECHEA R, et al. Scaling exact multi-objective combinatorial optimization by parallelization[C/OL]//ACM. Proceedings of the 29th ACM/IEEE International Conference on Automated Software Engineering. New York: ACM, 2014: 409-420. DOI: 10.1145/2642937.2642971.

[43] HUANG S, HUANG J, DAI J, et al. The HiBench benchmark suite: characterization of the MapReduce-based data analysis[C/OL]//New Frontiers in Information and Software as Services. Heidelberg: Springer Berlin Heidelberg, 2011: 209-228. DOI: 10.1007/978-3-642-19294-4_9.

[44] GUO J, LIANG J H, SHI K, et al. SMTIBEA: a hybrid multi-objective optimization algorithm for configuring large constrained software product lines[J/OL]. Software System Model, 2019, 18(2): 1447-1466. DOI: 10.1007/s10270-017-0610-0.

[45] DAI J, HUANG J, HUANG S, et al. HiTune: dataflow-based performance analysis for big data cloud[C]//USENIX: Proceedings of the 2011 USENIX Conference on USENIX Annual Technical Conference. Berkeley: USENIX Association, 2011: 7.

[46] 贾俊平, 何晓群, 金勇进. 统计学 [M]. 8 版. 北京：中国人民大学出版社, 2021.

[47] LITTLE J D. A proof for the queuing formula: $L = \lambda W$ [J]. Operations Research, 1961, 9(3): 383-387.

[48] The often misunderstood GEP instruction[EB/OL]. 2024. https://llvm.org/docs/GetEleme ntPtr.html.

[49] LI N, GUO J, HUANG B, et al. TCSA: Efficient localization of busy-wait synchronization bugs for latency-critical applications[J/OL]. IEEE Transaction. Parallel Distributed Syst., 2024, 35(2): 297-309. DOI: 10.1109/TPDS.2023.3342573.

[50] FEYNMAN R. There's plenty of room at the bottom[J/OL]. Engineering and Science, 1960, 23(5). https://resolver.caltech.edu/CaltechES:23.5.1960Bottom.

[51] MOORE G. Cramming more components onto integrated circuits[J]. Electronics, 1965, 38 (8).

[52] MOORE G. Progress in digital integrated electronics[C]//International Electron Devices Meeting: Vol. 21. 1975: 11-13.

[53] DENNARD R, GAENSSLEN F, YU H N, et al. Design of ion-implanted MOSFET's with very small physical dimensions[J/OL]. IEEE Journal of Solid-State Circuits, 1974, 9(5): 256-268. DOI: 10.1109/JSSC.1974.1050511.

[54] BORKAR S, CHIEN A A. The future of microprocessors[J/OL]. Communication of the ACM, 2011, 54(5): 67-77. DOI: 10.1145/1941487.1941507.

[55] EMER J, CLARK D. A characterization of processor performance in the vax-11/780[C/OL]// ACM. Proceedings of the 11th Annual International Symposium on Computer Architecture. New York: ACM, 1984: 301-310. DOI: 10.1145/800015.808199.

[56] EECKHOUT L. Computer architecture performance evaluation methods[M]. San Rafael: Morgan & Claypool Publishers, 2010.

[57] KNUTH D E. The art of computer programming[M]. Boston: Addison-Wesley, 2019.

[58] PATTERSON D, HENNESSY J. Computer organization and design: The hardware/software interface (4th edition)[M]. San Francisco: Morgan Kaufmann Publishers Inc., 2012.

[59] EMMA P. Understanding some simple processor-performance limits[J]. IBM Journal of Research and Development, 1997, 41(3): 215-232.

[60] MUNDICHIPPARAKKAL J. Arm Neoverse N1: performance analysis methodology to tune production systems and application code[EB/OL]. 2021. https://community.arm.com/arm-community-blogs/b/infrastructure-solutions-blog/posts/arm-neoverse-n1-performance-analysis-methodology.

[61] MUNDICHIPPARAKKAL J. Arm Neoverse V1: top-down methodology for performance analysis & telemetry specification[EB/OL]. 2023. https://community.arm.com/arm-community-blogs/b/infrastructure-solutions-blog/posts/arm-neoverse-v1-top-down-methodology.

[62] BARROSO L A, HÖLZLE U, RANGANATHAN P. The datacenter as a computer: designing warehouse-scale machines[M]. London, : Springer Nature, 2019.

[63] MOGHADDAM S K, BUYYA R, RAMAMOHANARAO K. Performance-aware management of cloud resources: A taxonomy and future directions[J/OL]. ACM Computing Surveys, 2019, 52(4):

Article 84. DOI: 10.1145/3337956.

[64] 王康瑾, 贾统, 李影. 在离线混部作业调度与资源管理技术研究综述 [J/OL]. 软件学报, 2020, 31(10): 3100. DOI: 10.13328/j.cnki.jos.006066.

[65] XU M, BUYYA R. Brownout approach for adaptive management of resources and applications in cloud computing systems: A taxonomy and future directions[J/OL]. ACM Computing Surveys, 2019, 52(1): Article 8. DOI: 10.1145/3234151.

[66] HENNESSY J, PATTERSON D. A new golden age for computer architecture[J/OL]. Communication of the ACM, 2019, 62(2): 48-60. DOI: 10.1145/3282307.

[67] YADAV M P, PAL N, YADAV D K. Resource provisioning for containerized applications[J]. Cluster Computing, 2021, 24(4): 2819-2840.

[68] MAZZARA M, DRAGONI N, BUCCHIARONE A, et al. Microservices: Migration of a mission critical system[J/OL]. IEEE Transactions on Services Computing, 2021, 14(5): 1464-1477. DOI: 10.1109/TSC.2018.2889087.

[69] IBIDUNMOYE O, HERNáNDEZ-RODRIGUEZ F, ELMROTH E. Performance anomaly detection and bottleneck identification[J/OL]. ACM Computing Surveys, 2015, 48(1): Article 4. DOI: 10.1145/2791120.

[70] YIN F, DONG D, LI S, et al. Java performance troubleshooting and optimization at Alibaba [C/OL]//ACM. Proceedings of the 40th International Conference on Software Engineering: Software Engineering in Practice. New York: ACM, 2018: 11-12. DOI: 10.1145/3183519.3183536.

[71] APEL S, ATLEE J M, BARESI L, et al. Feature interactions: The next generation (dagstuhl seminar 14281)[J/OL]. Dagstuhl Reports, 2014, 4(7): 1-24. DOI: 10.4230/DagRep.4.7.1.

[72] DEAN J, BARROSO L A. The tail at scale[J/OL]. Communication of the ACM, 2013, 56(2): 74-80. DOI: 10.1145/2408776.2408794.

[73] HASSAN H, BARAKAT S, SARHAN Q. Survey on serverless computing[J]. Journal of Cloud Computing, 2021, 10: 1-29.

[74] LIN Q, HSIEH K, DANG Y, et al. Predicting node failure in cloud service systems[C/OL]//ACM. Proceedings of the 2018 26th ACM Joint Meeting on European Software Engineering Conference and Symposium on the Foundations of Software Engineering. New York: ACM, 2018: 480-490. DOI: 10.1145/3236024.3236060.

[75] 王焘, 张文博, 徐继伟, 等. 云环境下基于统计监测的分布式软件系统故障检测技术研究 [J]. 计算机学报, 2017, 2: 397-413.

[76] YI L, LI C, GUO J. CPI for runtime performance measurement: The good, the bad, and the ugly[C/OL]//IEEE. Proceedings of the 2020 IEEE International Symposium on Workload Characterization. Piscataway: IEEE, 2020: 106-113. DOI: 10.1109/IISWC50251.2020.00019.

[77] 赵家程, 崔慧敏, 冯晓兵. 基于统计学习分析多核间性能干扰 [J/OL]. 软件学报, 2013, 24(11): 2558-2570. DOI: 10.3724/SP.J.1001.2013.04482.

[78] FRIED J, RUAN Z, OUSTERHOUT A, et al. Caladan: mitigating interference at microsecond timescales[C]//USENIX. Proceedings of the 14th USENIX Conference on Operating Systems Design and Implementation. Berkeley: USENIX Association, 2020: Article 16.

[79] YE K, SHEN H, WANG Y, et al. Multi-tier workload consolidations in the cloud: Profiling, modeling and optimization[J/OL]. IEEE Transactions on Cloud Computing, 2022, 10(2): 899-912. DOI: 10.1109/TCC.2020.2975788.

[80] ATTARIYAN M, CHOW M, FLINN J. X-ray: automating root-cause diagnosis of performance anomalies in production software[C]//USENIX. Proceedings of the 10th USENIX Conference on Operating Systems Design and Implementation. Berkeley: USENIX Association, 2012: 307-320.

[81] CHOW M, MEISNER D, FLINN J, et al. The mystery machine: end-to-end performance analysis of large-scale Internet services[C]//USENIX. Proceedings of the 11th USENIX Conference on Operating Systems Design and Implementation. Berkeley: USENIX Association, 2014: 217-231.

[82] KALDOR J, MACE J, BEJDA M, et al. Canopy: an end-to-end performance tracing and analysis system[C/OL]//ACM. Proceedings of the 26th Symposium on Operating Systems Principles. New York: ACM, 2017: 34-50. DOI: 10.1145/3132747.3132749.

[83] GUO X, PENG X, WANG H, et al. Graph-based trace analysis for microservice architecture understanding and problem diagnosis[C/OL]//ACM. Proceedings of the 28th ACM Joint Meeting on European Software Engineering Conference and Symposium on the Foundations of Software Engineering. New York: ACM, 2020: 1387-1397. DOI: 10.1145/3368089.3417066.

[84] 张颖君, 刘尚奇, 杨牧, 等. 基于日志的异常检测技术综述[J]. 网络与信息安全学报, 2020, 6(6): 1-12.

[85] CHEN S, DELIMITROU C, MARTÍNEZ J F. Parties: QoS-aware resource partitioning for multiple interactive services[C/OL]//ACM. Proceedings of the Twenty-Fourth International Conference on Architectural Support for Programming Languages and Operating Systems. New York: ACM, 2019: 107-120. DOI: 10.1145/3297858.3304005.

[86] CHEN P, QI Y, HOU D. CauseInfer: Automated end-to-end performance diagnosis with hierarchical causality graph in cloud environment[J/OL]. IEEE Transactions on Services Computing, 2019, 12(2): 214-230. DOI: 10.1109/TSC.2016.2607739.

[87] GAN Y, ZHANG Y, HU K, et al. Seer: leveraging big data to navigate the complexity of performance debugging in cloud microservices[C/OL]//ACM. Proceedings of the Twenty-Fourth In-ternational Conference on Architectural Support for Programming Languages and Operating Systems. New York: ACM, 2019: 19-33. DOI: 10.1145/3297858.3304004.

[88] MA M, LIN W, PAN D, et al. ServiceRank: Root cause identification of anomaly in large-scale microservice architectures[J/OL]. IEEE Transactions on Dependable and Secure Computing, 2022, 19(5): 3087-3100. DOI: 10.1109/TDSC.2021.3083671.

[89] GAN Y, LIANG M, DEV S, et al. Sage: practical and scalable ML-driven performance debugging in microservices[C/OL]//ACM. Proceedings of the 26th ACM International Conference on Architectural Support for Programming Languages and Operating Systems. New York: ACM, 2021: 135-151. DOI: 10.1145/3445814.3446700.

[90] GAN Y, ZHANG Y, CHENG D, et al. An open-source benchmark suite for microservices and their hardware-software implications for cloud & edge systems[C/OL]//ACM. Proceedings of the Twenty-Fourth International Conference on Architectural Support for Programming Languages and

Operating Systems. New York: ACM, 2019: 3-18. DOI: 10.1145/3297858.3304013.

[91] LONG S, WEN W, LI Z, et al. A global cost-aware container scheduling strategy in cloud data centers[J/OL]. IEEE Transactions on Parallel and Distributed Systems, 2022, 33(11): 2752-2766. DOI: 10.1109/TPDS.2021.3133868.

[92] ZHAO L, YANG Y, LI Y, et al. Understanding, predicting and scheduling serverless workloads under partial interference[C/OL]//ACM. Proceedings of the International Conference for High Performance Computing, Networking, Storage and Analysis. New York: ACM, 2021: Article 22. DOI: 10.1145/3458817.3476215.

[93] K8s. Kubernetes[CP/OL]. 2022. https://kubernetes.io.

[94] ZHANG X, TUNE E, HAGMANN R, et al. CPI^2: CPU performance isolation for shared compute clusters[C/OL]//ACM. Proceedings of the 8th ACM European Conference on Computer Systems. New York: ACM, 2013: 379-391. DOI: 10.1145/2465351.2465388.

[95] GUO J. Performance analysis of Alibaba large-scale data center[R/OL]. Alibaba Cloud Community, 2019. https://www.alibabacloud.com/blog/performance-analysis-of-alibaba-large%25-scale-data-center__594676.

[96] YANG D, WANG Q, ZHAO L, et al. Alibaba: Realizing computing power in hyper-scale cloud clusters[R/OL]. Alibaba Cloud Community, 2021. https://www.datacenterdynamics.com/en/whitepapers/alibaba-realizing-computing-power-in-hyper-scale-cloud-clusters/.

[97] SIMPSON E H. The interpretation of interaction in contingency tables[J]. Journal of the Royal Statistical Society: Series B (Methodological), 1951, 13(2): 238-241.

[98] PEARSON KARL L, LESLIE B. Genetic (reproductive) selection: inheritance of fertility in man, and of fecundity in thoroughbred racehorses[J]. Philosophical Transactions of The Royal Society A, 1899, 192: 257-330.

[99] BLYTH C R. On Simpson's paradox and the sure-thing principle[J]. Journal of the American Statistical Association, 1972, 67(338): 364-366.

[100] PEARL J. Causality: Models, reasoning and inference (2nd edition)[M]. Cambridge: Cambridge University Press, 2009.

[101] ZHANG Y, LIAO H, WANG Z, et al. EFACT: an external function auto-completion tool to strengthen static binary lifting[J/OL]. Journal of Systems and Software, 2024, 215: 112092. DOI: https://doi.org/10.1016/j.jss.2024.112092.

[102] LI Y, LI N, ZHANG Y, et al. Hmem: A holistic memory performance metric for cloud computing[C/OL]//Benchmarking, Measuring, and Optimizing: 15th BenchCouncil International Symposium, Bench 2023, Sanya, China, December 3-5, 2023, Revised Selected Papers. Berlin: Springer-Verlag, 2024: 171-187. DOI: 10.1007/978-981-97-0316-6_11.

[103] SPECjbb 2015[CP/OL]. 2024. https://www.spec.org/jbb2015/.

[104] TPC[CP/OL]. 2024. https://www.tpc.org/.

[105] HUANG S. Improving Java performance on OCI Ampere A1 compute instances[R/OL]. Arm community, 2021. https://community.arm.com/arm-community-blogs/b/infrastructure-sol utions-blog/posts/performance-of-specjbb2015-on-oci-ampere-a1-compute-instances.

[106] PASSOS L, GUO J, TEIXEIRA L, et al. Coevolution of variability models and related artifacts: a case study from the Linux kernel[C/OL]//ACM. Proceedings of the 17th International Software Product Line Conference. New York: ACM, 2013: 91-100. DOI: 10.1145/2491627.2491628.

[107] SARKAR A, GUO J, SIEGMUND N, et al. Cost-efficient sampling for performance prediction of configurable systems[C/OL]//IEEE. Proceedings of the 30th IEEE/ACM International Conference on Automated Software Engineering. Piscataway: IEEE, 2015: 342-352. DOI: 10.1109/ASE.2015.45.

[108] GUO J, SHI K. To preserve or not to preserve invalid solutions in search-based software engineering: a case study in software product lines[C/OL]//ACM. Proceedings of the 40th International Conference on Software Engineering. New York: ACM, 2018: 1027-1038. DOI: 10.1145/3180155.3180163.

[109] LIAO L, CHEN J, LI H, et al. Using black-box performance models to detect performance regressions under varying workloads: an empirical study[J/OL]. Empirical Software Engineering, 2020, 25(5): 4130-4160. DOI: 10.1007/s10664-020-09866-z.

[110] CHEN H, YUAN L, WU X, et al. Control flow obfuscation with information flow tracking [C/OL]//ACM. Proceedings of the 42nd Annual IEEE/ACM International Symposium on Microarchitecture. New York: ACM, 2009: 391-400. DOI: 10.1145/1669112.1669162.

[111] XU C, LI J, BAO T, et al. Metadata driven memory optimizations in dynamic binary translator[C/OL]//ACM. Proceedings of the 3rd International Conference on Virtual Execution Environments. New York: ACM, 2007: 148-157. DOI: 10.1145/1254810.1254831.

[112] DAI J, LI L, HUANG B. Pipelined execution of critical sections using software-controlled caching in network processors[C/OL]//IEEE. Proceedings of the International Symposium on Code Generation and Optimization. Piscataway: IEEE, 2007: 312-324. DOI: 10.1109/CGO.2007.30.

[113] LI J, ZHANG Q, XU S, et al. Optimizing dynamic binary translation for SIMD instructions [C/OL]//IEEE. Proceedings of the International Symposium on Code Generation and Optimization. Piscataway: IEEE, 2006: 269-280. DOI: 10.1109/CGO.2006.27.

[114] LI L, HUANG B, DAI J, et al. Automatic multithreading and multiprocessing of C programs for IXP[C/OL]//ACM. Proceedings of the Tenth ACM SIGPLAN Symposium on Principles and Practice of Parallel Programming. New York: ACM, 2005: 132-141. DOI: 10.1145/1065944.1065963.

[115] DAI J, HUANG B, LI L, et al. Automatically partitioning packet processing applications for pipelined architectures[C/OL]//ACM. Proceedings of the 2005 ACM SIGPLAN Conference on Programming Language Design and Implementation. New York: ACM, 2005: 237-248. DOI: 10.1145/1065010.1065039.

[116] JIANG W, MEI C, HUANG B, et al. Boosting the performance of multimedia applications using simd instructions[C/OL]//Proceedings of the 14th International Conference on Compiler Construction. Berlin: Springer-Verlag, 2005: 59-75. DOI: 10.1007/978-3-540-31985-6_5.

[117] HUANG B, ZANG B, LI J, et al. A new approach to pointer analysis for assignments[J/OL]. Journal of Computer Science and Technology, 2001, 16(3): 242-250. DOI: 10.1007/BF02943202.

[118] 黄波, 臧斌宇, 韦俊银, 等. 上下文敏感的过程间指针分析 [J]. 计算机学报, 2000, 23(5): 477-485.

[119] XU S, HUANG B, DING J, et al. Browser workload characterization for an Ajax-based commercial online service[C/OL]//IEEE. Proceedings of the 2009 IEEE International Symposium on Workload Characterization. Piscataway: IEEE, 2009: 208-216. DOI: 10.1109/IISWC.2009.5306780.

[120] GIBSON J. The Gibson mix (technical report tr 00.2043)[R]. IBM Systems Development Division, 1970.

[121] OpenJDK. Java microbenchmark harness[CP/OL]. 2024. https://github.com/openjdk/jmh.

[122] GUSTAFSON J, ROVER D, ELBERT S, et al. The design of a scalable, fixed-time computer benchmark[J/OL]. J. Parallel Distrib. Comput., 1991, 12(4): 388-401. DOI: 10.1016/0743-7315(91)90008-W.

[123] GUSTAFSON J, SNELL Q. HINT: a new way to measure computer performance[CP/OL].2024. http://www.johngustafson.net/pubs/pub47/Hint.htm.

[124] FOG A. Instruction tables[EB/OL]. 2024. https://www.agner.org/optimize/instruction_tables.pdf.

[125] DEAN J, GHEMAWAT S. MapReduce: simplified data processing on large clusters[C/OL]//USENIX. Proceedings of the 6th Symposium on Operating Systems Design Implementation. Berkeley: USENIX Association, 2004. https://www.usenix.org/conference/osdi-04/mapreduce-simplified-data-processing-large-clusters.

[126] VECCHIO P. Demystifying software performance optimization[EB/OL]. 2022. https://www.intel.com/content/www/us/en/developer/articles/technical/demystifying-software-performance-optimization.html.

[127] YOU L, GU T, ZHENG S, et al. JPDHeap: a JVM heap design for PM-DRAM memories [C/OL]//IEEE. Proceedings of the 2021 58th ACM/IEEE Design Automation Conference. Piscataway: IEEE, 2021: 31-36. DOI: 10.1109/DAC18074.2021.9586279.

[128] WEBER M, APEL S, SIEGMUND N. White-box performance-influence models: a profiling and learning approach (replication package)[C/OL]//IEEE. Proceedings of the 43rd International Conference on Software Engineering: Companion Proceedings. Piscataway: IEEE, 2021: 232-233. DOI: 10.1109/ICSE-Companion52605.2021.00107.

[129] YASIN A, HAJ-YAHYA J, BEN-ASHER Y, et al. A metric-guided method for discovering impactful features and architectural insights for Skylake-based processors[J/OL]. ACM Transaction on Architecture and Code Optimization. Code Optim., 2019, 16(4): Article 46. DOI: 10.1145/3369383.

[130] GREGG B. Systems performance: enterprise and the cloud (2nd edition)[M]. Boston: Addison-Wesley, 2020.

[131] ZHAO G, HASSAN S, ZOU Y, et al. Predicting performance anomalies in software systems at runtime[J/OL]. ACM Transaction on Software Engineering and Methodology, 2021, 30(3): Article 33. DOI: 10.1145/3440757.

[132] Alibaba cluster trace program[CP/OL]. 2021. https://github.com/alibaba/clusterdata.

[133] 潇谦. 阿里数据中心大幅降低成本的核心技术：混部技术 [R/OL]. 阿里技术, 2018. https://yq.aliyun.com/articles/467909.

[134] 张慕华. 百度大规模战略性混部系统演进 [R/OL]. InfoQ, 2019. https://www.infoq.cn/article / aeut*zaiffp0q4mskdsg.

[135] 包云岗. 云计算与标签化冯诺依曼体系结构 [EB/OL]. 2016. https://www.ccf.org.cn/ccf/content/ needPriv?ID=555208&SiteID=122&NeedValid=Y.

[136] 文杰. 揭秘微信背后万级机器的管理者 Yard 平台 [R/OL]. InfoQ, 2019. https://www.infoq.cn/article/uc3bkkza0cmbkdelhyca.

[137] Google borg cluster workload traces[CP/OL]. Google, 2019. https://github.com/google/cluster-data.

[138] 点亮绿色云端：中国数据中心能耗与可再生能源使用潜力研究 [R/OL]. 绿色和平, 2019. https://www.greenpeace.org.cn/.

[139] 葛浙奉, 王济伟, 蒋从锋, 等. 混部集群资源利用分析 [J]. 计算机学报, 2020, 43(6): 1103-1122.

[140] VERMA A, PEDROSA L, KORUPOLU M, et al. Large-scale cluster management at Google with Borg[C/OL]//ACM. Proceedings of the Tenth European Conference on Computer Systems. New York: ACM, 2015: Article 18. DOI: 10.1145/2741948.2741964.

[141] 叶可江, 卢澄志, 王卅. 云原生系统应用分析建模与智能管理 [J]. 中国计算机学会通讯, 2020, 16(6): 37-43.

[142] BAKHVALOV D. Performance analysis and tuning of modern cpus[M]. Independently published, 2020.

[143] JONAS E, SCHLEIER-SMITH J, SREEKANTI V, et al. Cloud programming simplified: a berkeley view on serverless computing[R/OL]. EECS Department, University of California, Berkeley, 2019. http://www2.eecs.berkeley.edu/Pubs/TechRpts/2019/EECS-2019-3.html.

[144] AMDAHL G. Validity of the single processor approach to achieving large scale computing capabilities[C/OL]//ACM. Proceedings of the April 18-20, 1967, Spring Joint Computer Conference. New York: ACM, 1967: 483-485. DOI: 10.1145/1465482.1465560.

[145] GREGG B. Thinking methodically about performance: The USE method addresses shortcomings in other commonly used methodologies.[J/OL]. Queue, 2012, 10(12): 40-51. DOI: 10.1145/2405116.2413037.

[146] KANEV S, DARAGO J P, HAZELWOOD K, et al. Profiling a warehouse-scale computer [C/OL]//ACM. Proceedings of the 42nd Annual International Symposium on Computer Architecture. New York: ACM, 2015: 158-169. DOI: 10.1145/2749469.2750392.

[147] SHAR L, DAVIDSON E. A multiminiprocessor system implemented through pipelining [J/OL]. Computer, 1974, 7(2): 42-51. DOI: 10.1109/MC.1974.6323457.

[148] TULLSEN D, EGGERS S, LEVY H. Simultaneous multithreading: maximizing on-chip parallelism[C/OL]//ACM. Proceedings of the 22nd Annual International Symposium on Computer Architecture. New York: ACM, 1995: 392-403. DOI: 10.1145/223982.224449.

[149] CALZAROSSA M C, MASSARI L, TESSERA D. Workload characterization: a survey revisited[J/OL]. ACM Computing Surveys, 2016, 48(3): Article 48. DOI: 10.1145/2856127.

[150] PANDA R, SONG S, DEAN J, et al. Wait of a decade: Did SPEC CPU 2017 broaden the performance horizon?[C/OL]//IEEE. Proceedings of the 2018 IEEE International Symposium

on High Performance Computer Architecture.Piscataway: IEEE, 2018: 271-282. DOI: 10.1109/HPCA.2018.00032.

[151] CHEN T, MOREAU T, JIANG Z, et al. TVM: an automated end-to-end optimizing compiler for deep learning[C]//USENIX. Proceedings of the 13th USENIX Conference on Operating Systems Design and Implementation. Berkeley: USENIX Association, 2018: 579-594.

[152] DELIMITROU C, KOZYRAKIS C. Paragon: QoS-aware scheduling for heterogeneous datacenters[J/OL]. ACM SIGARCH Computer Architecture News, 2013, 48(4): 77-88. DOI: 10.1145/2499368.2451125.

[153] BRYANT R, O'HALLARON D. 深入理解计算机系统 [M].3 版. 龚奕利，贺莲，译. 北京：机械工业出版社，2016.

[154] LAMPSON B. Hints and principles for computer system design[EB/OL]. 2021. https://arxiv.org/abs/2011.02455.

[155] O'DONNELL R. Analysis of boolean functions[M]. Cambridge: Cambridge University Press, 2014.

推荐阅读

计算机体系结构：量化研究方法（英文版·原书第6版）

作者：John L. Hennessy, David A. Patterson 书号：978-7-111-63110-1 定价：269.00元

这本书是我的大爱，它出自工程师之手，专为工程师而作。书中阐明了数学给计算机科学的发展施加的限制，以及材料科学为之带来的可能性。通过一个个实例，你将理解体系结构设计师在构建系统的过程中，是如何进行分析、度量以及必要的折中的。

当前，摩尔定律逐渐失效，而深度学习的算力需求如无底洞般膨胀。在这一关键节点，第6版的推出恰逢其时，新增的关于特定领域体系结构的章节讨论了一些有前景的方法，并预言了计算机体系结构的重生。就像文艺复兴时期的学者一样，今天的设计师必须先了解过去，再把历史教训与新兴技术结合起来，去创造我们的世纪。

—— Cliff Young, Google

第6版在技术革新、成本变化、行业实例和参考文献方面做了全面修订，同时依然保留了那些经典的概念。特别是，本版采用RISC-V指令集，开启了开源体系结构的新篇章。

—— Norman P. Jouppi, Google

推荐阅读

深入理解计算机系统（原书第3版）

作者：[美] 兰德尔 E. 布莱恩特 等 译者：龚奕利 等 书号：978-7-111-54493-7 定价：139.00元

理解计算机系统首选书目，10余万程序员的共同选择

卡内基-梅隆大学、北京大学、清华大学、上海交通大学等国内外众多知名高校选用指定教材

从程序员视角全面剖析的实现细节，使读者深刻理解程序的行为，将所有计算机系统的相关知识融会贯通

新版本全面基于X86-64位处理器

基于该教材的北大"计算机系统导论"课程实施已有五年，得到了学生的广泛赞誉，学生们通过这门课程的学习建立了完整的计算机系统的知识体系和整体知识框架，养成了良好的编程习惯并获得了编写高性能、可移植和健壮的程序的能力，奠定了后续学习操作系统、编译、计算机体系结构等专业课程的基础。北大的教学实践表明，这是一本值得推荐采用的好教材。本书第3版采用最新x86-64架构来贯穿各部分知识。我相信，该书的出版将有助于国内计算机系统教学的进一步改进，为培养从事系统级创新的计算机人才奠定很好的基础。

—— 梅宏 中国科学院院士/发展中国家科学院院士

以低年级开设"深入理解计算机系统"课程为基础，我先后在复旦大学和上海交通大学软件学院主导了激进的教学改革……现在我课题组的青年教师全部是首批经历此教学改革的学生。本科的扎实基础为他们从事系统软件的研究打下了良好的基础……师资力量的补充又为推进更加激进的教学改革创造了条件。

—— 臧斌宇 上海交通大学软件学院院长

推荐阅读

计算机组成与设计：硬件/软件接口 RISC-V版（原书第2版）

作者：David A. Patterson，John L. Hennessy 译者：易江芳 刘先华 等
书号：978-7-111-72797-2 定价：169.00元

在广大计算机程序员和工程师中，几乎没有人不知道Patterson和Hennessy的大作，而今RISC-V版的推出，再次点燃了大家的热情。RISC-V作为一种开源体系结构，从最初用于支持科研和教学，到现在已发展为产业标准的指令集。正在和即将阅读本书的年轻人，你们不仅能够从先行者的智慧中理解RISC-V的精髓，而且有望创建自己的RISC-V内核，为广阔的开源硬件和软件生态系统贡献力量。

—— Krste Asanović，RISC-V基金会主席

教材的选择往往是一个令人沮丧的妥协过程——教学方法的适用度、知识点的覆盖范围、文辞的流畅性、内容的严谨度、成本的高低等都需要考虑。本书之所以是难得一见的好书，正是因为它能满足各个方面的要求，不再需要任何妥协。这不仅是一部关于计算机组成的教科书，也是所有计算机科学教科书的典范。

—— Michael Goldweber，泽维尔大学